"十四五"时期
国家重点出版物出版专项规划项目

航天先进技术研究与应用/
电子与信息工程系列

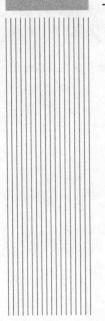

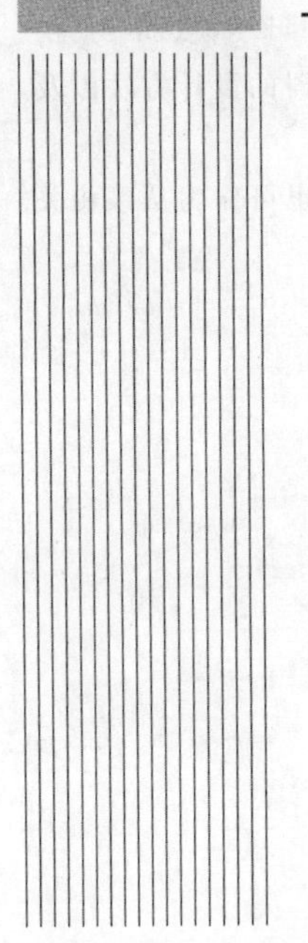

数字信号分析与处理

Digital Signal Analysis and Processing

主　编　韩宇辉　孙继禹　王　军
副主编　李冬明　张继涛

哈尔滨工业大学出版社
HARBIN INSTITUTE OF TECHNOLOGY

内容简介

本书对数字信号分析与处理的基本概念、基本理论和基本方法进行系统的介绍。全书共分8章，主要内容包括绪论、离散时间信号与离散系统、z变换与离散时间傅里叶变换、离散傅里叶变换(DFT)、快速傅里叶变换(FFT)、数字滤波器的基本结构、无限长单位冲激响应(IIR)数字滤波器的设计方法以及有限长单位冲激响应(FIR)数字滤波器的设计方法。

本书可作为高等院校通信工程、电子信息工程、自动控制等专业本科生的教材，也可作为从事相关专业的科研人员和工程技术人员的参考书。

图书在版编目(CIP)数据

数字信号分析与处理/韩宇辉，孙继禹，王军主编
.—哈尔滨：哈尔滨工业大学出版社，2024.5
ISBN 978-7-5767-1395-4

Ⅰ.①数… Ⅱ.①韩… ②孙… ③王… Ⅲ.①数字信号—信号分析②数字信号处理 Ⅳ.①TN911.72

中国国家版本馆CIP数据核字(2024)第096221号

策划编辑 许雅莹
责任编辑 许雅莹 张 权
封面设计 刘长友
出版发行 哈尔滨工业大学出版社
社 址 哈尔滨市南岗区复华四道街10号 邮编150006
传 真 0451-86414749
网 址 http://hitpress.hit.edu.cn
印 刷 哈尔滨市工大节能印刷厂
开 本 787 mm×1 092 mm 1/16 印张20.5 字数511千字
版 次 2024年5月第1版 2024年5月第1次印刷
书 号 ISBN 978-7-5767-1395-4
定 价 48.00元

前 言

PREFACE

数字信号分析与处理技术在信息社会中具有不可或缺的重要地位，在通信、控制、雷达、图像、生物医学、遥感遥测和故障诊断等领域具有广泛应用。

本书对数字信号分析与处理的基本概念、基本理论和基本方法进行系统的介绍。全书共分 8 章：第 1 章介绍数字信号处理的基本概念、系统组成、主要特点、应用领域和实现方法；第 2 章介绍离散时间信号与离散系统的基本知识以及时域抽样的基本理论；第 3 章介绍 z 变换与离散时间傅里叶变换（DTFT）的基本概念和理论；第 4 章介绍离散傅里叶变换（DFT），包括周期序列的离散傅里叶级数（DFS）、有限长序列的离散傅里叶变换以及频域抽样理论；第 5 章介绍快速傅里叶变换（FFT）的基本原理、计算方法和主要应用；第 6 章介绍数字滤波器的基本结构和数字滤波器结构的表示方法；第 7 章介绍无限长单位冲激响应（IIR）数字滤波器的设计方法，包括常用模拟滤波器的设计方法以及用冲激响应不变法和双线性变换法设计 IIR 数字滤波器；第 8 章介绍有限长单位冲激响应（FIR）数字滤波器的设计方法，包括线性相位 FIR 数字滤波器的特点以及用窗函数设计法、频率抽样法和切比雪夫逼近法设计 FIR 数字滤波器。

本书第 6 章和第 8 章由哈尔滨理工大学韩宇辉编写；第 4 章和第 5 章由哈尔滨理工大学孙继禹编写；第 1 章和第 3 章由衢州职业技术学院王军编写；第 2 章由哈尔滨理工大学李冬明编写；第 7 章由哈尔滨理工大学张继涛编写。全书由韩宇辉统稿。

由于作者水平有限，书中难免存在疏漏之处，恳请广大读者朋友批评指正。

编 者

2023 年 12 月

目 录

CONTENTS

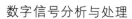

第1章 绪论

数字信号处理(Digital Signal Processing,DSP)是指利用计算机或通用(专用)数字信号处理设备,采用数值计算方法对信号进行各种所需处理的一种技术。处理的目的可以是估计信号的特征参数,也可以是把信号变换成某种更符合所需的形式。数字信号处理的研究源远流长。17世纪发展起来的经典数值分析技术奠定了这方面的数学基础。20世纪60年代以后,计算机技术的进一步发展与应用标志数字信号处理的理论研究和实践进入一个新阶段。随着信息学科以及大规模集成电路、超大规模集成电路和软件开发引起的计算机学科的飞速发展,自1965年库利(J. W. Cooley)与图基(J. W. Tukey)提出快速傅里叶变换后,数字信号处理迅速成为一门独立的学科。

党的二十大报告提出加快建设国家战略人才力量,努力培养造就更多大师、战略科学家、一流科技领军人才和创新团队、青年科技人才、卓越工程师、大国工匠、高技能人才。数字信号处理是一项重要的专业基础技术,其应用范围十分广泛,涉及许多国计民生的基础产业和高精尖的专业领域。数字信号处理已经应用于几乎所有的工程、科学、技术领域,并渗透到人们生活和工作的方方面面。理解并掌握数字信号处理学科的相关知识,是对相关领域专业人才的要求,是人才培养的一项具体内容。培养德才兼备的高素质人才是国家和民族长远发展大计,数字信号处理技术的高质量发展离不开高水平人才和创新团队。对人才的培养从专业基础抓起,能够建立基础课与专业课之间的桥梁,是二十大精神践行的一个具体表现。因此,掌握数字信号处理技术意义十分重大。

下面,先简单回顾信号、系统、信号处理、数字信号处理等基本概念,再介绍数字信号处理系统的基本组成,最后介绍数字信号处理的特点、应用及实现。

1.1 信号、系统与信号处理

1. 信号

信号可以描述范围极其广泛的一类物理现象,它所包含的信息总是寄寓在某种变化形式的波形之中。从古至今,人与人、人与自然、自然与自然之间无时无刻不在进行信息交流,这些信息都要借助一定形式的信号传送出去。例如,我国古代借助烽火这种光信号传递边疆警报,人们借助声音和文字信号表达自己的思想和情感,机械工程师根据机械振动信号分析轴承磨损信息,医学工作者根据生物电信号了解人体健康信息,雷达系统根据回波信号分析目标信息,等等。根据载体的不同,信号可以是电的、磁的、声的、机械的、热的、生物医学的等。对于信号处理来说，一般需要将非电量通过传感器转换成电阻、电感、电容等电参量，并通过传感电路将非电量信号转换为电流或电压信号。

同一种信号，例如电信号，又可以从不同角度进行分类。

(1)确定性信号和随机信号。对给定的任意时刻，信号的取值能精确确定，这样的信号称为确定性信号。例如，一个正弦信号是确定性信号。对于给定的任意时刻，信号的取值不能精确确定，这样的信号称为随机信号。例如，设有一个信号源能输出某固定角频率的正弦信号或余弦信号，输出何种信号取决于抛硬币的结果，抛出正面输出正弦信号，抛出反面输出余弦信号，这样一个信号源输出的信号就是随机信号。

(2) 一维信号、二维信号、矢量信号。若信号是一个自变量(如时间) 的函数，则称为一维信号；若信号是两个自变量(如空间坐标 x,y) 的函数，则称为二维信号，例如图像信号；推而广之，若信号是多个自变量的函数，则称为多维信号。若信号表示成 M 维矢量

$$\boldsymbol{x}=[x_1(n),x_2(n),\cdots,x_M(n)]^{\mathrm{T}}$$

式中，上标 T 表示转置；n 为时间变量。则称 $\boldsymbol{x}$ 是一个 M 维矢量信号。例如，某机械臂的位置信号就是一个三维矢量信号。

(3) 周期信号和非周期信号。若信号的取值可以重复被取到，则该信号为周期信号；否则为非周期信号。

(4) 能量信号和功率信号。若信号的能量 E 有限，则称为能量信号。若信号平均功率 P 有限，则称为功率信号。周期信号及随机信号一般是功率信号，其总能量趋于无穷，而非周期的绝对可积信号或绝对可和信号一般是能量信号。

(5) 连续时间信号与离散时间信号。信号的自变量(一般都看成时间) 取值方式有连续与离散两种。若自变量是连续的数值，则称为连续时间信号；若自变量是离散数值，则称为离散时间信号。信号幅度值(或函数值) 也可以分成连续与离散两种方式，组合起来就有四种情况：如果信号的自变量和幅度值均取连续值，则称为模拟信号；如果信号的自变量连续可变而幅度值可连续变化或出现间断，则称为连续时间信号，显然模拟信号是连续时间信号的特例；如果信号的自变量取值离散而幅度值不一定离散，则称为离散时间信号；如果信号的自变量取值离散且幅度值也离散，则称为数字信号。

2. 系统

系统定义为处理(或变换) 信号的物理设备或软件，可以是由电阻、电容、电感和运算放大器等组成的电路网络，也可以是用软件编程实现对信号处理的方法或算法。

按照处理信号种类的不同，可以将系统分为以下几类：

(1) 连续时间系统。处理连续时间信号，系统输入、输出均为连续时间信号。

(2) 离散时间系统。处理离散时间信号(序列)，系统输入、输出均为离散时间信号。

(3) 模拟系统。处理模拟信号，系统输入、输出均为连续时间、连续幅度的模拟信号。模拟系统是连续时间系统的特例。

(4) 数字系统。处理数字信号，系统输入、输出均为离散时间、离散幅度的数字信号。数字系统是离散时间系统的特例。

3. 信号处理

信号处理是研究用系统对含有信息的信号进行处理(变换)，以获得人们所希望的信号，

从而达到提取信息、便于利用的一门学科。信号处理的内容包括滤波、变换、检测、谱分析、估计、压缩、扩展、增强、识别等一系列的加工处理，以达到提取有用信息、便于应用的目的。

信号处理分为模拟信号处理和数字信号处理。模拟信号处理的对象为模拟信号，主要通过一些模拟器件（如运算放大器、电阻、电容、电感等）组成的网络来完成对信号的处理。但是，模拟信号处理难以做到高精度，易受环境影响，可靠性差，且不灵活。数字信号处理的对象一般是数字信号，但是，若系统中增加模/数转换器（Analog to Digital Converter，A/D转换器）和数/模转换器（Digital to Analog Converter，D/A转换器），则数字信号处理系统也可以处理模拟信号。数字信号处理对信号处理的方式不同于模拟信号处理，它采用数值计算的方法来完成对信号的处理。因此，简单来说，数字信号处理就是用数值计算的方法对信号进行各种所需的处理，这里所说的“处理”的实质是“运算”，处理的对象包括模拟信号和数字信号。

1.2 数字信号处理系统的组成

由于自然界中的大多数信号是模拟信号，而数字信号处理系统凭借其突出的性能在信息领域得到了广泛的应用，因而要用数字系统处理模拟信号，就需要有一个将模拟信号转换为数字信号以及经数字系统处理完成后，再将输出信号转换为模拟信号的装置。用数字信号处理系统处理模拟信号的系统框图如图1.1所示。模拟信号 $x_a(t)$ 先要通过一个抗混叠的模拟低通滤波器，将输入的模拟信号中的高频分量加以滤除，使低通滤波器输出的模拟信号变成严格的带限信号，使其不用太高的抽样频率即可满足抽样定理的要求。然后，进入模/数转换器（A/D转换器）。A/D转换器中的抽样模拟开关将模拟信号转换为离散时间信号。由于后续的量化编码不能瞬时完成，所以抽样开关后面会跟一个保持器（通常由一个电容和一个电压跟随器组成），以保证量化编码时转换的值不变。通常将抽样模拟开关和保持电路合称抽样保持（Sampling and Hold，S/H）电路。A/D转换器中的量化编码器将送入的抽样保持信号的幅度加以量化并形成二进制编码信息，即将离散时间信号转换为数字信号 $x(n)$。随后，数字信号 $x(n)$ 通过数字信号处理系统的核心部分，即数字信号处理器，按照预定的要求进行加工处理，得到数字信号 $y(n)$。然后，数字信号 $y(n)$ 进入D/A转换器。由于锁存器或零阶保持器的作用，D/A转换器将数字信号 $y(n)$ 转换为阶梯形的连续时间信号。该阶梯形信号中含有丰富的高频分量，这些高频分量对于有用信号来说是干扰，因此，需要进行有效抑制。所以，D/A转换器的输出后面需接一个模拟低通滤波器，滤除不需要的高频分量，平滑成所需要的模拟输出信号 $y_a(t)$。

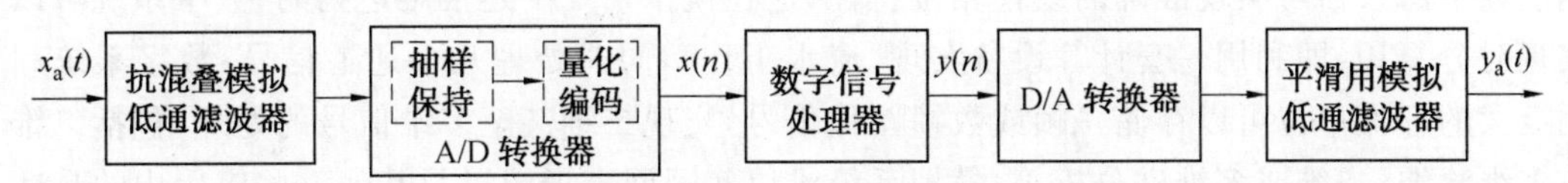

图1.1 模拟信号数字处理的系统框图

图1.1给出的是模拟信号数字处理系统的框图，数字信号处理器可以是通用数字计算机或微处理器，也可以是专用芯片等。实际系统并不一定需要包括所有的功能模块。例如，如果系统只需输出数字信号，就不需要D/A转换器；如果系统的输入、输出都是数字信号，

则只需数字信号处理器这一核心部分即可。

1.3 数字信号处理的特点

由于数字信号处理是用数值计算的方式实现对信号的处理，因此，与模拟信号处理系统相比，数字信号处理主要有以下一些明显的优点：

(1)灵活性高。数字信号处理系统是以微处理器、可编辑逻辑器件等为核心的数字系统，可以只设计和实现一个硬件平台，用不同的软件来执行各种各样的数字信号处理任务。另外，数字信号处理系统的性能主要取决于乘法器的系数，这些系数存储在存储器中。只要有足够的存储空间，系数的个数和取值可以根据需要随时调整，即系统的阶数、结构等可以随时调整，以获得合适的性能。而对于模拟信号处理系统，大多数情况下性能上的调整均需对电路参数或结构进行调整，整个系统需要重新设计及制作。因此，数字信号处理系统的灵活性是传统模拟系统所无法比拟的。

(2)精度高。模拟信号处理系统的精度由元器件决定，而模拟元器件的精度很难达到10^{-3}以上，数字信号处理系统只要采用 14 位字长就可以达到10^{-4}的精度。因此，在精度要求较高的系统中只能采用数字系统。

(3)可靠性强。数字系统只有两个信号电平“0”和“1”，有一定的噪声容限，因而受周围环境温度及噪声的影响较小。而模拟系统中信号电平连续变化，电阻热噪声、半导体器件的噪声、环境电磁干扰等引起的噪声很容易叠加到信号上，必然对模拟系统的输出产生影响。

(4)容易大规模集成。数字部件具有高度规范性，便于大规模集成、大规模生产，而且对电路参数要求不严，产品成品率高。而模拟信号处理系统需要用到电容器或电感器等储能元件，系统阶数越高所需储能元件越多，很难进行大规模集成。尤其对于低频信号处理应用情形，如脑电、心电等生理信号中有用信号的频谱范围大概几赫兹(Hz)到几百赫兹，若用模拟网络进行信号处理，电感器、电容器的数值、体积和质量都非常大，性能也往往达不到要求，而数字信号处理系统在这段频率却非常优越。

(5)可以实现模拟系统难以实现的诸多功能。数字信号可以存储，数字信号处理系统可以对其进行复杂的变换和运算。这一优点使数字信号处理不仅仅限于对模拟系统的逼近，而且可以实现模拟系统难以实现的诸多功能或特性。例如，对信号进行频谱分析，模拟频谱分析仪分辨率取决于带通滤波器的带宽，在频率低端只能分析到 10 Hz 以上的频率，且难以做到高分辨率(足够窄的带宽)，但在数字谱分析中，已能做到10^{-3} Hz 的谱分析；有限长冲激响应数字滤波器可实现准确的线性相位特性，这在模拟系统中是很难达到的；数字系统可以实现时分复用，即利用一套计算设备实现“流水工作”，同时处理几个通道信号；数字系统利用庞大的存储单位可以存储一帧或数帧图像信号，实现二维甚至多维信号的处理，包括二维或多维滤波、二维或多维谱分析等；模拟系统难以实现回声抵消以及其他一些应用中的自适应滤波，但在数字系统中各种实时自适应算法已获得了成功应用。

数字信号处理也有自己的缺点。目前，一般来说，数字系统的速度还不算高，因而还不能处理很高频率的信号。另外，数字信号处理系统的硬件结构还比较复杂，价格昂贵。但随着大规模集成电路的发展，这些问题将变得越来越不重要。

1.4 数字信号处理的应用

正因为数字信号处理系统具有上述优点，数字信号处理的理论和技术一出现就受到人们的极大关注，发展迅速。国际上一般把1965年快速傅里叶变换(FFT)的问世作为数字信号处理这一门新学科的开端。经过50多年的发展，这门学科基本形成了一套完整的理论体系，包括各种快速的和优良的算法。而且随着各种电子技术及计算机技术的飞速发展，数字信号处理的理论和技术还在不断丰富和完善，新的理论和技术层出不穷。可以说，数字信号处理是发展最快、应用最广泛、成效最显著的新学科之一，目前已广泛应用在语音、雷达、声呐、地震、图像、通信、控制、生物医学、遥感遥测、地质勘探、航空航天、故障诊断、自动化仪表等领域。

(1)滤波。滤波是现代数字信号处理的重要研究内容，在信号分析、图像处理、机器学习、自动控制等领域得到了广泛应用。

(2)通信。数字信号处理在通信领域中发挥着重要的作用，包括自适应差分脉码调制、自适应脉码调制、差分脉码调制、增量控制、自适应均衡、信道复用、移动电话、数据加密、扩频技术、通信制式的转换、卫星通信、光通信、深空通信、水下通信和软件无线电等。近年来快速发展的云计算、大数据、人工智能、区块链和物联网等严重依赖高密度和大容量通信，这对所使用的数字信号处理技术提出了更高的要求。

(3)语音、语言。数字信号处理技术在语音信号处理中的应用越来越广泛，包括语音的编解码、数字录音系统、语音识别、语音合成、语音增强和文本语音变换等。

(4)图形、图像。数字信号处理技术在图形、图像处理中的应用主要包括图像压缩、图像增强、图像复原、图像变换、图像分割、图像校正、边缘检测和机器视觉等。

(5)医疗和生物医学工程。现代医学从疾病起因的研究、患者的检查诊断，到新药的开发、研制及实验室实验和临床试验，再到远程医疗监护，无不需要借助数字信号处理技术，包括健康助理、远程医疗监护、超声仪器(B超)、核磁共振(MRI)、CT扫描、心电图仪(ECG)、脑电图仪(EEG)和助听器等。

(6)消费电子。在消费类电子产品领域中，数字信号处理技术体现得最为淋漓尽致，包括数字电视、移动媒体、数字音频、音乐合成器、电子玩具和游戏、CD/VCD/DVD播放器和汽车电子装置等。

(7)仪器。仪器包括频谱分析仪、网络分析仪、函数发生器、瞬态分析仪、锁相环和模式匹配等。

(8)工业控制与自动化。工业控制与自动化包括机器人控制、自动驾驶、打印机控制、伺服控制、电力线监控和计算机辅助制造等。

(9)国防与军事。国防与军事包括雷达处理、声呐处理、导航、全球定位系统、空中预警机、电子战飞机、侦察卫星、航空航天测试、自适应波束形成、阵列信号处理、精确制导武器、无人驾驶飞机、坦克和自行火炮等。

1.5 数字信号处理的实现

数字信号处理通常有以下三种实现方法：

(1)软件实现。软件实现是指在通用计算机或微处理器上编写程序实现各种复杂的信号处理算法。这种方法的优点是灵活、开发周期短，缺点是处理速度慢或实时性差，通常用在信号处理算法和科学研究阶段、教学实验和一些对处理实时性或处理速度要求不高的场合。

(2)专门硬件实现。专门硬件实现是用基本的数字硬件组成专门处理器或专用数字信号处理芯片作为数字信号处理器，如快速傅里叶变换芯片、数字滤波器芯片等。这种方法的优点是可以实时处理，缺点是功能单一、不灵活、开发周期长，适用于要求高速实时处理的一些专用设备中。

(3)软硬件结合实现。软硬件结合实现是指在通用数字信号处理芯片上开发用户所需的信号处理功能。通用数字信号处理芯片是专为信号处理设计的芯片，有专门执行信号处理算法的硬件，如乘法器、流水线工作方式、并行处理、多总线、位反转硬件等，并有专为信号处理用的指令，可实现工程中各种信号处理。这种方法既有实时的优点，又有用软件实现的可灵活编程的优点，是一种目前流行的、重要的数字信号处理实现方法，已经应用到各个领域之中。

第 2 章 离散时间信号与离散系统

2.1 引 言

信号往往被定义为随时间、空间等变化的物理量,信号所包含的信息寄寓在某种变化形式的波形之中。本书的讨论范围仅限于一维信号,为了方便起见,以后在讨论中一般总是用时间来表示自变量,尽管在某些具体应用中自变量不一定是时间。

本章为全书的基础,主要介绍离散时间信号的表示方法和典型信号、离散时间系统的基本性质(线性、时不变性、因果性和稳定性)、线性时不变系统的输入输出关系、系统的输入输出描述法、常系数线性差分方程的解法、连续时间信号的抽样、抽样信号的频谱和抽样定理等内容。对数字信号处理基础内容的理解是相关领域进行技术发展和创新的前提,是贯彻二十大教育方针、强化基础学科教育、发展素质教育的有力体现。

2.2 离散时间信号——序列

离散时间信号只在离散时间上给出函数值,是时间上不连续的一个序列。它既可以是实数,也可以是复数。离散时间信号通常是对一个连续时间信号或模拟信号(如语音)进行抽样得到的。抽样可以是等间隔抽样,也可以是非等间隔抽样,乃至随机抽样。本书只讨论等间隔抽样。对模拟信号 $x_{\mathrm{a}}(t)$ 进行等间隔抽样,抽样间隔为 T,即以每秒 $f_{\mathrm{s}}=\dfrac{1}{T}$ 个抽样的速率抽样,得到

$$x_{\mathrm{a}}(t)\big|_{t=nT}=x_{\mathrm{a}}(nT)\quad(-\infty<n<+\infty)$$

其中,n 取整数。

对于不同的 n 值,$x_{\mathrm{a}}(nT)$ 是一个有序的数字序列:$\cdots,x_{\mathrm{a}}(-T),x_{\mathrm{a}}(0),x_{\mathrm{a}}(T),\cdots$,该数字序列就是离散时间信号。为了区别模拟信号,常忽略 $x_{\mathrm{a}}(nT)$ 中的下标 a,离散时间信号可写作 $\{x(nT)\}$,且在数值上有 $x(nT)=x_{\mathrm{a}}(nT)$,$-\infty<n<+\infty$。实际信号处理中,这些数字序列值先按顺序存放在存储器中,分析处理信号时再读取信号值进行分析或处理,即离散信号分析处理具有非实时性,此时 nT 代表的是前后顺序。为简化,抽样间隔可以不写,形成离散时间信号或序列 $\{x(n)\}$。为了处理方便,离散时间信号 $\{x(n)\}$ 往往简化表示为 $x(n)$。对具体的一个离散时间信号,$x(n)$ 也代表第 n 个序列值。可见,$x(n)$ 具有两重意义:既代表一个离散时间信号,又代表第 n 个序列值。需要强调说明的是,这里 n 取整数值,

表示第 n 个抽样时刻，显然 n 为非整数时无意义。

离散时间信号主要有三种表示方法：集合表示法、公式表示法和图形表示法。集合表示法又称为数列表示法或枚举表示法，将信号值按先后顺序形成一个集合，如 $x(n)=\{\cdots,-1.5,8.7,\underline{0},2.53,6,7.2,\cdots\}$，其中下面有符号"_"的值表示 $n=0$ 时刻的信号值，即 $x(0)$。实际信号处理中即采用此方法，因为实际应用中信号是未知的，所以只能通过观测不断得到信号的观测值。观测信号的过程相当于枚举信号的过程，枚举法在实时信号处理应用场合（如实时滤波）更显重要。在实时滤波场合，往往是每获得一个观测信号值便估计该时刻信号的真值，从而实现实时处理的目的。公式表示法又称为函数表示法，用随 n 变化的规律函数表示信号，如离散正弦信号 $x(n)=\sin \omega n$。如果一个待处理信号可以由一个确定函数表示，那么处理或分析该信号的价值并不大，所以函数表示法主要用于理论研究、讨论或讲授。图形表示法如图 2.1 所示，横坐标表示 n，纵坐标表示信号 $x(n)$ 大小。图形表示法可以直观、形象地给出信号的变化形式，有助于加强人们对信号的理解，故经常被使用。

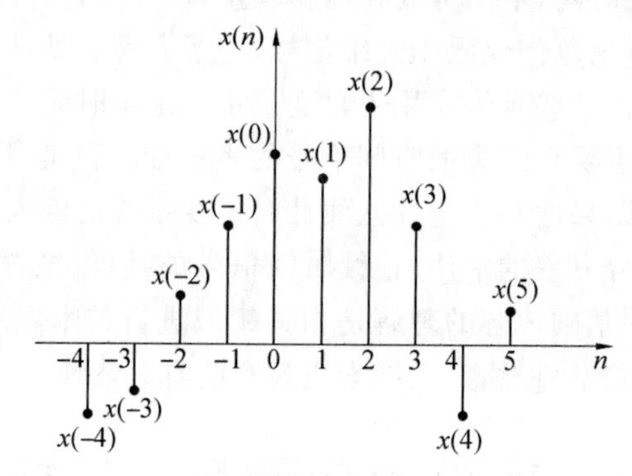

图 2.1　离散时间信号的图形表示

2.2.1　序列的基本运算

要对一个信号进行分析或处理，就要对这个信号进行操作，实现由一个信号变换成另外一个新的信号。由"信号与系统"等先修课程已知，模拟信号可以有加、减、乘、延时、卷积、积分和微分等运算。对于离散时间信号（序列）同样也有类似的运算，只不过模拟信号的运算主要靠元件特性以及基尔霍夫电压定律（KVL）或基尔霍夫电流定律（KCL）实现，而离散时间信号的运算主要通过三个基本运算单元 —— 加法器、乘法器和延时单元实现。

在数字信号处理中，序列的运算包括移位、翻褶、时间尺度变换、和、积、累加、差分、卷积和等。

1. 序列的移位

序列移位就是将原序列 $x(n)$ 移 m 位后得到新的序列 $y(n)$，即

$$y(n)=x(n-m)$$

式中，m 为整数。若 m 为正，则 $x(n-m)$ 是原序列 $x(n)$ 逐项依次延时（右移）m 位而得出的一个新序列；若 m 为负，则 $x(n-m)$ 是原序列 $x(n)$ 依次超前（左移）m 位而得出的一个新序列。

假设 $x(n)$ 如图 2.2(a) 所示，则对 $x(n)$ 延时 2 个单位时间的新信号如图 2.2(b) 所示。

一个序列经过移位操作后，原信号和新信号在形状上并不改变，只是整体左移（超前）

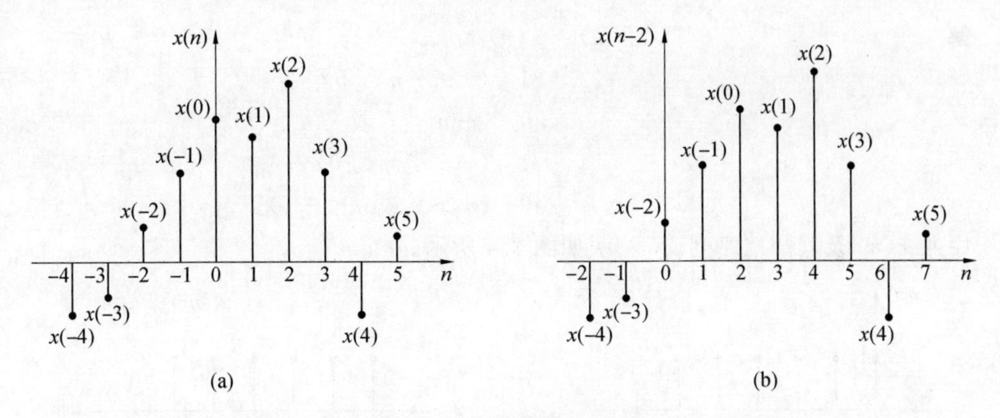

图 2.2　序列的移位运算

或整体右移(延时),所以,从数学运算角度来看,移位运算可以认为是令原信号中的 $n=n-m$ 的数学操作,即

$$y(n)=x(n)\mid_{n=n-m}$$

例 2.1　已知 $x(n)=\begin{cases}1 & (n\geqslant 0)\\ 0 & (n<0)\end{cases}$,求 $x(n-2)$。

解

$$\begin{aligned}x(n-2)&=x(n)\mid_{n=n-2}\\ &=\begin{cases}1 & (n-2\geqslant 0)\\ 0 & (n-2<0)\end{cases}\\ &=\begin{cases}1 & (n\geqslant 2)\\ 0 & (n<2)\end{cases}\end{aligned}$$

序列 $x(n)$ 及其延时序列 $x(n-2)$ 如图 2.3 所示。

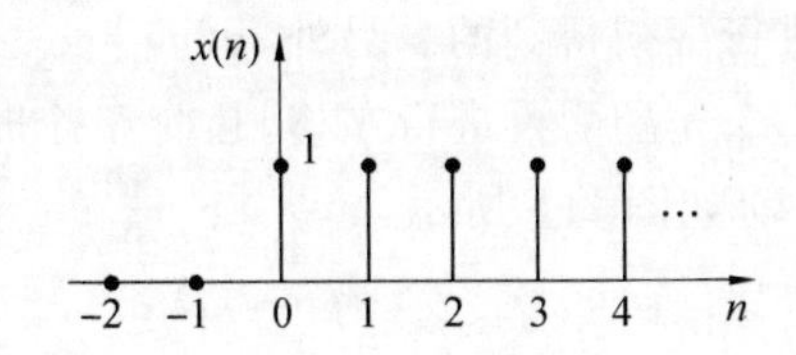

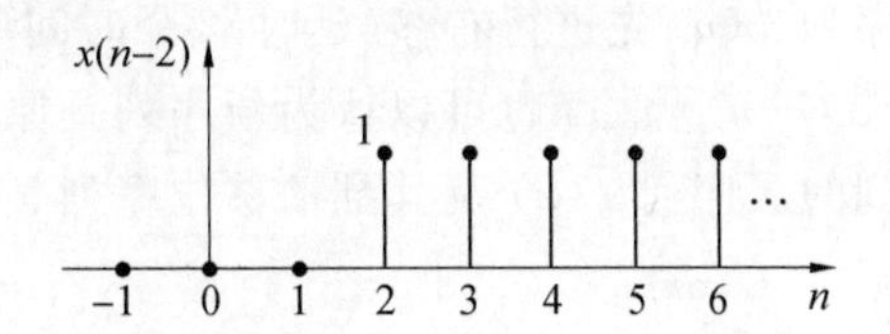

图 2.3　序列 $x(n)$ 及其延时序列 $x(n-2)$

2. 序列的翻褶(翻转)

如果序列为 $x(n)$,则 $x(-n)$ 是以 $n=0$ 的纵轴为对称轴将序列 $x(n)$ 加以翻褶,也即,序列 $x(n)$ 以 $n=0$ 的纵轴做镜像对称形成新序列 $y(n)=x(-n)$。从数学角度上看,序列翻褶可以认为是令原信号中的 $n=-n$ 的数学操作,即

$$y(n)=x(n)\mid_{n=-n}=x(-n)$$

例 2.2　已知 $x(n)=\begin{cases}1 & (0\leqslant n\leqslant 5)\\ 0 & (n<0\text{ 或 }n>5)\end{cases}$,求 $y(n)=x(-n)$。

解

$$x(-n)=x(n)\big|_{n=-n}=\begin{cases}1 & (0\leqslant -n\leqslant 5)\\0 & (-n<0\text{ 或 }-n>5)\end{cases}=\begin{cases}1 & (-5\leqslant n\leqslant 0)\\0 & (n>0\text{ 或 }n<-5)\end{cases}$$

序列 $x(n)$ 及其翻褶序列 $x(-n)$ 如图 2.4 所示。

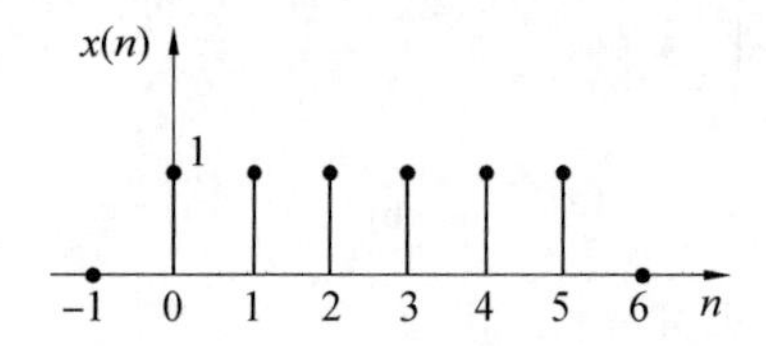

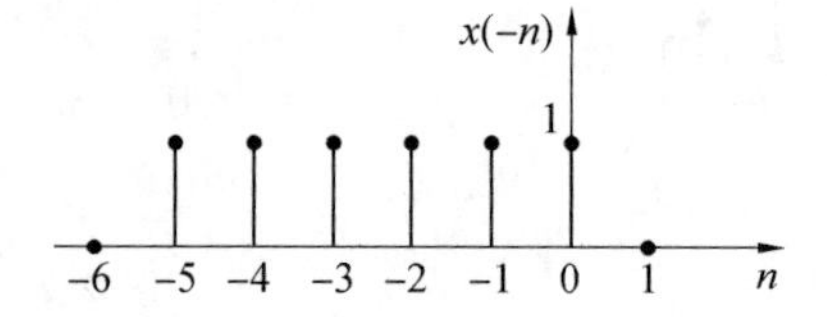

图 2.4　序列 $x(n)$ 及其翻褶序列 $x(-n)$

移位运算及翻褶运算均是对信号的自变量 n 的运算，可以简单地认为是用新的 n 代替原来的 n 即可。

例 2.3　已知 $x(n)=\begin{cases}1 & (n\geqslant 0)\\0 & (n<0)\end{cases}$，求 $x(-n-2)$。

解

$$x(-n-2)=x(n)\big|_{n=-n-2}=\begin{cases}1 & (-n-2\geqslant 0)\\0 & (-n-2<0)\end{cases}=\begin{cases}1 & (n\leqslant -2)\\0 & (n>-2)\end{cases}$$

其运算结果即为例 2.1 的 $x(n-2)$ 进行翻褶 $y(n)=x(-n-2)=x(n-2)\big|_{n=-n}$，即新序列是原序列 $x(n)$ 先进行右移(延时)2 个时间单元再进行翻褶得到的。另外，$y(n)=x(-(n+2))=x(-n)\big|_{n=n+2}$ 也可以认为新序列是原序列 $x(n)$ 先翻褶再进行左移(超前)2 个时间单元得到的。序列 $x(n)$ 及其翻褶移位序列 $x(-n-2)$ 如图 2.5 所示。

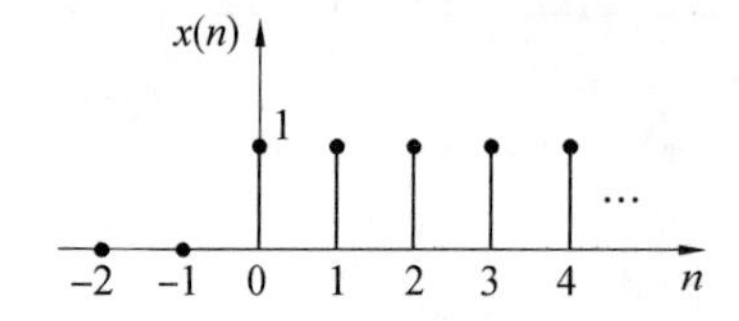

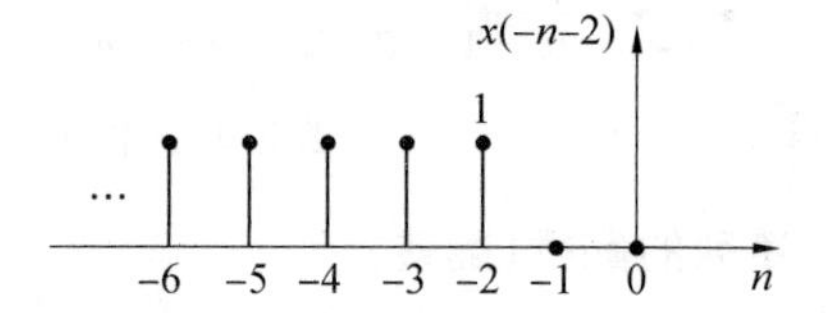

图 2.5　序列 $x(n)$ 及其翻褶移位序列 $x(-n-2)$

3. 序列的时间尺度变换

序列 $x(n)$ 的时间尺度变换序列为 $x(mn)$ 或 $x(n/m)$，其中 m 为正整数。序列的时间尺度变换是一种对自变量 n 的变换或运算，是为了改变连续时间信号的抽样频率。

(1) 抽取(时间压缩、下抽样变换)。

对序列 $x(n)$ 进行时间尺度变换后得到 $x_{\mathrm{D}}(n)=x(mn)$，得到的序列表示从 $x(n)$ 每连续 m 个抽样值中取出一个组成的新序列，其中 m 为正整数。这种变换称为抽取、时间压缩或下抽样变换，$x_{\mathrm{D}}(n)=x(mn)$ 称为 $x(n)$ 的 m 取 1 的抽取序列，相当于将抽样频率减小为

原来的 $1/m$。当 $m=2$ 时，$x(n)$ 和 $x_{\mathrm{D}}(n)$ 分别如图 2.6(a) 和图 2.6(b) 所示。

(2) 插值(时间扩张、上抽样变换)。

$x_{\mathrm{I}}(n)=x(n/m)$ 相当于将抽样频率增大为原来的 m 倍，其中 m 为正整数，这种变换称为插值、时间扩张或上抽样变换。显然，在插值运算中，当 n 不能被 m 整除，即 n/m 不为整数时，$x_{\mathrm{I}}(n)=x(n/m)$ 是一个没有定义的值。实际应用中，此种情形往往直接将没定义的值置零，称为零值插入。零值插入可以表示为

$$x_{\mathrm{I}}(n)=\begin{cases}x(n/m) & (n/m\text{ 为整数})\\ 0 & (n/m\text{ 为其他值})\end{cases}$$

当 $m=2$ 时，$x(n)$ 的零值插入序列 $x_{\mathrm{I}}(n)$ 如图 2.6(c) 所示。

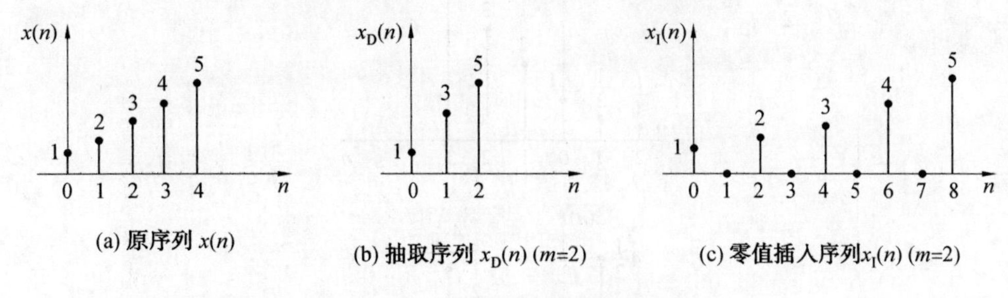

图 2.6　序列的时间尺度变换

序列的时间尺度变换是多速率数字信号处理的基础。

4. 序列的和

两序列的和是指同序号 n 的序列值逐项对应相加而构成的一个新序列，表示为

$$z(n)=x(n)+y(n)$$

例 2.4　已知 $x(n)=\begin{cases}\left(\dfrac{1}{2}\right)^{n-1} & (n\geqslant -1)\\ 0 & (n<-1)\end{cases}$，$y(n)=\begin{cases}2^n & (n<0)\\ n+1 & (n\geqslant 0)\end{cases}$。求 $z(n)=x(n)+y(n)$。

解　序列 $x(n)$ 在 $n=-1$ 处分成两段子序列，而序列 $y(n)$ 在 $n=0$ 处分成两段子序列，则两个信号的和 $z(n)$ 将被 $n=-1$ 和 $n=0$ 分成三段子序列，即

$$z(n)=x(n)+y(n)=\begin{cases}0+2^n & (n<-1)\\ \left(\dfrac{1}{2}\right)^{n-1}+2^n & (-1\leqslant n<0)\\ \left(\dfrac{1}{2}\right)^{n-1}+n+1 & (n\geqslant 0)\end{cases}$$

$$=\begin{cases}2^n & (n<-1)\\ 4.5 & (n=-1)\\ \left(\dfrac{1}{2}\right)^{n-1}+n+1 & (n\geqslant 0)\end{cases}$$

序列 $x(n)$、$y(n)$ 和 $z(n)=x(n)+y(n)$ 如图 2.7 所示。

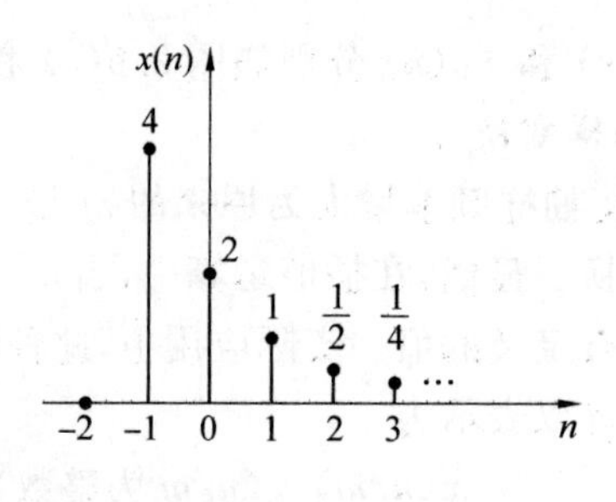

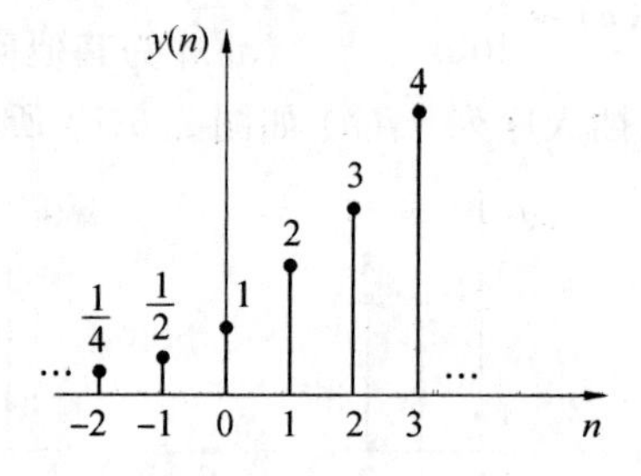

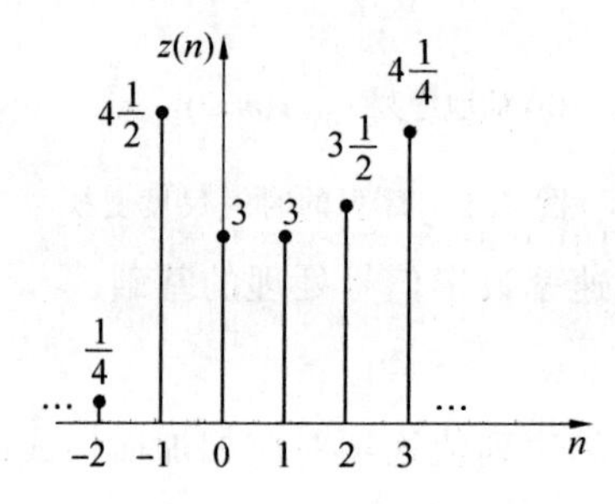

图 2.7　两个序列相加

5. 序列的乘积

两序列相乘是指同序号 n 的序列值逐项对应相乘。乘积序列 $f(n)$ 可表示为

$$f(n)=x(n)\cdot y(n)$$

例 2.5　同例 2.4 的 $x(n)$ 和 $y(n)$，求 $z(n)=x(n)\cdot y(n)$。

解　序列 $x(n)$ 在 $n=-1$ 处分成两段子序列，而序列 $y(n)$ 在 $n=0$ 处分成两段子序列，则两个信号的乘积信号 $z(n)$ 将被 $n=-1$ 和 $n=0$ 分成三段子序列，即有

$$z(n)=x(n)\cdot y(n)=\begin{cases}\left(\dfrac{1}{2}\right)^{n-1}\times(n+1) & (n\geqslant 0)\\ \left(\dfrac{1}{2}\right)^{n-1}\times 2^n & (-1\leqslant n<0)\\ 0\times 2^n & (n<-1)\end{cases}$$

$$=\begin{cases}\left(\dfrac{1}{2}\right)^{n-1}(n+1) & (n\geqslant 0)\\ 2 & (n=-1)\\ 0 & (n<-1)\end{cases}$$

序列 $z(n)=x(n)\cdot y(n)$ 如图 2.8 所示。

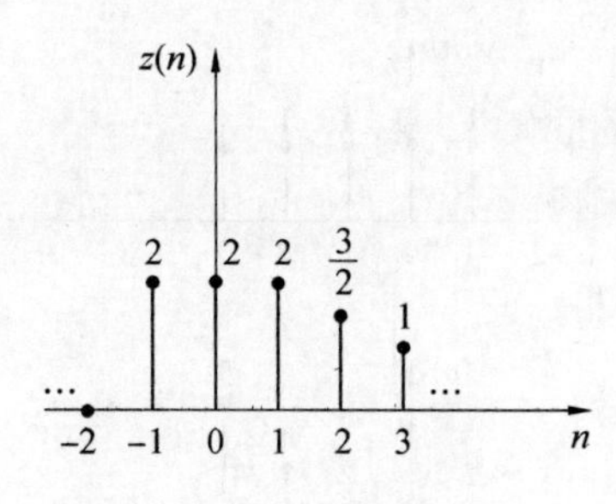

图 2.8　例 2.5 中的序列 $z(n)$

6. 序列的标乘(标量乘法)

序列的标乘是指 $x(n)$ 的每个序列值乘常数 c，相当于将信号整体放大 c 倍。标乘序列 $f(n)$ 可表示为

$$f(n)=cx(n)$$

7. 序列的累加

假设某序列为 $x(n)$，则 $x(n)$ 的累加序列 $y(n)$ 定义为

$$y(n)=\sum_{k=-\infty}^{n}x(k)$$

它表示 $y(n)$ 在某一个 n_0 上的值等于这一个 n_0 上的 $x(n_0)$ 值以及 n_0 以前的所有 n 值上的 $x(n)$ 值之和。因为当抽样周期 T 很小时有

$$\int_{-\infty}^{t}x_{\mathrm{a}}(t)\mathrm{d}t\approx\sum_{k=-\infty}^{n}x_{\mathrm{a}}(kT)T=T\sum_{k=-\infty}^{n}x(k)$$

所以 $y(n)$ 正比于 $y(t)=\int_{-\infty}^{t}x_{\mathrm{a}}(t)\mathrm{d}t$。由此可以看出，离散时间信号的累加运算相当于连续时间信号处理中的积分。另外，连续时间系统中积分器为一个低通系统，故离散时间系统中累加器也是一个低通系统。

例 2.6　假设 $x(n)=\begin{cases}1 & (n\geqslant -1)\\ 0 & (n<-1)\end{cases}$，求 $y(n)=\sum_{k=-\infty}^{n}x(k)$。

解　当 $n<-1$ 时

$$y(n)=\sum_{k=-\infty}^{n}x(k)=\sum_{k=-\infty}^{n}0=0$$

当 $n\geqslant -1$ 时

$$y(n)=\sum_{k=-\infty}^{n}x(k)=\sum_{k=-\infty}^{-2}0+\sum_{k=-1}^{n}1=n-(-1)+1=n+2$$

所以有

$$y(n)=\sum_{k=-\infty}^{n}x(k)=\begin{cases}n+2 & (n\geqslant -1)\\ 0 & (n<-1)\end{cases}$$

序列 $x(n)$、$y(n)$ 如图 2.9 所示。

8. 序列的差分运算

同一序列相邻两个样点之差称为差分，可分为前向差分和后向差分。

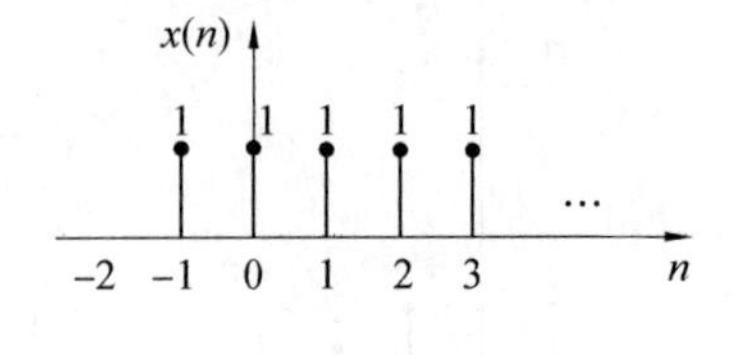

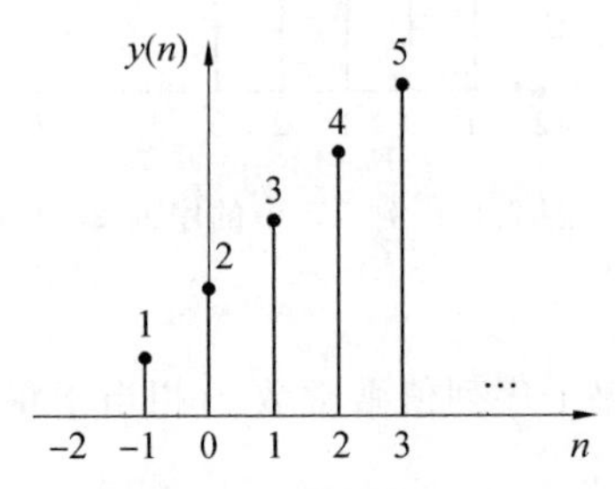

图 2.9　序列的累加

前向差分　　$\Delta x(n)=x(n+1)-x(n)$

后向差分　　$\nabla x(n)=x(n)-x(n-1)$

由此得出　　$\nabla x(n)=\Delta x(n-1)$

若将序列差分值除以抽样间隔 T，则可以近似连续时间信号在某个时间点 nT 的微分值。微分凸显了连续时间信号的变化信息，差分也凸显了离散时间信号的变化信息。所以，类似于连续系统的微分环节，差分运算相当于一个高通系统。很多时候，人们还想从信号的变化中得到更多的信息，如曲率变化信息等，此时一阶差分显然是不够的。仿照一阶微分和高阶微分之间的关系，可以得到高阶差分运算，如二阶后向差分为

$$\begin{aligned}\nabla^2 x(n)&=\nabla(\nabla x(n))\\&=\nabla[x(n)-x(n-1)]\\&=\nabla x(n)-\nabla x(n-1)\\&=\nabla x(n)-\nabla x(n)\mid_{n=n-1}\\&=[x(n)-x(n-1)]-[x(n)-x(n-1)]\mid_{n-1}\\&=[x(n)-x(n-1)]-[x(n-1)-x(n-2)]\\&=x(n)-2x(n-1)+x(n-2)\end{aligned}$$

例 2.7　已知 $x(n)=\begin{cases}n & (n\geqslant 0)\\0 & (n<0)\end{cases}$，求$\nabla x(n)$。

解

$$\nabla x(n)=x(n)-x(n-1)=\begin{cases}1 & (n\geqslant 1)\\0 & (n<1)\end{cases}$$

序列 $x(n)$ 及其后向差分$\nabla x(n)$ 如图 2.10 所示。

例 2.8　已知 $x(n)=\begin{cases}n & (n\geqslant 0)\\0 & (n<0)\end{cases}$，求 $\Delta x(n)$。

解　$$\Delta x(n)=x(n+1)-x(n)=\begin{cases}1 & (n\geqslant 0)\\0 & (n<0)\end{cases}$$

序列 $x(n)$ 及其前向差分 $\Delta x(n)$ 如图 2.11 所示。

对比例 2.7 和例 2.8 可以看出，前向差分 $\Delta x(n)$ 相当于将后向差分$\nabla x(n)$ 左移一位。

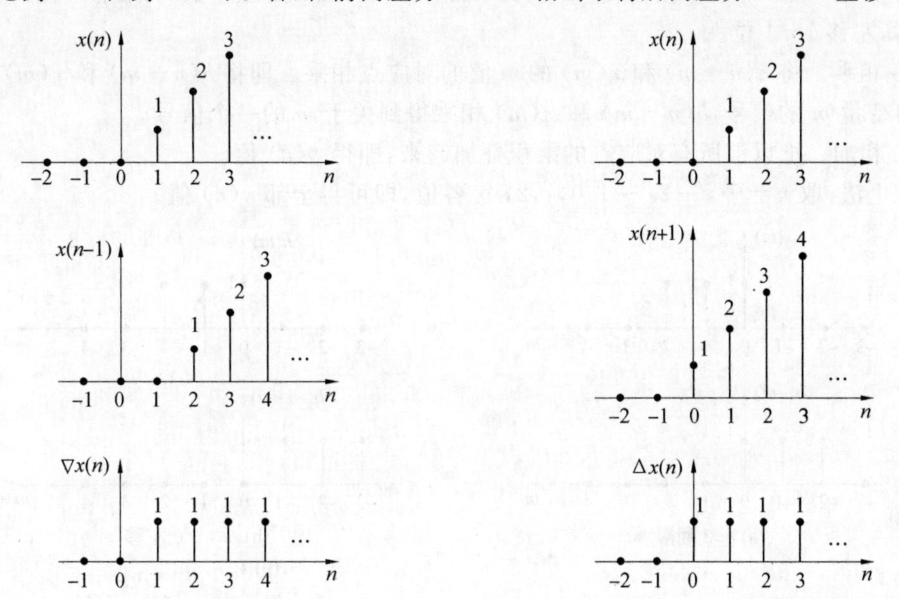

图 2.10　序列 $x(n)$ 及其后向差分$\nabla x(n)$　　　图 2.11　序列 $x(n)$ 及其前向差分 $\Delta x(n)$

2.2.2　序列的卷积和

卷积积分是求连续线性时不变系统输出响应（零状态响应）的主要方法。同样，对离散系统，卷积和是求离散线性时不变系统输出响应（零状态响应）的主要方法。卷积和的由来将在后面的“线性时不变系统的输入输出关系”中详细介绍。这里之所以将卷积和运算提前介绍，是因为下一节介绍某些常用序列之间关系时需要卷积和运算。这里仅一般性地讨论卷积和的定义及运算方法。

假设两个序列为 $x(n)$ 和 $h(n)$，则 $x(n)$ 和 $h(n)$ 的卷积和定义为

$$y(n)=x(n)*h(n)=\sum_{m=-\infty}^{+\infty}x(m)h(n-m) \tag{2.1}$$

其中，卷积和运算用“$*$”来表示。另外，卷积和运算满足交换律，即

$$\begin{aligned}y(n)&=x(n)*h(n)\\&=\sum_{m=-\infty}^{+\infty}x(m)h(n-m)\\&\overset{令r=n-m}{=}\sum_{r=+\infty}^{-\infty}x(n-r)h(r)\\&\overset{令m=r}{=}\sum_{m=+\infty}^{-\infty}h(m)x(n-m)\\&=h(n)*x(n)\end{aligned}$$

卷积和的运算在图形表示上可分为四步：翻褶、移位、相乘和相加，如图 2.12 所示。

① 翻褶。先在哑变量（虚拟变量）坐标 m 上作出序列 $x(m)$ 和 $h(m)$，将 $h(m)$ 以 $m=0$ 的垂直轴为对称轴翻褶成 $h(-m)$。

② 移位。将 $h(-m)$ 移位 n 位，即得到 $h(n-m)$。当 n 为正整数时，右移 n 位，当 n 为负整数时，左移 $|n|$ 位。

③ 相乘。将 $h(n-m)$ 和 $x(m)$ 的 m 值的对应点相乘。即将 $h(n-m)$ 和 $x(m)$ 均看作关于自变量 m 的信号，$h(n-m)$ 和 $x(m)$ 相乘得到关于 m 的一个信号。

④ 相加。把以上所有对应点的乘积叠加起来，即得 $y(n)$ 值。

依上法，取 $n=\cdots,-2,-1,0,1,2,\cdots$ 各值，即可得全部 $y(n)$ 值。

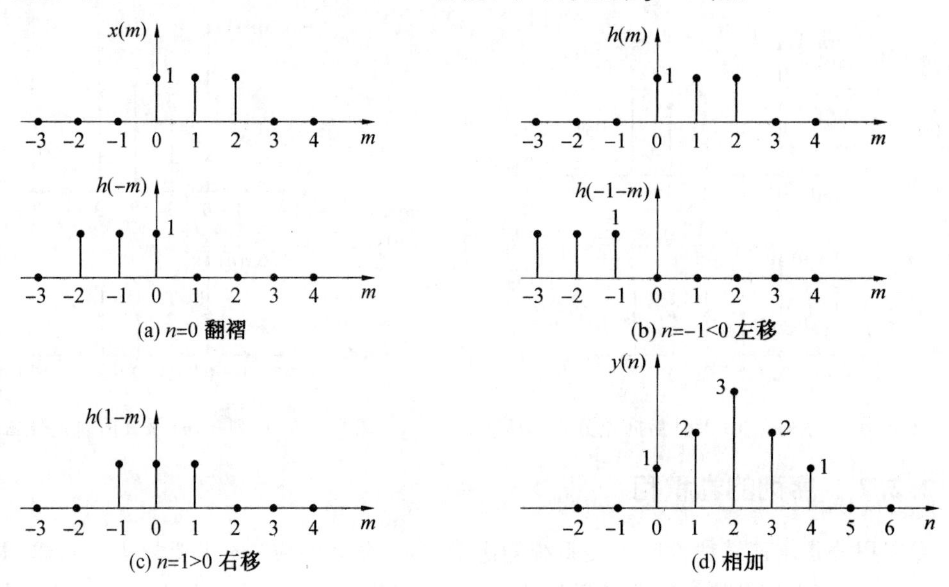

图 2.12　$x(n)$ 和 $h(n)$ 的卷积和图解

卷积和的计算方法常用的有解析法、图解法、列表法、对位相乘相加法、向量－矩阵乘法、利用性质等。

1. 图解加上解析的方法

图解加上解析的方法可以用于计算任意序列之间的卷积和。求解时，根据不同 n 时刻 $x(m)$ 和 $h(n-m)$、$x(n-m)$ 和 $h(m)$ 的非零值重叠区间的情况可能分成几个时间区间分别计算，如例 2.9 所示。

例 2.9　已知 $x(n)=\begin{cases}2 & (0\leqslant n\leqslant 2)\\ 0 & (n\text{ 为其他值})\end{cases}$，$h(n)=\begin{cases}a^n & (n\geqslant 0)\\ 0 & (n<0)\end{cases}$，求 $y(n)=x(n)*h(n)$。

解　序列 $x(n)$ 和 $h(n)$ 如图 2.13(a)、(b) 所示。

$$y(n)=x(n)*h(n)=\sum_{m=-\infty}^{+\infty}x(m)h(n-m)=\sum_{m=0}^{2}x(m)h(n-m)$$

第一步，引入哑变量 m，得 $x(m)$ 和 $h(m)$，如图 2.13(c)、(d) 所示，并对 $x(m)$ 或 $h(m)$ 进行翻褶，不妨对 $h(m)$ 进行翻褶得 $h(-m)$，如图 2.13(e) 所示。

第二步，对翻褶后的 $h(-m)$ 进行右移或延时 n 得 $h(n-m)$，如图 2.13(f)、(g) 所示。

第三步，计算 $x(m)$ 和 $h(n-m)$ 的乘积信号 $x(m)h(n-m)$。由图 2.13(c)、(f) 和(g) 可知，若 $n<0$，则 $x(m)h(n-m)$ 为恒零的信号；若 $0\leqslant n\leqslant 2$，则 $x(m)h(n-m)$ 在 $m\in[0,n]$ 信

号值不为零,而其他 m 处 $x(m)h(n-m)$ 信号值为零;若 $n>2$,则 $x(m)h(n-m)$ 在 $m\in[0,2]$ 信号值不为零,而其他 m 处 $x(m)h(n-m)$ 信号值为零。

第四步,对 $\forall n\in(-\infty,\infty)$ 时刻的 $y(n)$,只需对 $x(m)h(n-m)$ 进行累加。根据第三步可以推知,$y(n)$ 会分成三段:

① 当 $n<0$ 时

$$y(n)=\sum_{m=-\infty}^{+\infty}x(m)h(n-m)=\sum_{m=-\infty}^{+\infty}0=0$$

② 当 $0\leqslant n\leqslant 2$ 时

$$y(n)=\sum_{m=-\infty}^{+\infty}x(m)h(n-m)=\sum_{m=-\infty}^{-1}0+\sum_{m=0}^{n}2a^{n-m}+\sum_{m=n+1}^{+\infty}0=2a^{n}\frac{1-a^{-n-1}}{1-a^{-1}}=2\frac{a^{n+1}-1}{a-1}$$

③ 当 $n>2$ 时

$$y(n)=\sum_{m=-\infty}^{+\infty}x(m)h(n-m)=\sum_{m=-\infty}^{-1}0+\sum_{m=0}^{2}2a^{n-m}+\sum_{m=3}^{+\infty}0=2a^{n}\frac{1-a^{-3}}{1-a^{-1}}=2a^{n-2}(a^{2}+a+1)$$

综上可得

$$y(n)=\begin{cases}2a^{n-2}(a^{2}+a+1) & (n>2)\\ 2\dfrac{a^{n+1}-1}{a-1} & (0\leqslant n\leqslant 2)\\ 0 & (n<0)\end{cases}$$

此卷积过程如图 2.13 所示。

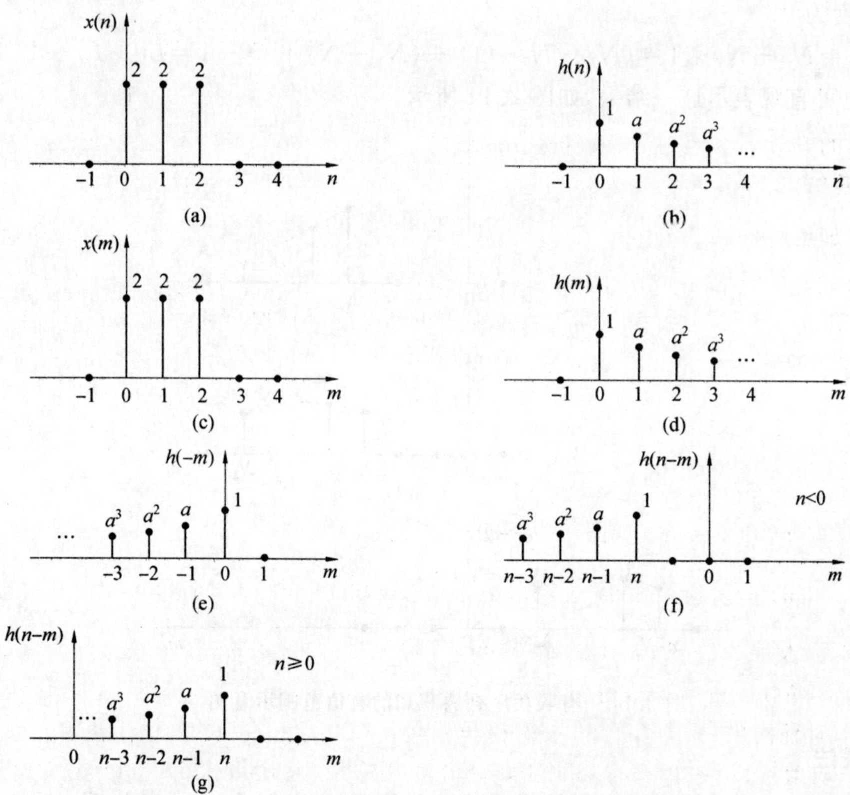

图 2.13　图解加上解析的方法求解卷积和

2. 有限长序列卷积和的有值范围

在例 2.9 中，序列 $x(n)$ 只有有限个序列值不为零。只在 n 的某个有限区间内的信号值不全为零的序列被称为有限长序列，这个非零区间的大小称为有限长序列的长度。下面通过例 2.10 说明两个有限长序列卷积和的特点。

例 2.10 若 $x(n)$ 在 $N_1 \leqslant N \leqslant N_2$ 范围有非零值，即 $x(n)$ 的长度为 $L_1 = N_2 - N_1 + 1$，$h(n)$ 在 $N_3 \leqslant N \leqslant N_4$ 范围有非零值，即 $h(n)$ 的长度为 $L_2 = N_4 - N_3 + 1$，求 $y(n) = x(n) * h(n)$ 在 n 的什么范围有值。

解 由卷积和公式

$$y(n) = x(n) * h(n) = \sum_m x(m)h(n-m)$$

显然应满足

$$N_1 \leqslant m \leqslant N_2$$
$$N_3 \leqslant n - m \leqslant N_4$$

将两不等式相加，可得序列 $y(n)$ 的有值范围为

$$N_1 + N_3 \leqslant n \leqslant N_2 + N_4 \tag{2.2}$$

若 $y(n)$ 的有值范围用 $N_5 \leqslant n \leqslant N_6$ 表示，则

$$N_5 = N_1 + N_3$$
$$N_6 = N_2 + N_4$$

$y(n)$ 的长度为

$$L = N_6 - N_5 + 1 = (N_4 - N_3 + 1) + (N_2 - N_1 + 1) - 1 = L_1 + L_2 - 1 \tag{2.3}$$

用图示法也可直观表示这一结果，如图 2.14 所示。

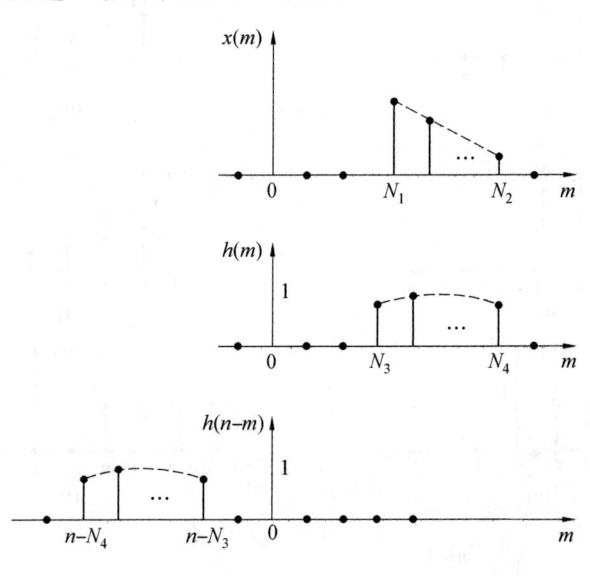

图 2.14 有限长序列卷积和的有值范围示意图

3. 列表法

列表法只适用于计算两个有限长序列的卷积和，下面以例 2.11 进行说明。

例 2.11　假设 $x(n)=\{1,\underline{2},3,4\}$，$h(n)=\{1,2,\underline{1}\}$，用列表法求 $y(n)=x(n)*h(n)$。

解　由已知条件可知 $x(n)$ 的有值范围为 $-1\leqslant n\leqslant 2$，$h(n)$ 的有值范围为 $-2\leqslant n\leqslant 0$。根据式(2.2)可得 $y(n)$ 的有值范围为 $-3\leqslant n\leqslant 2$。而哑变量 m 取值范围与采用的卷积和表达式有关。

若采用 $y(n)=\sum\limits_{m}x(m)h(n-m)$，则 m 的取值范围为 $-1\leqslant m\leqslant 2$。

若采用 $y(n)=\sum\limits_{m}h(m)x(n-m)$，则 m 的取值范围为 $-2\leqslant m\leqslant 0$。

本例采用第二个式子，即 $y(n)=\sum\limits_{m=-2}^{0}h(m)x(n-m)$，见表 2.1。

表 2.1　有限长序列卷积和的列表法求解举例

m		-2	-1	0	$y(n)$
$h(m)$		1	2	1	
$x(n-m)$	$n=-3$	1	—	—	1
	$n=-2$	2	1	—	4
	$n=-1$	3	2	1	8
	$n=0$	4	3	2	12
	$n=1$	—	4	3	11
	$n=2$	—	—	4	4

将表格中 n 取不同值时的 $x(n-m)$ 与对应的 $h(m)$ 相乘，之后再相加即可得对应的 $y(n)$ 值。从表 2.1 中可以看出，$y(n)=\{1,4,8,\underline{12},11,4\}$。

4. 向量－矩阵乘法

向量－矩阵乘法同样只适用于计算两个有限长序列的卷积和。

假设 $x(n)$ 的长度为 L_x，有值范围为 $0\leqslant n\leqslant L_x-1$；$h(n)$ 的长度为 L_h，有值范围为 $0\leqslant n\leqslant L_h-1$。由式(2.2)和式(2.3)可知，$y(n)=x(n)*h(n)$ 的长度为

$$L=L_x+L_h-1$$

有值范围为

$$0\leqslant n\leqslant L_x+L_h-2$$

序列 $x(n)$ 与 $h(n)$ 的卷积和可以表示为

$$\begin{aligned}y(n)=x(n)*h(n)&=\sum_{m=0}^{L_x-1}x(m)h(n-m)\quad(n=0,1,2,\cdots,L-1)\\&=x(0)h(n)+x(1)h(n-1)+\cdots+x(L_x-1)h(n-L_x+1)\end{aligned}$$

写成向量乘积形式为

$$y(n)=[x(0)\quad x(1)\quad\cdots\quad x(L_x-1)]\begin{bmatrix}h(n)\\h(n-1)\\\vdots\\h(n-L_x+1)\end{bmatrix}\quad(n=0,1,2,\cdots,L-1)$$

若将 $y(0),y(1),\cdots,y(L-1)$ 组成行向量$[y(0)\quad y(1)\quad \cdots\quad y(L-1)]$,则

$$[y(0)\quad y(1)\quad \cdots\quad y(L-1)]=[x(0)\quad x(1)\quad \cdots\quad x(L_x-1)]\cdot\begin{bmatrix} h(0) & h(1) & h(2) & \cdots & h(L-1) \\ h(-1) & h(0) & h(1) & \cdots & h(L-2) \\ h(-2) & h(-1) & h(0) & \cdots & h(L-3) \\ \vdots & \vdots & \vdots & & \vdots \\ h(-L_x+1) & h(-L_x+2) & h(-L_x+3) & \cdots & h(L-L_x) \end{bmatrix}$$

由于 $h(n)$ 的有值范围为 $0\leqslant n\leqslant L_h-1$,因此

$$[y(0)\quad y(1)\quad \cdots\quad y(L-1)]=[x(0)\quad x(1)\quad \cdots\quad x(L_x-1)]\cdot\begin{bmatrix} h(0) & h(1) & \cdots & h(L_h-1) & 0 & \cdots & 0 & 0 & 0 \\ 0 & h(0) & h(1) & \cdots & h(L_h-1) & 0 & \cdots & 0 & 0 \\ 0 & 0 & h(0) & h(1) & \cdots & h(L_h-1) & 0 & 0 & 0 \\ \vdots & \vdots & \vdots & \vdots & \vdots & \vdots & \vdots & \vdots & \vdots \\ 0 & 0 & 0 & \cdots & 0 & h(0) & h(1) & \cdots & h(L_h-1) \end{bmatrix} \tag{2.4}$$

若令

$$\boldsymbol{x}=[x(0)\quad x(1)\quad \cdots\quad x(L_x-1)]$$

$$\boldsymbol{y}=[y(0)\quad y(1)\quad \cdots\quad y(L-1)]$$

$$\boldsymbol{H}=\begin{bmatrix} h(0) & h(1) & \cdots & h(L_h-1) & 0 & \cdots & 0 & 0 & 0 \\ 0 & h(0) & h(1) & \cdots & h(L_h-1) & 0 & \cdots & 0 & 0 \\ 0 & 0 & h(0) & h(1) & \cdots & h(L_h-1) & 0 & \cdots & 0 \\ \vdots & \vdots & \vdots & \vdots & \vdots & \vdots & \vdots & & \vdots \\ 0 & 0 & 0 & \cdots & 0 & h(0) & h(1) & \cdots & h(L_h-1) \end{bmatrix}$$

则式(2.4)可记作

$$\boldsymbol{y}=\boldsymbol{x}\boldsymbol{H} \tag{2.5}$$

矩阵 $\boldsymbol{H}$ 共有 L_x 行,$L=L_x+L_h-1$ 列,其各对角线元素相同,第一行之后的各行依次等于前一行的循环右移一位。具有上述特点的矩阵称为托普利兹(Toeplitz)矩阵。

例 2.12 假设 $x(n)=\{1,\underline{2},3,4\}$,$h(n)=\{1,2,\underline{1}\}$,用向量-矩阵乘法求 $y(n)=x(n)*h(n)$。

解 $x(n)$ 的长度 $L_x=4$,$h(n)$ 的长度 $L_h=3$,因此 $y(n)$ 的长度 $L=L_x+L_h-1=6$。

矩阵 $\boldsymbol{H}$ 共有 $L_x=4$ 行,$L=6$ 列,表示为

$$\boldsymbol{H}=\begin{bmatrix} 1 & 2 & 1 & 0 & 0 & 0 \\ 0 & 1 & 2 & 1 & 0 & 0 \\ 0 & 0 & 1 & 2 & 1 & 0 \\ 0 & 0 & 0 & 1 & 2 & 1 \end{bmatrix}$$

$$y = xH = [1\quad 2\quad 3\quad 4]\begin{bmatrix}1&2&1&0&0&0\\0&1&2&1&0&0\\0&0&1&2&1&0\\0&0&0&1&2&1\end{bmatrix} = [1\quad 4\quad 8\quad 12\quad 11\quad 4]$$

由于 $x(n)$ 的有值范围为 $-1\leqslant n\leqslant 2$，$h(n)$ 的有值范围为 $-2\leqslant n\leqslant 0$，因此 $y(n)$ 的有值范围为 $-3\leqslant n\leqslant 2$。

故

$$y(n)=\{1,4,8,\underline{12},11,4\}$$

5. 对位相乘相加法

此法的计算原理与LTI系统对输入的响应有关，它与列表法、向量－矩阵乘法计算卷积和等并无本质区别，均是针对有限长序列的卷积和的快速而有效计算方法。根据例2.10可知，两个有限长序列的卷积和为一有限长序列，且卷积和得到的有限长序列的不为零区间起止时刻，为原先两个有限长序列的起止时刻分别相加。可见，只要知道卷积和运算后序列的值，然后用起止时刻定一下时间坐标 n，即可得到卷积和运算后的序列。下面以例 2.13 说明如何利用对位相乘相加法计算序列的卷积和。

例 2.13　假设 $x(n)=\{1,\underline{2},3,4\}$，$h(n)=\{1,2,\underline{1}\}$，用对位相乘相加法求 $y(n)=x(n)*h(n)$。

解　首先，将两个序列排成两行，且将其各自 n 最大的序列值对齐(即按右端对齐)，然后做乘法运算但不要进行进位，最后将同一列的乘积值相加即得到卷积和结果。

$x(n)$			1	2	3	4
$h(n)$		×		1	2	1
			1	2	3	4
		2	4	6	8	
	1	2	3	4		
$y(n)$	1	4	8	12	11	4

由于 $x(n)$ 的 n 取值为 $-1\sim 2$，而 $h(n)$ 的 n 取值为 $-2\sim 0$，根据式(2.2)，$y(n)$ 的 n 的取值应为 $-3\sim 2$，由此可确定 $y(n)|_{n=0}=y(0)$ 的定位，即有

$$y(n)=\{1,4,8,\underline{12},11,4\}$$

2.2.3　几种常用的典型序列

1. 单位抽样(单位脉冲或单位冲激)序列 $\boldsymbol{\delta(n)}$

$$\delta(n)=\begin{cases}1 & (n=0)\\0 & (n\neq 0)\end{cases}=\{\cdots,0,0,\underline{1},0,0,\cdots\}$$

这个序列只在 $n=0$ 处有一个单位值 1，其余点上皆为 0，因此也称为单位脉冲序列或单位冲激序列，如图 2.15 所示。

$\delta(n)$ 是最常用、最重要的一种序列，它在离散时间信号与系统中的作用，类似于连续时间系统中的单位冲激函数 $\delta(t)$。但是，$\delta(t)$ 是 $t=0$ 点脉冲宽度趋于 0，幅值趋于无穷大，面

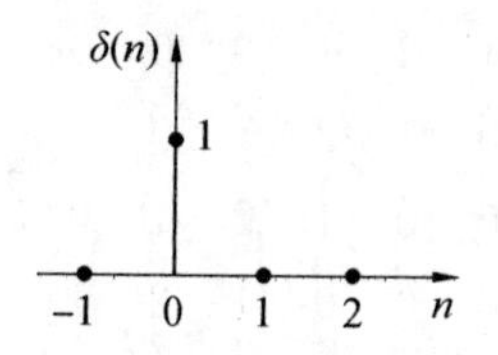

图 2.15　单位抽样序列

积为 1 的信号，是极限概念的信号，属于特殊函数。任何连续时间信号，其作用时间不可能趋于 0 而幅度为无穷大，所以 $\delta(t)$ 并非任何现实的信号。而 $\delta(n)$ 却完全是一个现实的序列，其脉冲幅度是 1，是一个有限值。

2. 单位阶跃序列 $u(n)$

$$u(n)=\begin{cases}1 & (n\geqslant 0)\\ 0 & (n<0)\end{cases}$$

单位阶跃序列如图 2.16 所示。$u(n)$ 类似于连续时间信号与系统中的单位阶跃函数 $u(t)$，但是 $u(t)$ 在 $t=0$ 时常不给予定义，而 $u(n)$ 在 $n=0$ 时定义为 $u(0)=1$。

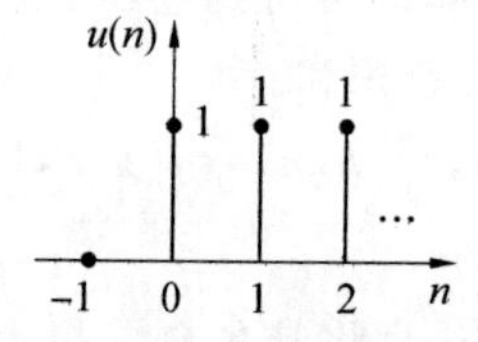

图 2.16　单位阶跃序列

在连续时间信号与系统中有 $\delta(t)=\mathrm{d}u(t)/\mathrm{d}t$，同样，在离散时间信号与系统中 $\delta(n)$ 和 $u(n)$ 的关系为

$$\delta(n)=u(n)-u(n-1)=\nabla u(n)$$

也就是，$\delta(n)$ 是 $u(n)$ 的后向差分。另外有

$$\begin{aligned}u(n)&=\delta(n)+u(n-1)\\&=\delta(n)+\delta(n-1)+u(n-2)\\&=\delta(n)+\delta(n-1)+\cdots+\delta(n-m)+u(n-m-1)\\&=\sum_{m=0}^{+\infty}\delta(n-m)\end{aligned}$$

令 $k=n-m$，代入上式可得

$$u(n)=\sum_{k=n}^{-\infty}\delta(k)=\sum_{k=-\infty}^{n}\delta(k)$$

即 $u(n)$ 是 $\delta(n)$ 的累加，与连续时间信号与系统中的 $u(t)=\int_{-\infty}^{t}\delta(t)\mathrm{d}t$ 相似。显然当 $n<0$ 时 $u(n)=0$，当 $n\geqslant 0$ 时 $u(n)=1$。

3. 矩形序列

$$R_N(n)=\begin{cases}1 & (0\leqslant n\leqslant N-1)\\ 0 & (n\text{ 为其他值})\end{cases}$$

矩形序列如图 2.17 所示。

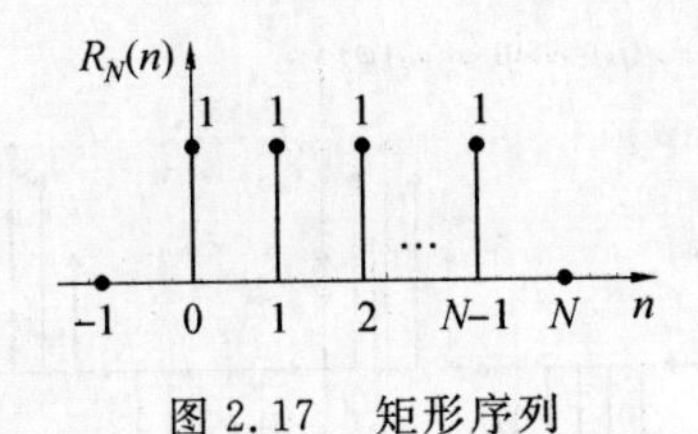

图 2.17　矩形序列

$R_N(n)$ 与 $\delta(n)$、$u(n)$ 的关系为

$$R_N(n)=u(n)-u(n-N)$$

$$R_N(n)=\delta(n)+\delta(n-1)+\cdots+\delta(n-N+1)=\sum_{m=0}^{N-1}\delta(n-m)$$

4. 实指数序列

$$x(n)=a^n u(n)$$

其中，a 为实数。当 $|a|<1$ 时，序列是收敛的；而当 $|a|>1$ 时，序列是发散的。a 为负数时，序列是摆动的，如图 2.18 所示。

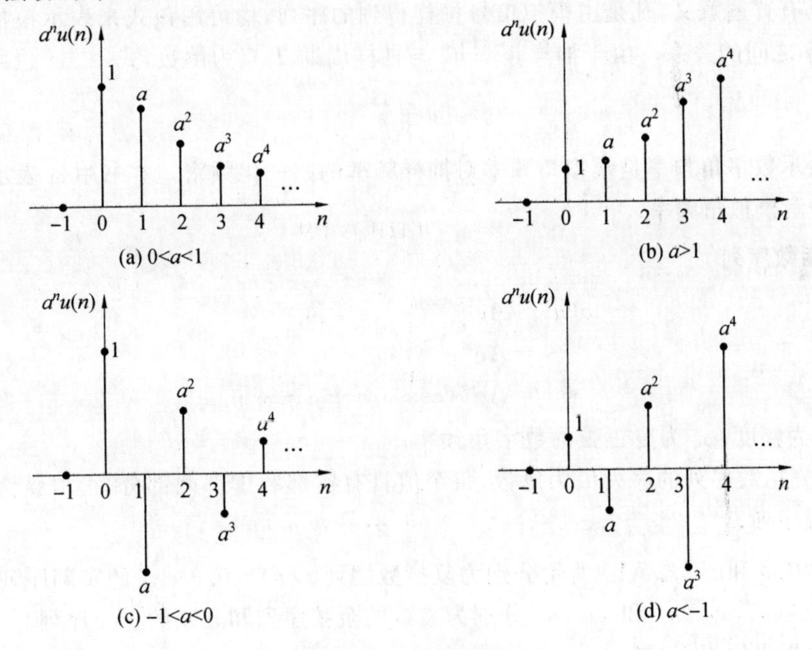

图 2.18　实指数序列

5. 正弦型序列

$$x(n)=A\sin(n\omega_0+\varphi)$$

式中，A 为幅度；φ 为起始相位；ω_0 为数字域的角频率，它反映了序列变化的速率。

正弦型序列如图 2.19 所示。

如果序列是由模拟信号 $x_a(t)$ 抽样得到的，那么

$$x_a(t)=A\sin(\Omega t)$$

$$x_a(t)\big|_{t=nT}=A\sin(\Omega nT)=x(n)$$

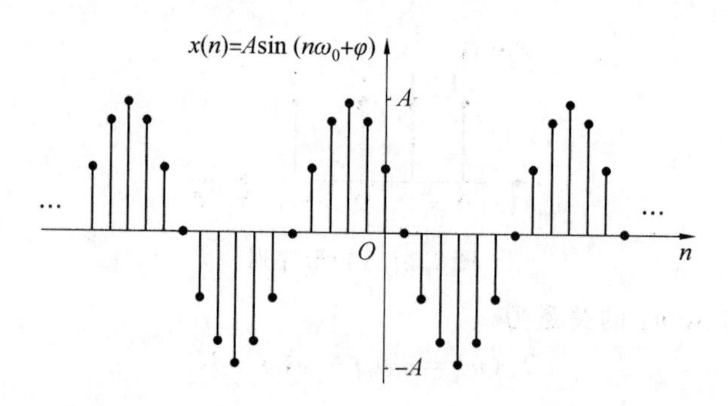

图 2.19　正弦型序列($\omega_0=\pi/6, \varphi=5\pi/6$)

$$x(n)=A\sin(\Omega T n)\xlongequal{\omega=\Omega T}A\sin\omega n$$

由于在数值上,序列值与抽样信号值相等,因此得到数字角频率ω与模拟角频率Ω之间的关系为

$$\omega=\Omega T \tag{2.6}$$

式(2.6)具有普遍意义,凡是由模拟信号抽样得到的序列,均可用该式来表示模拟角频率与数字角频率之间的关系。由于抽样频率f_s与抽样周期T互为倒数,式(2.6)也可以表示成

$$\omega=\frac{\Omega}{f_s} \tag{2.7}$$

式(2.7)表示数字角频率是模拟角频率对抽样频率的归一化频率。本书用ω表示数字角频率,用Ω表示模拟角频率。

6. 复指数序列

$$\begin{aligned}x(n)&=Ae^{(\sigma+j\omega_0)n}\\&=Ae^{\sigma n}e^{j\omega_0 n}\\&=Ae^{\sigma n}(\cos\omega_0 n+j\sin\omega_0 n)\end{aligned}$$

式中,$Ae^{\sigma n}$为幅度;ω_0为复正弦的数字角频率。

显然,复指数序列的序列值为复数,每个值具有实部和虚部两部分,可以认为是两个实序列的合成序列。

图2.20(a)和图2.20(b)所示分别为复指数序列$x(n)=0.9^n e^{j\frac{\pi}{10}n}$的实部序列$x_{Re}(n)$和虚部序列$x_{Im}(n)$,$x_{Re}(n)$和$x_{Im}(n)$分别为衰减的余弦序列和衰减的正弦序列。

如果用极坐标表示,则

$$x(n)=|x(n)|e^{j\arg[x(n)]}=Ae^{\sigma n}e^{j\omega_0 n}$$

因此,序列的幅度序列为$|x(n)|=Ae^{\sigma n}$,序列的辐角序列为$\arg[x(n)]=\omega_0 n$。复指数序列$x(n)=0.9^n e^{j\frac{\pi}{10}n}$的幅度序列$|x(n)|$和辐角序列$\arg[x(n)]$分别如图2.21(a)和2.21(b)所示。

特殊地,当$\sigma=0$时,$x(n)=Ae^{j\omega_0 n}$为幅度恒定的一个复指数序列。

2.2.4　序列的周期性

如果对所有n存在一个最小的正整数N,使得下面等式成立

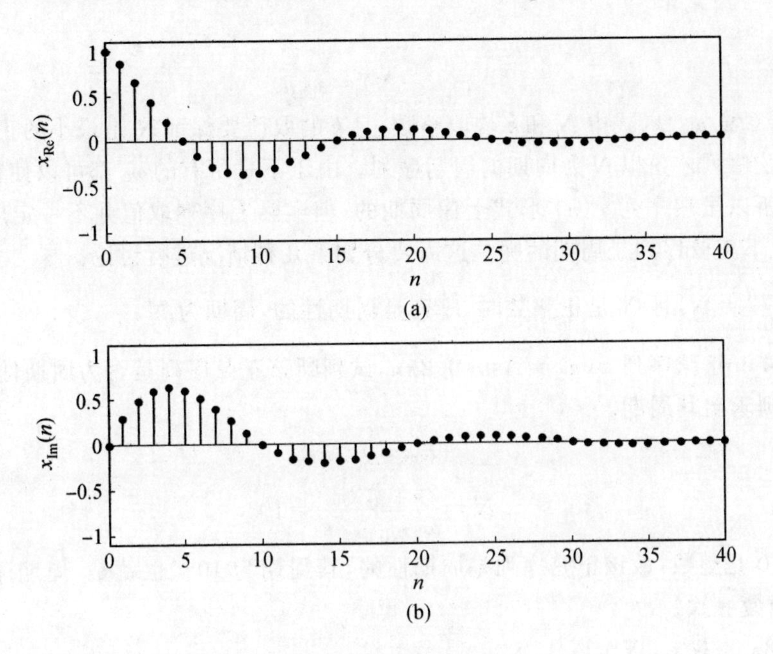

图 2.20　复指数序列的实部序列和虚部序列($x(n)=0.9^n e^{j\frac{\pi}{10}n}$)

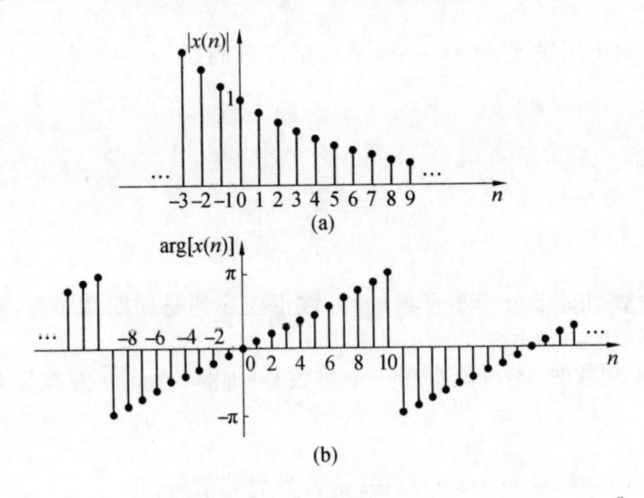

图 2.21　复指数序列的幅度序列和辐角序列($x(n)=0.9^n e^{j\frac{\pi}{10}n}$)

$$x(n)=x(n+N)\quad(-\infty<n<\infty)$$

即序列每隔 N 取相同值，则称序列 $x(n)$ 为周期性序列，周期为 N，注意 N 要取整数。根据连续时间信号与系统中的知识可知，任何一个满足狄利克雷(Dirichlet)条件的周期信号均可以分解成一系列正弦信号之和。同样，对离散时间信号，一个周期序列也可以分解成一系列正弦序列之和。所以，下面讨论一般正弦序列的周期性。

假设正弦序列 $x(n)$ 为

$$x(n)=A\sin(n\omega_0+\varphi)$$

则

$$x(n+N)=A\sin[(n+N)\omega_0+\varphi]=A\sin(n\omega_0+N\omega_0+\varphi)$$

如果

$$x(n+N)=x(n)$$

则要求 $N=(2\pi/\omega_0)k$，式中 N 和 k 均取整数，且 k 的取值要保证 N 是最小的正整数，满足这些条件，正弦序列才是以 N 为周期的周期序列。由于不是所有的 ω_0 都可以使得 N 和 k 同时取到整数，所以虽然序列 $x(n)$ 形式上像周期的，但实际上序列取值并不一定周期重复。那么什么情况下正弦序列是周期的呢？这需要分如下几种情况进行讨论。

(1) 当 $\frac{2\pi}{\omega_0}=N$，且 N 是正整数时，序列是周期性的，周期为 N。

例 2.14 正弦序列 $x(n)=A\sin 0.2\pi n$，试判断该正弦序列是否为周期性序列，若为周期性序列，则求出其周期。

解

$$\omega_0=0.2\pi$$

$$N=\frac{2\pi}{\omega_0}=\frac{2\pi}{0.2\pi}=10$$

显然，$N=10$ 是整数，故该正弦序列是周期性的，其周期为 10。也就是，周期序列取值每隔 10 抽样点重复一次。

(2) 当 $\frac{2\pi}{\omega_0}=\frac{N}{m}$，且 $\frac{N}{m}$ 为有理数，N 和 m 互为素数时，序列仍是周期性的，周期为 N。

例 2.15 已知正弦序列 $x(n)=\sin\frac{3\pi}{7}n$，试求其周期。

解

$$\omega_0=\frac{3\pi}{7}$$

$$\frac{2\pi}{\omega_0}=\frac{2\pi}{\frac{3\pi}{7}}=\frac{14}{3}$$

显然，$\frac{14}{3}$ 为有理分数且分子分母不可再约，故该正弦序列是周期性序列，其周期为 14。

(3) 当 $\frac{2\pi}{\omega_0}$ 为无理数时，不可能存在一个整数 N 使得 $N\times\frac{2\pi}{\omega_0}$ 为整数 k，因此序列是非周期性的。

例 2.16 判断信号 $x(n)=\sin\sqrt{3}\pi n$ 是否为周期信号。

解

$$\omega_0=\sqrt{3}\pi$$

$$\frac{2\pi}{\omega_0}=\frac{2\pi}{\sqrt{3}\pi}=\frac{2}{\sqrt{3}}$$

显然，$\frac{2}{\sqrt{3}}$ 为无理数，所以信号 $x(n)$ 为非周期序列。

2.2.5 用单位抽样序列来表示任意序列

用单位抽样序列表示任意序列对分析线性时不变系统是很有用的。

假设有序列 $x(n)$，若该序列与单位抽样序列的移位序列 $\delta(n-m)$ 相乘则可得到如下新序列：

$$x_m(n)=x(n)\delta(n-m)=\begin{cases}x(m) & (n=m)\\0 & (n\neq m)\end{cases}$$

其中,m 为任意整数。该新序列也可表示成

$$x_m(n)=x(m)\delta(n-m)$$

该新序列相当于把 $x(n)$ 除了 $n=m$ 点外的值屏蔽为0的序列。若将 m 取遍 $-\infty\sim+\infty$ 所有的整数值,则可以得到一系列信号 $\{x(m)\delta(n-m),m\in\mathbf{Z}\}$,而这些信号的和正好为信号 $x(n)$,即有

$$x(n)=\sum_{m=-\infty}^{+\infty}x(m)\delta(n-m)\tag{2.8}$$

式(2.8)表明任意一个序列 $x(n)$ 均可以表示成单位抽样序列的移位 $\delta(n-m)$ 的加权和,权值即为 $x(n)$ 在 $n=m$ 处的值 $x(m)$。该式同时也表明 $\delta(n)$ 的移位序列集合 $\{\delta(n-m),m\in\mathbf{Z}\}$ 是离散时间信号空间的一组平凡基,且这组平凡基还是正交规范基。任何一个离散时间信号均可以用这组基表示,其表示系数即为离散时间信号 $x(n)$ 各个抽样值。如图 2.22 所示序列 $x(n)$ 可以用单位抽样序列表示为

$$x(n)=\delta(n+1)+1.5\delta(n)-3\delta(n-2)$$

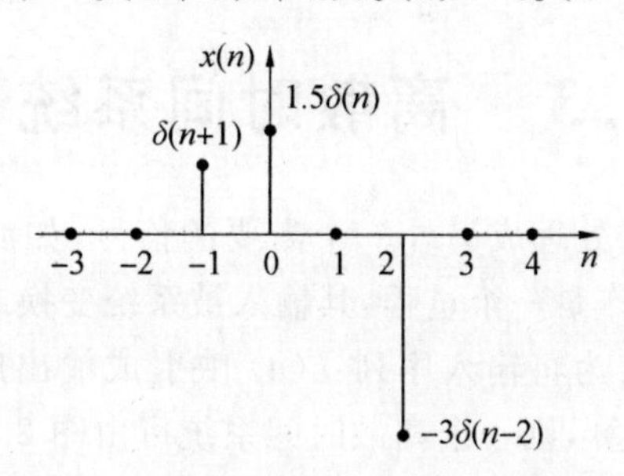

图 2.22　用单位抽样序列表示任意序列 $x(n)$

另外,对比式(2.8)与卷积和公式 $y(n)=x(n)*h(n)=\sum_{m=-\infty}^{+\infty}x(m)h(n-m)$,可知

$$x(n)=\sum_{m=-\infty}^{+\infty}x(m)\delta(n-m)=x(n)*\delta(n)$$

也就是,任意一个信号与抽样信号做卷积等于其自身,这与连续时间信号与系统中的 $x(t)*\delta(t)=x(t)$ 是一样的。作为拓展,显然有

$$\sum_{m=-\infty}^{+\infty}x(m)\delta(n-n_0-m)=x(n)*\delta(n-n_0)=x(n-n_0)$$

即 $\delta(n)$ 与 $\delta(t)$ 类似,具有筛选性质。

2.2.6　序列的能量和功率

一个连续时间信号 $x_a(t)$ 的能量往往定义为:将信号假设为电压信号或电流信号,让其作用在单位电阻上消耗的功率即为其能量,即 $E=\int_{-\infty}^{+\infty}x_a^2(t)\mathrm{d}t$。对一个离散时间信号 $x(n)$,其能量 E 定义为序列各抽样样本的平方和,即

$$E = \sum_{n=-\infty}^{+\infty} |x(n)|^2$$

若 $x(n)$ 是由抽样连续时间信号 $x_a(t)$ 得到的，则序列的能量正比于连续时间信号的能量，代表了连续时间信号的能量。

序列的能量可以是有限的，也可以是无限的。若能量 E 有限（即 $0 \leqslant E < \infty$），那么该信号称为能量有限信号，简称能量信号。

离散时间信号 $x(n)$ 的平均功率定义为

$$P = \lim_{N \to \infty} \frac{1}{2N+1} \sum_{n=-N}^{+N} |x(n)|^2$$

显然，若能量 E 有限，则平均功率 $P=0$；若能量 E 无限，平均功率 P 可能是有限的，也可能是无限的。如果平均功率 P 有限，那么该信号称为功率有限信号，简称功率信号。

对于周期序列 $x(n)$，其平均功率可以表示为

$$P = \frac{1}{N} \sum_{n=0}^{N-1} |x(n)|^2$$

式中，N 为序列 $x(n)$ 的周期。

2.3 离散时间系统

很多时候需要将一个信号处理成另外一个需要的信号，如滤波，这需要借助“系统”来实现，如滤波器。系统可以看作是一个过程，其输入被系统变换或以某种方式对信号做出响应。一个离散时间系统可定义为将输入序列 $x(n)$ 映射成输出序列 $y(n)$ 的一种变换或运算。若以 $T[\cdot]$ 来表示这种运算，则一个离散时间系统可由图 2.23 来表示，即

$$y(n) = T[x(n)]$$

例如，离散时间系统 $y(n)=Ax(n)+b$ 是对 $\forall n$ 将 $x(n)$ 放大 A 倍后电平移动 b 形成的系统输出或响应。须注意的是，从离散时间系统的定义可知，系统、映射、变换、运算或操作可以认为是同义词，均表示“系统”之意。

对离散时间系统，可以从不同的方面进行分类：从性质上可以划分为线性系统和非线性系统、时变系统和时不变系统；从响应特点上可以划分为因果系统和非因果系统、稳定系统和非稳定系统。在离散时间系统中，最重要最常用的是线性时不变系统。

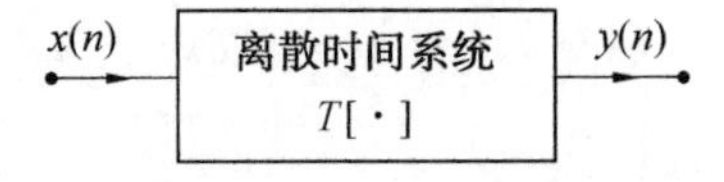

图 2.23 离散时间系统

2.3.1 线性系统

若离散时间系统满足可加性与比例性，则称此系统为离散时间线性系统，即：如果某一个输入是由几个序列的加权组成，那么输出也就是系统对这组序列中每一个序列的响应的加权和。

假设 $x_1(n)$ 和 $x_2(n)$ 分别作为系统的输入序列，其输出分别用 $y_1(n)$ 和 $y_2(n)$ 表示，即

$$y_1(n)=T[x_1(n)]$$
$$y_2(n)=T[x_2(n)]$$

那么线性系统一定满足下面两个公式，即

$$T[x_1(n)+x_2(n)]=T[x_1(n)]+T[x_2(n)]=y_1(n)+y_2(n) \tag{2.9}$$

$$T[ax(n)]=ay(n) \tag{2.10}$$

式中，a 为任意常数。

满足式(2.9)的性质称为线性系统的可加性；满足式(2.10)的性质称为线性系统的比例性或齐次性。这两个性质合在一起就称为叠加原理或叠加性质，可表示成

$$T[a_1x_1(n)+a_2x_2(n)]=T[a_1x_1(n)]+T[a_2x_2(n)]=a_1y_1(n)+a_2y_2(n)$$

式中，a_1 和 a_2 为任意常数。

该式可以推广到多个输入的叠加，即

$$T[\sum_k a_kx_k(n)]=\sum_k a_kT[x_k(n)]=\sum_k a_ky_k(n)$$

式中，$y_k(n)$ 就是系统对输入 $x_k(n)$ 的响应。

叠加原理说明系统运算与信号求和运算可以交换次序。

在证明一个系统为线性系统时，必须同时证明此系统满足可加性和比例性，即必须证明系统满足叠加原理，而且信号以及所有比例常数可以是任意值，包括复数。另外，对于线性系统来说，叠加性质直接导致一个结论：恒等于0的输入序列，即 $x(n)\equiv 0$，其输出序列值也恒等于0，即 $y(n)\equiv 0$。该结论可以用于快速证明一个系统是非线性的，只要零输入而非零输出，例如系统 $y(n)=Ax(n)+b$。

例 2.17　试判断系统 $y(n)=x(n)\sin\left(\frac{3\pi}{7}n+\frac{\pi}{7}\right)$ 是否为线性系统。

解　该系统对 $\forall n$ 将 $x(n)$ 放大 $\sin\left(\frac{3\pi}{7}n+\frac{\pi}{7}\right)$ 倍后作为系统响应 $y(n)$，故系统映射即为一个放大操作或数乘操作。假设

$$x_1(n)\rightarrow y_1(n)=T[x_1(n)]=x_1(n)\sin\left(\frac{3\pi}{7}n+\frac{\pi}{7}\right)$$

$$x_2(n)\rightarrow y_2(n)=T[x_2(n)]=x_2(n)\sin\left(\frac{3\pi}{7}n+\frac{\pi}{7}\right)$$

$$\begin{aligned}
&x(n)=a_1x_1(n)+a_2x_2(n)\rightarrow\\
&y(n)=T[x(n)]\\
&\quad=x(n)\sin\left(\frac{3\pi}{7}n+\frac{\pi}{7}\right)\\
&\quad=[a_1x_1(n)+a_2x_2(n)]\sin\left(\frac{3\pi}{7}n+\frac{\pi}{7}\right)\\
&\quad=a_1x_1(n)\sin\left(\frac{3\pi}{7}n+\frac{\pi}{7}\right)+a_2x_2(n)\sin\left(\frac{3\pi}{7}n+\frac{\pi}{7}\right)
\end{aligned}$$

若有 $y(n)=a_1y_1(n)+a_2y_2(n)$ 成立，则系统为线性系统。而

$$a_1y_1(n)+a_2y_2(n)=a_1x_1(n)\sin\left(\frac{3\pi}{7}n+\frac{\pi}{7}\right)+a_2x_2(n)\sin\left(\frac{3\pi}{7}n+\frac{\pi}{7}\right)$$

显然有 $y(n)=a_1y_1(n)+a_2y_2(n)$ 成立,故该系统为线性系统。

例 2.18 证明系统 $y(n)=2x(n)+3$ 是非线性系统。

证明

$$x_1(n)\rightarrow y_1(n)=2x_1(n)+3$$

$$x_2(n)\rightarrow y_2(n)=2x_2(n)+3$$

$$\begin{aligned}x(n)&=a_1x_1(n)+a_2x_2(n)\rightarrow\\ y(n)&=T[x(n)]\\&=2x(n)+3\\&=2[a_1x_1(n)+a_2x_2(n)]+3\end{aligned}$$

$$\begin{aligned}a_1y_1(n)+a_2y_2(n)&=a_1[2x_1(n)+3]+a_2[2x_2(n)+3]\\&=2[a_1x_1(n)+a_2x_2(n)]+3(a_1+a_2)\end{aligned}$$

显然,不满足对任意的 a_1 和 a_2 有 $y(n)=a_1y_1(n)+a_2y_2(n)$,所以该系统为非线性系统。实际上,本例也可以利用线性系统的结论“零输入 / 零输出”证明该系统为非线性系统。

2.3.2 时不变系统

假设有一个 RC 一阶电路,电阻 R 和电容 C 两个参数不随时间变化,今天输入一个单位阶跃信号的系统响应和明天输入一个单位阶跃信号的系统响应显然是相同的。这种特性行为不随时间而变的系统称为时不变系统或移不变系统。这种系统的特点是系统的特性参数不随时间变化而变化,也就是系统的运算关系 $T[\cdot]$ 在整个运算过程中不随时间(也即不随序列的移位)而变化。时不变性可以描述为:如果在输入信号上有一个时移,而在输出信号中产生同样的时移,那么这个系统就是时不变的,即若

$$x(n)\rightarrow y(n)=T[x(n)]$$

$$x_1(n)=x(n-n_0)\rightarrow y_1(n)=T[x_1(n)]\big|_{x_1(n)=x(n-n_0)}=T[x(n-n_0)]$$

则有

$$y_1(n)=y(n-n_0)$$

满足以上关系的系统就称为时不变系统。

例 2.19 证明系统 $y(n)=2x(n)+3$ 是时不变系统。

证明

$$x(n)\rightarrow y(n)=2x(n)+3$$

$$x_1(n)=x(n-n_0)\rightarrow y_1(n)=[2x_1(n)+3]\big|_{x_1(n)=x(n-n_0)}=2x(n-n_0)+3$$

$$y(n-n_0)=y(n)\big|_{n=n-n_0}=[2x(n)+3]\big|_{n=n-n_0}=2x(n-n_0)+3$$

显然有 $y_1(n)=y(n-n_0)$,故该系统是时不变系统。

根据例 2.19 可知,系统 $y(n)=2x(n)+3$ 为非线性系统,但因为系统映射与时间 n 无关,系统是时不变的。所以,一个系统的线性与时不变性是两个不同的系统特性,一个线性系统不必是时不变的,一个时不变系统也不必是线性的。

例 2.20 试判断系统 $y(n)=x(n)\sin\left(\frac{3\pi}{7}n+\frac{\pi}{7}\right)$ 是否为时不变系统。

解

$$x(n)\rightarrow y(n)=x(n)\sin\left(\frac{3\pi}{7}n+\frac{\pi}{7}\right)$$

$$x(n-n_0) \rightarrow T[x(n-n_0)] = x(n-n_0)\sin\left(\frac{3\pi}{7}n+\frac{\pi}{7}\right)$$

$$y(n-n_0) = y(n)\big|_{n=n-n_0} = \left[x(n)\sin\left(\frac{3\pi}{7}n+\frac{\pi}{7}\right)\right]\bigg|_{n=n-n_0}$$

$$= x(n-n_0)\sin\left[\frac{3\pi}{7}(n-n_0)+\frac{\pi}{7}\right]$$

显然，$T[x(n-n_0)] \neq y(n-n_0)$，故该系统为时变系统。

由例 2.17 和例 2.20 可知系统 $y(n)=x(n)\sin\left(\frac{3\pi}{7}n+\frac{\pi}{7}\right)$ 为线性系统，但是时变系统。因为该系统将输入 $x(n)$ 放大 $\sin\left(\frac{3\pi}{7}n+\frac{\pi}{7}\right)$ 形成系统输出 $y(n)$，该系统相当于一个放大器，只不过该系统的操作即放大倍数 $\sin\left(\frac{3\pi}{7}n+\frac{\pi}{7}\right)$ 是与时间 n 有关的，不同时间点系统操作不同，所以该系统是时变的。

同时具有线性和时不变性的离散时间系统称为线性时不变(Linear Time Invariant)离散时间系统，简称 LTI 系统。除非特殊说明，本书都是研究 LTI 系统。

2.3.3　单位抽样响应与 LTI 系统的输入输出关系

假设系统的输入 $x(n)=\delta(n)$，且系统初始状态为零，这种条件下的系统输出 $y(n)$ 称为系统的单位抽样响应，又称为系统的单位脉冲响应或单位冲激响应，用 $h(n)$ 表示。也就是，单位抽样响应即为系统对 $\delta(n)$ 的零状态响应，用公式表示为

$$h(n) = T[\delta(n)]$$

$h(n)$ 和连续时间系统中的单位冲激响应 $h(t)$ 类似，代表了系统的时域特征。下面讨论任意序列 $x(n)$ 经过一个 LTI 系统后的响应 $y(n)$ 与 $h(n)$ 的关系。

根据 2.2.5 节内容可知，任何一个序列可以表示为单位抽样序列移位加权和，即

$$x(n) = \sum_{m=-\infty}^{+\infty} x(m)\delta(n-m)$$

那么将 $x(n)$ 输入 LTI 系统时，系统输出为

$$y(n) = T[x(n)] = T[\sum_{m=-\infty}^{+\infty} x(m)\delta(n-m)]$$

根据线性系统的叠加性质，有

$$y(n) = \sum_{m=-\infty}^{+\infty} x(m)T[\delta(n-m)]$$

又根据时不变性质，有

$$y(n) = \sum_{m=-\infty}^{+\infty} x(m)h(n-m) = x(n) * h(n) \tag{2.11}$$

式(2.11) 表示线性时不变系统的输出等于输入序列和该系统的单位抽样响应的卷积和，如图 2.24 所示。另外，式(2.11) 意味着一个重要的结果：既然一个 LTI 系统对任意输入的响应可以用系统对单位抽样的响应来表示，那么 LTI 系统的单位抽样响应就完全刻画了系统的特性，也就是 LTI 系统可以用其单位抽样响应唯一表征。

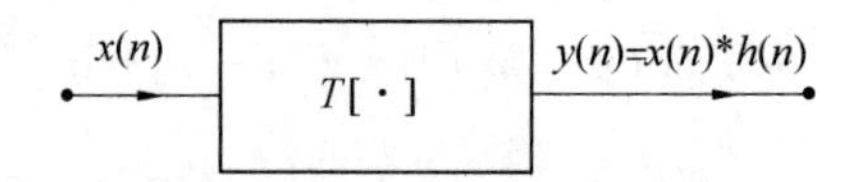

图 2.24　线性时不变系统

例 2.21　考虑一LTI系统，其单位抽样响应为$h(n)$，输入为$x(n)$，如图 2.25(a)、(b)所示，求系统响应 $y(n)$。

解　因为$x(n)$仅在$x(0)$和$x(1)$为非零，即$x(n)=0.5\delta(n)+2\delta(n-1)$，所以

$$y(n)=\sum_{m=-\infty}^{+\infty}x(m)h(n-m)=\sum_{m=-\infty}^{+\infty}[0.5\delta(m)+2\delta(m-1)]h(n-m)$$

$$=\sum_{m=0}^{1}[0.5\delta(m)+2\delta(m-1)]h(n-m)=0.5h(n)+2h(n-1)$$

可见，在求 $y(n)$ 中仅涉及两个单位抽样响应的移位和加权的结果，即 $0.5h(n)$ 和 $2h(n-1)$ 两个序列，它们分别表示于图 2.25(c)、(d)。这两个序列在每个 n 值上相加就得到 $y(n)$，如图 2.25(e) 所示。

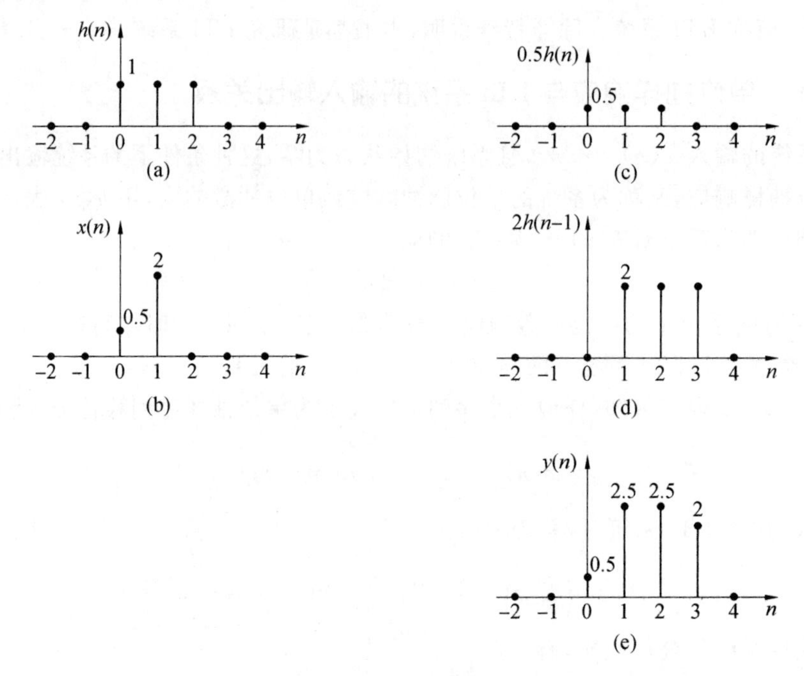

图 2.25　线性时不变系统对输入序列的响应

利用在每个单独输出样本上的叠加求和的结果，可以得出一种有用的方法，即用卷积和来想象 $y(n)$ 的计算。用图来展现这种计算的一种特别有用的方式是：一开始就将信号 $x(m)$ 和 $h(n-m)$ 都看成m的函数，将它们相乘就得到序列 $g(m)=x(m)h(n-m)$，它可以看作在每一个时刻m，输入$x(m)$对输出在时刻n做出的贡献，这样就能得到如下结论：将全部 $g(m)$ 序列中的样本值相加就是在所选定的时刻 n 的输出值。这个计算过程相当于把 $x(n)$ 看作多位数 $\cdots x(-1)x(0)x(1)\cdots$ 和把 $h(n)$ 看作多位数 $\cdots h(-1)h(0)h(1)\cdots$，然后两个多位数进行乘法。特别地，当 $x(n)$ 和 $h(n)$ 为有限长序列时，相当于两个多位数进行对位

相乘相加。如例 2.21，如图 2.25 所示的计算过程等价于如下的对位相乘相加法计算卷积和：

$h(n)$		1	1	1
$x(n)$	×		0.5	2
		2	2	2
	0.5	0.5	0.5	
$y(n)$	0.5	2.5	2.5	2

可见，对位相乘相加法本质就是一个 LTI 系统 $h(n)$ 对一个输入 $x(n)$ 的响应过程。

2.3.4　线性时不变系统的性质

1. 交换律

由于卷积和与两卷积序列的次序无关，故卷积和运算服从交换律，即

$$y(n)=x(n)*h(n)=h(n)*x(n)$$

这就是说，如果把单位抽样响应 $h(n)$ 改为输入，而把输入 $x(n)$ 改为系统的单位抽样响应，则输出 $y(n)$ 不变，如图 2.26 所示。

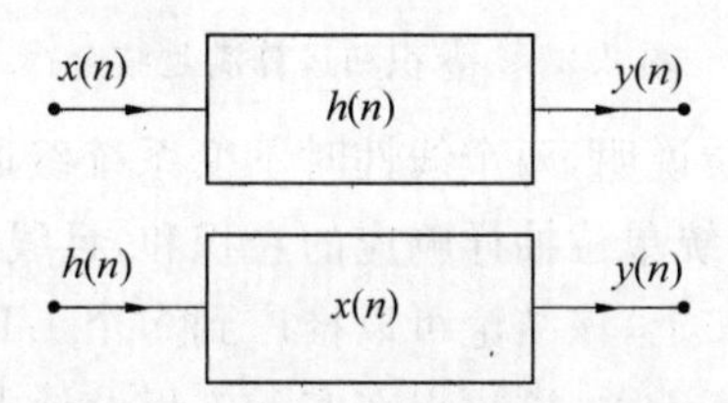

图 2.26　卷积和运算满足交换律

2. 结合律

假设一个 LTI 系统由两个 LTI 子系统级联而成，两个子系统的单位抽样响应分别为 $h_1(n)$ 和 $h_2(n)$，如图 2.27(a) 所示，则 LTI 系统的响应为

$$\begin{aligned}
y(n)&=[x(n)*h_1(n)]*h_2(n)\\
&=\sum_{r=-\infty}^{+\infty}\left\{\left[\sum_{m=-\infty}^{+\infty}x(m)h_1(n-m)\right]\bigg|_{n=r}h_2(n-r)\right\}\\
&=\sum_{m=-\infty}^{+\infty}\left\{x(m)\sum_{r=-\infty}^{+\infty}[h_1(r-m)h_2(n-r)]\right\}\\
&=\sum_{m=-\infty}^{+\infty}\left\{x(m)\sum_{l=-\infty}^{+\infty}[h_1(l)h_2(n-m-l)]\right\}\\
&=\sum_{m=-\infty}^{+\infty}\left\{x(m)[h_1(n)*h_2(n)]\big|_{n=n-m}\right\}\\
&=x(n)*[h_1(n)*h_2(n)]
\end{aligned}$$

上式表明，两个 LTI 系统级联构成的 LTI 系统的单位抽样响应是这两个系统单位抽样响应的卷积和，即 $h(n)=h_1(n)*h_2(n)$，如图 2.27(b) 所示。同时，$y(n)=[x(n)*h_1(n)]*h_2(n)=x(n)*[h_1(n)*h_2(n)]$ 说明卷积和运算具有结合律。利用卷积和运算的交换律，有

$$y(n)=x(n)*[h_2(n)*h_1(n)]$$

则图 2.27(b) 和图 2.27(c) 是等效的。再利用结合律，则

$$y(n)=[x(n)*h_2(n)]*h_1(n)$$

就可以得到图 2.27(d) 的系统。

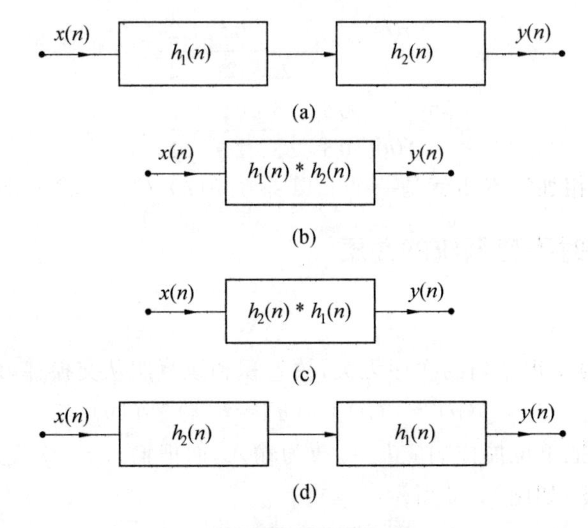

图 2.27　卷积和运算满足结合律

卷积和运算的结合律性质说明，两个线性时不变系统级联后仍构成一个线性时不变系统，其单位抽样响应为两个系统单位抽样响应的卷积和，且线性时不变系统的单位抽样响应与它们的级联次序无关。事实上，该结论可以推广到多个 LTI 系统的级联。LTI 系统级联其总系统响应与系统级联次序无关，这一点在实际工程设计中是非常有用的，例如一个带通滤波器可以由一个低通滤波器和一个高通滤波器级联构成，高通滤波器和低通滤波器可以独立设计而不影响整体性能。LTI 系统级联特性在计算上也是非常有用的，几个信号卷积，先挑选两个相对简单的信号进行卷积，这样相对更容易计算出最后的结果。

3. 分配律

卷积和运算的另一个基本性质是它满足分配律。假设一个LTI系统由两个LTI子系统并联而成，两个子系统的单位抽样响应分别为 $h_1(n)$ 和 $h_2(n)$，如图 2.28(a) 所示，LTI 系统的响应为

$$\begin{aligned}y(n)&=y_1(n)+y_2(n)\\&=x(n)*h_1(n)+x(n)*h_2(n)\\&=\sum_{m=-\infty}^{+\infty}x(m)h_1(n-m)+\sum_{m=-\infty}^{+\infty}x(m)h_2(n-m)\\&=\sum_{m=-\infty}^{+\infty}x(m)[h_1(n-m)+h_2(n-m)]\\&=x(n)*[h_1(n)+h_2(n)]\end{aligned}$$

上式说明，两个线性时不变系统的并联等效于一个系统，此系统的单位抽样响应等于两系统各自单位抽样响应之和，如图 2.28(b) 所示。

例 2.22　在图 2.29 中，$h_1(n)$ 系统与 $h_2(n)$ 系统级联，假设

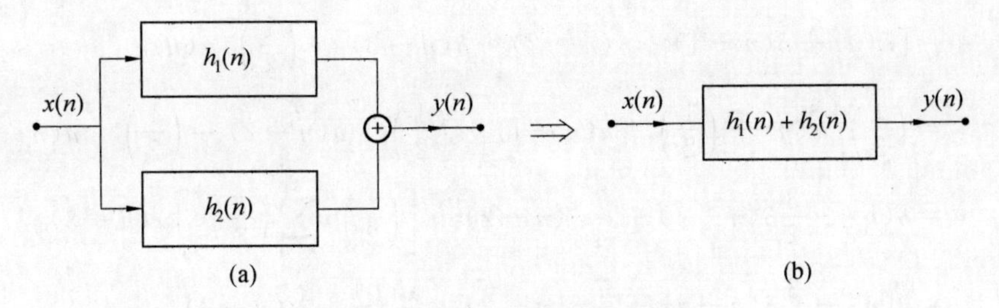

图 2.28　卷积和运算满足分配律

$$x(n)=u(n)$$
$$h_1(n)=\delta(n)-\delta(n-4)$$
$$h_2(n)=\left(\frac{1}{2}\right)^n u(n)$$

求系统的输出 $y(n)$。

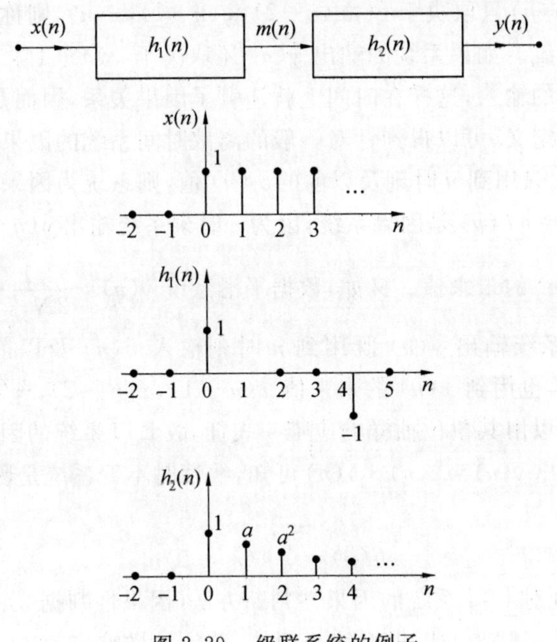

图 2.29　级联系统的例子

解　先求第一级的输出 $m(n)$。

$$\begin{aligned} m(n) &= x(n) * h_1(n) \\ &= u(n) * [\delta(n)-\delta(n-4)] \\ &= u(n) * \delta(n) - u(n) * \delta(n-4) \\ &= u(n) - u(n-4) \\ &= R_4(n) \end{aligned}$$

再求 $y(n)$，此时第一级输出即为第二级的输入，则

$$\begin{aligned} y(n) &= m(n) * h_2(n) \\ &= R_4(n) * \left(\frac{1}{2}\right)^n u(n) \end{aligned}$$

$$=[\delta(n)+\delta(n-1)+\delta(n-2)+\delta(n-3)]*\left(\frac{1}{2}\right)^{n}u(n)$$

$$=\left(\frac{1}{2}\right)^{n}u(n)+\left(\frac{1}{2}\right)^{n-1}u(n-1)+\left(\frac{1}{2}\right)^{n-2}u(n-2)+\left(\frac{1}{2}\right)^{n-3}u(n-3)$$

$$=\delta(n)+\frac{3}{2}\delta(n-1)+\frac{7}{4}\delta(n-2)+\left[\left(\frac{1}{2}\right)^{n}\sum_{k=0}^{3}\left(\frac{1}{2}\right)^{k}\right]u(n-3)$$

$$=\delta(n)+\frac{3}{2}\delta(n-1)+\frac{7}{4}\delta(n-2)+\frac{15}{8}\left(\frac{1}{2}\right)^{n}u(n-3)$$

$$=\delta(n)+\frac{3}{2}\delta(n-1)+\frac{7}{4}\delta(n-2)+\frac{15}{64}\left(\frac{1}{2}\right)^{n-3}u(n-3)$$

2.3.5 因果系统

如果系统 n 时刻的输出，只取决于 n 时刻以及 n 时刻以前的输入序列，而和 n 时刻以后的输入序列无关，即 $y(n)$ 只取决于 $\cdots,x(n-2),x(n-1),x(n)$，则称该系统具有因果性质，或称该系统为因果系统。如果系统的输出 $y(n)$ 还取决于 $x(n+1),x(n+2),\cdots$，也即系统的输出还取决于未来的输入，这样在时间上就违背了因果关系，因而是非因果系统。

根据因果系统的定义，可以得到针对一般的离散时间系统的因果性判断方法(因果性判据 1)：若 n 时刻 $y(n)$ 只用到 n 时刻及以前的 $x(n)$ 值，则系统为因果系统，否则为非因果系统。例如，系统 $y(n)=nx(n)$ 是因果系统，因为 n 时刻系统输出 $y(n)$ 等于 n 时刻输入 $x(n)$ 乘 n 倍，没有用到 $x(n)$ 的未来值。又如，数据平滑系统 $y(n)=\frac{1}{2N+1}\sum_{k=-N}^{N}x(n-k)$ 是非因果系统，因为 n 时刻系统输出 $y(n)$ 既用到 n 时刻输入 $x(n)$ 及以前值 $x(n-N),x(n-N+1),\cdots,x(n-1)$，也用到 $x(n)$ 的未来值 $x(n+1),x(n+2),\cdots,x(n+N)$。

由于LTI系统可以由其单位抽样响应唯一表征，故LTI系统的因果性可以通过 $h(n)$ 判断。根据LTI系统输出 $y(n)=x(n)*h(n)$ 可知，线性时不变系统是因果系统的充分必要条件是

$$h(n)=0\quad(n<0)$$

因此，可以得到针对LTI系统的因果性判断方法(因果性判据 2)：当 $n<0$ 时有 $h(n)=0$，则系统为因果系统，否则为非因果系统。例如，单位抽样响应为 $h(n)=0.3^{n}u(n)$ 的LTI系统是因果系统，而单位抽样响应为 $h(n)=3^{n}u(-n)$ 的LTI系统是非因果系统。另外，根据因果LTI系统单位抽样响应 $h(n)$ 的特点，将 $n<0$ 时 $x(n)=0$ 的序列称为因果序列。

对于模拟系统来说，系统的因果性是非常重要的，它意味着一个系统能不能物理实现。例如，理想低通滤波器、理想微分器等系统虽然性能很理想，却是非因果系统，是物理不可实现的。一个物理可实现的模拟系统，必定是因果的。如果一个物理可实现的模拟系统由多个子系统组成，则每个子系统也必须是物理可实现的。对离散时间系统进行物理实现时，整个系统也要求是因果的，但允许其中的某些子系统非因果。例如，在独立变量不是时间的应用中(如图像处理)，因果性往往不是一个根本性的限制。另外，在独立变量为时间的应用中，由于数字信号处理往往是非实时的，即使在实时处理场合，为了获得更好的性能如线性相位等，也允许有一定的延时。这时对于某个时刻 n 的输出 $y(n)$，已有大量的“未来”输入

$x(n+1), x(n+2), \cdots$ 记录在存储器中，它们可以被调用，因而可以实现一些非因果系统，如前面的数据平滑系统。如果加上抽样、存储等延时时间，把抽样、存储等造成的时间延时看作一个纯延时系统，那么整个系统相当于一个纯延时系统与非因果系统级联，整个系统还是因果的。实际工程中会牺牲一些实时性，换取非因果系统带来的某些性能上的提升。也就是说，可以用具有很大延时的因果系统去逼近非因果系统，这也是数字系统优于模拟系统的特点之一。因此数字系统比模拟系统更能获得接近理想的特性。

2.3.6　稳定系统

稳定系统是指有界输入有界输出(BIBO) 的系统。如果对于输入序列 $x(n)$，存在一个不变的正有限值 M，对于所有值满足

$$|x(n)| \leqslant M < \infty$$

则称该输入序列是有界的。稳定性要求对于每个有界输入存在一个不变的正有限值 P，对于所有 n 值，输出序列 $y(n)$ 满足

$$|y(n)| \leqslant P < \infty$$

这也是稳定性判断方法之一(稳定性判据 1)。

一个线性时不变系统是稳定系统的充分必要条件是单位抽样响应绝对可和，即

$$\sum_{n=-\infty}^{+\infty} |h(n)| = B < \infty \tag{2.12}$$

这是针对 LTI 系统的稳定性判断方法(稳定性判据 2)。

证明　先证明充分性。

若

$$S = \sum_{n=-\infty}^{+\infty} |h(n)| < \infty$$

且输入信号 $x(n)$ 有界，即对于所有 n 皆有 $|x(n)| \leqslant M < \infty$，则

$$|y(n)| = \left|\sum_{m=-\infty}^{+\infty} x(m)h(n-m)\right| \leqslant \sum_{m=-\infty}^{+\infty} |x(m)||h(n-m)|$$

$$\leqslant M\sum_{m=-\infty}^{+\infty} |h(n-m)| = M\sum_{k=-\infty}^{+\infty} |h(k)| = MS < \infty$$

即输出信号 $y(n)$ 有界，故原条件是充分条件。

下面利用反证法证明必要性。如果 $h(n)$ 不满足式(2.12)，即

$$\sum_{n=-\infty}^{+\infty} |h(n)| = \infty$$

那么总可以找到一个或若干个有界的输入引起无界的输出，例如

$$x(n) = \begin{cases} 1 & (h(-n) \geqslant 0) \\ -1 & (h(-n) < 0) \end{cases}$$

显然，对这样有界的输入，只要有一个时刻 n 的输出无界，则系统就不稳定。不妨考察 $n=0$ 时输出 $y(n)$ 的值

$$y(n)\big|_{n=0} = y(0) = \sum_{m=-\infty}^{+\infty} x(m)h(0-m) = \sum_{m=-\infty}^{+\infty} |h(0-m)| = \sum_{m=-\infty}^{+\infty} |h(m)| = \infty$$

即有限输入情况下 $y(0)$ 无界，这不符合稳定的条件，因此假设不成立，所以 $\sum_{n=-\infty}^{+\infty}|h(n)|<\infty$ 是稳定的必要条件。

要证明一个系统不稳定，只需找到一个特别的有界输入，如果此时能得到一个无界的输出，那么就一定能判断该系统是不稳定的。但是要证明一个系统是稳定的，不能只用某一个特定的输入来证明，而要利用在所有有界输入下都产生有界输出的办法来证明系统的稳定性。

除非一些特殊应用场合如混沌系统，一般要求离散时间系统是稳定的，而且要求系统是物理可实现的。因此，稳定因果系统是数字系统设计的主要目标，尤其是因果稳定线性时不变系统。对于一个因果稳定线性时不变系统，其单位抽样响应应满足

$$h(n)=\begin{cases}h(n) & (n\geqslant 0)\\ 0 & (n<0)\end{cases}$$

$$\sum_{n=-\infty}^{+\infty}|h(n)|<\infty$$

例 2.23 假设线性时不变系统的单位抽样响应 $h(n)=a^n u(n)$，式中 a 是实常数，试分析系统的因果稳定性。

解 由于当 $n<0$ 时 $u(n)=0$，则有当 $n<0$ 时 $h(n)=0$，所以系统是因果系统。

$$\sum_{n=-\infty}^{+\infty}|h(n)|=\sum_{n=0}^{+\infty}|a^n|=\sum_{n=0}^{+\infty}|a|^n=\lim_{N\to\infty}\sum_{n=0}^{N-1}|a|^n=\lim_{N\to\infty}\frac{1-|a|^N}{1-|a|}$$

只有当 $|a|<1$ 时，有

$$\sum_{n=-\infty}^{+\infty}|h(n)|=\frac{1}{1-|a|}$$

因此，系统稳定的条件是 $|a|<1$；$|a|\geqslant 1$ 时，系统不稳定。

2.4 常系数线性差分方程

当描述一个系统时常采用输入－输出描述法，该方法不管系统内部的结构，而将系统看作一个黑盒子，只描述或研究系统输入和输出之间的关系。对模拟系统，常用微分方程描述系统输入－输出之间的关系。对于离散时间系统，则常用差分方程去描述或研究系统的输入－输出。对于线性时不变系统，常用常系数线性差分方程。

2.4.1 常系数线性差分方程

一个 N 阶常系数线性差分方程常用下式表示：

$$\sum_{k=0}^{N}a_k y(n-k)=\sum_{m=0}^{M}b_m x(n-m) \tag{2.13}$$

或者

$$y(n)=\sum_{m=0}^{M}b_m x(n-m)-\sum_{k=1}^{N}a_k y(n-k)\quad (a_0=1) \tag{2.14}$$

式中，$x(n)$ 和 $y(n)$ 分别是系统的输入序列和输出序列；a_k 和 b_m 均为常数。式中各 $y(n-m)$

以及各 $x(n-k)$ 项都只有一次幂且不存在它们的相乘项，故称为常系数线性差分方程。差分方程的阶数等于 N 和 M 取大值，即阶数等于 $\max\{N,M\}$。对一般系统，有 $N \geqslant M$。

离散系统的差分方程表示法有两个主要用途：一是从差分方程比较容易直接得到系统的结构，二是便于求解系统的瞬态响应。

2.4.2　常系数线性差分方程的求解方法

求解差分方程的基本方法有以下几种：

(1) 经典解法。

这种方法类似于模拟系统中求解微分方程的方法，它包括齐次解与特解，由边界条件求待定系数。这种方法一方面较麻烦，另一方面因特解形式取决于输入 $x(n)$，而实际工程中 $x(n)$ 往往是未知的，故实际中很少使用。

(2) 迭代法。

迭代法又称递推解法，比较简单，且适合于计算机求解，但只能得到数值解，对于阶次较高的常系数线性差分方程不容易得到封闭式(公式) 解答。不过这种方法就是根据系统的运算结构求解响应，因此，实际工程中实时信号处理(如实时滤波) 就是采用迭代法求解的。

(3) 变换域法。

常系数线性差分方程的变换域求解法类似于连续时间系统的拉普拉斯变换法，它采用 z 变换方法来求解差分方程，这在实际使用上是简单而有效的。z 变换方法将在第 3 章讨论。

(4) 卷积和计算法。

卷积和计算法适用于系统状态为零时(即松弛系统) 的求解，或说适用于求解零状态响应。首先用迭代法或变换域法求解系统的单位抽样响应，然后用卷积和公式计算任意输入信号时系统的响应。相对于迭代法，这种方法求解系统响应实时性较差。

本节仅简单讨论离散时域的迭代解法。

2.4.3　常系数线性差分方程的迭代法求解

对如式(2.13) 的常系数线性差分方程，求 n 时刻的输出，要知道 n 时刻以及 n 时刻以前的 $M+1$ 个输入序列值，还要知道 n 时刻以前的 N 个输出信号值。因此，求解差分方程在给定输入序列的条件下，还需要确定 N 个初始条件(或差分方程的边界条件)。式(2.13) 表明，已知输入序列和 N 个初始条件，则可以求出 n 时刻的输出；如果将该公式中的 n 用 $n+1$ 代替，可以求出 $n+1$ 时刻的输出，因此式(2.13) 表示的差分方程本身就是一个适合递推法求解的方程，即递归方程(recursive equation)。如果输入 $x(n)$ 是 $\delta(n)$ 这一特定情况，响应 $y(n)$ 就是单位抽样响应 $h(n)$。

例 2.24　假设系统用差分方程 $y(n)-ay(n-1)=x(n)$ 描述，求：

(1) 初始状态为 $y(-1)=0$ 时系统的单位抽样响应 $h(n)$；

(2) 初始状态为 $y(-1)=1$ 时系统的单位抽样响应 $h(n)$。

解　(1) 输入 $x(n)=\delta(n)$ 时，系统输出为单位抽样响应 $y(n)=h(n)$，则差分方程可以

重写为

$$h(n)-ah(n-1)=\delta(n)$$

因初始条件 $y(-1)=0$,则有 $h(-1)=y(-1)=0$。另外,因为初始条件给出了 $n=-1$ 的系统状态,因此,输出响应既可以向 $n\geqslant 0$ 的方向递推,也可以向 $n<0$ 的方向递推。

首先,向 $n<0$ 的方向递推有:

当 $n=-1$ 时,$h(-1)-ah(-2)=\delta(-1)\Rightarrow h(-2)=a^{-1}h(-1)=0$;

当 $n=-2$ 时,$h(-2)-ah(-3)=\delta(-2)\Rightarrow h(-3)=a^{-1}h(-2)=0$;

……

归纳可知,当 $n<0$ 时,$h(n)=0$。

其次,向 $n\geqslant 0$ 的方向递推有:

当 $n=0$ 时,$h(0)-ah(-1)=\delta(0)\Rightarrow h(0)=1=a^0$;

当 $n=1$ 时,$h(1)-ah(0)=\delta(1)\Rightarrow h(1)=ah(0)=a=a^1$;

当 $n=2$ 时,$h(2)-ah(1)=\delta(2)\Rightarrow h(2)=ah(1)=a^2$;

……

归纳可知,当 $n\geqslant 0$ 时,$h(n)=a^n$。

综上可得,初始状态为 $y(-1)=0$ 时系统的单位抽样响应 $h(n)=a^n u(n)$。

(2) 输入 $x(n)=\delta(n)$ 时,系统输出为单位抽样响应 $y(n)=h(n)$,则差分方程可以重写为

$$h(n)-ah(n-1)=\delta(n)$$

因初始条件 $y(-1)=1$,则有 $h(-1)=y(-1)=1$。另外,因为初始条件给出 $n=-1$ 的系统状态,因此,输出响应既可以向 $n\geqslant 0$ 的方向递推,也可以向 $n<0$ 的方向递推。

首先,向 $n<0$ 的方向递推有:

当 $n=-1$ 时,$h(-1)-ah(-2)=\delta(-1)\Rightarrow h(-2)=a^{-1}h(-1)=a^{-1}$;

当 $n=-2$ 时,$h(-2)-ah(-3)=\delta(-2)\Rightarrow h(-3)=a^{-1}h(-2)=a^{-2}$;

……

归纳可知,当 $n<0$ 时,$h(n)=a^{n+1}$。

其次,向 $n\geqslant 0$ 的方向递推有:

当 $n=0$ 时,$h(0)-ah(-1)=\delta(0)\Rightarrow h(0)=\delta(0)+ah(-1)=1+a=(1+a)a^0$;

当 $n=1$ 时,$h(1)-ah(0)=\delta(1)\Rightarrow h(1)=\delta(1)+ah(0)=0+a(1+a)=(1+a)a^1$;

当 $n=2$ 时,$h(2)-ah(1)=\delta(2)\Rightarrow h(2)=\delta(2)+ah(1)=0+a(1+a)a^1=(1+a)a^2$;

……

归纳可知,当 $n\geqslant 0$ 时,$h(n)=(1+a)a^n$。

综上可得,初始状态为 $y(-1)=1$ 时系统的单位抽样响应 $h(n)=a^{n+1}u(-n-1)+(1+a)a^n u(n)$。

该例表明,对于同一个差分方程和同一个输入信号,因为初始条件不同,得到的输出信号是不同的。若 $|a|<1$,则初始状态 $y(-1)=0$ 时是一个因果稳定系统,初始状态 $y(-1)=1$ 时是一个非因果非稳定系统。因此,一个常系数线性差分方程本身并不能确定所描述的系统是否为因果系统,也不能确定是否为稳定系统,还需要用初始条件(或边界条件)进行约

束。此外,还可以证明该例中的差分方程在初始条件为 $y(-1)=1$ 时所描述的系统还是时变、非线性的系统。所以,一个常系数线性差分方程并不能确定所描述系统是否为时不变系统,也不能确定是否为线性系统,这些也取决于边界条件。这样,可以得到一个重要结论:一个因果线性时不变系统可以用一个常系数线性差分方程描述,反之不成立。只有在初始松弛的条件下,一个常系数线性差分方程才唯一确定一个因果 LTI 系统。所谓"初始松弛"是指若 $n<n_0$ 时 $x(n)=0$,那么 $n<n_0$ 时 $y(n)=0$(一般取 $n_0=0$)。初始松弛意味着系统初始无储能,系统全响应只有零状态响应,而无零输入响应。初始松弛条件对数字滤波器系统来说是必需的。对滤波应用来说,零输入响应和零状态响应均由系统产生,两者覆盖相同频段,零输入响应对零状态响应(即期望的滤波结果)来说是不可克服的干扰。所以,实际数字滤波器系统都是松弛系统,若用常系数线性差分方程描述即为因果 LTI 系统。

下面举一个用常系数线性差分方程描述的非线性时变系统的例子。证明一个系统为非线性系统,仅需找到特别的输入序列使其不满足叠加原理即可,相同的方法可以证明一个系统为时变系统。

例 2.25　假设系统用一阶差分方程 $y(n)-ay(n-1)=x(n)$ 描述,初始条件 $y(-1)=1$,试分析该系统是否是线性非时变系统。

解　下面通过假设输入 $x_1(n)=\delta(n)$、$x_2(n)=\delta(n-1)$ 和 $x_3(n)=\delta(n)+\delta(n-1)$ 来检验系统是否是线性非时变系统。

(1)
$$x_1(n)=\delta(n),\quad y_1(-1)=1$$
$$y_1(n)=ay_1(n-1)+\delta(n)$$

这种情况和例 2.24(2) 相同,因此输出为

$$y_1(n)=a^n u(-n-1)+(1+a)a^n u(n)$$

(2)
$$x_2(n)=\delta(n-1),\quad y_2(-1)=1$$
$$y_2(n)=ay_2(n-1)+\delta(n-1)$$

首先,向 $n<0$ 的方向递推有:

当 $n=-1$ 时,$y_2(-1)-ay_2(-2)=\delta(-2)\Rightarrow y_2(-2)=a^{-1}y_2(-1)=a^{-1}$;

当 $n=-2$ 时,$y_2(-2)-ay_2(-3)=\delta(-3)\Rightarrow y_2(-3)=a^{-1}y_2(-2)=a^{-2}$;

……

归纳可知,当 $n<0$ 时,$y_2(n)=a^{n+1}$。

其次,向 $n\geqslant 0$ 的方向递推有:

当 $n=0$ 时,$y_2(0)-ay_2(-1)=\delta(-1)\Rightarrow y_2(0)=\delta(-1)+ay_2(-1)=0+a=a$;

当 $n=1$ 时,$y_2(1)-ay_2(0)=\delta(0)\Rightarrow y_2(1)=\delta(0)+ay_2(0)=1+a^2$;

当 $n=2$ 时,$y_2(2)-ay_2(1)=\delta(1)\Rightarrow y_2(2)=ay_2(1)=a(1+a^2)=a+a^3$;

……

归纳可知,当 $n\geqslant 0$ 时,$y_2(n)=a^{n-1}u(n-1)+a^{n+1}u(n)$。

综合可得,$y_2(n)=a^{n+1}u(-n-1)+a^{n-1}u(n-1)+a^{n+1}u(n)$。

由(1)、(2) 可知,$y_2(n)\neq y_1(n-1)$,所以该系统不是时不变系统。

(3)
$$x_3(n)=\delta(n)+\delta(n-1),\quad y_3(-1)=1$$
$$y_3(n)=ay_3(n-1)+\delta(n)+\delta(n-1)$$

首先，向 $n<0$ 的方向递推有：

当 $n=-1$ 时，$y_3(-1)-ay_3(-2)=\delta(-1)+\delta(-2)\Rightarrow y_3(-2)=a^{-1}y_3(-1)=a^{-1}$；

当 $n=-2$ 时，$y_3(-2)-ay_3(-3)=\delta(-2)+\delta(-3)\Rightarrow y_3(-3)=a^{-1}y_3(-2)=a^{-2}$；

……

归纳可知，当 $n<0$ 时，$y_3(n)=a^{n+1}$。

其次，向 $n\geqslant 0$ 的方向递推有：

当 $n=0$ 时，$y_3(0)-ay_3(-1)=\delta(0)+\delta(-1)\Rightarrow y_3(0)=\delta(0)+\delta(-1)+ay_3(-1)=1+0+a=1+a$；

当 $n=1$ 时，$y_3(1)-ay_3(0)=\delta(1)+\delta(0)\Rightarrow y_3(1)=1+ay_3(0)=1+a+a^2$；

当 $n=2$ 时，$y_3(2)-ay_3(1)=\delta(2)+\delta(1)\Rightarrow y_3(2)=ay_3(1)=a(1+a+a^2)=a+a^2+a^3$；

……

归纳可知，当 $n\geqslant 0$ 时，$y_3(n)=a^{n-1}u(n-1)+(1+a)a^n u(n)$。

综合可得，$y_3(n)=a^{n+1}u(-n-1)+a^{n-1}u(n-1)+(1+a)a^n u(n)$。

由(1)、(2)、(3)可知，$y_1(n)+y_2(n)\neq y_3(n)$，所以该系统不满足叠加原理，不是线性系统。

2.4.4 用差分方程描述的系统的运算结构——方框图表示法

由常系数线性差分方程描述的系统的一个重要特点是：它们可以以很简单而且很自然的方式用若干基本运算的方框图互联表示。也就是，由常系数线性差分方程可直接得到系统的结构。这里所指的系统的结构是将输入变换成输出的运算结构，而非实际结构。用方框图表示系统的运算结构是很有意义的。首先，它给出一种形象化的表示，这有助于加深对这些系统的特性和性质的理解。另外，这种表示对系统的仿真和实现有很大的价值，能对由差分方程描述的系统以数字硬件来实现提供一些简便而有效的方式。

假设有一阶差分方程

$$y(n)+ay(n-1)=bx(n) \tag{2.15}$$

描述的因果系统。为了建立该系统的方框图，注意到式(2.15)的输出响应求解需要用到三种基本运算：相加、乘系数(数乘或放大)、延时。因此，需定义三种基本网络单元，如图 2.30 所示，用 ⊕ 代表加法器，用 ⊗ 代表乘法器，用 z^{-1} 表示单位延时。有了这三种基本网络单元，可将该差分方程重新写成一种直接计算出 $y(n)$ 的递归算法形式

$$y(n)=-ay(n-1)+bx(n)$$

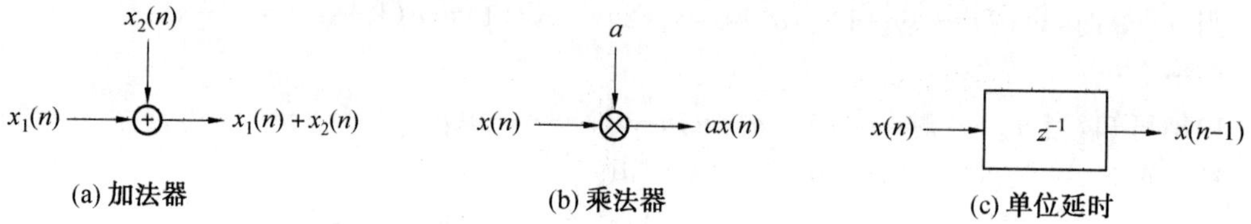

$x_2(n)$　$x_1(n)$　$x_1(n)+x_2(n)$

(a) 加法器

a　$x(n)$　$ax(n)$

(b) 乘法器

$x(n)$　z^{-1}　$x(n-1)$

(c) 单位延时

图 2.30　系统方框图表示的基本单元

这种算法可用图 2.31 形象化地表示出来，从图 2.31 中可以看到，输出 $y(n)$ 经由一个延

时(即 $y(n-1)$)并乘一个系数($-a$)回授回来,然后与 $x(n)$ 的数乘或放大 $bx(n)$ 相加,相加的结果即为系统输出 $y(n)$。从图 2.31 中可以看到,输出 $y(n)$ 的一部分信息 $-ay(n-1)$ 被返回到输入端与输入 $bx(n)$ 进行信号的比较或相加减,系统是有反馈的,所以,反馈的存在是造成递归的原因。可以预见,只要有 $y(n-i)$, $i \neq 0$,即系统有记忆,系统就是有反馈的、递归的。

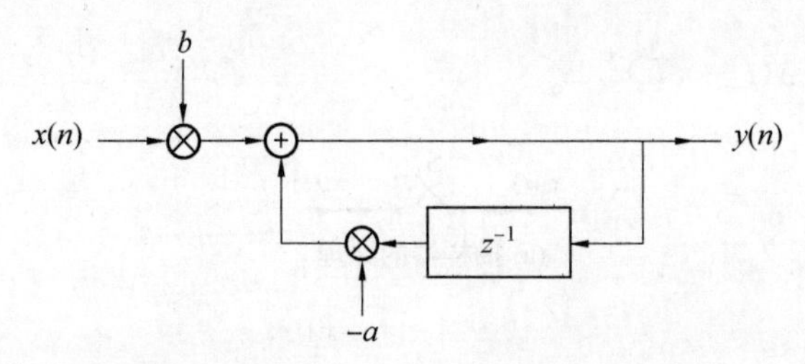

图 2.31　因果 LTI 系统 $y(n)+ay(n-1)=bx(n)$ 的方框图表示

2.5　连续时间信号的抽样

数字信号处理技术相对于模拟信号处理技术有许多优点,因此,人们往往希望将模拟信号经过抽样和量化编码后形成数字信号,再采用数字信号处理技术进行处理;如果需要,再将处理完毕后的数字信号转换成模拟信号,这种处理方法称为模拟信号的数字处理方法。

一般来讲,在没有任何附加条件下,一个模拟信号不能唯一地由一组等间隔的样本值来表征。只有模拟信号与对其抽样得到的离散时间序列有一一对应关系时,对离散时间信号的处理才能等效对模拟信号的处理,数字信号处理才有意义。这就需要讨论抽样过程,包括信号抽样后,信号频谱将发生怎样的变换,信号内容会不会丢失,以及由离散信号恢复成连续信号应该具备哪些条件等。抽样的这些性质对离散信号和系统的分析都是十分重要的。要了解这些性质,首先从抽样过程的分析开始。

对模拟信号抽样可以看作一个模拟信号 $x_a(t)$ 通过一个电子开关 S,其工作原理可由图 2.32(a) 来说明。假设开关每隔 T 秒合上一次,即抽样周期为 T,每次合上的时间为 τ 且 $\tau \ll T$,电子开关输出端得其抽样信号 $\hat{x}_a(t)$。该电子开关的作用可以等效成一个宽度为 τ、周期为 T 的矩形脉冲串 $p_\tau(t)$,可表示为

$$p_\tau(t)=\begin{cases}1 & (nT \leqslant t \leqslant nT+\tau)\\ 0 & (nT+\tau < t < (n+1)T)\end{cases}$$

$$=\sum_{n=-\infty}^{+\infty}\left[u(t-nT)-u(t-\tau-nT)\right]$$

抽样过程相当于用一个开关信号 $p_\tau(t)$ 去切换模拟信号 $x_a(t)$,可以看作是以开关信号为脉冲载波对模拟信号进行调幅的过程,所以,抽样信号 $\hat{x}_a(t)$ 就是 $x_a(t)$ 和 $p_\tau(t)$ 相乘的结果,即

$$\hat{x}_a(t)=\begin{cases}x_a(t) & (nT \leqslant t \leqslant nT+\tau)\\ 0 & (nT+\tau < t < (n+1)T)\end{cases}$$

$$=\begin{cases}x_a(t)\cdot 1 & (nT \leqslant t \leqslant nT+\tau)\\ x_a(t)\cdot 0 & (nT+\tau < t < (n+1)T)\end{cases}$$
$$=x_a(t)\cdot p_\tau(t)$$

一般开关闭合时间都很短，而且 τ 越小，抽样输出脉冲的幅度就越准确地反映输入信号在离散时间点上的瞬时值。当 $\tau \ll T$ 时，抽样脉冲就接近于 δ 函数性质。此时，开关信号可以表示为 $p_\delta(t)=\sum\limits_{n=-\infty}^{+\infty}\delta(t-nT)$。

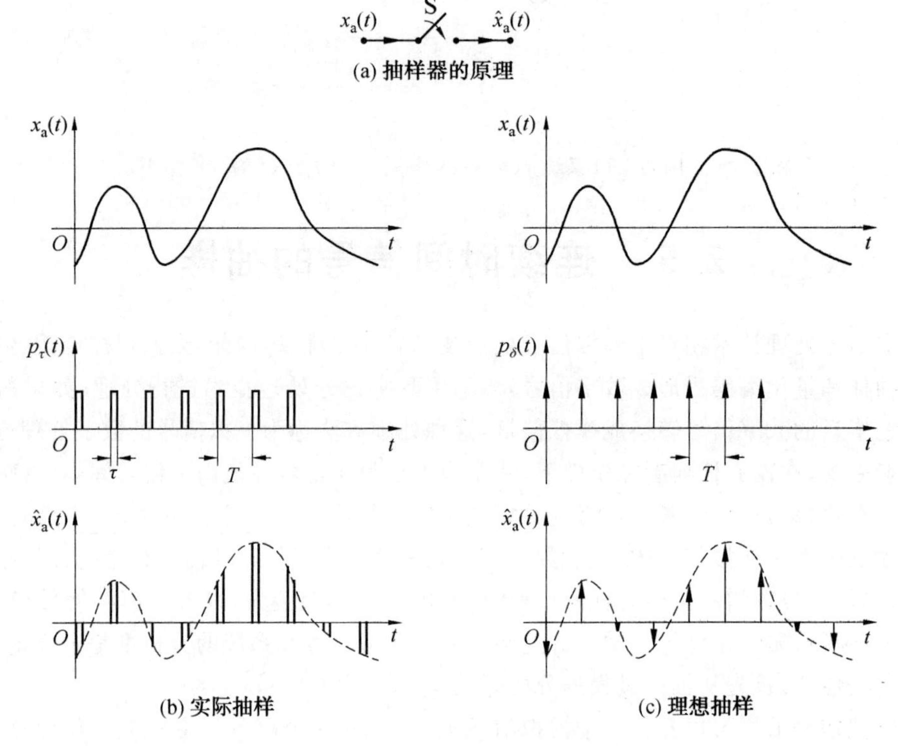

图 2.32　连续时间信号的抽样过程

2.5.1　理想抽样

理想抽样又称冲激串抽样，就是假设抽样开关闭合时间无限短，即 $\tau\to 0$ 的极限情况。此时，抽样脉冲序列 $p_\tau(t)$ 变成冲激函数序列 $p_\delta(t)$，如图 2.32(c) 所示。这些冲激函数准确地出现在抽样瞬间，面积为 1。抽样后，输出理想抽样信号的面积(即积分幅度)则准确地等于输入信号 $x_a(t)$ 在抽样瞬间 $t=nT$ 的幅度 $x_a(t)\big|_{t=nT}$。以 $\hat{x}_a(t)$ 表示理想抽样的输出(以后均用下标 a 表示连续信号或模拟信号，如 $x_a(t)$，而以它的顶部符号“^”表示它的理想抽样)，冲激函数序列 $p_\delta(t)$ 为

$$p_\delta(t)=\sum_{n=-\infty}^{+\infty}\delta(t-nT) \tag{2.16}$$

这样理想抽样可表示为

$$\hat{x}_a(t)=x_a(t)p_\delta(t)=x_a(t)\sum_{n=-\infty}^{+\infty}\delta(t-nT)=\sum_{n=-\infty}^{+\infty}x_a(t)\delta(t-nT) \tag{2.17}$$

根据冲激函数的筛选性，即有 $x_a(t)\delta(t-nT)=x_a(nT)\delta(t-nT)$，则

$$\hat{x}_a(t)=\sum_{n=-\infty}^{+\infty}x_a(nT)\delta(t-nT) \tag{2.18}$$

在实际抽样器中，抽样器中运算放大器的有限带宽、模拟开关导通时的电阻、分布参数的影响等造成抽样时抽样电容跟踪上模拟信号需要一定的时间，即实际的抽样器具有一定的孔径时间等，抽样器等效的开关闭合时间不能低于孔径时间，不能达到为零的极限情况。但当 $\tau \ll T$ 时，实际抽样器可以近似为一个理想抽样器。理想抽样器可以视为实际抽样的一种科学本质的抽象，它可以更集中地反映抽样过程的一切本质的特性。

2.5.2　理想抽样信号的频谱

本节研究理想抽样前后频谱发生了什么变化，从而找出为了使抽样信号不失真地恢复原模拟信号，抽样频率 f_s 与模拟信号最高频率 f_c 之间的关系。

假设

$$X_a(j\Omega)=\mathrm{FT}[x_a(t)]$$

$$\hat{X}_a(j\Omega)=\mathrm{FT}[\hat{x}_a(t)]$$

$$P_\delta(j\Omega)=\mathrm{FT}[p_\delta(t)]$$

对任意一个模拟信号 $x_a(t)$，假设其傅里叶变换 $X_a(j\Omega)$ 已知，那么要研究 $X_a(j\Omega)$ 和 $\hat{X}_a(j\Omega)$ 之间的关系，最好能用 $X_a(j\Omega)$ 去表示 $\hat{X}_a(j\Omega)$。由傅里叶变换的频域卷积定理可知

$$\hat{X}_a(j\Omega)=\mathrm{FT}[\hat{x}_a(t)]=\mathrm{FT}[x_a(t)p_\delta(t)]=\frac{1}{2\pi}X_a(j\Omega)*P_\delta(j\Omega) \tag{2.19}$$

所以，只要求出 $P_\delta(j\Omega)$，然后通过卷积运算就可以建立 $X_a(j\Omega)$ 和 $\hat{X}_a(j\Omega)$ 之间的关系。由式(2.16)，利用冲激函数的筛选性很容易求得 $p_\delta(t)$ 的傅里叶变换为

$$P_\delta(j\Omega)=\mathrm{FT}\Big[\sum_{n=-\infty}^{+\infty}\delta(t-nT)\Big]=\sum_{n=-\infty}^{+\infty}e^{j\Omega nT} \tag{2.20}$$

但是，对任意的 $X_a(j\Omega)$，使用如式(2.20)的傅里叶变换结果 $P_\delta(j\Omega)$ 很难求得 $\frac{1}{2\pi}X_a(j\Omega)*P_\delta(j\Omega)$ 的简洁结果，不易看清它们之间的关系。由于 $p_\delta(t)$ 是周期为 T 的周期函数，可以进行傅里叶级数分解得

$$p_\delta(t)=\sum_{k=-\infty}^{+\infty}a_k e^{jk\Omega_s t}$$

此傅里叶级数的基频为抽样频率，即

$$f_s=\frac{1}{T},\quad \Omega_s=\frac{2\pi}{T}=2\pi f_s$$

式中，抽样频率 f_s 的单位为赫兹(Hz)；Ω_s 为抽样模拟角频率，其单位为弧度 / 秒(rad/s)。在数字信号处理中还有一个数字角频率 ω，单位为弧度(rad)。为了进行区分，通常用符号 f、Ω 和 ω 分别表示频率、模拟角频率和数字角频率。

根据傅里叶级数知识，系数 a_k 可以通过以下运算求得，即

$$a_k=\frac{1}{T}\int_{-T/2}^{T/2}p_\delta(t)\mathrm{e}^{-\mathrm{j}k\Omega_s t}\mathrm{d}t=\frac{1}{T}\int_{-T/2}^{T/2}\left[\sum_{n=-\infty}^{+\infty}\delta(t-nT)\right]\mathrm{e}^{-\mathrm{j}k\Omega_s t}\mathrm{d}t$$
$$=\frac{1}{T}\int_{-T/2}^{T/2}\delta(t)\mathrm{e}^{-\mathrm{j}k\Omega_s t}\mathrm{d}t=\frac{1}{T}$$

以上结果的得出是考虑到在 $|t|\leqslant T/2$ 的积分区间内，只有一个冲激脉冲 $\delta(t)$，其他冲激 $\delta(t-nT)$，$n\neq 0$ 都在积分区间之外，且利用了冲激脉冲的筛选性，即

$$f(0)=\int_{-\infty}^{+\infty}f(t)\delta(t)\mathrm{d}t$$

因而

$$p_\delta(t)=\frac{1}{T}\sum_{k=-\infty}^{+\infty}\mathrm{e}^{\mathrm{j}k\Omega_s t}$$

由此得出

$$P_\delta(\mathrm{j}\Omega)=\mathrm{FT}[p_\delta(t)]=\mathrm{FT}\left\{\frac{1}{T}\sum_{k=-\infty}^{+\infty}\mathrm{e}^{\mathrm{j}k\Omega_s t}\right\}=\frac{1}{T}\sum_{k=-\infty}^{+\infty}\mathrm{FT}[\mathrm{e}^{\mathrm{j}k\Omega_s t}]$$

由于

$$\mathrm{FT}[\mathrm{e}^{\mathrm{j}k\Omega_s t}]=2\pi\delta(\Omega-k\Omega_s)$$

所以

$$P_\delta(\mathrm{j}\Omega)=\frac{1}{T}\sum_{k=-\infty}^{+\infty}2\pi\delta(\Omega-k\Omega_s)=\frac{2\pi}{T}\sum_{k=-\infty}^{+\infty}\delta(\Omega-k\Omega_s)=\Omega_s\sum_{k=-\infty}^{+\infty}\delta(\Omega-k\Omega_s)\quad(2.21)$$

将式(2.21)代入式(2.19)可得

$$\hat{X}_a(\mathrm{j}\Omega)=\frac{1}{2\pi}X_a(\mathrm{j}\Omega)*\left[\frac{2\pi}{T}\sum_{k=-\infty}^{+\infty}\delta(\Omega-k\Omega_s)\right]$$
$$=\frac{1}{T}X_a(\mathrm{j}\Omega)*\sum_{k=-\infty}^{+\infty}\delta(\Omega-k\Omega_s)$$
$$=\frac{1}{T}\sum_{k=-\infty}^{+\infty}[X_a(\mathrm{j}\Omega)*\delta(\Omega-k\Omega_s)]$$

根据冲激函数的性质，可得

$$\hat{X}_a(\mathrm{j}\Omega)=\frac{1}{T}\sum_{k=-\infty}^{+\infty}X_a(\mathrm{j}\Omega-\mathrm{j}k\Omega_s)\quad(2.22)$$

或者

$$\hat{X}_a(\mathrm{j}\Omega)=\frac{1}{T}\sum_{k=-\infty}^{+\infty}X_a\left(\mathrm{j}\Omega-\mathrm{j}k\frac{2\pi}{T}\right)\quad(2.23)$$

由此可以看出，一个连续时间信号经过理想抽样后，其频谱将沿着频率轴以抽样频率 $\Omega_s=2\pi/T$ 为间隔而重复，即频谱产生了周期延拓，如图 2.33 所示。

在图 2.33 中，假设 $x_a(t)$ 是带限信号，最高截止频率为 Ω_h，其频谱为

$$X_a(\mathrm{j}\Omega)=\begin{cases}X_a(\mathrm{j}\Omega) & \left(|\Omega|\leqslant\dfrac{\Omega_h}{2}\right)\\ 0 & \left(|\Omega|>\dfrac{\Omega_h}{2}\right)\end{cases}$$

频谱 $X_a(j\Omega)$ 如图 2.33(a) 所示。$p_\delta(t)$ 的频谱 $P_\delta(j\Omega)$ 如图 2.33(b) 所示。那么按照式 (2.22)，$\hat{x}_a(t)$ 的频谱 $\hat{X}_a(j\Omega)$ 如图 2.33(c) 所示，其中原模拟信号的频谱称为基带频谱。如果满足 $\Omega_s > 2\Omega_h$，或者用频率表示该式，即满足 $f_s > 2f_h$，基带谱与其他周期延拓形成的谱不重叠，如图 2.33(c) 所示，可以通过理想低通滤波器从抽样信号中不失真地恢复出模拟信号。但如果抽样频率太低，或者说信号最高频率成分的频率(信号最高截止频率) 太高，使得 $\Omega_s \leqslant 2\Omega_h$，$X_a(j\Omega)$ 按照抽样角频率 Ω_s 周期延拓时，将形成频谱混叠现象，如图 2.33(d) 所示。这种情况下，再用理想低通滤波器 $H(j\Omega)$ 对 $\hat{x}_a(t)$ 进行滤波，得到的是失真的模拟信号。

抽样信号的恢复如图 2.34 所示。无混叠的 $\hat{X}_a(j\Omega)$ 与理想低通滤波器的矩形谱函数 $H(j\Omega)$ 相乘，得到的 $Y_a(j\Omega)$ 与 $X_a(j\Omega)$ 完全相同，因此也就无失真地恢复出了原始的模拟信号。需要注意，由于 $X_a(j\Omega)$ 一般是复数，所以混叠也是复数相加。为了说明原理方便，图 2.33 和图 2.34 仅是示意图，均假设 $X_a(j\Omega)$ 为正实谱。

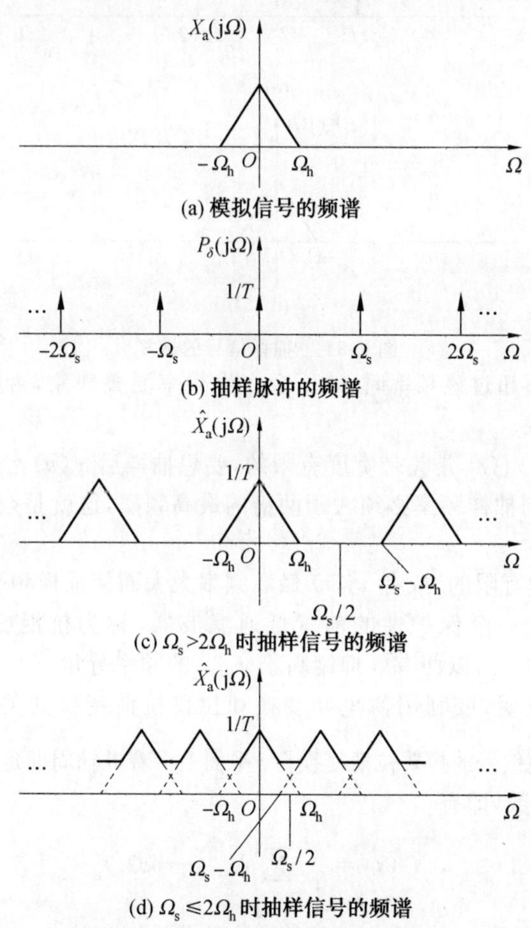

图 2.33　时域抽样后频谱的周期延拓

将抽样频率之半($\Omega_s/2$) 称为折叠频率，即

$$\frac{\Omega_s}{2}=\frac{\pi}{T}$$

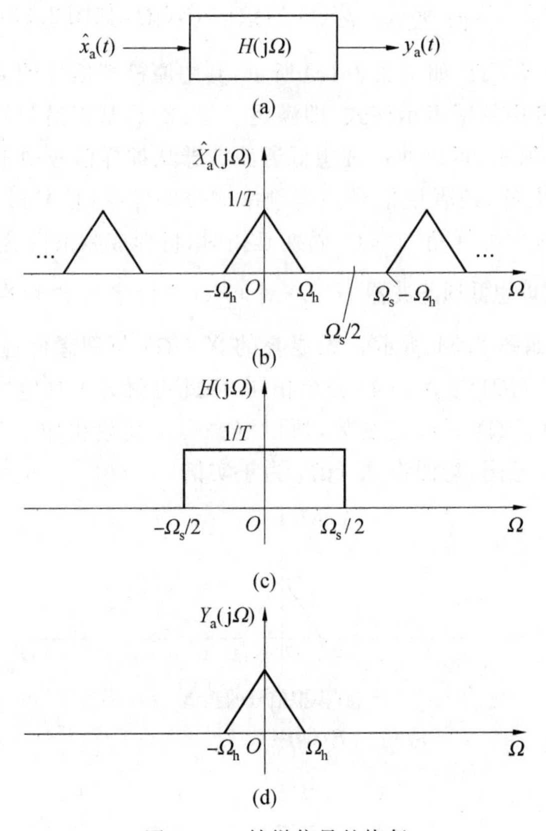

图 2.34　抽样信号的恢复

只有当信号最高频率不超过该频率时，才不会产生频率混叠现象，否则超过 $\Omega_s/2$ 的频谱会折叠回来形成混叠现象。

由此得出结论：若 $x_a(t)$ 是频带宽度有限的，要想抽样后 $x(n)=x_a(nT)$ 能够不失真地还原出原信号 $x_a(t)$，则抽样频率必须大于两倍的最高频率，这就是奈奎斯特抽样定理，即

$$f_s > 2f_h$$

若 $x_a(t)$ 不是频带有限的，或者 $x_a(t)$ 最高频率太大而使抽样频率 f_s 受限，为了避免混叠，一般在抽样前加入一个保护性的前置低通滤波器，称为抗混叠滤波器(anti-aliasing filter)，其截止频率为 $f_s/2$，以便有效抑制高于 $f_s/2$ 的频率分量。

用同样方法可以证明，或利用傅里叶变换和拉普拉斯变换的关系令 $\mathrm{j}\Omega=s$ 并代入式(2.22)，理想抽样后，使信号的拉普拉斯变换在 s 平面上沿着虚轴周期延拓。也就是说，$\hat{X}_a(s)$ 在 s 平面虚轴上是周期函数，即有

$$\hat{X}_a(s)=\frac{1}{T}\sum_{k=-\infty}^{+\infty}X_a(s-\mathrm{j}k\Omega_s)$$

式中，$X_a(s)$、$\hat{X}_a(s)$ 分别是 $x_a(t)$ 和 $\hat{x}_a(t)$ 的双边拉普拉斯变换，有

$$X_a(s)=\int_{-\infty}^{+\infty}x_a(t)\mathrm{e}^{-st}\mathrm{d}t$$

$$\hat{X}_a(s)=\int_{-\infty}^{+\infty}\hat{x}_a(t)\mathrm{e}^{-st}\mathrm{d}t$$

2.5.3　抽样的内插恢复

如果理想抽样满足奈奎斯特抽样定理，即模拟信号谱的最高频率小于折叠频率，

$$X_a(j\Omega)=\begin{cases}X_a(j\Omega) & \left(|\Omega|<\dfrac{\Omega_s}{2}\right)\\ 0 & \left(|\Omega|\geqslant\dfrac{\Omega_s}{2}\right)\end{cases}$$

则抽样后不会产生频率混叠。由式(2.22)知

$$\hat{X}_a(j\Omega)=\frac{1}{T}X_a(j\Omega)\quad\left(|\Omega|<\frac{\Omega_s}{2}\right)$$

理论上，只需将 $\hat{X}_a(j\Omega)$ 通过一个理想低通滤波器即可恢复出 $X_a(j\Omega)$。这个理想低通滤波器应该只让基带频谱通过，因而其带宽应该等于折叠频率，频率特性为

$$H(j\Omega)=\begin{cases}T & \left(|\Omega|\leqslant\dfrac{\Omega_s}{2}\right)\\ 0 & \left(|\Omega|>\dfrac{\Omega_s}{2}\right)\end{cases}$$

它的特性如图 2.34(c) 所示。抽样信号通过这个滤波器后，就可滤出原模拟信号的频谱

$$Y_a(j\Omega)=\hat{X}_a(j\Omega)H(j\Omega)=X_a(j\Omega)$$

因此，在理想低通滤波器的输出端可以得到原模拟信号 $y_a(t)=x_a(t)$。

理想低通滤波器虽然物理不可实现，但是在一定的精度范围内，可用一个可物理实现的滤波器进行逼近。

下面讨论如何由抽样值来恢复原来的模拟信号（连续时间信号），即 $\hat{x}_a(t)$ 通过 $H(j\Omega)$ 系统的响应特性。

理想低通滤波器的冲激响应为

$$h(t)=\frac{1}{2\pi}\int_{-\infty}^{+\infty}H(j\Omega)e^{j\Omega t}d\Omega=\frac{1}{2\pi}\int_{-\Omega_s/2}^{\Omega_s/2}Te^{j\Omega t}d\Omega=\frac{T}{2\pi}\frac{1}{jt}e^{j\Omega t}\Big|_{\Omega_s/2}^{\Omega_s/2}=\frac{\sin\dfrac{\Omega_s}{2}t}{\dfrac{\Omega_s}{2}t}=\frac{\sin\dfrac{\pi}{T}t}{\dfrac{\pi}{T}t}$$

由 $\hat{x}_a(t)$ 和 $h(t)$ 的卷积积分，即得理想低通滤波器的输出为

$$\begin{aligned}y_a(t)=x_a(t)&=\int_{-\infty}^{+\infty}\hat{x}_a(\tau)h(t-\tau)d\tau\\&=\int_{-\infty}^{+\infty}\Big[\sum_{n=-\infty}^{+\infty}x_a(nT)\delta(\tau-nT)\Big]h(t-\tau)d\tau\\&=\sum_{n=-\infty}^{+\infty}x_a(nT)\Big[\int_{-\infty}^{+\infty}\delta(\tau-nT)h(t-\tau)d\tau\Big]\\&=\sum_{n=-\infty}^{+\infty}x_a(nT)h(t-nT)\\&=\sum_{n=-\infty}^{+\infty}x_a(nT)\frac{\sin\dfrac{\pi}{T}(t-nT)}{\dfrac{\pi}{T}(t-nT)}\end{aligned}$$

这就是信号重建的抽样内插公式，即由信号的抽样值 $x_a(nT)$ 经此公式而得到连续信号 $x_a(t)$，而 $\sin\left[\frac{\pi}{T}(t-nT)\right]\Big/\left[\frac{\pi}{T}(t-nT)\right]$ 称为内插函数。内插函数如图 2.35 所示，在抽样点 nT 上，函数值为 1，在其余抽样点上，函数值为零。也就是说，$x_a(t)$ 等于各 $x_a(nT)$ 乘上对应的内插函数的总和。在每一个抽样点上，只有该点所对应的内插函数不为零，这使得各抽样点上信号值不变，而抽样点之间的信号则由各加权抽样函数波形的延伸叠加而成，如图 2.36 所示。这个公式说明，只要抽样频率大于两倍信号最高频率，则整个连续信号就可完全用它的抽样值来代表，而不会丢掉任何信息。这就是奈奎斯特抽样定理的意义。

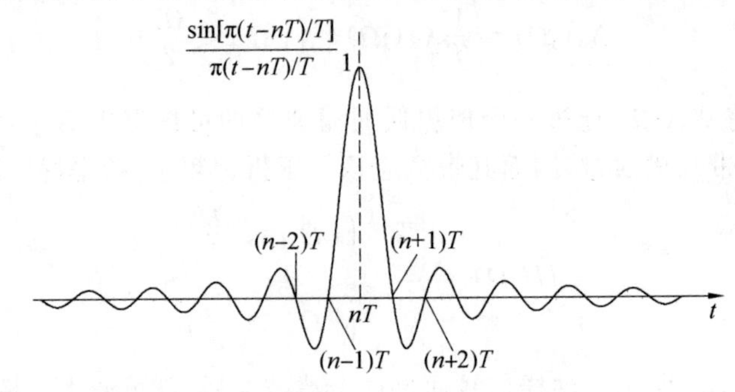

图 2.35　内插函数

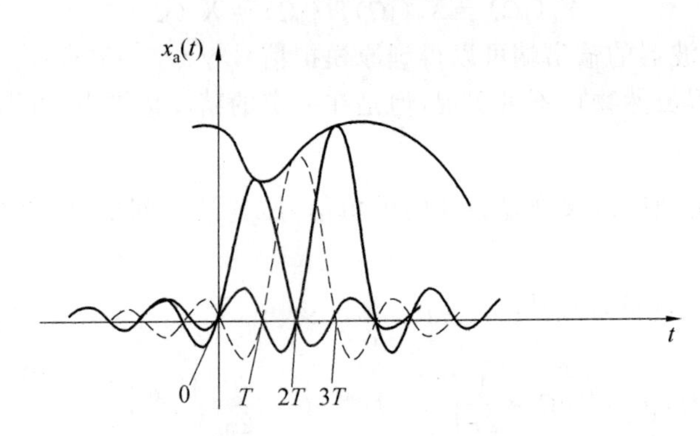

图 2.36　抽样的内插恢复

信号的抽样重构也可以从另外一个角度理解：对 $\forall n\in\mathbf{Z}$，$\sin\left[\frac{\pi}{T}(t-nT)\right]\Big/\left[\frac{\pi}{T}(t-nT)\right]$ 的频谱覆盖了区间 $\left[-\frac{\Omega_s}{2},\frac{\Omega_s}{2}\right]$，$\left\{\sin\left[\frac{\pi}{T}(t-nT)\right]\Big/\left[\frac{\pi}{T}(t-nT)\right],n\in\mathbf{Z}\right\}$ 是 $\left[-\frac{\Omega_s}{2},\frac{\Omega_s}{2}\right]$ 信号空间中的一组基函数。对于满足奈奎斯特抽样定理的模拟信号 $x_a(t)$ 为 $\left[-\frac{\Omega_s}{2},\frac{\Omega_s}{2}\right]$ 信号空间中的一个信号，可以用 $\left\{\sin\left[\frac{\pi}{T}(t-nT)\right]\Big/\left[\frac{\pi}{T}(t-nT)\right],n\in\mathbf{Z}\right\}$ 这组基函数表示，表示系数刚好为离散时间信号 $x(n)$。

习　题

2.1　给定信号

$$x(n)=\begin{cases}2n+5 & (-4\leqslant n\leqslant -1)\\ 6 & (0\leqslant n\leqslant 4)\\ 0 & (n\text{ 为其他值})\end{cases}$$

(1) 画出 $x(n)$ 的波形；

(2) 令 $x_1(n)=2x(n-2)$，画出 $x_1(n)$ 的波形；

(3) 令 $x_2(n)=2x(n+2)$，画出 $x_2(n)$ 的波形；

(4) 令 $x_3(n)=x(2-n)$，画出 $x_3(n)$ 的波形。

2.2　已知线性时不变系统的输入 $x(n)$，系统的单位抽样响应 $h(n)$，试求系统的输出 $y(n)$，并画图。

(1) $x(n)=R_6(n-3)$

　$h(n)=R_{12}(n-4)$

(2) $x(n)=u(n)$

　$h(n)=\delta(n)-\delta(n-3)$

(3) $x(n)=R_3(n)$

　$h(n)=R_4(n)$

(4) $x(n)=0.5^n u(n)$

　$h(n)=R_5(n)$

(5) $x(n)=2^n u(-n-1)$

　$h(n)=0.5^n u(n)$

(6) $x(n)=\alpha^n u(n),0<\alpha<1$

　$h(n)=\beta^n[u(n)-u(n-N)],0<\beta<1$

2.3　假设

$$x(n)=\begin{cases}1 & (0\leqslant n\leqslant 9)\\ 0 & (n\text{ 为其他值})\end{cases}$$

$$h(n)=\begin{cases}1 & (0\leqslant n\leqslant N)\\ 0 & (n\text{ 为其他值})\end{cases}$$

式中，$N\leqslant 9$ 是一个整数。已知 $y(n)=x(n)*h(n)$，且有 $y(4)=5,y(14)=0$，试求 N 为多少。

2.4　已知 $x(n)=\{\underline{1},2,4,3,6\},h(n)=\{2,\underline{1},5,7\}$，试求 $y(n)=x(n)*h(n)$。

2.5　用单位抽样序列 $\delta(n)$ 及其加权和表示图 P2.5 所示的序列 $x(n)$。

2.6　判断下列各个序列是否是周期性的，若是周期性的，试确定其周期。

(1) $x(n)=e^{j7\pi n}$　　(2) $x(n)=3e^{j\frac{3}{5}(n+\frac{1}{2})}$

(3) $x(n)=A\cos\left(\frac{3\pi}{7}n-\frac{\pi}{8}\right)$　　(4) $x(n)=\mathrm{Re}[e^{j\frac{\pi}{6}n}]+\mathrm{Im}[e^{j\frac{\pi}{18}n}]$

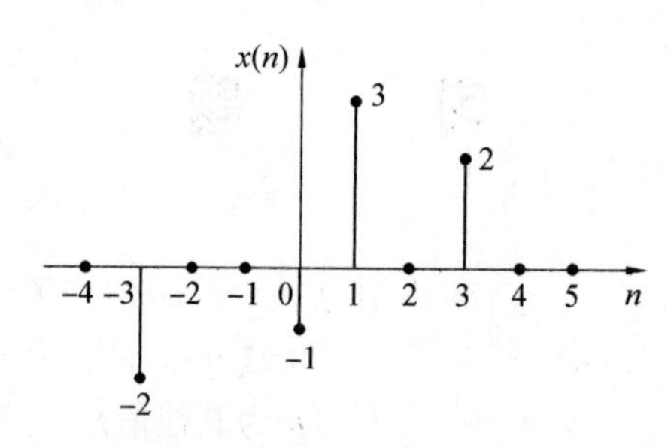

图 P2.5

(5) $x(n)=\sin 0.125\pi n$

2.7　判断下列系统是否为线性、时不变、因果、稳定系统，并说明理由。其中 $x(n)$ 与 $y(n)$ 分别为系统的输入与输出。

(1) $y(n)=2x(n)+3$

(2) $y(n)=x(n)\sin\left(\frac{2\pi}{7}n+\frac{\pi}{6}\right)$

(3) $y(n)=[x(n)]^2$

(4) $y(n)=\sum_{m=-\infty}^{n}x(m)$

(5) $y(n)=nx(n)$

(6) $y(n)=x(n+1)-x(n-1)$

(7) $y(n)=x(2n)$

(8) $y(n)=x(n^3)$

(9) $y(n)=e^{x(n)}$

(10) $y(n)=\sum_{m=n-n_0}^{n+n_0}x(m)$

(11) $y(n)=x(-n)$

2.8　以下各序列是 LTI 系统的单位抽样响应 $h(n)$，试分别讨论各系统的因果性和稳定性。

(1) $\delta(n)$

(2) $\delta(n-5)$

(3) $\delta(n+3)$

(4) $u(n)$

(5) $u(3-n)$

(6) $2^n u(n)$

(7) $3^n(-n)$

(8) $2^n R_N(n)$

(9) $0.5^n u(n)$

(10) $0.5^n u(-n)$

(11) $\frac{1}{n}u(n)$

(12) $\frac{1}{n!}u(n)$

2.9　假设某系统为两个因果 LTI 系统级联，如图 P2.9 所示。第一个因果 LTI 系统(S1 系统)的差分方程为

$$w(n)=\frac{1}{2}w(n-1)+x(n)$$

第二个因果 LTI 系统(S2 系统)的差分方程为

$$y(n)=\alpha y(n-1)+\beta w(n)$$

整个系统 $x(n)$ 与 $y(n)$ 的关系由下面的差分方程给出：

$$y(n)=\frac{3}{4}y(n-1)-\frac{1}{8}y(n-2)+x(n)$$

(1) 求 α 和 β；

(2) 求整个级联系统的单位抽样响应 $h(n)$。

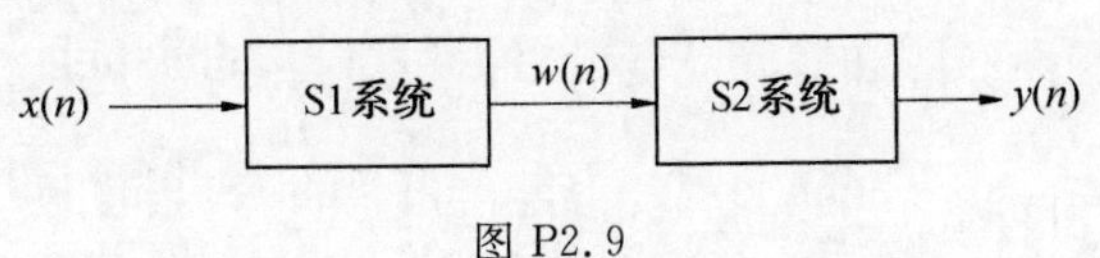

图 P2.9

2.10　列出如图 P2.10 系统的差分方程,并按初始条件 $y(n)=0, n<0$,求输入为 $x(n)=u(n)$ 时的输出响应 $y(n)$。

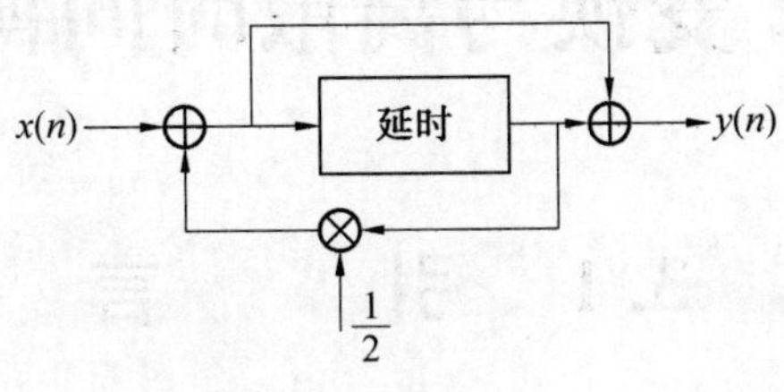

图 P2.10

2.11　假设系统由下面差分方程描述:

$$y(n)=0.5y(n-1)+x(n)+0.5x(n-1)$$

且系统是因果的,试求:

(1) 该系统的单位抽样响应;

(2) 由(1) 的结果,利用卷积和求输入 $x(n)=\mathrm{e}^{\mathrm{j}\omega_0 n}u(n)$ 的响应 $y(n)$。

2.12　假设系统的单位抽样响应 $h(n)=(3/8)\,0.5^n u(n)$,系统的输入 $x(n)$ 是一些观测数据,假设 $x(n)=\{x_0, x_1, x_2, x_3, \cdots\}$,试利用递推求系统的输出 $y(n)$。递推时假设系统满足初始松弛条件。

2.13　有一理想抽样系统,抽样频率为 $\Omega_s=6\pi$,抽样后经理想低通滤波器 $H_a(\mathrm{j}\Omega)$ 还原,其中

$$H_a(\mathrm{j}\Omega)=\begin{cases}\dfrac{1}{2} & (|\Omega|<3\pi)\\ 0 & (|\Omega|\geqslant 3\pi)\end{cases}$$

今有两个输入 $x_{a1}(t)=\cos 2\pi t, x_{a2}(t)=\cos 5\pi t$。问输出信号 $y_{a1}(t)$、$y_{a2}(t)$ 是否有失真?

2.14　已知系统的差分方程为

$$y(n)-\frac{1}{2}y(n-1)=x(n)$$

其输入序列为 $x(n)=2\delta(n)$,初始条件为 $y(-1)=1$,求系统的输出序列 $y(n)$。

第 3 章 z 变换与离散时间傅里叶变换

3.1 引　　言

信号与系统的分析方法除了时域分析方法外，还有变换域分析方法。在连续时间信号与系统中，用傅里叶变换进行频域分析，拉普拉斯变换作为傅里叶变换的推广，对信号进行复频域分析。在离散时间信号与系统中，用序列的傅里叶变换进行频域分析，z 变换则是其推广，可以对序列进行复频域分析。因此，z 变换在离散时间信号处理中的地位与作用类似于拉普拉斯变换在连续时间信号处理中的地位与作用。如同拉普拉斯变换可用于求解常系数微分方程和估计一个信号经过 LTI 系统的响应等，z 变换可用于求解描述离散时间系统的模型——常系数差分方程（将常系数差分方程转换为代数方程进行求解，简化分析计算），可估计一个输入给定的 LTI 系统的响应，以及设计滤波器等。

本章讨论 z 变换的定义、性质以及它与拉普拉斯变换、傅里叶变换的关系。从 z 变换与傅里叶变换之间的关系引出序列的傅里叶变换，即离散时间傅里叶变换（DTFT），并给出 DTFT 的一些性质。在这些基础上研究离散时间信号与系统的 z 域分析，给出离散系统的传递函数与频率响应的概念。必须指出，类似于连续时间系统的 s 域分析，在离散系统的 z 域分析中将看到，利用系统函数在 z 平面零点、极点分布特性研究系统的时域特性、频域特性以及稳定性的方法也具有同样重要的意义。

3.2 序列的 z 变换

3.2.1 z 变换的定义

z 变换的定义可以由抽样信号的拉普拉斯变换引出，也可以针对离散时间信号给出。前一种引出方式给出了 z 变换与拉普拉斯变换之间的关系，将在 3.5 节 z 变换与连续时间信号的傅里叶变换、拉普拉斯变换的关系中讨论，本节直接给出 z 变换的定义。

一个离散时间信号 $x(n)$ 的 z 变换定义为

$$X(z) = \sum_{n=-\infty}^{+\infty} x(n) z^{-n} \tag{3.1}$$

式中，z 是一个复变量，它所在的复平面称为 z 平面。为了方便，对序列 $x(n)$ 的 z 变换常用

$Z[x(n)]$ 表示，即 $X(z)=Z[x(n)]$。式(3.1) 中是 n 在 $\pm\infty$ 之间求和，这种 z 变换称为双边 z 变换。还有一种称为单边 z 变换，其定义式为

$$X(z)=\sum_{n=0}^{+\infty}x(n)z^{-n} \tag{3.2}$$

这种单边 z 变换的求和范围是从 0 到 ∞，因此，对于满足 $x(n)=x(n)u(n)$ 关系的因果序列，用两种 z 变换定义计算出的结果是一样的。单边 z 变换主要用于求解非松弛 LTI 系统的响应，即在需要关注初始储能造成的系统响应(零输入响应) 情况下使用。本书中如不另外说明，均用双边 z 变换对信号进行分析和变换。

式(3.1) 的 z 变换可以理解为：如果有一个解析函数 $X(z)$ 在其解析区域进行罗朗级数(Laurent Series) 展开，并且其展开系数恰好为 $x(n)$，那么该解析函数 $X(z)$ 即为 $x(n)$ 的 z 变换或生成函数。

3.2.2　z 变换的收敛域

由式(3.1) 可知，对于任何一个具体的序列 $x(n)$ 来说，其对某些 z 幂级数收敛，而对另外一些 z 幂级数不收敛。对任意给定的序列 $x(n)$，能使 $X(z)=\sum\limits_{n=0}^{+\infty}x(n)z^{-n}$ 收敛的所有的 z 值的集合称为 z 变换的收敛域。收敛域用 ROC(Region of Convergence) 来表示。收敛域本质为解析函数 $X(z)$ 的解析区域，故收敛域内没有不连续点 ——“极点”存在。很显然，一个序列只有存在收敛域，才会有有意义的 $X(z)$ 存在，z 变换才有意义。

根据级数理论，式(3.1) 的级数收敛的充分必要条件是满足绝对可和的条件，即须满足

$$\sum_{n=-\infty}^{+\infty}|x(n)z^{-n}|<\infty \tag{3.3}$$

复数 z 用极坐标表示有 $z=re^{j\omega}$，则式(3.3) 可写为

$$\sum_{n=-\infty}^{+\infty}|x(n)z^{-n}|=\sum_{n=-\infty}^{+\infty}|x(n)r^{-n}e^{-jn\omega}|=\sum_{n=-\infty}^{+\infty}|x(n)|r^{-n}<\infty \tag{3.4}$$

式(3.4) 表明 z 变换收敛域仅取决于 r，与 ω 无关，收敛域一般用环状域表示，即

$$R_{x-}<|z|<R_{x+}$$

在某些情况下，收敛域的内圆边界可以向内延伸到原点，而在另一些情况下，外圆边界可以向外延伸到无穷远点。求 z 变换的收敛域就是求解 R_{x-} 和 R_{x+}，通常有比值判别法和根值判别法两种方法。

1. 比值判别法

比值判别法又称为达朗贝尔判别法。假设有一个正项级数 $\sum\limits_{n=0}^{+\infty}a_n$，令

$$\lim_{n\to\infty}\left|\frac{a_{n+1}}{a_n}\right|=\rho$$

则 $\rho<1$ 时级数收敛，$\rho=1$ 时级数可能收敛也可能发散，$\rho>1$ 时级数发散。

应用达朗贝尔判别法，即可求得 z 变换收敛域。z 变换公式可以拆分成两项之和，即

$$\sum_{n=-\infty}^{+\infty}x(n)z^{-n}=\sum_{n=0}^{+\infty}x(n)z^{-n}+\sum_{n=-\infty}^{-1}x(n)z^{-n}$$

对第一项$\sum_{n=0}^{+\infty}x(n)z^{-n}$,应用达朗贝尔判别法,有

$$\lim_{n\to\infty}\left|\frac{x(n+1)z^{-(n+1)}}{x(n)z^{-n}}\right|=\lim_{n\to\infty}\left|\frac{x(n+1)}{x(n)}\right||z|^{-1}<1\Rightarrow |z|>\lim_{n\to\infty}\left|\frac{x(n+1)}{x(n)}\right|$$

即$\sum_{n=0}^{+\infty}x(n)z^{-n}$的收敛域为$|z|>\lim_{n\to\infty}\left|\frac{x(n+1)}{x(n)}\right|$,也就是$R_{x-}=\lim_{n\to\infty}\left|\frac{x(n+1)}{x(n)}\right|$。

对第二项$\sum_{n=-\infty}^{-1}x(n)z^{-n}\overset{令n=-n}{=}\sum_{n=1}^{+\infty}x(-n)z^{n}$,应用达朗贝尔法,有

$$\lim_{n\to\infty}\left|\frac{x(-n-1)z^{n+1}}{x(-n)z^{n}}\right|=\lim_{n\to\infty}\left|\frac{x(-n-1)}{x(-n)}\right||z|<1\Rightarrow |z|<\frac{1}{\lim\limits_{n\to\infty}\left|\frac{x(-n-1)}{x(-n)}\right|}$$

即$\sum_{n=-\infty}^{-1}x(n)z^{-n}$的收敛域为$|z|<\frac{1}{\lim\limits_{n\to\infty}\left|\frac{x(-n-1)}{x(-n)}\right|}$,也就是$R_{x+}=\frac{1}{\lim\limits_{n\to\infty}\left|\frac{x(-n-1)}{x(-n)}\right|}$。

2. 根值判别法

根值判别法又称为柯西判别法。假设有一个正项级数$\sum_{n=0}^{+\infty}a_n$,令

$$\lim_{n\to\infty}\sqrt[n]{a_n}=\rho$$

则$\rho<1$时级数收敛,$\rho=1$时级数可能收敛也可能发散,$\rho>1$时级数发散。

应用柯西判别法可求得z变换收敛域。z变换公式可以拆分成两项之和,即

$$\sum_{n=-\infty}^{+\infty}x(n)z^{-n}=\sum_{n=0}^{+\infty}x(n)z^{-n}+\sum_{n=-\infty}^{-1}x(n)z^{-n}$$

对第一项$\sum_{n=0}^{+\infty}x(n)z^{-n}$,应用柯西判别法,有

$$\lim_{n\to\infty}\sqrt[n]{|x(n)z^{-n}|}=\lim_{n\to\infty}\sqrt[n]{|x(n)|}\,|z|^{-1}<1\Rightarrow |z|>\lim_{n\to\infty}\sqrt[n]{|x(n)|}$$

即$\sum_{n=0}^{+\infty}x(n)z^{-n}$的收敛域为$|z|>\lim\limits_{n\to\infty}\sqrt[n]{|x(n)|}$,也就是$R_{x-}=\lim\limits_{n\to\infty}\sqrt[n]{|x(n)|}$。

对第二项$\sum_{n=-\infty}^{-1}x(n)z^{-n}=\sum_{n=1}^{+\infty}x(-n)z^{n}$,应用柯西判别法,有

$$\lim_{n\to\infty}\sqrt[n]{|x(-n)z^{n}|}=\lim_{n\to\infty}\sqrt[n]{|x(-n)|}\,|z|<1\Rightarrow |z|<\frac{1}{\lim\limits_{n\to\infty}\sqrt[n]{|x(-n)|}}$$

即$\sum_{n=-\infty}^{-1}x(n)z^{-n}$的收敛域为$|z|<\frac{1}{\lim\limits_{n\to\infty}\sqrt[n]{|x(-n)|}}$,也就是$R_{x+}=\frac{1}{\lim\limits_{n\to\infty}\sqrt[n]{|x(-n)|}}$。

3.2.3 4种典型序列的z变换的收敛域

不同的序列可能具有不同的特性,而不同的序列特性决定了其z变换的收敛域。了解序列特性与收敛域的一些一般关系,对使用z变换乃至根据收敛域情况求解z反变换等都是非常有帮助的。

1. 有限长序列

如果序列 $x(n)$ 满足

$$x(n)=\begin{cases}x(n) & (n_1\leqslant n\leqslant n_2)\\ 0 & (n\ \text{为其他值})\end{cases}$$

即序列 $x(n)$ 在 $n_1\leqslant n\leqslant n_2$ 范围的序列值不全为零，此范围之外的序列值为零，这样的序列称为有限长序列。其 z 变换为

$$X(z)=\sum_{n=-\infty}^{+\infty}x(n)z^{-n}=\sum_{n=n_1}^{n_2}x(n)z^{-n}$$

假设 $x(n)$ 为有界序列，由于是有限项求和，除了 $z=0$ 和 $z=\infty$ 两点是否收敛与 n_1、n_2 取值有关外，整个 z 平面均收敛，即收敛域至少包括有限 z 平面。如果 $n_1<0$，则收敛域不包括 $z=\infty$ 点；如果 $n_2>0$，则收敛域不包括 $z=0$ 点；如果是因果序列，收敛域包括 $z=\infty$ 点。具体有限长序列的收敛域表示如下：

$n_1<0, n_2\leqslant 0$ 时，$0\leqslant|z|<\infty$；

$n_1<0, n_2>0$ 时，$0<|z|<\infty$；

$n_1\geqslant 0, n_2>0$ 时，$0<|z|\leqslant\infty$；

$n_1=n_2=0$ 时，$0\leqslant|z|\leqslant\infty$。

例 3.1　求 $x(n)=R_3(n)$ 的 z 变换及其收敛域。

解
$$X(z)=\sum_{n=-\infty}^{+\infty}x(n)z^{-n}=\sum_{n=-\infty}^{+\infty}R_3(n)z^{-n}=\sum_{n=0}^{2}z^{-n}=\frac{1-z^{-3}}{1-z^{-1}}=\frac{z^3-1}{z^2(z-1)}$$
$$=\frac{(z-1)(z^2+z+1)}{z^2(z-1)}=\frac{z^2+z+1}{z^2}$$

这是一个因果的有限长序列，因此收敛域(ROC)为 $0<|z|\leqslant\infty$，如图 3.1 所示。由结果的分式可知，$z=0$ 是 $X(z)$ 的二阶极点，$z_{1,2}=\dfrac{-1\pm\sqrt{3}\mathrm{j}}{2}$ 是 $X(z)$ 的两个一阶零点。$X(z)$ 的零点、极点个数始终相同。另外可以发现，收敛域不包括极点，且收敛域边界取决于极点的模，故可以推测出极点位置决定了序列 z 变换的收敛域。

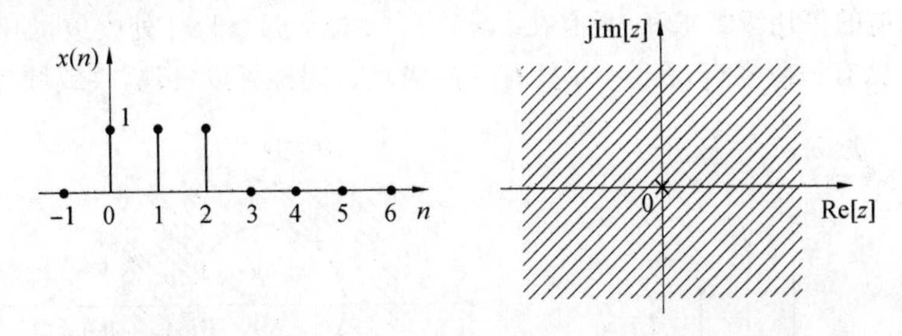

图 3.1　例 3.1 中有限长序列 $x(n)$ 及其 z 变换的收敛域

例 3.2　求 $x(n)=\delta(n)$ 的 z 变换及其收敛域。

解
$$X(z)=\sum_{n=-\infty}^{+\infty}x(n)z^{-n}=\sum_{n=-\infty}^{+\infty}\delta(n)z^{-n}=1$$

这是 $n_1=n_2=0$ 有限长序列的特例。由于 $X(z)$ 为常数，因此收敛域为整个 z 平面($0\leqslant$

$|z| \leqslant \infty$)，如图 3.2 所示。

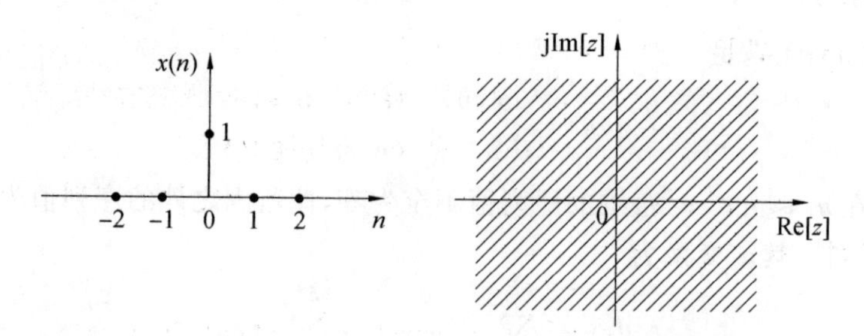

图 3.2　例 3.2 中有限长序列 $x(n)$ 及其 z 变换的收敛域

2. 右边序列

右边序列是指在 $n \geqslant n_1$ 时，序列值不全为零，而在 $n < n_1$ 时，序列值全为零。右边序列根据 n_1 是否大于零，可以分为两种情形。

(1) $n_1 \geqslant 0$ 时，右边序列为因果序列。根据比值判别法或根值判别法，可以求得一个半径 R_{x-}。因果的右边序列 $x(n)$ 的 z 变换收敛域为 $R_{x-} < |z| \leqslant \infty$，即收敛域包括 $z=\infty$ 点（在 $z=\infty$ 解析或没有极点）。

(2) $n_1 < 0$ 时，右边序列 $x(n)$ 的 z 变换可以写为

$$X(z) = \sum_{n=-\infty}^{+\infty} x(n) z^{-n} = \sum_{n=n_1}^{+\infty} x(n) z^{-n} = \sum_{n=n_1}^{-1} x(n) z^{-n} + \sum_{n=0}^{+\infty} x(n) z^{-n}$$

式中，第一项为有限长序列，其收敛域为 $0 \leqslant |z| < \infty$；第二项为因果序列，其收敛域为 $R_{x-} < |z| \leqslant \infty$；将两收敛域相与，其收敛域为 $R_{x-} < |z| < \infty$。

例 3.3　求 $x(n) = a^n u(n)$ 的 z 变换及其收敛域。

解　这是一个右边序列，且为因果序列，其 z 变换为

$$X(z) = \sum_{n=-\infty}^{+\infty} x(n) z^{-n} = \sum_{n=-\infty}^{+\infty} a^n u(n) z^{-n} = \sum_{n=0}^{+\infty} a^n z^{-n}$$

$$= \sum_{n=0}^{+\infty} (az^{-1})^n = \frac{1}{1-az^{-1}} = \frac{z}{z-a} \quad (|z| > |a)$$

这是一个无穷项的等比级数求和，只有在 $|az^{-1}| < 1$ 即 $|z| > |a|$ 处收敛，如图 3.3 所示。$X(z)$ 在 $z=0$ 处有一阶零点，在 $z=a$ 处有一阶极点。同样可以发现，收敛域与极点有关。

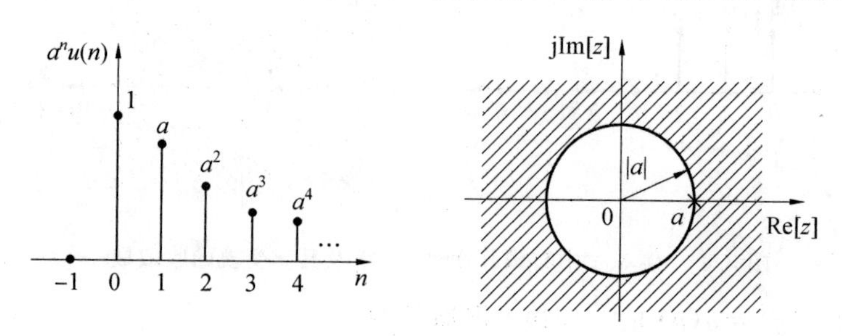

图 3.3　例 3.3 中因果序列 $x(n)$ 及其 z 变换的收敛域

例 3.4　求 $x(n)=7\left(\frac{1}{3}\right)^n u(n)-6\left(\frac{1}{2}\right)^n u(n)$ 的 z 变换及其收敛域。

解　序列 $x(n)$ 为两个因果子序列组合而成的因果序列，其 z 变换为

$$\begin{aligned}
X(z) &= \sum_{n=-\infty}^{+\infty} x(n)z^{-n} = \sum_{n=-\infty}^{+\infty}\left[7\left(\frac{1}{3}\right)^n u(n)-6\left(\frac{1}{2}\right)^n u(n)\right]z^{-n} \\
&= 7\sum_{n=-\infty}^{+\infty}\left(\frac{1}{3}\right)^n u(n)z^{-n}-6\sum_{n=-\infty}^{+\infty}\left(\frac{1}{2}\right)^n u(n)z^{-n} \\
&= 7\sum_{n=0}^{+\infty}\left(\frac{1}{3}\right)^n z^{-n}-6\sum_{n=0}^{+\infty}\left(\frac{1}{2}\right)^n z^{-n} \\
&= 7\frac{1}{1-\frac{1}{3}z^{-1}}-6\frac{1}{1-\frac{1}{2}z^{-1}} \\
&= \frac{1-\frac{3}{2}z^{-1}}{\left(1-\frac{1}{3}z^{-1}\right)\left(1-\frac{1}{2}z^{-1}\right)} \\
&= \frac{z\left(z-\frac{3}{2}\right)}{\left(z-\frac{1}{3}\right)\left(z-\frac{1}{2}\right)}
\end{aligned}$$

为保证 $X(z)$ 收敛，式中的两个和式必须收敛，这就要求 $|(1/3)z^{-1}|<1$ 和 $|(1/2)z^{-1}|<1$。因此，收敛域为 $|z|>1/2$，如图 3.4 所示。$X(z)$ 有 $z=0$ 和 $z=3/2$ 两个一阶零点，有 $z=1/2$ 和 $z=1/3$ 两个一阶极点。对比收敛域和极点可以发现，对由多个因果子序列构成的因果序列，其 z 变换收敛域为模最大的极点决定的半径的圆外。推广到一般情况，收敛域上函数必须是解析的，收敛域内不许有极点存在，所以，右边序列的 z 变换如果有 N 个有限极点 $\{z_1, z_2, \cdots, z_N\}$ 存在，那么收敛域一定在模值为最大的这个极点所在圆以外，即

$$R_{x-}=\max\{|z_1|, |z_2|, \cdots, |z_N|\}$$

另外，从例 3.3 和例 3.4 中可以得出一个结论：只要序列 $x(n)$ 是指数序列或指数序列的线性组合，其 z 变换 $X(z)$ 就一定是有理的，即为有理分式形式。

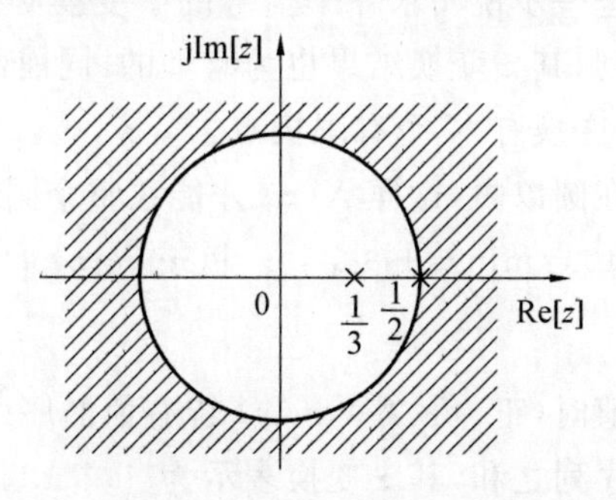

图 3.4　例 3.4 中序列 $x(n)$ 的 z 变换收敛域

3. 左边序列

左边序列是指在 $n \leqslant n_2$ 时，序列值不全为零，而在 $n>n_2$ 时，序列值全为零。当 $n_2 \leqslant 0$

时，左边序列又称为反因果序列。左边序列 $x(n)$ 的 z 变换为

$$X(z)=\sum_{n=-\infty}^{n_2}x(n)z^{-n}$$

如果 $n_2\leqslant 0$(即序列为反因果序列)，$z=0$ 点收敛，$z=\infty$ 点不收敛，其收敛域是在某个圆(假设半径为 R_{x+}，可以用比值判别法或根值判别法求得)的圆内，收敛域为 $0\leqslant|z|<R_{x+}$。如果 $n_2>0$，序列 $x(n)$ 可以分成一个非因果序列和一个因果有限长序列之和，故 $X(z)$ 在 $z=0$ 点不收敛，所以 $X(z)$ 的收敛域为 $0<|z|<R_{x+}$。

例 3.5　求 $x(n)=-a^n u(-n-1)$ 的 z 变换及其收敛域。

解　这是一个左边序列，当 $n>-1$ 时，$x(n)=0$，为非因果序列，其 z 变换为

$$X(z)=\sum_{n=-\infty}^{+\infty}x(n)z^{-n}=\sum_{n=-\infty}^{+\infty}[-a^n u(-n-1)]z^{-n}=-\sum_{n=-\infty}^{-1}a^n z^{-n}$$

$$\overset{n=-n}{=}-\sum_{n=1}^{+\infty}a^{-n}z^{n}=-\sum_{n=1}^{+\infty}(a^{-1}z)^n$$

这是一个无穷项的等比级数求和，在 $|a^{-1}z|<1$ 时收敛，即 $X(z)$ 的收敛域为 $|z|<|a|$，

$$X(z)=\frac{a^{-1}z}{1-a^{-1}z}=\frac{z}{z-a}\quad(|z|<|a|)$$

$X(z)$ 在 $z=0$ 处有一阶零点，在 $z=a$ 处有一阶极点。$X(z)$ 的收敛域如图 3.5 所示。

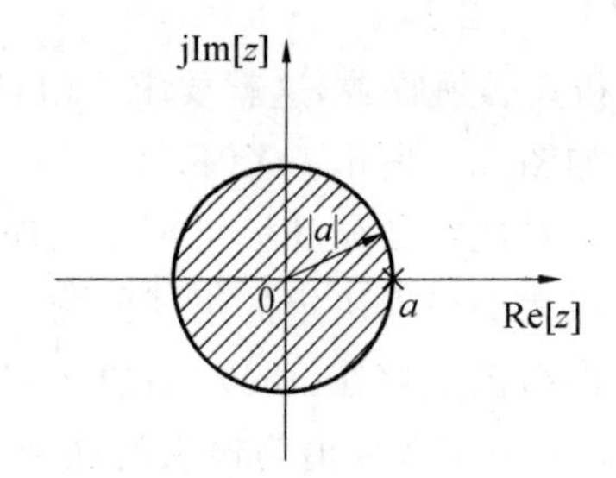

图 3.5　例 3.5 中左边序列 $x(n)$ 的 z 变换收敛域

对比例 3.3 和例 3.5 可以发现，两个不同序列的 $X(z)$ 可以一样，具有相同的零点、极点，但是收敛域不一样，因此进一步说明求一个信号的 z 变换必须同时给出收敛域。同时，例 3.4 中的序列也为指数序列，其 z 变换结果也为有理的，同前面得出的结论相符。

对左边序列，如果序列 z 变换有 N 个有限极点 $\{z_1,z_2,\cdots,z_N\}$ 存在，那么收敛域一定在模值为最小的这一个极点所在圆以内，这样 $X(z)$ 才能在整个圆内解析，也即

$$R_{x+}=\min\{|z_1|,|z_2|,\cdots,|z_N|\}$$

4. 双边序列

双边序列是指 n 为任意值时(正、负、零)，$x(n)$ 皆有值的序列。一个双边序列可以看作是一个左边序列和一个右边序列之和，其 z 变换表示为

$$X(z)=\sum_{n=-\infty}^{+\infty}x(n)z^{-n}=\sum_{n=-\infty}^{-1}x(n)z^{-n}+\sum_{n=0}^{+\infty}x(n)z^{-n}=X_1(z)+X_2(z)$$

左边序列的 z 变换 $X_1(z)$ 的收敛域为 $|z|<R_{x+}$，右边序列的 z 变换 $X_2(z)$ 的收敛域为 $|z|>R_{x-}$。因而，$X(z)$ 的收敛域应该是左边序列和右边序列收敛域的重叠部分。若有

$R_{x-}<R_{x+}$，则存在公共收敛区域，$X(z)$ 的收敛域为 $R_{x-}<|z|<R_{x+}$，是一个环状域；若 $R_{x-}>R_{x+}$，则无公共收敛区域，$X(z)$ 不收敛，也即在 z 平面的任何地方都没有有界的 $X(z)$ 值，因此就不存在 z 变换的解析式，这种 z 变换就没有什么意义。

例 3.6　$x(n)=a^{|n|}$，a 为实数，求 $x(n)$ 的 z 变换及其收敛域。

解

$$X(z)=\sum_{n=-\infty}^{+\infty}x(n)z^{-n}=\sum_{n=-\infty}^{+\infty}a^{|n|}z^{-n}=\sum_{n=-\infty}^{-1}a^{-n}z^{-n}+\sum_{n=0}^{+\infty}a^{n}z^{-n}$$

$$=\sum_{n=1}^{+\infty}a^{n}z^{n}+\sum_{n=0}^{+\infty}a^{n}z^{-n}$$

第一部分要收敛则应满足 $|az|<1$，得收敛域为 $|z|<|a|^{-1}$；第二部分要收敛则应满足 $|az^{-1}|<1$，得收敛域 $|z|>|a|$。如果 $|a|<1$，两部分的公共收敛域为 $|a|<|z|<|a|^{-1}$，其 z 变换为

$$X(z)=\frac{az}{1-az}+\frac{1}{1-az^{-1}}=\frac{az}{1-az}+\frac{z}{z-a}$$

$$=\frac{z(1-a^{2})}{(1-az)(z-a)}\quad(|a|<|z|<|a|^{-1})$$

如果 $|a|\geqslant 1$，则无公共收敛域，因此 $X(z)$ 不存在。当 $0<a<1$ 时，$X(z)$ 的收敛域如图 3.6 所示。

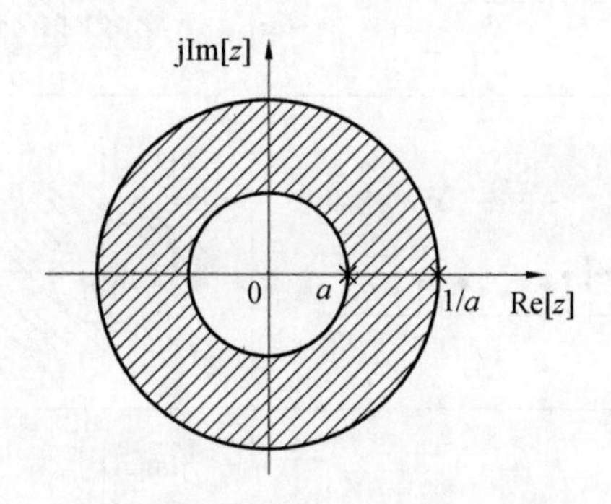

图 3.6　例 3.6 中双边序列 $x(n)$ 的 z 变换收敛域

为了便于对比，将上述几种类型序列的 z 变换收敛域列于表 3.1。

表 3.1　几种类型序列的 z 变换收敛域

序列类型	z 变换收敛域
有限长序列（$n_1\leqslant n\leqslant n_2$） 1. $n_1<0, n_2\leqslant 0$ $x(n)$　n_1　0　n	jIm[z]　0　∞　Re[z] $0\leqslant|z|<\infty$

续表3.1

序列类型	z 变换收敛域
2. $n_1<0, n_2>0$	$0<\vert z\vert<\infty$
3. $n_1\geqslant 0, n_2>0$	$0<\vert z\vert\leqslant\infty$
4. $n_1=n_2=0$	$0\leqslant\vert z\vert\leqslant\infty$
右边序列($n\geqslant n_1$) 1. $n_1\geqslant 0$	$R_{x-}<\vert z\vert\leqslant\infty$
2. $n_1<0$	$R_{x-}<\vert z\vert<\infty$
左边序列($n\leqslant n_2$) 1. $n_2\leqslant 0$	$0\leqslant\vert z\vert<R_{x+}$
2. $n_2>0$	$0<\vert z\vert<R_{x+}$

续表3.1

序列类型	z 变换收敛域
双边序列($-\infty \leqslant n \leqslant +\infty$)	$R_{x-} < \mid z \mid < R_{x+}$

从上面的讨论可以看出,序列的 z 变换 $X(z)$ 在其收敛域中不包含任何极点,收敛域是以极点为边界的且收敛域是连通的;$X(z)$ 在收敛域内解析。几种类型序列 z 变换的收敛域与极点的关系如下:

(1) 因果序列 z 变换的收敛域一定在其模最大的极点所在圆之外。

(2) 反因果序列 z 变换的收敛域一定在其模最小的极点所在圆之内。

(3) 右边序列若有值区间包括 $n<0$ 的点,则 z 变换的收敛域一定在其模最大的有限极点所在圆之外且不包括 $\mid z \mid = \infty$。

(4) 左边序列若有值区间包括 $n>0$ 的点,则 z 变换的收敛域一定在其模最小的非零点、极点所在圆之内且不包括 $\mid z \mid = 0$。

(5) 有限长序列在有限 z 平面($0< \mid z \mid < \infty$) 内不存在极点,其 z 变换的收敛域至少包括有限 z 平面。

(6) 双边序列 z 变换的收敛域在其模相邻的两个极点所在圆之间,即为一环形区域。

图 3.7 所示为具有 a、b、c 三个极点的同一个 $X(z)$ 可能具有的不同收敛域。由于收敛域不同,对应的序列也不同。图 3.7(a) 对应右边序列;图 3.7(b) 对应左边序列;图 3.7(c) 和图 3.7(d) 对应两个不同的双边序列。

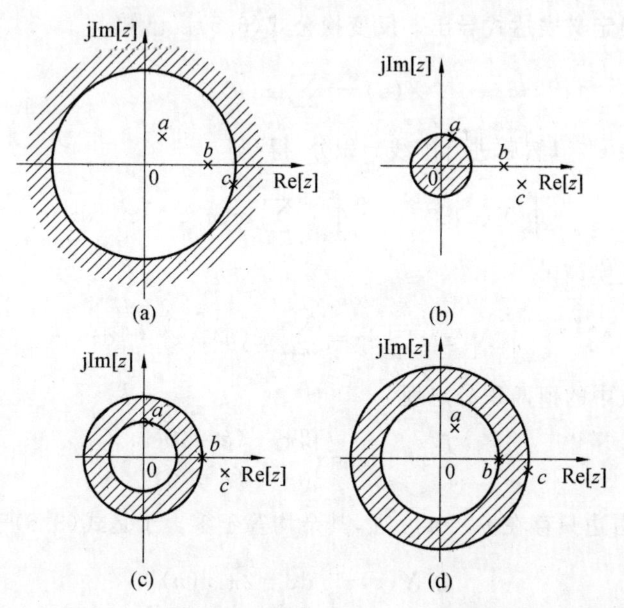

图 3.7　具有 a、b、c 三个极点的同一个 $X(z)$ 可能具有的不同收敛域

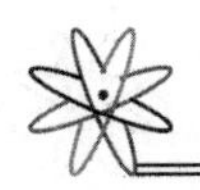

3.3　z 反变换

已知函数 $X(z)$ 及其收敛域，反过来求序列的变换称为 z 反变换，表示为

$$x(n)=Z^{-1}[X(z)]$$

由序列 $x(n)$ 的 z 变换的定义式可以发现，求 z 反变换实质上是求 $X(z)$ 的幂级数(Laurent 级数）展开式的系数。假设 $x(n)$ 的 z 变换为幂级数

$$X(z)=\sum_{n=-\infty}^{+\infty}x(n)z^{-n}\quad(R_{x-}<|z|<R_{x+})$$

则 $X(z)$ 的 z 反变换的一般公式为围线积分

$$x(n)=\frac{1}{2\pi\mathrm{j}}\oint_{c}X(z)z^{n-1}\mathrm{d}z\quad(c\in(R_{x-},R_{x+}))\tag{3.5}$$

围线 c 是在 $X(z)$ 的收敛域中环绕原点的一条逆时针旋转的闭合围线，如图 3.8 所示。

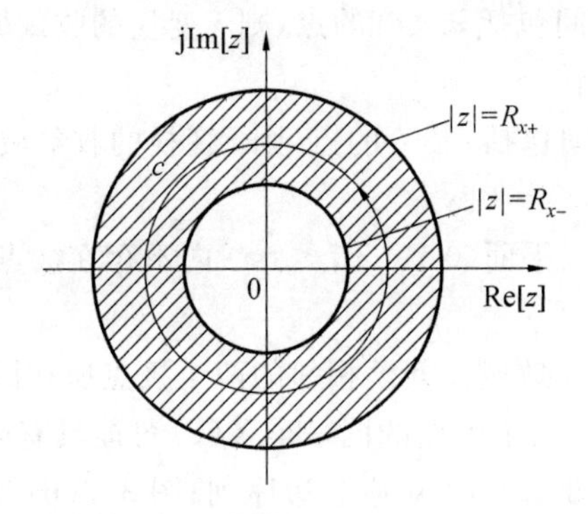

图 3.8　z 反变换积分围线的选择

下面从 z 变换定义表达式导出 z 反变换公式(3.5)。已知

$$X(z)=\sum_{n=-\infty}^{+\infty}x(n)z^{-n}$$

对此式两端分别乘 z^{m-1}，然后进行围线 c 积分，得到

$$\oint_{c}X(z)z^{m-1}\mathrm{d}z=\oint_{c}\left[\sum_{n=-\infty}^{+\infty}x(n)z^{-n}\right]z^{m-1}\mathrm{d}z$$

积分和求和顺序互换，有

$$\oint_{c}X(z)z^{m-1}\mathrm{d}z=\sum_{n=-\infty}^{+\infty}x(n)\oint_{c}z^{m-n-1}\mathrm{d}z\tag{3.6}$$

根据复变函数中的柯西积分定理

$$\oint_{c}z^{k-1}\mathrm{d}z=\begin{cases}2\pi\mathrm{j} & (k=0)\\ 0 & (k\neq 0)\end{cases}$$

这样，式(3.6) 的右边只存在 $m=n$ 一项，其余均等于零。于是式(3.6) 变成

$$\oint_{c}X(z)z^{n-1}\mathrm{d}z=2\pi\mathrm{j}x(n)$$

即

$$x(n)=\frac{1}{2\pi j}\oint_c X(z)z^{n-1}dz$$

对一般的 $X(z)$，通过直接计算围线积分求 z 反变换是很麻烦的，通常采用如下三种间接方法进行 z 反变换求解：围线积分法（留数法）、部分分式展开法和幂级数展开法（长除法）。

3.3.1　围线积分法（留数法）

如果 $X(z)z^{n-1}$ 在围线 c 内的极点用 z_k 表示，根据留数定理

$$\frac{1}{2\pi j}\oint_c X(z)z^{n-1}dz=\sum_k \text{Res}[X(z)z^{n-1},z_k]$$

式中，$\text{Res}[X(z)z^{n-1},z_k]$ 表示被积函数 $X(z)z^{n-1}$ 在极点 $z=z_k$ 处的留数，z 反变换则是围线 c 内所有的极点留数之和。

如果 z_k 是单阶极点，则

$$\text{Res}[X(z)z^{n-1},z_k]=(z-z_k)\cdot X(z)z^{n-1}\big|_{z=z_k}$$

如果 z_k 是 l 阶极点，则

$$\text{Res}[X(z)z^{n-1},z_k]=\frac{1}{(l-1)!}\frac{d^{l-1}}{dz^{l-1}}[(z-z_k)^l X(z)z^{n-1}]\big|_{z=z_k} \tag{3.7}$$

式(3.7) 表明，对于 l 阶极点，需要求 $l-1$ 次导数，这是比较麻烦的。另外，对双边序列的 z 变换 $X(z)$，当求 $n\to-\infty$ 的反变换 $x(n)$ 时，在 $z=0$ 处会出现无穷阶极点，几乎是不可能通过求导取留数求出反变换 $x(n)$ 的。

根据复变函数理论可知

$$\oint_c X(z)z^{n-1}dz+\oint_c X(z)z^{n-1}dz=0$$

故

$$\oint_c X(z)z^{n-1}dz=-\oint_c X(z)z^{n-1}dz$$

因此，如果 c 内有高阶极点，而 c 外没有高阶极点，可以改求 c 外的所有极点留数之和，使问题简化。

假设被积函数用 $F(z)$ 表示，即

$$F(z)=X(z)z^{n-1}$$

$F(z)$ 在 z 平面上有 N 个极点，在收敛域内的封闭曲线 c 将 z 平面上极点分成两个部分：一部分是 c 内极点，假设有 N_1 个极点，用 z_{1k} 表示；另一部分是 c 外极点，假设有 N_2 个极点，用 z_{2k} 表示，$N=N_1+N_2$。根据留数辅助定理，下式成立：

$$\sum_{k=1}^{N_1}\text{Res}[X(z)z^{n-1},z_{1k}]=-\sum_{k=1}^{N_2}\text{Res}[X(z)z^{n-1},z_{2k}] \tag{3.8}$$

式(3.8) 成立的条件是 $F(z)=X(z)z^{n-1}$ 的分母阶次比分子阶次高二阶以上。假设 $X(z)=P(z)/Q(z)$，$P(z)$ 与 $Q(z)$ 分别是 M 阶与 N 阶多项式，则式(3.8) 成立的条件是

$$N-M-n+1\geqslant 2$$

因此要求

$$N-M-n\geqslant 1$$

如果满足 $N-M-n\geqslant 1$，c 内极点中有多阶极点，而 c 外极点没有多阶极点，可以按照式(3.8)，改求 c 外极点留数之和，最后加一个负号。

例 3.7 已知 $X(z)=\dfrac{1}{1-az^{-1}}$，$|z|>a$，求其 z 反变换 $x(n)$。

解

$$x(n)=\frac{1}{2\pi j}\oint_c X(z)z^{n-1}dz=\frac{1}{2\pi j}\oint_c \frac{1}{1-az^{-1}}z^{n-1}dz=\frac{1}{2\pi j}\oint_c \frac{z^n}{z-a}dz$$

$$F(z)=\frac{z^n}{z-a}$$

c 为 $X(z)$ 的收敛域内的闭合围线，如图 3.9 所示。

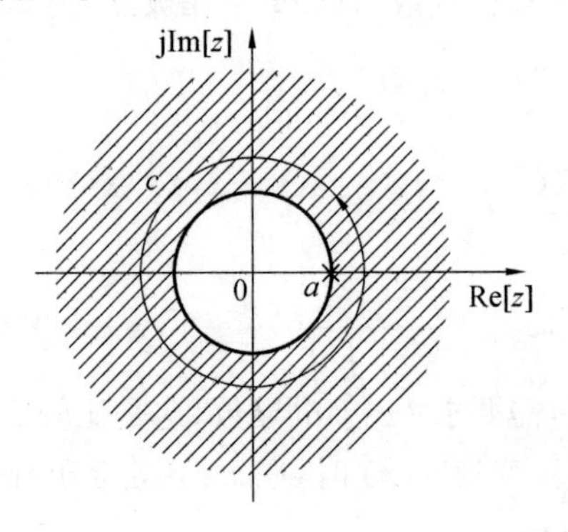

图 3.9 例 3.7 中 $X(z)$ 的收敛域及闭合围线

为了应用留数定理求解，先找出 $F(z)$ 的极点。当 $n\geqslant 0$ 时，$F(z)$ 有一个一阶极点 $z=a$；当 $n<0$ 时，$F(z)$ 有两个极点 $z=a$(一阶) 和 $z=0$(阶数和 n 取值有关)。因此，对一般的 $F(z)$，根据在 $z=0$ 会不会成为极点将 n 分成两段求 z 反变换。但对于本题，根据收敛域 $|z|>a$ 可知，$x(n)$ 应该为因果序列，故当 $n<0$ 时 $x(n)=0$，仅需求 $n\geqslant 0$ 时的反变换。当 $n\geqslant 0$ 时，$F(z)$ 仅有一个一阶极点 $z=a$，故有

$$\begin{aligned}x(n)&=\text{Res}[F(z),a]\\&=(z-a)\frac{z^n}{z-a}\bigg|_{z=a}\\&=a^n\end{aligned}$$

综上，$X(z)$ 的反变换为 $x(n)=a^n u(n)$。

例 3.8 已知 $X(z)=\dfrac{1}{1-2z}$，$|z|<0.5$，求其 z 反变换 $x(n)$。

解

$$x(n)=\frac{1}{2\pi j}\oint_c X(z)z^{n-1}dz=\frac{1}{2\pi j}\oint_c \frac{1}{1-2z}z^{n-1}dz=\frac{1}{2\pi j}\oint_c \frac{z^{n-1}}{1-2z}dz$$

$$F(z)=\frac{z^{n-1}}{1-2z}$$

c 为 $X(z)$ 的收敛域内的闭合围线，如图 3.10 所示。根据 $F(z)$ 分子多项式中 z 的幂次 $n-1$ 将反变换的求解分成两段(即 $n\geqslant 1$ 和 $n<1$) 处理。但是，根据收敛域 $|z|<0.5$ 可知，$x(n)$

为反因果序列，只需求 $n\leqslant 0$ 时的反变换。此时围线内有极点 $z=0$，且当 $n\rightarrow-\infty$ 时极点阶数趋于无穷，无法直接利用留数定理求反变换，而围线外只有一个一阶极点 $z=1/2$，故应用留数辅助定理进行反变换求解，有

$$x(n)=-\text{Res}\left[\frac{z^{n-1}}{1-2z},\frac{1}{2}\right]=-\left(z-\frac{1}{2}\right)\frac{z^{n-1}}{1-2z}\Big|_{z=\frac{1}{2}}=\left(\frac{1}{2}\right)^n$$

综上，$X(z)$ 的反变换为 $x(n)=\left(\frac{1}{2}\right)^n u(-n)$。

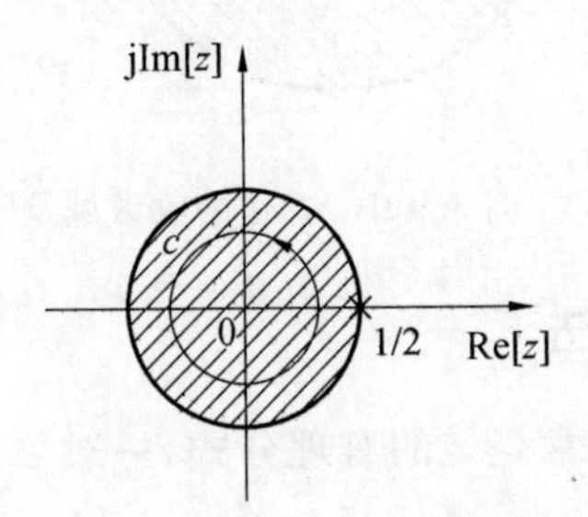

图 3.10　例 3.8 中 $X(z)$ 的收敛域及闭合围线

例 3.9　已知 $X(z)=\dfrac{0.99}{(1-0.1z^{-1})(1-0.1z)}$，$0.1<|z|<10$，求其 z 反变换 $x(n)$。

解

$$\begin{aligned}x(n)&=\frac{1}{2\pi\text{j}}\oint_c X(z)z^{n-1}\text{d}z=\frac{1}{2\pi\text{j}}\oint_c\frac{0.99}{(1-0.1z^{-1})(1-0.1z)}z^{n-1}\text{d}z\\&=\frac{1}{2\pi\text{j}}\oint_c\frac{0.99z^n}{(z-0.1)(1-0.1z)}\text{d}z\end{aligned}$$

$$F(z)=\frac{0.99z^n}{(z-0.1)(1-0.1z)}$$

c 为 $X(z)$ 的收敛域内的闭合围线，如图 3.11 所示。

根据收敛域可知 $x(n)$ 为双边序列。当 $n\geqslant 0$ 时，被积函数 $F(z)$ 在围线 c 内只有 $z=0.1$ 处的一个一阶极点，因此采用围线内部的极点求留数较方便，利用留数定理可得

$$x(n)=\text{Res}\left[\frac{0.99z^n}{(z-0.1)(1-0.1z)},0.1\right]=(z-0.1)\frac{0.99z^n}{(z-0.1)(1-0.1z)}\Big|_{z=0.1}=0.1^n$$

当 $n<0$（即 $n\leqslant -1$）时，被积函数 $F(z)$ 在围线 c 内除了有 $z=0.1$ 处的一个一阶极点外，还会在 $z=0$ 处增加一个极点，并且 $z=0$ 的极点在 $n\rightarrow-\infty$ 变化时阶数越来越高，几乎无法直接求其留数，而围线外仅有 $z=10$ 处的一个一阶极点，所以采用围线 c 外部的极点较方便，利用留数辅助定理可得

$$x(n)=-\text{Res}\left[\frac{0.99z^n}{(z-0.1)(1-0.1z)},10\right]=-(z-10)\frac{0.99z^n}{(z-0.1)(1-0.1z)}\Big|_{z=10}=10^n$$

综合以上，可得

$$x(n)=\begin{cases}0.1^n & (n\geqslant 0)\\10^n & (n\leqslant -1)\end{cases}$$

或写成

$$x(n)=0.1^n u(n)+10^n u(-n-1)$$

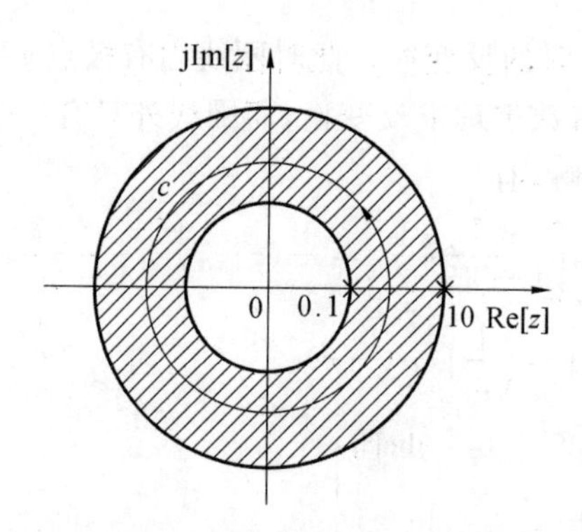

图 3.11　例 3.9 中 $X(z)$ 的收敛域及闭合围线

3.3.2　部分分式展开法

在实际中，序列的 z 变换通常是 z 的有理分式，一般可以表示成

$$X(z)=\frac{B(z)}{A(z)}=\frac{b_0+b_1z+\cdots+b_{M-1}z^{M-1}+b_Mz^M}{a_0+a_1z+\cdots+a_{N-1}z^{N-1}+a_Nz^N}$$

对于因果序列，它的 z 变换收敛域为 $|z|>R_{x-}$，为了保证在 $z=\infty$ 处收敛，其分母多项式的阶次不能低于分子多项式的阶次，即需满足 $N\geqslant M$。

类似于拉普拉斯变换中的部分分式展开法，可先将 $X(z)$ 展开成一些简单而常见的部分分式之和，然后通过查表(表 3.2) 求得各部分的 z 反变换(注意收敛域)，再将各个反变换相加起来，就得到所求的 $x(n)$。

由表 3.2 看出，z 变换最基本的形式为 1 和 $\frac{z}{z-a}$，利用 z 变换的部分分式展开法时，通常先将 $\frac{X(z)}{z}$ 展开，然后每个分式乘 z，这样对于一阶极点，$X(z)$ 便可展成 $\frac{z}{z-z_k}$ 形式。

如果 $X(z)$ 只含有 N 个一阶极点，则 $\frac{X(z)}{z}$ 可以展开为

$$\frac{X(z)}{z}=\frac{A_0}{z}+\sum_{k=1}^{N}\frac{A_k}{z-z_k}$$

即

$$X(z)=A_0+\sum_{k=1}^{N}\frac{A_kz}{z-z_k}$$

式中，z_k 为 $\frac{X(z)}{z}$ 的极点；A_k 是 z_k 的留数(即部分分式系数)，它等于

$$A_k=\mathrm{Res}\left[\frac{X(z)}{z},z_k\right]=(z-z_k)\left.\frac{X(z)}{z}\right|_{z=z_k}$$

而 A_0 是 $\frac{X(z)}{z}$ 的极点 $z=0$ 的留数，它等于

$$A_0=X(z)\,|_{z=0}=\frac{b_0}{a_0}$$

倘若 $X(z)$ 的收敛域为 $|z|>R_{x-}$，则 $x(n)$ 为因果序列，通过查表 3.2 可以直接得到其逆变换为

$$x(n)=A_0\delta(n)+\sum_{k=1}^{N}A_k\,(z_k)^n u(n)$$

倘若 $X(z)$ 的收敛域为 $|z|<R_{x+}$，则 $x(n)$ 为反因果序列，通过查表 3.2 可以直接得到其逆变换为

$$x(n)=A_0\delta(n)-\sum_{k=1}^{N}A_k\,(z_k)^n u(-n-1)$$

如果 $X(z)$ 中含有高阶极点，假设 $X(z)$ 中除了含有 K 个一阶极点外，在 $z=z_i$ 处还含有一个 s 阶极点，此时 $X(z)$ 应展成

$$X(z)=A_0+\sum_{k=1}^{K}\frac{A_k z}{z-z_k}+\sum_{j=1}^{s}\frac{B_j z}{(z-z_i)^j}$$

式中，A_0 和 A_k 的确定方法同前；而

$$B_j=\frac{1}{(s-j)!}\frac{\mathrm{d}^{s-j}}{\mathrm{d}z^{s-j}}(z-z_i)^s\frac{X(z)}{z}\Big|_{z=z_i}$$

在这种情况下，$X(z)$ 也可以展成

$$X(z)=A_0+\sum_{k=1}^{K}\frac{A_k z}{z-z_k}+\sum_{j=1}^{s}\frac{C_j z^j}{(z-z_i)^j}$$

其中，系数 C_j 可以用待定系数法求解或通过下式求解

$$C_j=\frac{1}{(s-j)!}\frac{\mathrm{d}^{s-j}}{\mathrm{d}z^{s-j}}(z-z_i)^s\frac{X(z)}{z^j}\Big|_{z=z_i}$$

根据收敛域及极点位置情况，通过查表 3.2 可得各个部分的反变换，求和之后得到 $x(n)$。

例 3.10　已知 $X(z)=\dfrac{5z}{z^2+z-6}$，$2<|z|<3$，求其 z 反变换 $x(n)$。

解

$$\frac{X(z)}{z}=\frac{5}{z^2+z-6}=\frac{5}{(z+3)(z-2)}=\frac{A_1}{z-2}+\frac{A_2}{z+3}$$

$$A_1=\mathrm{Res}\left[\frac{X(z)}{z},2\right]=(z-2)\frac{X(z)}{z}\Big|_{z=2}=\frac{5}{z+3}\Big|_{z=2}=1$$

$$A_2=\mathrm{Res}\left[\frac{X(z)}{z},-3\right]=(z+3)\frac{X(z)}{z}\Big|_{z=-3}=\frac{5}{z-2}\Big|_{z=-3}=-1$$

$$\frac{X(z)}{z}=\frac{1}{z-2}-\frac{1}{z+3}$$

$$X(z)=\frac{z}{z-2}-\frac{z}{z+3}$$

因为收敛域为 $2<|z|<3$，第一部分极点是 $z=2$，因此收敛域为 $|z|>2$；第二部分极点是 $z=-3$，收敛域应取 $|z|<3$。查表 3.2 可得

$$x(n)=2^n u(n)-(-3)^n u(-n-1)$$

3.3.3　幂级数展开法(长除法)

因为 $x(n)$ 的 z 变换定义为 z^{-1} 的幂级数

$$X(z)=\sum_{n=-\infty}^{+\infty}x(n)z^{-n}$$

所以，只要在给定的收敛域内把 $X(z)$ 展成幂级数，级数的系数就是序列 $x(n)$。

z 变换式一般是 z 的有理函数，可以表示为

$$X(z)=\frac{B(z)}{A(z)}=\frac{b_0+b_1z+\cdots+b_{M-1}z^{M-1}+b_Mz^M}{a_0+a_1z+\cdots+a_{N-1}z^{N-1}+a_Nz^N}$$

如果 $X(z)$ 的收敛域是 $|z|>R_{x-}$，则 $x(n)$ 必然是因果序列，此时 $A(z)$、$B(z)$ 按 z 的降幂(或 z^{-1} 的升幂)次序进行排列。如果 $X(z)$ 的收敛域是 $|z|<R_{x+}$，则 $x(n)$ 必然是左边序列，此时 $A(z)$、$B(z)$ 按 z 的升幂(或 z^{-1} 的降幂)次序进行排列。然后利用长除法，便可将 $X(z)$ 展成幂级数，从而得到 $x(n)$。

例 3.11 已知 $X(z)=\dfrac{1+2z^{-1}}{1-2z^{-1}+z^{-2}}$，$|z|>1$，求它的 z 反变换 $x(n)$。

解 对于收敛域 $|z|>1$，$X(z)$ 相应的序列 $x(n)$ 是因果序列。此时 $X(z)$ 按 z^{-1} 的升幂排列成以下形式

$$X(z)=\frac{1+2z^{-1}}{1-2z^{-1}+z^{-2}}$$

进行长除

$$\begin{array}{r|l}
 & 1+4z^{-1}+7z^{-2}+\cdots \\
1-2z^{-1}+z^{-2} & 1+2z^{-1} \\
 & \underline{1-2z^{-1}+z^{-2}} \\
 & \quad 4z^{-1}-z^{-2} \\
 & \quad \underline{4z^{-1}-8z^{-2}+4z^{-3}} \\
 & \qquad 7z^{-2}-4z^{-3} \\
 & \qquad \underline{7z^{-2}-14z^{-3}+7z^{-4}} \\
 & \qquad\quad 10z^{-3}-7z^{-4} \\
 & \qquad\quad \cdots
\end{array}$$

所以

$$X(z)=1+4z^{-1}+7z^{-2}+\cdots=\sum_{n=0}^{+\infty}(3n+1)z^{-n}$$

这样得到

$$x(n)=(3n+1)u(n)$$

例 3.12 已知 $X(z)=\dfrac{1+2z^{-1}}{1-2z^{-1}+z^{-2}}$，$|z|<1$，求它的 z 反变换 $x(n)$。

解 对于收敛域 $|z|<1$，$X(z)$ 相应的序列 $x(n)$ 是左边序列。此时 $X(z)$ 按 z^{-1} 的降幂排列成下列形式

$$X(z)=\frac{2z^{-1}+1}{z^{-2}-2z^{-1}+1}$$

进行长除

$$
\begin{array}{r@{}l}
 & 2z+5z^2+8z^3+\cdots \\
z^{-2}-2z^{-1}+1\,\big) & 2z^{-1}+1 \\
 & \underline{2z^{-1}-4+2z} \\
 & \qquad 5-2z \\
 & \qquad \underline{5-10z+5z^2} \\
 & \qquad\quad 8z-5z^2 \\
 & \qquad\quad \underline{8z-16z^2+8z^3} \\
 & \qquad\quad 11z^2-8z^3 \\
 & \qquad\quad \cdots
\end{array}
$$

所以

$$X(z)=2z+5z^2+8z^3+\cdots=\sum_{n=1}^{+\infty}(3n-1)z^n=-\sum_{n=-\infty}^{-1}(3n+1)z^{-n}$$

这样得到

$$x(n)=-(3n+1)u(-n-1)$$

例 3.13　已知 $X(z)=\dfrac{z^2}{(4-z)(z-1/4)}$，$1/4<|z|<4$，求它的 z 反变换 $x(n)$。

解　由于 $X(z)$ 的收敛域为 $1/4<|z|<4$ 的环形区域，故 $x(n)$ 为双边序列。

首先将 $X(z)$ 展成部分分式

$$X(z)=\frac{1}{15}\left(\frac{z}{z-1/4}+\frac{16z}{4-z}\right)=X_1(z)+X_2(z)$$

其中

$$X_1(z)=\frac{1}{15}\cdot\frac{z}{z-1/4}\quad(|z|>1/4)$$

$$X_2(z)=\frac{1}{15}\cdot\frac{16z}{4-z}\quad(|z|<4)$$

$X_1(z)$ 和 $X_2(z)$ 分别对应于因果子序列 $x_1(n)$ 和反因果子序列 $x_2(n)$。

$X_1(z)$ 按 z 的降幂排列并进行长除

$$
\begin{array}{r@{}l}
 & 1+\frac{1}{4}z^{-1}+\frac{1}{16}z^{-2}+\cdots \\
z-\frac{1}{4}\,\big) & z \\
 & \underline{z-\frac{1}{4}} \\
 & \frac{1}{4} \\
 & \underline{\frac{1}{4}-\frac{1}{16}z^{-1}} \\
 & \quad \frac{1}{16}z^{-1} \\
 & \quad \underline{\frac{1}{16}z^{-1}-\frac{1}{64}z^{-2}} \\
 & \qquad \frac{1}{64}z^{-2} \\
 & \qquad \cdots
\end{array}
$$

所以

$$X_1(z)=\frac{1}{15}\left(1+\frac{1}{4}z^{-1}+\frac{1}{16}z^{-2}+\cdots\right)$$

$$x_1(n)=\frac{4^{-n}}{15}u(n)$$

$X_2(z)$ 按 z 的升幂排列并进行长除

$$\begin{array}{r l}
 & 4z+z^2+\frac{1}{4}z^3+\cdots \\
4-z\,\big) & 16z \\
 & \underline{16z-4z^2} \\
 & \quad 4z^2 \\
 & \quad \underline{4z^2-z^3} \\
 & \qquad z^3 \\
 & \qquad \underline{z^3-\frac{1}{4}z^4} \\
 & \qquad\quad \frac{1}{4}z^4 \\
 & \qquad\quad \cdots
\end{array}$$

所以

$$X_2(z)=\frac{1}{15}\left(4z+z^2+\frac{1}{4}z^3+\cdots\right)$$

$$x_2(n)=\frac{4^{n+2}}{15}u(-n-1)$$

这样得到

$$x(n)=x_1(n)+x_2(n)=\frac{4^{-n}}{15}u(n)+\frac{4^{n+2}}{15}u(-n-1)$$

下面讨论 $x(n)$ 为有限长序列的情况。此时 $X(z)$ 在有限 z 平面没有极点，全部极点都在 $z=0$ 处，可以用 z(或 z^{-1}) 的多项式表示，因此直接观察即可确定 $x(n)$。

例 3.14 已知 $X(z)=z(1-z^{-1})(1+z^{-1})(1-\frac{1}{2}z^{-1})(1+\frac{1}{2}z^{-1})$，求它的 z 反变换 $x(n)$。

解 将各因式展开整理，可得

$$X(z)=z-\frac{5}{4}z^{-1}+\frac{1}{4}z^{-3}$$

对比上式与 z 变换的定义式

$$X(z)=\sum_{n=-\infty}^{+\infty}x(n)z^{-n}$$

可见

$$x(n)=\left\{1,\underline{0},-\frac{5}{4},0,\frac{1}{4}\right\}$$

即

$$x(n)=\delta(n+1)-\frac{5}{4}\delta(n-1)+\frac{1}{4}\delta(n-3)$$

表3.2　常见序列的z变换

序列	z变换	收敛域
$\delta(n)$	1	整个z平面
$u(n)$	$\dfrac{z}{z-1}=\dfrac{1}{1-z^{-1}}$	$\|z\|>1$
$nu(n)$	$\dfrac{z}{(z-1)^{2}}=\dfrac{z^{-1}}{(1-z^{-1})^{2}}$	$\|z\|>1$
$a^{n}u(n)$	$\dfrac{z}{z-a}=\dfrac{1}{1-az^{-1}}$	$\|z\|>\|a\|$
$(n+1)a^{n}u(n)$	$\dfrac{z^{2}}{(z-a)^{2}}=\dfrac{1}{(1-az^{-1})^{2}}$	$\|z\|>\|a\|$
$\dfrac{(n+1)(n+2)}{2!}a^{n}u(n)$	$\dfrac{z^{3}}{(z-a)^{3}}=\dfrac{1}{(1-az^{-1})^{3}}$	$\|z\|>\|a\|$
$\dfrac{(n+1)(n+2)\cdots(n+m)}{m!}a^{n}u(n)$	$\dfrac{z^{m+1}}{(z-a)^{m+1}}=\dfrac{1}{(1-az^{-1})^{m+1}}$	$\|z\|>\|a\|$
$-a^{n}u(-n-1)$	$\dfrac{z}{z-a}=\dfrac{1}{1-az^{-1}}$	$\|z\|<\|a\|$
$-(n+1)a^{n}u(-n-1)$	$\dfrac{z^{2}}{(z-a)^{2}}=\dfrac{1}{(1-az^{-1})^{2}}$	$\|z\|<\|a\|$
$-\dfrac{(n+1)(n+2)}{2!}a^{n}u(-n-1)$	$\dfrac{z^{3}}{(z-a)^{3}}=\dfrac{1}{(1-az^{-1})^{3}}$	$\|z\|<\|a\|$
$-\dfrac{(n+1)(n+2)\cdots(n+m)}{m!}a^{n}u(-n-1)$	$\dfrac{z^{m+1}}{(z-a)^{m+1}}=\dfrac{1}{(1-az^{-1})^{m+1}}$	$\|z\|<\|a\|$
$R_{N}(n)$	$\dfrac{z^{N}-1}{z^{N-1}(z-1)}=\dfrac{1-z^{-N}}{1-z^{-1}}$	$\|z\|>0$
$\mathrm{e}^{-\mathrm{j}\omega_{0}n}u(n)$	$\dfrac{z}{z-\mathrm{e}^{-\mathrm{j}\omega_{0}}}=\dfrac{1}{1-\mathrm{c}^{-\mathrm{j}\omega_{0}}z^{-1}}$	$\|z\|>1$
$\sin(\omega_{0}n)u(n)$	$\dfrac{z\sin\omega_{0}}{z^{2}-2z\cos\omega_{0}+1}=\dfrac{z^{-1}\sin\omega_{0}}{1-2z^{-1}\cos\omega_{0}+z^{-2}}$	$\|z\|>1$
$\cos(\omega_{0}n)u(n)$	$\dfrac{z^{2}-z\cos\omega_{0}}{z^{2}-2z\cos\omega_{0}+1}=\dfrac{1-z^{-1}\cos\omega_{0}}{1-2z^{-1}\cos\omega_{0}+z^{-2}}$	$\|z\|>1$

3.4　z变换的基本性质和定理

z变换有很多重要的性质和定理，它们在数字信号处理中是极其有用的数学工具，本节进行详细介绍。

3.4.1　z变换的基本性质

1. 线性

线性就是要满足比例性和可加性，即满足叠加原理，z变换的线性也是如此，若

$$Z[x(n)] = X(z) \quad (R_{x-} < |z| < R_{x+})$$
$$Z[y(n)] = Y(z) \quad (R_{y-} < |z| < R_{y+})$$

且有

$$R_{x-} < R_{y+} \text{ 和 } R_{y-} < R_{x+}$$

则

$$Z[ax(n) + by(n)] = aX(z) + bY(z) \quad (R_- < |z| < R_+)$$

式中，a、b 为任意常数。

相加后序列的 z 变换收敛域至少为两个收敛域的重叠部分，即取

$$R_- = \max(R_{x-}, R_{y-}) \quad (R_+ = \min(R_{x+}, R_{y+}))$$

所以相加后收敛域记为

$$R_- < |z| < R_+$$

如果这些线性组合中某些零点与极点相互抵消，则收敛域可能扩大。

例 3.15　已知 $x(n) = \sin(\omega_0 n)u(n)$，求它的 z 变换。

解

$$x(n) = \sin(\omega_0 n)u(n) = \frac{e^{j\omega_0 n} - e^{-j\omega_0 n}}{2j}u(n)$$

已知

$$Z[a^n u(n)] = \frac{1}{1 - az^{-1}} \quad (|z| > |a|)$$

所以

$$Z[e^{j\omega_0 n}u(n)] = \frac{1}{1 - e^{j\omega_0}z^{-1}} \quad (|z| > 1)$$
$$Z[e^{-j\omega_0 n}u(n)] = \frac{1}{1 - e^{-j\omega_0}z^{-1}} \quad (|z| > 1)$$

利用 z 变换的线性特性可得

$$\begin{aligned}
X(z) &= Z[\sin(\omega_0 n)u(n)] = Z\left[\frac{e^{j\omega_0 n} - e^{-j\omega_0 n}}{2j}u(n)\right] \\
&= \frac{1}{2j}Z[e^{j\omega_0 n}u(n)] - \frac{1}{2j}Z[e^{-j\omega_0 n}u(n)] \\
&= \frac{1}{2j}\left(\frac{1}{1 - e^{j\omega_0}z^{-1}} - \frac{1}{1 - e^{-j\omega_0}z^{-1}}\right) \\
&= \frac{1}{2j}\frac{(1 - e^{-j\omega_0}z^{-1}) - (1 - e^{j\omega_0}z^{-1})}{(1 - e^{j\omega_0}z^{-1})(1 - e^{-j\omega_0}z^{-1})} \\
&= \frac{z^{-1}\sin\omega_0}{1 - 2z^{-1}\cos\omega_0 + z^{-2}} \quad (|z| > 1)
\end{aligned}$$

在例 3.15 中，$x(n)$ 是实序列，$X(z)$ 有两个共轭极点 $z = e^{j\omega_0}$ 和 $z = e^{-j\omega_0}$。实际上，一个实序列的 z 变换的零点、极点如果有复数零点、极点，总是共轭成对出现的。

2. 序列的移位性质

移位性表示序列移位后的 z 变换与原序列 z 变换的关系。在实际中可能遇到序列的左

移(超前)或右移(延时)两种不同情况。

若序列 $x(n)$ 的 z 变换为

$$Z[x(n)]=X(z)\quad (R_{x-}<|z|<R_{x+})$$

则有

$$Z[x(n-m)]=z^{-m}X(z)\quad (R_{x-}<|z|<R_{x+})$$

式中,m 为任意整数。若 m 为正,则为延时;若 m 为负,则为超前。

证明　根据 z 变换定义,有

$$\begin{aligned}Z[x(n-m)]&=\sum_{n=-\infty}^{+\infty}x(n-m)z^{-n}\\&=\sum_{k=-\infty}^{+\infty}x(k)z^{-(k+m)}\\&=z^{-m}\sum_{k=-\infty}^{+\infty}x(k)z^{-k}\\&=z^{-m}X(z)\end{aligned}$$

序列移位只会使 z 变换在 $z=0$ 或 $z=\infty$ 处的零点、极点情况发生改变。对左边序列,如果序列右移,则可能增加 $z=0$ 处的极点和增加 $z=\infty$ 处的零点,因而收敛域可能随之改变。对右边序列,如果序列左移,则可能增加 $z=\infty$ 处的极点和增加 $z=0$ 处的零点,因而收敛域可能随之改变。对双边序列,左移和右移均可能改变 $z=0$ 或 $z=\infty$ 处的零点、极点情况,但收敛域不会发生改变。

例 3.16　求序列 $x(n)=a^nu(n)-a^nu(n-1)$ 的 z 变换。

解　已知 $x_1(n)=a^nu(n)$ 的 z 变换为

$$X_1(z)=\frac{1}{1-az^{-1}}\quad (|z|>|a|)$$

$X_1(z)$ 在 $z=a$ 处有一阶极点,在 $z=0$ 处有一阶零点。

利用 z 变换的移位性质及线性性质,可得 $x_2(n)=a^nu(n-1)=ax_1(n-1)$ 的 z 变换为

$$\begin{aligned}X_2(z)&=Z[x_2(n)]=Z[ax_1(n-1)]=aZ[x_1(n-1)]\\&=az^{-1}X_1(z)=\frac{az^{-1}}{1-az^{-1}}\\&=\frac{a}{z-a}\quad (|z|>|a|)\end{aligned}$$

$X_2(z)$ 在 $z=a$ 处有一阶极点,在 $z=\infty$ 处有一阶零点。对比 $X_1(z)$ 可发现,零点发生了改变。

利用 z 变换的线性性质,有

$$X(z)=Z[x(n)]=Z[a^nu(n)-a^nu(n-1)]=\frac{z}{z-a}-\frac{a}{z-a}=1$$

可见,线性叠加后零点、极点相互抵消,整个 z 平面没有零点、极点,收敛域从 $|z|>|a|$ 扩大为整个 z 平面。

从例 3.16 中可以得出如下结论:序列移位可能使 z 变换的零点、极点情况发生改变;利用 z 变换的线性性质求多个序列叠加的序列 z 变换时可能发生零点、极点相互抵消,如果抵

消的极点是决定原序列 z 变换收敛域的极点，则收敛域发生扩大，否则收敛域不改变，仅仅改变零点、极点分布情况。另外，观察 $x_1(n)=a^n u(n)$ 和 $x_2(n)=a^n u(n-1)$ 都具有相同的子序列 $a^{n-1}u(n-1)$，而两个序列叠加之后子序列 $a^{n-1}u(n-1)$ 被叠加掉了，出现了零点、极点抵消情况。因此，多个序列叠加的 z 变换出现零点、极点抵消情况时，这些序列中应有相同的子序列且相互抵消。

3. 序列线性加权(z 域微分)

若 $X(z)=Z[x(n)]$，$R_{x-}<|z|<R_{x+}$，则

$$Z[nx(n)]=-z\frac{\mathrm{d}X(z)}{\mathrm{d}z}\quad (R_{x-}<|z|<R_{x+})$$

证明　由于

$$X(z)=\sum_{n=-\infty}^{+\infty}x(n)z^{-n}$$

将上式两边对 z 求导，得

$$\begin{aligned}\frac{\mathrm{d}X(z)}{\mathrm{d}z}&=\frac{\mathrm{d}}{\mathrm{d}z}\Big[\sum_{n=-\infty}^{+\infty}x(n)z^{-n}\Big]\\&=\sum_{n=-\infty}^{+\infty}x(n)\frac{\mathrm{d}}{\mathrm{d}z}(z^{-n})\\&=\sum_{n=-\infty}^{+\infty}(-n)x(n)z^{-n-1}\\&=-z^{-1}\sum_{n=-\infty}^{+\infty}nx(n)z^{-n}\\&=-z^{-1}Z[nx(n)]\end{aligned}$$

所以

$$Z[nx(n)]=-z\frac{\mathrm{d}X(z)}{\mathrm{d}z}$$

由 $Z[nx(n)]$ 定义式，根据比值判别法或根值判别法可得 $Z[nx(n)]$ 的收敛域同 $X(z)$，为 $R_{x-}<|z|<R_{x+}$。

推而广之，可以得到

$$Z[n^m x(n)]=\left[-z\frac{\mathrm{d}}{\mathrm{d}z}\right]^m X(z)$$

式中 $\left[-z\frac{\mathrm{d}}{\mathrm{d}z}\right]^m X(z)$ 表示

$$-z\frac{\mathrm{d}}{\mathrm{d}z}\left[-z\frac{\mathrm{d}}{\mathrm{d}z}\left(-z\frac{\mathrm{d}}{\mathrm{d}z}\cdots\left(-z\frac{\mathrm{d}}{\mathrm{d}z}X(z)\right)\right)\right]$$

共求导 m 次。

例 3.17　求斜变序列 $nu(n)$ 的 z 变换。

解　已知 $x(n)=u(n)$ 的 z 变换为 $X(z)=\dfrac{z}{z-1}$，$|z|>1$。

根据 z 域微分性质，有

$$Z[nu(n)]=-z\frac{\mathrm{d}}{\mathrm{d}z}X(z)=-z\frac{\mathrm{d}}{\mathrm{d}z}\left[\frac{z}{z-1}\right]=-z\left[\frac{1}{z-1}-\frac{z}{(z-1)^2}\right]$$

$$=\frac{z}{(z-1)^2}\quad(|z|>1)$$

例 3.18　已知 $X(z)=\ln(1+az^{-1})$，$|z|>|a|$，求 z 反变换 $x(n)$。

解　对 $X(z)$ 两边求导，有

$$\frac{\mathrm{d}}{\mathrm{d}z}X(z)=-\frac{az^{-2}}{1+az^{-1}}\quad(|z|>|a|)$$

两边同乘 $-z$，有

$$-z\frac{\mathrm{d}}{\mathrm{d}z}X(z)=\frac{az^{-1}}{1+az^{-1}}\quad(|z|>|a|)$$

因为

$$(-a)^n u(n)\leftrightarrow\frac{1}{1+az^{-1}}\quad(|z|>|a)$$

由移位性质，有

$$(-a)^{n-1}u(n-1)\leftrightarrow\frac{z^{-1}}{1+az^{-1}}\quad(|z|>|a)$$

又根据线性性质，有

$$a(-a)^{n-1}u(n-1)\leftrightarrow\frac{az^{-1}}{1+az^{-1}}\quad(|z|>|a)$$

所以，$-z\frac{\mathrm{d}}{\mathrm{d}z}X(z)$ 的反变换为 $a(-a)^{n-1}u(n-1)$。

根据 z 域微分性质，有

$$nx(n)=Z^{-1}\left[-z\frac{\mathrm{d}}{\mathrm{d}z}X(z)\right]=-(-a)^n u(n-1)$$

所以 $X(z)$ 的反变换 $x(n)$ 为

$$x(n)=\frac{1}{n}Z^{-1}\left[-z\frac{\mathrm{d}}{\mathrm{d}z}X(z)\right]=\frac{-(-a)^n}{n}u(n-1)$$

4. 序列指数加权(z 域尺度变换)

若 $X(z)=Z[x(n)]$，$R_{x-}<|z|<R_{x+}$，则

$$Z[a^n x(n)]=X\left(\frac{z}{a}\right)\quad\left(R_{x-}<\left|\frac{z}{a}\right|<R_{x+}\right)$$

式中，a 为非零常数。

证明

$$\begin{aligned}Z[a^n x(n)]&=\sum_{n=-\infty}^{+\infty}a^n x(n)z^{-n}\\&=\sum_{n=-\infty}^{+\infty}x(n)\left(\frac{z}{a}\right)^{-n}\\&=\sum_{n=-\infty}^{+\infty}x(n)z^{-n}\Big|_{z=\frac{z}{a}}\end{aligned}$$

$$=X(z)\Big|_{z=\frac{z}{a}}$$

$$=X\left(\frac{z}{a}\right)\quad\left(R_{x-}<\left|\frac{z}{a}\right|<R_{x+}\right)$$

例 3.19 已知 $Z[u(n)]=\frac{1}{1-z^{-1}}$，$|z|>1$，求 $x(n)=a^n u(n)$ 的 z 变换 $X(z)$。

解

$$X(z)=Z[x(n)]=Z[a^n u(n)]=\frac{1}{1-z^{-1}}\Bigg|_{z=\frac{z}{a}}=\frac{1}{1-az^{-1}}\quad\left(\left|\frac{z}{a}\right|>1\right)$$

$Z[u(n)]$ 在 $z=1$ 处有一阶极点，而 $X(z)$ 在 $z=a$ 处有一阶极点，且有 $z=a\cdot 1=|a|\mathrm{e}^{\mathrm{j}\varphi_\mathrm{a}}\cdot\mathrm{e}^{\mathrm{j}0}=|a|\mathrm{e}^{\mathrm{j}\varphi_\mathrm{a}}$，说明尺度变换后极点幅值拉伸了 $|a|$ 倍，辐角旋转了 φ_a。

5. 复序列的共轭

若 $Z[x(n)]=X(z)$，$R_{x-}<|z|<R_{x+}$，则

$$Z[x^*(n)]=X^*(z^*)\quad(R_{x-}<|z|<R_{x+})$$

式中，符号“ * ”表示取共轭复数。

证明

$$Z[x^*(n)]=\sum_{n=-\infty}^{+\infty}x^*(n)z^{-n}=\sum_{n=-\infty}^{+\infty}[x(n)(z^*)^{-n}]^*$$

$$=\left[\sum_{n=-\infty}^{+\infty}x(n)(z^*)^{-n}\right]^*=X^*(z^*)\quad(R_{x-}<|z|<R_{x+})$$

若 $x(n)$ 是实序列，则

$$x(n)=x^*(n)$$

上式两边取 z 变换，有

$$X(z)=X^*(z^*)$$

因此，若 $X(z)$ 有一个 $z=z_0$ 的极点(或零点)，那么就一定有一个与 z_0 共轭成对的 $z=z_0^*$ 的极点(或零点)。

6. 序列翻褶(时间反转)

若 $Z[x(n)]=X(z)$，$R_{x-}<|z|<R_{x+}$，则

$$Z[x(-n)]=X\left(\frac{1}{z}\right)\quad\left(\frac{1}{R_{x+}}<|z|<\frac{1}{R_{x-}}\right)$$

证明

$$Z[x(-n)]=\sum_{n=-\infty}^{+\infty}x(-n)z^{-n}=\sum_{n=-\infty}^{+\infty}x(n)z^{n}$$

$$=\sum_{n=-\infty}^{+\infty}x(n)(z^{-1})^{-n}=\sum_{n=-\infty}^{+\infty}x(n)z^{-n}\Bigg|_{z=\frac{1}{z}}$$

$$=X\left(\frac{1}{z}\right)$$

而收敛域为

$$R_{x-}<|z^{-1}|<R_{x+}$$

故可写成

$$\frac{1}{R_{x+}} < |z| < \frac{1}{R_{x-}}$$

3.4.2　z 变换的定理

1. 初值定理

对于因果序列，$x(n)=0, n<0, X(z)=Z[x(n)]=\sum_{n=0}^{+\infty}x(n)z^{-n}$，则

$$x(0)=\lim_{z\to\infty}X(z)$$

证明　由于 $x(n)$ 是因果序列，则有

$$X(z)=Z[x(n)]=\sum_{n=0}^{+\infty}x(n)z^{-n}=x(0)+x(1)z^{-1}+x(2)z^{-2}+\cdots$$

$$\lim_{z\to\infty}X(z)=x(0)$$

初值定理把 $X(z)$ 在 z 足够大时的动态特性与 $x(n)$ 的初值联系在一起。

例 3.20　已知某因果序列 $x(n)$ 的 z 变换为 $X(z)=\frac{z^2+2z}{z^3+0.5z^2-z+7}$，求 $x(0)$。

解

$$x(0)=\lim_{z\to\infty}X(z)=\lim_{z\to\infty}\frac{z^2+2z}{z^3+0.5z^2-z+7}=0$$

2. 终值定理

若 $x(n)$ 是因果序列，其 z 变换的极点除可以有一个一阶极点在 $z=1$ 处外，其他极点均在单位圆内，则

$$\lim_{n\to\infty}x(n)=\lim_{z\to 1}[(z-1)X(z)]$$

证明　根据序列的移位性质可得

$$(z-1)X(z)=\sum_{n=-\infty}^{+\infty}[x(n+1)-x(n)]z^{-n}$$

由于 $x(n)$ 是因果序列，即

$$x(n)=0\quad(n<0)$$

故有

$$(z-1)X(z)=\lim_{n\to\infty}\left[\sum_{m=-1}^{n}x(m+1)z^{-m}-\sum_{m=0}^{n}x(m)z^{-m}\right]$$

因为 $(z-1)X(z)$ 在单位圆上无极点，上式两端对 $z\to 1$ 取极限可得

$$\begin{aligned}\lim_{z\to 1}(z-1)X(z)&=\lim_{n\to\infty}\left[\sum_{m=-1}^{n}x(m+1)-\sum_{m=0}^{n}x(m)\right]\\&=\lim_{n\to\infty}[x(0)+x(1)+\cdots+x(n)+x(n+1)-x(0)-x(1)-\cdots-x(n)]\\&=\lim_{n\to\infty}x(n+1)=\lim_{n\to\infty}x(n)\end{aligned}$$

终值定理也可用 $X(z)$ 在 $z=1$ 点的留数表示，由于

$$\lim_{z\to 1}(z-1)X(z)=\mathrm{Res}[X(z),1]$$

因此

$$\lim_{n\to\infty}x(n)=\mathrm{Res}[X(z),1]$$

如果 $X(z)$ 在单位圆上无极点，则 $\lim_{n\to\infty}x(n)=0$。

例 3.21 已知 $X(z)=\dfrac{1}{1-0.9z^{-1}}, |z|>0.9$，求原序列 $x(n)$ 的终值。

解 根据 $X(z)$ 的收敛域可知 $x(n)$ 为因果序列。由于 $X(z)$ 只有一个一阶极点 $z=0.9$ 位于单位圆内，因此可以利用终值定理求解，则

$$\lim_{n\to\infty}x(n)=\lim_{z\to1}[(z-1)X(z)]=\lim_{z\to1}\left[(z-1)\frac{1}{1-0.9z^{-1}}\right]=0$$

3. 时域卷积定理

假设

$$y(n)=x(n)*h(n)$$
$$X(z)=Z[x(n)]\quad(R_{x-}<|z|<R_{x+})$$
$$H(z)=Z[h(n)]\quad(R_{h-}<|z|<R_{h+})$$

则

$$Y(z)=Z[y(n)]=X(z)H(z)\quad(R_{y-}<|z|<R_{y+})$$
$$R_{y-}=\max[R_{x-},R_{h-}]$$
$$R_{y+}=\min[R_{x+},R_{h+}]$$

证明

$$\begin{aligned}Y(z)&=Z[y(n)]=Z[x(n)*h(n)]\\&=\sum_{m=-\infty}^{+\infty}x(m)[\sum_{n=-\infty}^{+\infty}h(n-m)z^{-n}]\\&=\sum_{m=-\infty}^{+\infty}x(m)z^{-m}H(z)\\&=[\sum_{m=-\infty}^{+\infty}x(m)z^{-m}]H(z)\\&=X(z)H(z)\end{aligned}$$

时域卷积定理说明：两个序列在时域中的卷积的 z 变换等于在 z 变换域中两个序列 z 变换的乘积，其收敛域至少是 $X(z)$ 和 $H(z)$ 两者收敛域的重叠区域 $\max[R_{x-},R_{h-}]<|z|<\min[R_{x+},R_{h+}]$。如果 $X(z)$ 和 $H(z)$ 的零点、极点出现抵消情况，且抵消掉的是收敛域边界上的极点，则收敛域将扩大。时域卷积定理给我们提供了一种求序列卷积和的有效途径，即

$$x(n)*h(n)=Z^{-1}[X(z)H(z)]$$

利用时域卷积定理求卷积和（或求一个信号经过一个 LTI 系统的响应）时，可以避免卷积运算，在很多情况下会更方便些，因此，这是一个很重要的、应用很广泛的定理。

例 3.22 已知 $x(n)=u(n), h(n)=a^nu(n)-a^{n-1}u(n-1), |a|<1$，求 $y(n)=x(n)*h(n)$。

解

$$X(z)=Z[x(n)]=\frac{1}{1-z^{-1}}=\frac{z}{z-1}\quad(|z|>1)$$

由 z 变换线性与移位性质可知

$$H(z)=Z[h(n)]=Z[a^n u(n)]-Z[a^{n-1}u(n-1)]$$

$$=\frac{z}{z-a}-z^{-1}\frac{z}{z-a}=\frac{z-1}{z-a}\quad(|z|>|a|)$$

根据时域卷积定理，有

$$Y(z)=Z[y(n)]=Z[x(n)*h(n)]=X(z)H(z)$$

$$=\frac{z}{z-1}\times\frac{z-1}{z-a}=\frac{z}{z-a}\quad(|z|>|a|)$$

由上式，$X(z)$ 的极点($z=1$)被 $H(z)$ 的零点所抵消，又因为 $|a|<1$，$Y(z)$ 的收敛域比 $X(z)$ 与 $H(z)$ 的收敛域之重叠部分要大，即由于零点、极点出现抵消收敛域出现了变化。

求 $Y(z)$ 的逆变换为

$$y(n)=Z^{-1}[Y(z)]=a^n u(n)$$

4. 序列乘积(z 域复卷积定理)

若

$$Z[x(n)]=X(z)\quad(R_{x-}<|z|<R_{x+})$$

$$Z[h(n)]=H(z)\quad(R_{h-}<|z|<R_{h+})$$

则

$$Z[x(n)h(n)]=\frac{1}{2\pi \mathrm{j}}\oint_{c_1}X\left(\frac{z}{v}\right)H(v)v^{-1}\mathrm{d}v$$

或

$$Z[x(n)h(n)]=\frac{1}{2\pi \mathrm{j}}\oint_{c_2}X(v)H\left(\frac{z}{v}\right)v^{-1}\mathrm{d}v$$

式中，c_1 为 $X\left(\frac{z}{v}\right)$ 与 $H(v)$ 收敛域重叠部分内逆时针旋转的围线，即在 v 平面上，被积函数的收敛域为

$$\max\left(\frac{|z|}{R_{x+}},R_{h-}\right)<|v|<\min\left(\frac{|z|}{R_{x-}},R_{h+}\right)$$

c_2 为 $X(v)$ 与 $H\left(\frac{z}{v}\right)$ 收敛域重叠部分内逆时针旋转的围线，即在 v 平面上，被积函数的收敛域为

$$\max\left(R_{x-},\frac{|z|}{R_{h+}}\right)<|v|<\min\left(R_{x+},\frac{|z|}{R_{h-}}\right)$$

而 $Z[x(n)h(n)]$ 的收敛域一般为 $X\left(\frac{z}{v}\right)$ 与 $H(v)$ 或 $X(v)$ 与 $H\left(\frac{z}{v}\right)$ 的重叠部分，即

$$R_{x-}R_{h-}<|z|<R_{x+}R_{h+}$$

证明

$$Z[x(n)h(n)]=\sum_{n=-\infty}^{+\infty}[x(n)h(n)]z^{-n}$$

$$=\sum_{n=-\infty}^{+\infty}x(n)[\frac{1}{2\pi \mathrm{j}}\oint_{c_1}H(v)v^{n-1}\mathrm{d}v]z^{-n}$$

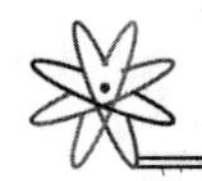

$$=\frac{1}{2\pi \mathrm{j}}\oint_{c_1} H(v)\left[\sum_{n=-\infty}^{+\infty} x(n) z^{-n} v^{n-1}\right]\mathrm{d}v$$

$$=\frac{1}{2\pi \mathrm{j}}\oint_{c_1} H(v)v^{-1}\left[\sum_{n=-\infty}^{+\infty} x(n)\left(\frac{z}{v}\right)^{-n}\right]\mathrm{d}v$$

$$=\frac{1}{2\pi \mathrm{j}}\oint_{c_1} X\left(\frac{z}{v}\right)H(v)v^{-1}\mathrm{d}v$$

例 3.23 已知 $x(n)=nu(n)$，$h(n)=a^n u(n)$，$|a|<1$，求 $Y(z)=Z[x(n)h(n)]$。

解

$$X(z)=Z[x(n)]=Z[nu(n)]=\frac{z}{(z-1)^2}\quad (|z|>1)$$

$$H(z)=Z[h(n)]=\frac{z}{z-a}\quad (|z|>|a|)$$

由 z 域复卷积定理可知

$$Y(z)=Z[x(n)h(n)]=\frac{1}{2\pi \mathrm{j}}\oint_{c} X(v)H\left(\frac{z}{v}\right)v^{-1}\mathrm{d}v$$

$$=\frac{1}{2\pi \mathrm{j}}\oint_{c} X(v)H\left(\frac{z}{v}\right)v^{-1}\mathrm{d}v$$

$$=\frac{1}{2\pi \mathrm{j}}\oint_{c} \frac{v}{(v-1)^2}\frac{\frac{z}{v}}{\frac{z}{v}-a}v^{-1}\mathrm{d}v$$

$$=\frac{1}{2\pi \mathrm{j}}\oint_{c} \frac{z}{(v-1)^2(z-av)}\mathrm{d}v$$

其收敛域为 $|v|>1$ 与 $\left|\frac{z}{v}\right|>|a|$ 的重叠区域，即要求

$$\max\left(1,\frac{1}{\infty}\right)<|v|<\min\left(\infty,\left|\frac{z}{a}\right|\right)$$

因为 $|z|>1$，$|a|<1$，上述重叠区域不为空集，

$$1<|v|<\left|\frac{z}{a}\right|$$

所以围线 c 只包围一个二阶极点 $v=1$，如图 3.12 所示。

这样

$$Y(z)=Z[x(n)h(n)]$$

$$=\frac{1}{2\pi \mathrm{j}}\oint_{c} \frac{z}{(v-1)^2(z-av)}\mathrm{d}v$$

$$=\mathrm{Res}\left[\frac{z}{(v-1)^2(z-av)},1\right]$$

$$=\frac{\mathrm{d}}{\mathrm{d}v}\left[\frac{z}{z-av}\right]\Bigg|_{v=1}$$

$$=\frac{az}{(z-a)^2}\quad (|z|>|a|)$$

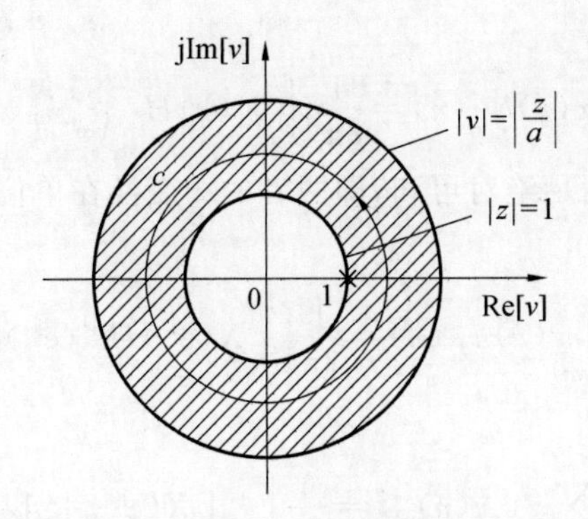

图 3.12　例 3.23 中 v 平面收敛域

5. 帕塞瓦尔(Parseval) 定理

假设

$$Z[x(n)]=X(z)\quad (R_{x-}<|z|<R_{x+})$$

$$Z[h(n)]=H(z)\quad (R_{h-}<|z|<R_{h+})$$

且

$$R_{x-}R_{h-}<1<R_{x+}R_{h+}$$

那么

$$\sum_{n=-\infty}^{+\infty}x(n)h^*(n)=\frac{1}{2\pi \mathrm{j}}\oint_c X(v)H^*\left(\frac{1}{v^*}\right)v^{-1}\mathrm{d}v$$

v 平面上,c 所在的收敛域为

$$\max\left(R_{x-},\frac{1}{R_{h+}}\right)<|v|<\min\left(R_{x+},\frac{1}{R_{h-}}\right)$$

帕塞瓦尔定理可以利用复卷积定理证明。

证明　令

$$y(n)=x(n)h^*(n)$$

根据 z 域卷积定理,可得

$$Y(z)=Z[x(n)h^*(n)]=\frac{1}{2\pi \mathrm{j}}\oint_c X(v)H^*\left(\frac{z^*}{v^*}\right)v^{-1}\mathrm{d}v$$

其收敛域为

$$R_{x-}R_{h-}<|z|<R_{x+}R_{h+}$$

按照假设 $R_{x-}R_{h-}<1<R_{x+}R_{h+}$ 可知收敛域包括单位圆,所以 $Y(z)$ 在 $z=1$ 解析,即 $Y(z)$ 可以取 $Y(1)$,有

$$Y(1)=\sum_{n=-\infty}^{+\infty}[x(n)h^*(n)]z^{-n}\bigg|_{z=1}=\frac{1}{2\pi \mathrm{j}}\oint_c X(v)H^*\left(\frac{z^*}{v^*}\right)v^{-1}\mathrm{d}v\bigg|_{z=1}$$

即

$$Y(1)=\sum_{n=-\infty}^{+\infty}[x(n)h^*(n)]z^{-n}\,|_{z=1}=\sum_{n=-\infty}^{+\infty}x(n)h^*(n)$$

$$Y(1)=\frac{1}{2\pi \mathrm{j}}\oint_c X(v)H^*\left(\frac{z^*}{v^*}\right)v^{-1}\mathrm{d}v\bigg|_{z=1}=\frac{1}{2\pi \mathrm{j}}\oint_c X(v)H^*\left(\frac{1}{v^*}\right)v^{-1}\mathrm{d}v$$

因此

$$\sum_{n=-\infty}^{+\infty} x(n)h^*(n)=\frac{1}{2\pi \mathrm{j}}\oint_c X(v)H^*\left(\frac{1}{v^*}\right)v^{-1}\mathrm{d}v$$

如果 $x(n)$ 和 $h(n)$ 都满足绝对可和，即两者的 z 变换在单位圆上收敛，在上式中令 $v=\mathrm{e}^{\mathrm{j}\omega}$，可得

$$\sum_{n=-\infty}^{+\infty} x(n)h^*(n)=\frac{1}{2\pi}\int_{-\pi}^{\pi} X(\mathrm{e}^{\mathrm{j}\omega})H^*(\mathrm{e}^{\mathrm{j}\omega})\mathrm{d}\omega$$

令 $x(n)=h(n)$，可得

$$\sum_{n=-\infty}^{+\infty} |x(n)|^2=\frac{1}{2\pi}\int_{-\pi}^{\pi} |X(\mathrm{e}^{\mathrm{j}\omega})|^2\mathrm{d}\omega$$

上面得到的公式和离散时间傅里叶变换(或序列的傅里叶变换，见 3.5 节)中的帕塞瓦尔定理是相同的，说明时域中求信号能量与频域中用频谱密度来计算序列的能量是一致的。

表 3.3 中列出了 z 变换的主要性质和定理。

表 3.3 z 变换的主要性质和定理

序号	序列	z 变换	收敛域
1	$x(n)$	$X(z)$	$R_{x-}<\|z\|<R_{x+}$
2	$h(n)$	$H(z)$	$R_{h-}<\|z\|<R_{h+}$
3	$y(n)$	$Y(z)$	$R_{y-}<\|z\|<R_{y+}$
4	$ax(n)+by(n)$	$aX(z)+bY(z)$	$\max(R_{x-},R_{y-})<\|z\|<\min(R_{x+},R_{y+})$
5	$x(n-m)$	$z^{-m}X(z)$	$R_{x-}<\|z\|<R_{x+}$
6	$nx(n)$	$-z\frac{\mathrm{d}X(z)}{\mathrm{d}z}$	$R_{x-}<\|z\|<R_{x+}$
7	$a^n x(n)$	$X\left(\frac{z}{a}\right)$	$R_{x-}<\left\|\frac{z}{a}\right\|<R_{x+}$
8	$x^*(n)$	$X^*(z^*)$	$R_{x-}<\|z\|<R_{x+}$
9	$x(-n)$	$X\left(\frac{1}{z}\right)$	$\frac{1}{R_{x+}}<\|z\|<\frac{1}{R_{x-}}$
10	$x^*(-n)$	$X^*\left(\frac{1}{z^*}\right)$	$\frac{1}{R_{x+}}<\|z\|<\frac{1}{R_{x-}}$
11	$\mathrm{Re}[x(n)]=\frac{1}{2}[x(n)+x^*(n)]$	$\frac{1}{2}[X(z)+X^*(z^*)]$	$R_{x-}<\|z\|<R_{x+}$
12	$\mathrm{jIm}[x(n)]=\frac{1}{2}[x(n)-x^*(n)]$	$\frac{1}{2}[X(z)-X^*(z^*)]$	$R_{x-}<\|z\|<R_{x+}$
13	$x(n)*h(n)$	$X(z)H(z)$	$\max(R_{x-},R_{h-})<\|z\|<\min[R_{x+},R_{h+})$

续表3.3

序号	序列	z 变换	收敛域
14	$x(n)h(n)$	$\frac{1}{2\pi j}\oint_{c_1} X\left(\frac{z}{v}\right)H(v)v^{-1}dv = \frac{1}{2\pi j}\oint_{c_2} X(v)H\left(\frac{z}{v}\right)v^{-1}dv$	$R_{x-}R_{h-} < \lvert z \rvert < R_{x+}R_{h+}$
15	初值定理：$x(0)=\lim\limits_{z\to\infty}X(z)$		$x(n)$ 为因果序列，$\lvert z\rvert > R_{x-}$
16	终值定理：$\lim\limits_{n\to\infty}x(n)=\lim\limits_{z\to 1}[(z-1)X(z)]$		$x(n)$ 为因果序列，$\lvert z\rvert > R_{x-}$ $X(z)$ 在 $z=1$ 处可以有一个一阶极点，其他极点均在单位圆内
17	帕塞瓦尔定理：$\sum\limits_{n=-\infty}^{+\infty}x(n)h^*(n)=\frac{1}{2\pi j}\oint_c X(v)H^*\left(\frac{1}{v^*}\right)v^{-1}dv$		$R_{x-}R_{h-} < 1 < R_{x+}R_{h+}$

3.5　z 变换与连续时间信号的傅里叶变换、拉普拉斯变换的关系

3.5.1　拉普拉斯变换与 z 变换

首先讨论序列的 z 变换与理想抽样信号的拉普拉斯变换的关系。假设连续信号为 $x_a(t)$，理想抽样后的抽样信号为 $\hat{x}_a(t)$，它们的拉普拉斯变换分别为

$$X_a(s)=\int_{-\infty}^{+\infty}x_a(t)e^{-st}dt$$

$$\hat{X}_a(s)=\int_{-\infty}^{+\infty}\hat{x}_a(t)e^{-st}dt$$

根据第 2 章可知，$x_a(t)$ 和 $\hat{x}_a(t)$ 有如下关系

$$\hat{x}_a(t)=x_a(t)\delta_T(t)=\sum_{n=-\infty}^{+\infty}x_a(nT)\delta(t-nT)$$

则可得

$$\begin{aligned}\hat{X}_a(s)&=\int_{-\infty}^{+\infty}\hat{x}_a(t)e^{-st}dt=\int_{-\infty}^{+\infty}\left[\sum_{n=-\infty}^{+\infty}x_a(nT)\delta(t-nT)\right]e^{-st}dt\\&=\sum_{n=-\infty}^{+\infty}\left[\int_{-\infty}^{+\infty}x_a(nT)\delta(t-nT)e^{-st}dt\right]\\&=\sum_{n=-\infty}^{+\infty}x_a(nT)\left[\int_{-\infty}^{+\infty}\delta(t-nT)e^{-st}dt\right]\\&=\sum_{n=-\infty}^{+\infty}x_a(nT)e^{-snT}\end{aligned}$$

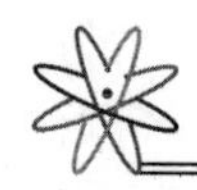

抽样后的序列 $x(n)=x_{\mathrm{a}}(nT)$ 的 z 变换为

$$X(z)=\sum_{n=-\infty}^{+\infty}x(n)z^{-n}$$

对比 $\hat{X}_{\mathrm{a}}(s)$ 和 $X(z)$ 两个公式可以看出，当 $z=\mathrm{e}^{sT}$ 时，序列 $x(n)$ 的 z 变换就等于理想抽样信号的拉普拉斯变换

$$X(z)\mid_{z=\mathrm{e}^{sT}}=X(\mathrm{e}^{sT})=\hat{X}_{\mathrm{a}}(s) \tag{3.9}$$

这说明从理想抽样信号的拉普拉斯变换到抽样序列的 z 变换，就是由复变量 s 平面到复变量 z 平面的映射，其映射关系为

$$\begin{cases}z=\mathrm{e}^{sT}\\ s=\dfrac{1}{T}\ln z\end{cases} \tag{3.10}$$

这种变换称为标准变换。3.2 节中从解析函数的角度引出 z 变换，而本节中 $\hat{X}_{\mathrm{a}}(s)$ 到 $X(z)$ 的变换是引出 z 变换的另一种常用方式。下面来讨论 $s-z$ 的映射关系。将 s 平面用直角坐标表示，z 平面用极坐标表示，即

$$\begin{cases}s=\sigma+\mathrm{j}\Omega\\ z=r\mathrm{e}^{\mathrm{j}\omega}\end{cases} \tag{3.11}$$

将式(3.11) 代入式(3.10)，可得

$$r\mathrm{e}^{\mathrm{j}\omega}=\mathrm{e}^{(\sigma+\mathrm{j}\Omega)T}$$

于是，得到

$$\begin{cases}r=\mathrm{e}^{\sigma T}\\ \omega=\Omega T\end{cases} \tag{3.12}$$

这两个等式表明，z 的模 r 仅对应于 s 的实部 σ，z 的相角 ω 仅对应于 s 的虚部 Ω。

从式(3.12) 可以看出，s 平面与 z 平面有如下的映射关系：

(1) 根据 r 和 σ 的关系 $r=\mathrm{e}^{\sigma T}$，有：当 $\sigma=0$ 时，$r=1$，即 s 平面的虚轴上的点会被映射到 z 平面的单位圆上；当 $\sigma>0$ 时，$r>1$，即 s 平面的右半平面上的点会被映射到 z 平面的单位圆外；当 $\sigma<0$ 时，$r<1$，即 s 平面的左半平面上的点会被映射到 z 平面的单位圆内，如图 3.13 所示。讨论 LTI 系统稳定性时将会用到这些关系。

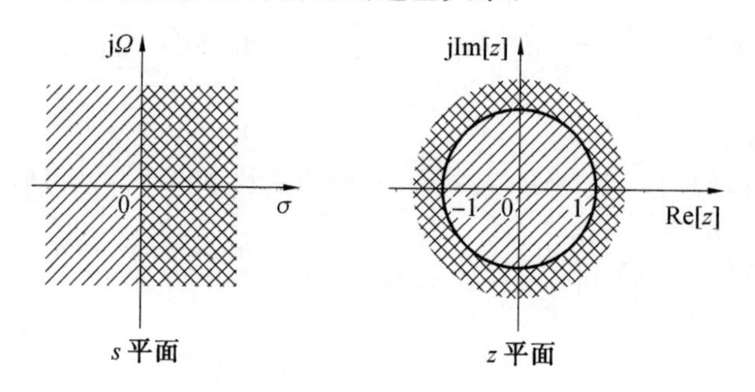

图 3.13 s 平面的虚轴 / 左半平面 / 右半平面被映射到 z 平面的单位圆 / 单位圆内 / 单位圆外

(2) 根据关系 $\omega=\Omega T$，有：s 平面的实轴($\sigma=-\infty\rightarrow+\infty$，$\Omega=0$) 映射为 z 平面的正实轴

$(r=0\to+\infty,\omega=0)$；s 平面平行于实轴的直线（$\sigma=-\infty\to+\infty$，Ω 为一个常数）映射为 z 平面始于原点的辐射线（$r=0\to+\infty,\omega=\Omega T$）；$s$ 平面通过 $\mathrm{j}\dfrac{k\Omega_s}{2}$ 或 $\mathrm{j}\dfrac{k\pi}{T}(k=\pm1,\pm3,\pm5,\cdots)$ 而平行于实轴的直线映射到 z 平面的负实轴，如图 3.14 所示。

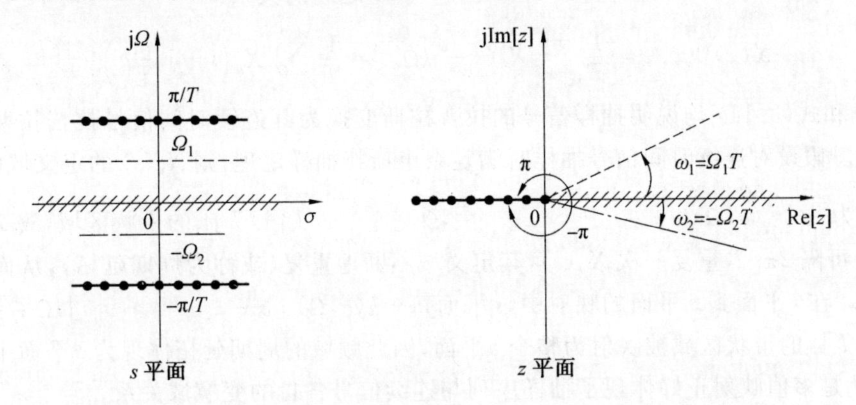

图 3.14　s 平面平行于实轴的直线映射为 z 平面始于原点的辐射线

(3) 对于 s 平面平行于实轴的线上的点（即 $\sigma=-\infty\to+\infty$），由于 $z=re^{j\omega}$ 是周期的，因此：当 Ω 由 $-\pi/T$ 增长到 π/T 时，ω 由 $-\pi$ 增长到 π，辐角旋转了一周，映射了整个 z 平面（z 平面被扫过一次）；同样，当 Ω 由 $k\pi/T$ 增长到 $(k+2)\pi/T$ 时（$k=0,\pm1,\pm2,\cdots$），ω 由 $k\pi$ 增长到 $(k+2)\pi$，辐角旋转了一周，映射了整个 z 平面；因此，Ω 每增加一个抽样频率 $\Omega_s=2\pi/T$，ω 就增加一个 2π，也就是重复旋转一周，即 $s-z$ 映射并不是单值的，如图 3.15 所示。

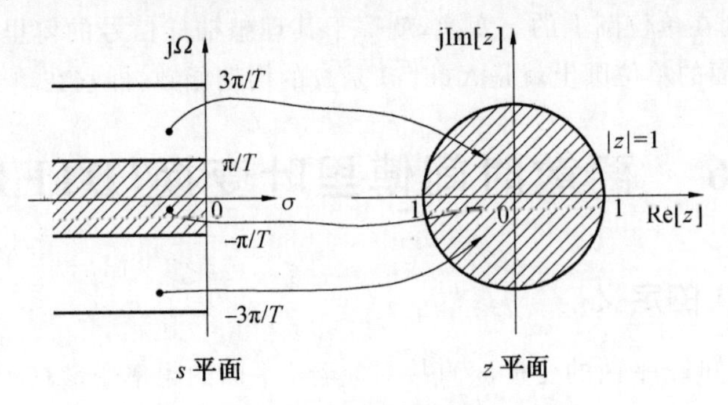

图 3.15　$s-z$ 映射关系

s 平面到 z 平面的多值映射正好体现了信号时域离散造成变换域的周期化，这可以为各种变换之间构建联系的桥梁。如果变换是傅里叶变换，则这种多值映射正好反映频谱的周期延拓，这正好与第 2 章信号抽样的结论相同，即离散时间信号或抽样信号 $\hat{x}_a(t)$ 的频谱为连续时间信号 $x_a(t)$ 频谱的周期延拓，可以用下式表示：

$$\hat{X}_a(\mathrm{j}\Omega)=\frac{1}{T}\sum_{k=-\infty}^{+\infty}X_a(\mathrm{j}\Omega-\mathrm{j}k\Omega_s)$$

假设某信号的傅里叶变换存在，那么其拉普拉斯变换必然存在。因为将该信号的拉普拉斯变换限定于虚轴即为其傅里叶变换，即傅里叶变换是拉普拉斯变换的特例，因此，令 $\mathrm{j}\Omega=s$ 即可由傅里叶变换得到其拉普拉斯变换。同理可得，抽样信号的拉普拉斯变换与连

续时间信号的拉普拉斯变换之间的关系为

$$\hat{X}_a(s)=\frac{1}{T}\sum_{k=-\infty}^{+\infty}X_a(s-\mathrm{j}k\Omega_s) \tag{3.13}$$

将式(3.13)代入式(3.9),即可得到 $X(z)$ 与 $X_a(s)$ 之间的关系:

$$X(z)\mid_{z=e^{sT}}=\frac{1}{T}\sum_{k=-\infty}^{+\infty}X_a(s-\mathrm{j}k\Omega_s)=\frac{1}{T}\sum_{k=-\infty}^{+\infty}X_a\left(s-\mathrm{j}\,\frac{2\pi}{T}k\right) \tag{3.14}$$

式(3.13)和式(3.14)均说明抽样信号的拉普拉斯变换为其连续时间信号拉普拉斯变换的周期延拓。假设对连续时间信号抽样时满足奈奎斯特抽样定理,则 $X_a(s)$ 的定义域覆盖 s 平面的区域为一个 $\{(\sigma,\Omega)\mid\sigma\in[-\infty,+\infty],\Omega\in[-\pi/T,\pi/T]\}$ 的带状区域,故 $\hat{X}_a(s)$ 在频率轴 Ω 每隔 $2\pi/T$ 重复一次 $X_a(s)$,其定义域不断地重复(或称为周期延拓),从而覆盖整个 s 平面。在 s 平面到 z 平面的映射中,s 平面每个 $\{(\sigma,\Omega)\mid\sigma\in[-\infty,+\infty],\Omega\in[k\pi/T,(k+2)\pi/T]\}$ 的带状区域被映射为整个 z 平面,因此频域的周期延拓体现为 z 平面中的多次覆盖,也就是多值映射正好体现了抽样序列与连续信号各自的变换域关系。

3.5.2 连续时间信号的傅里叶变换与抽样序列的 z 变换

我们知道,傅里叶变换是拉普拉斯变换在虚轴上的特例,即 $s=\mathrm{j}\Omega$,而拉普拉斯变换到 z 变换的映射关系为 $z=e^{sT}$,因而将 $z=e^{\mathrm{j}\Omega T}$ 代入式(3.9)可得

$$X(z)\mid_{z=e^{\mathrm{j}\Omega T}}=X(e^{\mathrm{j}\Omega T})=\hat{X}_a(\mathrm{j}\Omega)=\frac{1}{T}\sum_{k=-\infty}^{+\infty}X_a\left(\mathrm{j}\Omega-\mathrm{j}\,\frac{2\pi}{T}k\right) \tag{3.15}$$

该式说明:抽样序列在单位圆上的 z 变换,就等于其理想抽样信号的傅里叶变换;频谱的周期延拓表现在 z 平面的单位圆上就是 $X(e^{\mathrm{j}\Omega T})$ 是 Ω 的周期函数,即它在单位圆上循环出现。

3.6 离散时间傅里叶变换(DTFT)

3.6.1 DTFT 的定义

从式(3.12)可知,z 平面的变量 ω 直接对应着 s 平面的频率变量 Ω,因此 ω 具有频率的意义,称为数字角频率,它与模拟域频率 Ω 的关系是

$$\omega=\Omega T=\frac{\Omega}{f_s} \tag{3.16}$$

可以看出,数字角频率是模拟角频率对抽样频率 f_s 的归一化值,它代表了序列值变化的速率,所以它只有相对的时间意义(相对于抽样周期 T),而没有绝对时间和频率的意义。

将式(3.16)代入式(3.15)可得

$$X(z)\mid_{z=e^{\mathrm{j}\omega}}=X(e^{\mathrm{j}\omega})=\hat{X}_a(\mathrm{j}\Omega)\mid_{\Omega=\omega/T}=\frac{1}{T}\sum_{k=-\infty}^{+\infty}X_a\left(\mathrm{j}\,\frac{\omega}{T}-\mathrm{j}\,\frac{2\pi}{T}k\right) \tag{3.17}$$

可见,单位圆上的 z 变换是和抽样信号的频谱相联系的,因而常称单位圆上序列的 z 变换为序列的傅里叶变换,也称为数字序列的频谱。同时,式(3.17)表明,数字频谱是其被抽样的连续时间信号频谱周期延拓后再对抽样频率的归一化。

定义单位圆上的 z 变换为序列的傅里叶变换。序列 $x(n)$ 的 z 变换公式为

$$X(z)=\sum_{n=-\infty}^{+\infty}x(n)z^{-n}$$

令 $z=\mathrm{e}^{\mathrm{j}\omega}$，$|z|=1$，即取单位圆上的 z 变换

$$X(\mathrm{e}^{\mathrm{j}\omega})=X(z)\big|_{z=\mathrm{e}^{\mathrm{j}\omega}}=\sum_{n=-\infty}^{+\infty}x(n)\mathrm{e}^{-\mathrm{j}n\omega}$$

由此得出序列的傅里叶变换。从上式可以看出，序列的傅里叶变换相当于用 $\mathrm{e}^{\mathrm{j}\omega n}$ 去描述一个非周期离散时间信号，其描述系数 $X(\mathrm{e}^{\mathrm{j}\omega})$ 即为序列的数字频谱，描述过程即为序列的傅里叶变换或离散时间傅里叶变换。从 $X(\mathrm{e}^{\mathrm{j}\omega})$ 恢复出序列 $x(n)$ 的过程即为序列的傅里叶变换的反变换。

$$\begin{aligned}x(n)&=\frac{1}{2\pi\mathrm{j}}\oint_{|z|=1}X(z)z^{n-1}\mathrm{d}z\\&=\frac{1}{2\pi\mathrm{j}}\int_{-\pi}^{\pi}X(\mathrm{e}^{\mathrm{j}\omega})\mathrm{e}^{\mathrm{j}\omega(n-1)}\mathrm{d}(\mathrm{e}^{\mathrm{j}\omega})\\&=\frac{1}{2\pi\mathrm{j}}\int_{-\pi}^{\pi}X(\mathrm{e}^{\mathrm{j}\omega})\mathrm{e}^{\mathrm{j}\omega(n-1)}\mathrm{e}^{\mathrm{j}\omega}\mathrm{j}\mathrm{d}\omega\\&=\frac{1}{2\pi}\int_{-\pi}^{\pi}X(\mathrm{e}^{\mathrm{j}\omega})\mathrm{e}^{\mathrm{j}\omega n}\mathrm{d}\omega\end{aligned}$$

序列的傅里叶变换又可以称为离散时间傅里叶变换(Discrete Time Fourier Transform，DTFT)，通常用 DTFT[·] 和 IDTFT[·] 表示离散时间傅里叶变换的正变换和反变换，即

$$\mathrm{DTFT}[x(n)]=X(\mathrm{e}^{\mathrm{j}\omega})=\sum_{n=-\infty}^{+\infty}x(n)\mathrm{e}^{-\mathrm{j}n\omega}$$

$$\mathrm{IDTFT}[X(\mathrm{e}^{\mathrm{j}\omega})]=x(n)=\frac{1}{2\pi}\int_{-\pi}^{\pi}X(\mathrm{e}^{\mathrm{j}\omega})\mathrm{e}^{\mathrm{j}n\omega}\mathrm{d}\omega$$

我们知道，忽略抽样间隔 T 而只关心信号值前后的顺序，则有序列或离散信号的信号值 $x(n)=x_{\mathrm{a}}(nT)$。如果从信号角度，则有 $x(n)=\hat{x}_{\mathrm{a}}(t)=\sum_{n=-\infty}^{+\infty}x_{\mathrm{a}}(t)\delta(t-nT)$。根据式(3.17)，有

$$X(\mathrm{e}^{\mathrm{j}\omega})=\hat{X}_{\mathrm{a}}(\mathrm{j}\Omega)\big|_{\Omega=\omega/T}$$

则

$$\mathrm{DTFT}[x(n)]=\mathrm{FT}[\hat{x}_{\mathrm{a}}(t)]\big|_{\Omega=\omega/T}=\mathrm{FT}\Big[\sum_{n=-\infty}^{+\infty}x_{\mathrm{a}}(t)\delta(t-nT)\Big]\Big|_{\Omega=\omega/T}$$

可见，DTFT 和普通的傅里叶变换并无不同，只是一个是对离散时间信号进行傅里叶变换而另一个是对连续时间信号进行变换。DTFT 实质上是隐含了特殊函数(冲激函数及其序列)的连续时间信号的傅里叶变换。普通傅里叶变换是用 $\mathrm{e}^{\mathrm{j}\Omega t}$ 去描述连续时间信号，而 DTFT 是用 $\mathrm{e}^{\mathrm{j}\omega n}$ 去描述离散时间信号。因为 $\mathrm{e}^{\mathrm{j}\omega n}=\mathrm{e}^{\mathrm{j}(\Omega T)n}$，相当于将 $\mathrm{e}^{\mathrm{j}\Omega t}$ 进行离散化去描述离散时间信号，这时原先与实数集等势的基函数 $\mathrm{e}^{\mathrm{j}\Omega t}$ 变成了与整数集等势的基函数 $\mathrm{e}^{\mathrm{j}\omega n}$，从而造成描述连续时间信号的非周期的描述系数(即傅里叶变换)$X_{\mathrm{a}}(\mathrm{j}\Omega)$ 变成了描述离散时间

信号的周期描述系数(即 DTFT)$X(e^{j\omega})$。总之,$x_a(t)\rightarrow x(n)$ 和 $e^{j\Omega t}\rightarrow e^{j\omega n}$(即时域的离散化)造成了频谱的周期化,而频谱的周期化正好体现了频谱的周期延拓。

如同应用傅里叶变换去分析信号的频谱或系统的频响,也可以应用 DTFT 去分析一个序列的频谱或一个 LTI 系统的频响。假设 $x(n)$ 的 DTFT 为 $X(e^{j\omega})$,显然 $X(e^{j\omega})$ 是 ω 的复函数,可表示为

$$X(e^{j\omega})=|X(e^{j\omega})|e^{j\varphi(\omega)}=\mathrm{Re}[X(e^{j\omega})]+j\mathrm{Im}[X(e^{j\omega})]$$

式中,$X(e^{j\omega})$ 表示 $x(n)$ 的频域特性,也称为 $x(n)$ 的频谱;$|X(e^{j\omega})|$ 为幅度谱;$\varphi(\omega)$ 为相位谱,二者都是 ω 的连续函数。由于 $e^{j\omega}$ 是 ω 以 2π 为周期的周期函数,因此 $X(e^{j\omega})$ 也是以 2π 为周期的周期函数。正因为这种周期性,在数字频谱中,高频、低频这些概念发生了改变,$2k\pi$ 附近代表低频,$(2k+1)\pi$ 附近代表高频。同样,对数字滤波器而言,高通、低通、带通、带阻这些概念相对模拟滤波器也发生了改变。

例 3.24 已知 $x(n)=a^n u(n), 0<a<1$,求 $x(n)$ 的 DTFT。

解 求 DTFT 的方法主要有两种:一种是先求其 z 变换,然后令 $z=e^{j\omega}$;另一种是直接利用 DTFT 定义式来求。这里不妨采用 DTFT 定义式来求,有

$$\begin{aligned}X(e^{j\omega})&=\mathrm{DTFT}[x(n)]=\sum_{n=-\infty}^{+\infty}x(n)e^{-jn\omega}\\&=\sum_{n=-\infty}^{+\infty}a^n e^{-jn\omega}=\frac{1}{1-ae^{-j\omega}}=\frac{1}{1-a\cos\omega+ja\sin\omega}\end{aligned}$$

其中,幅频特性

$$|X(e^{j\omega})|=\left|\frac{1}{1-ae^{-j\omega}}\right|=\frac{1}{\sqrt{(1-a\cos\omega)^2+(a\sin\omega)^2}}=\frac{1}{\sqrt{1+a^2-2a\cos\omega}}$$

相频特性

$$\varphi(\omega)=-\arctan\frac{a\sin\omega}{1-a\cos\omega}$$

图 3.16 给出了 $x(n)$ 的幅频特性和相频特性。

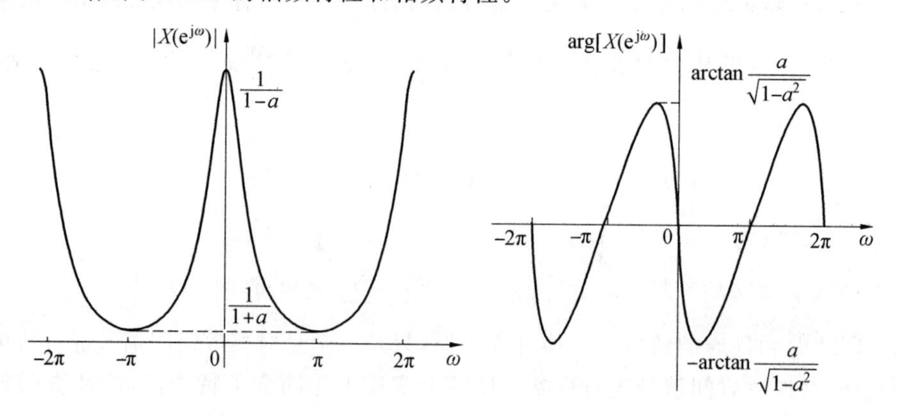

图 3.16 例 3.24 中 $x(n)$ 的幅频特性和相频特性

例 3.25 已知 $X(e^{j\omega})=\dfrac{1}{1-2e^{-j\omega}}$,求 $X(e^{j\omega})$ 的 IDTFT $x(n)$。

解 求 IDTFT 可以直接利用 DTFT 或 IDTFT 的定义式;也可以先令 $e^{j\omega}=z$,之后再进

行 z 反变换。这里采用 z 反变换的方法。

首先令 $e^{j\omega}=z$，得到 $x(n)$ 的 z 变换表达式为

$$X(z)=X(e^{j\omega})\Big|_{e^{j\omega}=z}=\frac{1}{1-2e^{-j\omega}}\Big|_{e^{j\omega}=z}=\frac{1}{1-2z^{-1}}$$

可见，$X(z)$ 的极点 $z=2$。由于 $X(z)$ 的收敛域包括单位圆，因此收敛域为 $|z|<2$。

对 $X(z)$ 进行 z 反变换得

$$x(n)=Z^{-1}[X(z)]=-2^n u(-n-1)$$

若 $X(e^{j\omega})$ 为多个复指数函数之和的形式，则根据 DTFT 的定义式可直接得到 $x(n)$ 的表达式。若 $X(e^{j\omega})$ 的表达式中还包括正弦函数或余弦函数，则可利用欧拉公式将其变为复指数函数的形式。下面举例说明。

例 3.26　已知 $X(e^{j\omega})=3+2e^{-j3\omega}+\cos 2\omega$，求 $X(e^{j\omega})$ 的 IDTFT $x(n)$。

解　利用欧拉公式将 $X(e^{j\omega})$ 表示为

$$X(e^{j\omega})=3+2e^{-j3\omega}+\frac{1}{2}(e^{j2\omega}+e^{-j2\omega})=\frac{1}{2}e^{j2\omega}+3+\frac{1}{2}e^{-j2\omega}+2e^{-j3\omega}$$

对比 $X(e^{j\omega})$ 表达式与 DTFT 的定义式

$$X(e^{j\omega})=\sum_{n=-\infty}^{+\infty}x(n)e^{-jn\omega}$$

可见

$$x(n)=\left\{\frac{1}{2},0,\underline{3},0,\frac{1}{2},2\right\}$$

即

$$x(n)=\frac{1}{2}\delta(n+2)+3\delta(n)+\frac{1}{2}\delta(n-2)+2\delta(n-3)$$

例 3.27　已知 $X(e^{j\omega})=2\pi\sum\limits_{k=-\infty}^{+\infty}\delta(\omega-\omega_0-2k\pi)$，$-\pi\leqslant\omega_0\leqslant\pi$，求 $X(e^{j\omega})$ 的 IDTFT $x(n)$。

解　利用 IDTFT 的定义式可得

$$\begin{aligned}x(n)&=\frac{1}{2\pi}\int_{-\pi}^{\pi}X(e^{j\omega})e^{jn\omega}\,d\omega\\&=\frac{1}{2\pi}\int_{-\pi}^{\pi}2\pi\sum_{k=-\infty}^{+\infty}\delta(\omega-\omega_0-2k\pi)e^{jn\omega}\,d\omega\\&=\int_{-\pi}^{\pi}\delta(\omega-\omega_0)e^{jn\omega_0}\,d\omega=e^{jn\omega_0}\end{aligned}$$

表 3.4 给出了部分常用序列的 DTFT。

表 3.4　部分常用序列的 DTFT

序列	DTFT
$\delta(n)$	1
$\delta(n-m)$	$e^{-jm\omega}$

续表3.4

序列	DTFT
$a^n u(n), \|a\|<1$	$\dfrac{1}{1-a\mathrm{e}^{-\mathrm{j}\omega}}$
$R_N(n)$	$\mathrm{e}^{-\mathrm{j}(N-1)\omega/2}\dfrac{\sin(N\omega/2)}{\sin(\omega/2)}$
$u(n)$	$\dfrac{1}{1-\mathrm{e}^{-\mathrm{j}\omega}}+\pi\sum\limits_{k=-\infty}^{+\infty}\delta(\omega-2k\pi)$
$x(n)=1$	$2\pi\sum\limits_{k=-\infty}^{+\infty}\delta(\omega-2k\pi)$
$\mathrm{e}^{\mathrm{j}\omega_0 n}$	$2\pi\sum\limits_{k=-\infty}^{+\infty}\delta(\omega-\omega_0-2k\pi)$
$\cos\omega_0 n$	$\pi\sum\limits_{k=-\infty}^{+\infty}[\delta(\omega+\omega_0-2k\pi)+\delta(\omega-\omega_0-2k\pi)]$
$\sin\omega_0 n$	$\mathrm{j}\pi\sum\limits_{k=-\infty}^{+\infty}[\delta(\omega+\omega_0-2k\pi)-\delta(\omega-\omega_0-2k\pi)]$

3.6.2 DTFT 存在的条件

DTFT 的定义式是一个无限求和的级数，因此必然存在收敛问题。DTFT 存在是指这一级数在某种意义上收敛。

由于 DTFT 可以看作是单位圆上的 z 变换，即

$$X(\mathrm{e}^{\mathrm{j}\omega})=X(z)\big|_{z=\mathrm{e}^{\mathrm{j}\omega}}=\sum_{n=-\infty}^{+\infty}x(n)\mathrm{e}^{-\mathrm{j}n\omega}$$

因此若 $X(z)$ 在单位圆上收敛，即序列 $x(n)$ 是绝对可和的

$$\sum_{n=-\infty}^{+\infty}|x(n)|<\infty$$

则它的傅里叶变换一定存在。也就是说，序列 $x(n)$ 绝对可和是其傅里叶变换存在的一个充分条件。

如果把条件放宽，则有第二种收敛情况。若序列 $x(n)$ 不满足绝对可和条件，但满足平方可和条件

$$\sum_{n=-\infty}^{+\infty}|x(n)|^2<\infty$$

即序列 $x(n)$ 是能量有限的，则它的傅里叶变换一定存在。也就是说，序列 $x(n)$ 平方可和（能量有限）也是其傅里叶变换存在的一个充分条件。比如理想低通滤波器、理想线性微分器、理想 90° 相移器的单位抽样响应都不是绝对可和的，而是平方可和的，它们的傅里叶变换都是存在的。

需要注意，上述两个条件是 DTFT 存在的充分条件，而不是必要条件。不满足这两个条件的某些序列，比如周期序列、单位阶跃序列，只要引入冲激函数也可得到它们的傅里叶变换。例 3.27 就是一个典型的例子，$x(n)=\mathrm{e}^{\mathrm{j}n\omega_0}$ 为一周期序列，既不是绝对可和的，也不是

平方可和的，但其 DTFT 存在。

3.6.3　DTFT 的主要性质

既然序列的 DTFT 是单位圆上的 z 变换，是 z 变换的特例，它的一切特性都可以直接由 z 变换的特性得到，在 3.7 节仅详细讨论 DTFT 的一些对称性，其他 DTFT 的主要性质列入表 3.5 中。应该指出，序列的 DTFT 直接关系到序列和频谱的关系，因此在数字滤波器设计中是经常采用的。

表 3.5　序列傅里叶变换的主要性质

序号	序列	离散时间傅里叶变换
1	$x(n)$	$X(e^{j\omega})$
2	$h(n)$	$H(e^{j\omega})$
3	$y(n)$	$Y(e^{j\omega})$
4	$ax(n)+by(n)$	$aX(e^{j\omega})+bY(e^{j\omega})$
5	$x(n-n_0)$	$e^{-jn_0\omega}X(e^{j\omega})$
6	$nx(n)$	$j\dfrac{dX(e^{j\omega})}{d\omega}$
7	$a^n x(n)$	$X(\dfrac{1}{a}e^{j\omega})$
8	$e^{jn\omega_0}x(n)$	$X(e^{j(\omega-\omega_0)})$
9	$x(n)*h(n)$	$X(e^{j\omega})H(e^{j\omega})$
10	$x(n)h(n)$	$\dfrac{1}{2\pi}\int_{-\pi}^{\pi}X(e^{j\theta})H(e^{j(\omega-\theta)})d\theta$
11	$x^*(n)$	$X^*(e^{-j\omega})$
12	$x(-n)$	$X(e^{-j\omega})$
13	$x^*(-n)$	$X^*(e^{j\omega})$
14	$\mathrm{Re}[x(n)]$	$X_e(e^{j\omega})=\dfrac{X(e^{j\omega})+X^*(e^{-j\omega})}{2}$
15	$j\mathrm{Im}[x(n)]$	$X_o(e^{j\omega})=\dfrac{X(e^{j\omega})-X^*(e^{-j\omega})}{2}$
16	$x_e(n)=\dfrac{x(n)+x^*(-n)}{2}$	$\mathrm{Re}[X(e^{j\omega})]$
17	$x_o(n)=\dfrac{x(n)-x^*(-n)}{2}$	$j\mathrm{Im}[X(e^{j\omega})]$

续表3.5

序号	序列	离散时间傅里叶变换
18	$x(n)$ 为实序列	$\begin{cases} X(e^{j\omega}) = X^*(e^{-j\omega}) \\ \mathrm{Re}[X(e^{j\omega})] = \mathrm{Re}[X(e^{-j\omega})] \\ \mathrm{Im}[X(e^{j\omega})] = -\mathrm{Im}[X(e^{-j\omega})] \\ \mid X(e^{j\omega}) \mid = \mid X(e^{-j\omega}) \mid \\ \arg[X(e^{j\omega})] = -\arg[X(e^{-j\omega})] \end{cases}$
19	$x_e(n) = \dfrac{x(n)+x(-n)}{2}$，$x(n)$ 为实序列	$\mathrm{Re}[X(e^{j\omega})]$
20	$x_o(n) = \dfrac{x(n)-x(-n)}{2}$，$x(n)$ 为实序列	$\mathrm{jIm}[X(e^{j\omega})]$
21	$\sum_{n=-\infty}^{+\infty} x(n)h^*(n) = \dfrac{1}{2\pi}\int_{-\pi}^{\pi} X(e^{j\omega})H^*(e^{j\omega})d\omega$（帕塞瓦尔公式）	
22	$\sum_{n=-\infty}^{+\infty} \mid x(n) \mid^2 = \dfrac{1}{2\pi}\int_{-\pi}^{\pi} \mid X(e^{j\omega}) \mid^2 d\omega$（帕塞瓦尔公式）	

综上，傅里叶变换、拉普拉斯变换、z 变换和离散时间傅里叶变换之间可以归纳为图 3.17 所示的关系。

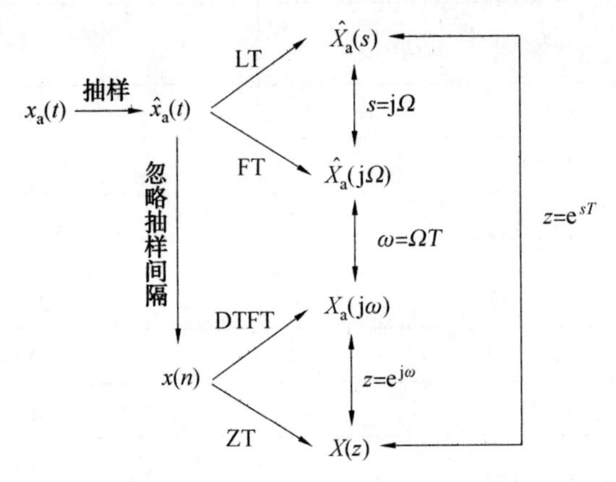

图 3.17　傅里叶变换、拉普拉斯变换、z 变换和离散时间傅里叶变换之间关系

3.7　离散时间傅里叶变换(DTFT)的对称性

3.6 节表 3.5 中的性质 14 ～ 20 给出了 DTFT 的一些对称性，这些对称性可以简化 DTFT 和 IDTFT 的运算。而且，这些性质可以推广到第 4 章中的离散傅里叶变换（DFT）中，对 DFT 的计算也可以起很大作用。为此，单独采用一节讨论序列傅里叶变换的对称性。

3.7.1　序列的共轭对称、共轭反对称及其性质

假设序列 $x_e(n)$ 满足

$$x_e(n)=x_e^*(-n)$$

即一个序列共轭翻褶后等于其本身，则称 $x_e(n)$ 为共轭对称序列。为研究共轭对称序列有什么性质，将 $x_e(n)$ 用其用实部序列和虚部序列表示为

$$x_e(n)=x_{er}(n)+jx_{ei}(n)$$

将上式中的 n 用 $-n$ 代替（即序列进行翻褶），并取共轭，得到

$$x_e^*(-n)=x_{er}(-n)-jx_{ei}(-n)$$

对比上面两个式子，两个复序列 $x_e(n)$ 和 $x_e^*(-n)$ 要相等，则两者的实部序列相等、虚部序列相等，即

$$x_{er}(n)=x_{er}(-n)$$

$$x_{ei}(n)=-x_{ei}(-n)$$

由上面两式得到共轭对称序列的实部序列是偶对称序列（或偶函数），而虚部序列是奇对称序列（或奇函数）。

类似地，可以定义满足下式的序列为共轭反对称序列：

$$x_o(n)=-x_o^*(-n)$$

即共轭反对称序列 $x_o(n)$ 共轭翻褶后等于原序列取反。将 $x_o(n)$ 表示成实部与虚部，即

$$x_o(n)=x_{or}(n)+jx_{oi}(n)$$

可以得到

$$x_{or}(n)=-x_{or}(-n)$$

$$x_{oi}(n)=x_{oi}(-n)$$

即共轭反对称序列的实部序列是奇对称序列（或奇函数），而虚部序列为偶对称序列（或偶函数）。

例 3.28　试分析 $x(n)=\delta(n)+e^{j\omega n}$ 的对称性。

解　将 $x(n)$ 的 n 用 $-n$ 代替（即对序列进行翻褶），再取共轭得到

$$x^*(-n)=\delta(-n)+e^{j\omega n}=\delta(n)+e^{j\omega n}$$

因此有 $x(n)=x^*(-n)$，满足共轭对称条件，$x(n)$ 是共轭对称序列，如果展成实部序列和虚部序列，得到

$$x(n)=\delta(n)+\cos\omega n+j\sin\omega n$$

上式表明，共轭对称序列的实部序列是偶函数，虚部序列是奇函数。

一般序列可用共轭对称与共轭反对称序列之和表示，即

$$x(n)=x_e(n)+x_o(n) \tag{3.18}$$

式中，$x_e(n)$ 和 $x_o(n)$ 可以分别用原序列 $x(n)$ 求出，将上式中的 n 用 $-n$ 代替，再取共轭得到

$$x^*(-n)=x_e(n)-x_o(n) \tag{3.19}$$

由式(3.18) 和式(3.19) 可得

$$x_e(n)=\frac{x(n)+x^*(-n)}{2}$$

$$x_o(n)=\frac{x(n)-x^*(-n)}{2}$$

利用上两式可以分别计算出共轭对称序列 $x_e(n)$ 和共轭反对称序列 $x_o(n)$。

对于序列 $x(n)$ 的离散时间傅里叶变换 $X(e^{j\omega})$，它是自变量 ω 的频域函数，也有上面类似的概念和结论：

$$X(e^{j\omega}) = X_e(e^{j\omega}) + X_o(e^{j\omega})$$

同样有下面公式满足：

$$X_e(e^{j\omega}) = \frac{1}{2}[X(e^{j\omega}) + X^*(e^{-j\omega})]$$

$$X_o(e^{j\omega}) = \frac{1}{2}[X(e^{j\omega}) - X^*(e^{-j\omega})]$$

3.7.2 离散时间傅里叶变换的对称性

下面研究离散傅里叶变换的对称性，先分两部分进行分析：一是把序列按实部序列和虚部序列进行分解，研究实部序列或虚部序列与原序列 DTFT 之间的关系；二是把序列按共轭对称序列和共轭反对称序列进行分解，研究共轭对称序列或共轭反对称序列与原序列 DTFT 之间的关系。然后，对作为复序列特例的实序列进行分析。

1. 序列分解为实部序列和虚部序列情形

先探讨序列的实部序列的 DTFT 与原序列 DTFT 之间的关系。序列 $x(n)$ 的实部序列可以表示为

$$\mathrm{Re}[x(n)] = \frac{1}{2}[x(n) + x^*(n)]$$

则有

$$\begin{aligned}\mathrm{DTFT}\{\mathrm{Re}[x(n)]\} &= \mathrm{DTFT}\left\{\frac{1}{2}[x(n) + x^*(n)]\right\} \\ &= \frac{1}{2}\{\mathrm{DTFT}[x(n)] + \mathrm{DTFT}[x^*(n)]\} \\ &= \frac{1}{2}[X(e^{j\omega}) + X^*(e^{-j\omega})] \\ &= X_e(e^{j\omega})\end{aligned}$$

即序列实部的离散时间傅里叶变换等于序列离散时间傅里叶变换的共轭对称分量，为表3.5中的性质 14。

与序列实部一样，序列的虚部序列可以表示成

$$\mathrm{Im}[x(n)] = \frac{1}{2\mathrm{j}}[x(n) - x^*(n)]$$

即

$$\mathrm{jIm}[x(n)] = \frac{1}{2}[x(n) - x^*(n)]$$

则有

$$\mathrm{DTFT}\{\mathrm{jIm}[x(n)]\} = \mathrm{DTFT}\left\{\frac{1}{2}[x(n) - x^*(n)]\right\}$$

$$=\frac{1}{2}\{\mathrm{DTFT}[x(n)]-\mathrm{DTFT}[x^*(n)]\}$$
$$=\frac{1}{2}[X(\mathrm{e}^{\mathrm{j}\omega})-X^*(\mathrm{e}^{-\mathrm{j}\omega})]$$
$$=X_{\mathrm{o}}(\mathrm{e}^{\mathrm{j}\omega})$$

即序列的虚部序列乘 j 的离散时间傅里叶变换等于序列离散时间傅里叶变换的共轭反对称分量,为表 3.5 中的性质 15。

2. 序列分解为共轭对称序列和共轭反对称序列情形

序列的共轭对称序列为

$$x_{\mathrm{e}}(n)=\frac{x(n)+x^*(-n)}{2}$$

对上式两边进行 DTFT,有

$$\mathrm{DTFT}[x_{\mathrm{e}}(n)]=\mathrm{DTFT}\left[\frac{x(n)+x^*(-n)}{2}\right]$$
$$=\frac{1}{2}\{\mathrm{DTFT}[x(n)]+\mathrm{DTFT}[x^*(-n)]\}$$
$$=\frac{1}{2}[X(\mathrm{e}^{\mathrm{j}\omega})+X^*(\mathrm{e}^{\mathrm{j}\omega})]$$
$$=\mathrm{Re}[X(\mathrm{e}^{\mathrm{j}\omega})]$$

上式说明,序列的共轭对称序列的傅里叶变换等于原序列傅里叶变换的实部,为表 3.5 中的性质 16。

序列的共轭反对称序列为

$$x_{\mathrm{o}}(n)=\frac{x(n)-x^*(-n)}{2}$$

对上式两边进行 DTFT,有

$$\mathrm{DTFT}[x_{\mathrm{o}}(n)]=\mathrm{DTFT}\left[\frac{x(n)-x^*(-n)}{2}\right]$$
$$=\frac{1}{2}\{\mathrm{DTFT}[x(n)]-\mathrm{DTFT}[x^*(-n)]\}$$
$$=\frac{1}{2}[X(\mathrm{e}^{\mathrm{j}\omega})-X^*(\mathrm{e}^{\mathrm{j}\omega})]$$
$$=\mathrm{jIm}[X(\mathrm{e}^{\mathrm{j}\omega})]$$

上式说明,序列的共轭反对称序列的傅里叶变换等于序列傅里叶变换的虚部乘 j,为表 3.5 中的性质 17。

3. 应用离散时间傅里叶变换分析实因果序列的对称性

下面利用 DTFT 的对称性分析实因果序列 $x(n)$ 的对称性,并导出其偶函数 $x_{\mathrm{e}}(n)$ 和奇函数 $x_{\mathrm{o}}(n)$ 与 $x(n)$ 之间的关系。

因为 $x(n)$ 是实序列,则

$$x(n)=\mathrm{Re}[x(n)]$$

因此,应用表 3.5 中的性质 14 可知其 DTFT 只有共轭对称部分 $X_{\mathrm{e}}(\mathrm{e}^{\mathrm{j}\omega})$,共轭反对称部分为

零,即

$$X(e^{j\omega})=X_e^*(e^{-j\omega})$$

因此,实序列的 DTFT 的实部是偶函数,虚部是奇函数,用公式表示为

$$\mathrm{Re}[X(e^{j\omega})]=\mathrm{Re}[X_e(e^{-j\omega})]$$

$$\mathrm{Im}[X(e^{j\omega})]=-\mathrm{Im}[X_e(e^{-j\omega})]$$

另外,因为 $x(n)$ 是实序列,则

$$x(n)=x^*(n)$$

两边进行 DTFT,有

$$X(e^{j\omega})=X^*(e^{-j\omega})$$

则有

$$\mathrm{Re}[X(e^{j\omega})]=\mathrm{Re}[X(e^{-j\omega})]$$

$$\mathrm{Im}[X(e^{j\omega})]=-\mathrm{Im}[X(e^{-j\omega})]$$

同样说明实序列的 DTFT 的实部是偶函数,虚部是奇函数。

如果将 $X(e^{j\omega})$ 写成极坐标形式,则

$$\begin{aligned}X(e^{j\omega})&=|X(e^{j\omega})|\exp\{j\arg[X(e^{j\omega})]\}\\&=\sqrt{\{\mathrm{Re}[X(e^{j\omega})]\}^2+\{\mathrm{Im}[X(e^{j\omega})]\}^2}\exp\left\{j\arctan\frac{\mathrm{Im}[X(e^{j\omega})]}{\mathrm{Re}[X(e^{j\omega})]}\right\}\\&=\sqrt{\{\mathrm{Re}[X^*(e^{-j\omega})]\}^2+\{\mathrm{Im}[X^*(e^{-j\omega})]\}^2}\exp\left\{j\arctan\frac{\mathrm{Im}[X^*(e^{-j\omega})]}{\mathrm{Re}[X^*(e^{-j\omega})]}\right\}\\&=\sqrt{\{\mathrm{Re}[X(e^{-j\omega})]\}^2+\{\mathrm{Im}[X(e^{-j\omega})]\}^2}\exp\left\{-j\arctan\frac{\mathrm{Im}[X(e^{-j\omega})]}{\mathrm{Re}[X(e^{-j\omega})]}\right\}\\&=|X(e^{-j\omega})|\exp\{-j\arg[X(e^{-j\omega})]\}\end{aligned}$$

所以,对实序列 $x(n)$ 来说,必有幅度是 ω 的偶函数,相角是 ω 的奇函数,为表 3.5 中的性质 18。

假设 $x(n)$ 为实因果序列,同样可以将其分解为

$$x(n)=x_e(n)+x_o(n)$$

$$x_e(n)=\frac{1}{2}[x(n)+x(-n)]$$

$$x_o(n)=\frac{1}{2}[x(n)-x(-n)]$$

因为 $x(n)$ 是因果的,即有

$$x(n)=0\quad(n<0)$$

很容易得到

$$x_e(n)=\begin{cases}x(0) & (n=0)\\ \frac{1}{2}x(n) & (n>0)\\ \frac{1}{2}x(-n) & (n<0)\end{cases}$$

$$x_o(n)=\begin{cases}0 & (n=0)\\ \dfrac{1}{2}x(n) & (n>0)\\ -\dfrac{1}{2}x(-n) & (n<0)\end{cases}$$

按上面两式，实因果序列 $x(n)$ 可以分别用 $x_e(n)$ 和 $x_o(n)$ 表示为

$$\begin{cases}x(n)=x_e(n)u_+(n)\\ x(n)=x_o(n)u_+(n)+x(0)\delta(n)\end{cases} \tag{3.20}$$

式中

$$u_+(n)=\begin{cases}2 & (n>0)\\ 1 & (n=0)\\ 0 & (n<0)\end{cases}$$

因为 $x(n)$ 是实序列，$x_e(n)$ 为偶函数，$x_o(n)$ 为奇函数。由式(3.20)，实因果序列完全可以仅仅由其偶序列恢复，而 $x_o(n)$ 缺少 $n=0$ 点 $x(n)$ 的信息。由 $x_o(n)$ 只能恢复 $n>0$ 时的 $x(n)$，必须知道 $n=0$ 点 $x(n)$ 的信息才能完全恢复 $x(n)$。因为 $x_e(n)$ 的 DTFT 为 $x(n)$ 的 DTFT 的实部，$x_o(n)$ 的 DTFT 为 $x(n)$ 的 DTFT 的虚部乘 j，而 $x_e(n)$ 或 $x_o(n)$ 加上 $x(0)$ 可以恢复出 $x(n)$，因此，实因果序列 $x(n)$ 的 DTFT 所含的信息是冗余的。也就是，通过 $X(e^{j\omega})$ 的实部或虚部就可以恢复 $x_e(n)$ 或 $x_o(n)$，而 $x_e(n)$ 可以直接恢复出实因果序列 $x(n)$，$x_o(n)$ 加上 $x(0)$ 也可以恢复出实因果序列 $x(n)$。

例 3.29　已知 $x(n)=\delta(n)+2\delta(n-1)-\delta(n-2)$，求其偶函数 $x_e(n)$ 和奇函数 $x_o(n)$。

解　因为 $x(n)$ 为因果序列，则

$$x_e(n)=\begin{cases}x(0) & (n=0)\\ \dfrac{1}{2}x(n) & (n>0)\\ \dfrac{1}{2}x(-n) & (n<0)\end{cases}$$

$$=-\frac{1}{2}\delta(n+2)+\delta(n+1)+\delta(n)+\delta(n-1)-\frac{1}{2}\delta(n-2)$$

$$x_o(n)=\begin{cases}0 & (n=0)\\ \dfrac{1}{2}x(n) & (n>0)\\ -\dfrac{1}{2}x(-n) & (n<0)\end{cases}$$

$$=\frac{1}{2}\delta(n+2)-\delta(n+1)+\delta(n-1)-\frac{1}{2}\delta(n-2)$$

$x(n)$、$x_e(n)$ 和 $x_o(n)$ 的波形如图 3.18 所示。

例 3.30　若序列 $x(n)$ 是实因果序列，它的离散时间傅里叶变换的实部为

$$\mathrm{Re}[X(e^{j\omega})]=\frac{1-a\cos\omega}{1+a^2-2a\cos\omega}\quad(0<a<1)$$

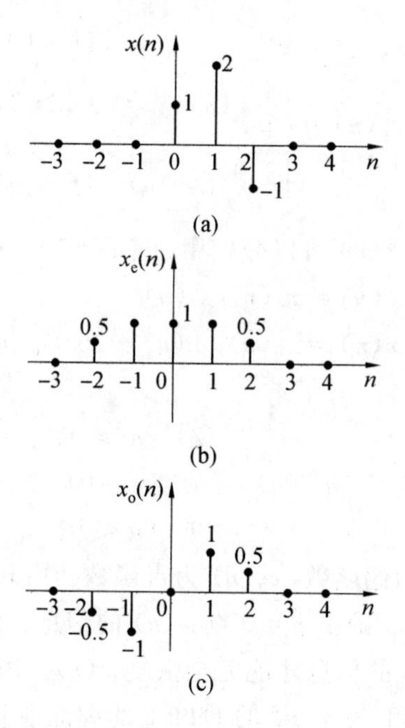

图 3.18　例 3.29 中 $x(n)$、$x_e(n)$ 和 $x_o(n)$ 的波形

求序列 $x(n)$ 及 $X(e^{j\omega})$。

解　因为在单位圆上进行 z 变换即为 DTFT，故可以将 $\mathrm{Re}[X(e^{j\omega})]$ 转换为相应的 z 变换形式

$$X_R(z)=\mathrm{Re}[X(e^{j\omega})]\big|_{e^{j\omega}=z}=\frac{1-a\dfrac{1}{2}(e^{j\omega}+e^{-j\omega})}{1+a^2-a(e^{j\omega}+e^{-j\omega})}\Bigg|_{e^{j\omega}=z}=\frac{1-a\dfrac{1}{2}(z+z^{-1})}{(1-az^{-1})(1-az)}$$

求上式的 z 反变换，得到序列 $x_e(n)$ 为

$$x_e(n)=\frac{1}{2\pi j}\oint_c X_R(z)z^{n-1}dz=\frac{1}{2\pi j}\oint_c F(z)dz$$

$$F(z)=\frac{1-a\dfrac{1}{2}(z+z^{-1})}{(1-az^{-1})(1-az)}z^{n-1}=\frac{z-a\dfrac{1}{2}(z^2+1)}{(z-a)(1-az)}z^{n-1}$$

因为 $x(n)$ 为因果序列，$x_e(n)$ 必为双边序列，故 $X_R(z)$ 的收敛域为 $a<|z|<a^{-1}$。

当 $n=0$ 时 $F(z)$ 在围线 c 内有 $z=0$ 和 $z=a$ 两个一阶极点，则

$$\begin{aligned}x_e(0)&=\mathrm{Res}[F(z),z=0]+\mathrm{Res}[F(z),z=a]\\&=\frac{z-a\dfrac{1}{2}(z^2+1)}{(z-a)(1-az)}\Bigg|_{z=0}+\frac{z-a\dfrac{1}{2}(z^2+1)}{z(1-az)}\Bigg|_{z=a}\\&=\frac{1}{2}+\frac{1}{2}=1\end{aligned}$$

当 $n\geqslant 1$ 时 $F(z)$ 在围线 c 内仅有 $z=a$ 一个一阶极点，则

$$\begin{aligned}x_e(0)&=\mathrm{Res}[F(z),z=a]\\&=\frac{z-a\dfrac{1}{2}(z^2+1)}{(1-az)}z^{n-1}\Bigg|_{z=a}\end{aligned}$$

$$=\frac{a-a\,\frac{1}{2}(a^2+1)}{1-a^2}a^{n-1}=\frac{1}{2}a^n$$

因为 $x_e(n)$ 为偶对称序列,有 $x_e(n)=x_e(-n)$,所以

$$x_e(n)=\begin{cases}1 & (n=0)\\ \frac{1}{2}a^n & (n>0)\\ \frac{1}{2}a^{-n} & (n<0)\end{cases}$$

根据 $x_e(n)$ 与 $x(n)$ 的关系,可得

$$x(n)=\begin{cases}x_e(0)=1 & (n=0)\\ 2x_e(n)=a^n & (n>0)=a^nu(n)\\ 0 & (n<0)\end{cases}$$

对上式进行 DTFT 可得

$$X(e^{j\omega})=\text{DTFT}[x(n)]=\sum_{n=-\infty}^{+\infty}[a^nu(n)]e^{-jn\omega}=\sum_{n=0}^{+\infty}a^ne^{-jn\omega}=\frac{1}{1-ae^{-j\omega}}$$

3.8　离散线性时不变(LTI)系统的变换域表征

3.8.1　LTI 系统的系统函数

一个线性时不变系统在时域可以用常系数线性差分方程或卷积和来描述。对于一个 LTI 系统,其输入输出满足如下常系数线性差分方程

$$\sum_{k=0}^{N}a_ky(n-k)=\sum_{m=0}^{M}b_mx(n-m) \tag{3.21}$$

系统的特性由各系数 a_k 和 b_m 决定。若系统初始状态为零,即系统无初始储能或系统为松弛系统,对式(3.21)两边进行 z 变换,并利用线性和时移性质可得

$$Y(z)\sum_{k=0}^{N}a_kz^{-k}=X(z)\sum_{m=0}^{M}b_mz^{-m}$$

这样就有

$$H(z)=\frac{Y(z)}{X(z)}=\frac{\sum_{m=0}^{M}b_mz^{-m}}{\sum_{k=0}^{N}a_kz^{-k}} \tag{3.22}$$

把 $H(z)$ 称为 LTI 系统的系统函数或传递函数,它表示系统响应 $y(n)$ 与激励 $x(n)$ 的 z 变换之比值。需要特别注意的是,一个满足常系数线性差分方程的系统,其系统函数总是有理的。式(3.22)的分子分母多项式经因式分解可以改写为

$$H(z)=A\frac{\prod_{m=1}^{M}(1-c_mz^{-1})}{\prod_{k=1}^{N}(1-d_kz^{-1})} \tag{3.23}$$

式中，c_m 为 $H(z)$ 的零点；d_k 为 $H(z)$ 的极点，它们由差分方程的系数 a_k 和 b_m 决定。除了比例常数 A 以外，系统函数完全由它的全部零点、极点来确定。需要指出的是，任意一个系数 a_k 或 b_m 的改变将改变所有的极点或零点，即改变系数 a_k 或 b_m 不能精确改变某个极零点。这点在实际的系统设计中是非常有用的。

由第 2 章已经知道，一个 LTI 系统时域上可以由其冲激响应 $h(n)$ 唯一表征，其系统的零状态响应 $y(n)$ 可以用激励 $x(n)$ 与单位抽样响应的卷积表示，即

$$y(n)=x(n)*h(n)$$

由时域卷积定理，得到

$$Y(z)=X(z)H(z)$$

其中

$$H(z)=Z[h(n)]=\sum_{n=-\infty}^{+\infty}h(n)z^{-n}$$

可见，系统函数 $H(z)$ 与单位抽样响应 $h(n)$ 是一对 z 变换。在实际中，既可以用卷积运算求松弛系统的响应（即零状态响应），又可以利用系统函数 z 反变换求该响应。

例 3.31 已知 LTI 系统的差分方程为

$$3y(n)+y(n-1)+0.8y(n-2)=x(n-1)+0.5x(n-3)$$

求系统函数 $H(z)$。

解 对差分方程两边进行 z 变换，得

$$3Y(z)+z^{-1}Y(z)+0.8z^{-2}Y(z)=z^{-1}X(z)+0.5z^{-3}X(z)$$

整理得

$$(3+z^{-1}+0.8z^{-2})Y(z)=(z^{-1}+0.5z^{-3})X(z)$$

因此

$$H(z)=\frac{Y(z)}{X(z)}=\frac{z^{-1}+0.5z^{-3}}{3+z^{-1}+0.8z^{-2}}$$

例 3.32 已知 LTI 系统的系统函数为

$$H(z)=\frac{z}{(2z-1)(4z-1)}$$

求差分方程。

解

$$H(z)=\frac{Y(z)}{X(z)}=\frac{z}{(2z-1)(4z-1)}=\frac{z}{8z^2-6z+1}$$

因此

$$(8z^2-6z+1)Y(z)=zX(z)$$

对上式两边进行 z 反变换，得

$$8y(n+2)-6y(n+1)+y(n)=x(n+1)$$

此方程与一般的习惯表示形式不同，最新的输出为 $y(n+2)$，而不是通常的 $y(n)$。为了将其改为一般的习惯表示形式，可将每一项均后移 2 位，得

$$8y(n)-6y(n-1)+y(n-2)=x(n-1)$$

等式两边同乘 1/8，可得

$$y(n)-\frac{3}{4}y(n-1)+\frac{1}{8}y(n-2)=\frac{1}{8}x(n-1)$$

3.8.2　LTI 系统的因果性与稳定性

在系统分析中，人们通常比较关心 LTI 系统的因果性和稳定性。因果性是 LTI 系统物理可实现的自然要求，而稳定性则是 LTI 系统实现正常运行的首要条件。系统函数的收敛域直接关系 LTI 系统的因果性和稳定性。

1. 因果系统

根据第 2 章内容可知，从时域来看，一个 LTI 系统是因果系统的充要条件是：该系统的单位抽样响应为因果序列，即

$$h(n)=0\quad(n<0)$$

对 $h(n)$ 进行 z 变换，得系统函数为

$$H(z)=\sum_{n=0}^{+\infty}h(n)z^{-n}$$

其收敛域为

$$R_{h-}<|z|\leqslant\infty$$

式中，R_{h-} 为 $H(z)$ 模最大的极点所在圆的半径。

可见，从 z 域来看，一个 LTI 系统是因果系统的充要条件是：该系统的系统函数 $H(z)$ 的收敛域包括 $|z|=\infty$。此时 $H(z)$ 在无穷远点无极点，这是 LTI 系统为因果系统的一个必要条件。

2. 稳定系统

根据第 2 章内容可知，从时域来看，一个 LTI 系统为稳定系统的充要条件是：该系统的单位抽样响应绝对可和，即

$$\sum_{n=-\infty}^{+\infty}|h(n)|<\infty$$

对照上式与系统函数定义式

$$H(z)=\sum_{n=-\infty}^{+\infty}h(n)z^{-n}$$

当 $|z|=1$ 时，有

$$|H(z)|=\left|\sum_{n=-\infty}^{+\infty}h(n)z^{-n}\right|=\left|\sum_{n=-\infty}^{+\infty}h(n)\right|\leqslant\sum_{n=-\infty}^{+\infty}|h(n)|<\infty$$

即 $H(z)$ 在 $|z|=1$ 处是收敛的。

可见，从 z 域来看，一个 LTI 系统是稳定系统的充要条件是：该系统的系统函数 $H(z)$ 的收敛域包括单位圆，即包括 $|z|=1$。此时 $H(z)$ 在单位圆上无极点，这是 LTI 系统为稳定系统的一个必要条件。

3. 因果稳定系统

综合上述两种情况可知，一个 LTI 系统是因果稳定系统的充要条件是：该系统的系统函数 $H(z)$ 的收敛域包括从 $|z|=1$ 到 $|z|=\infty$ 的区域，即 $H(z)$ 的收敛域可以表示为

$$R_{h-} < |z| \leqslant \infty, \quad R_{h-} < 1$$

此时 $H(z)$ 的极点全部位于单位圆内，这是LTI系统为因果稳定系统的一个必要条件，而非充分条件。

可以证明，一个LTI因果系统是稳定系统的充要条件是：该系统的系统函数 $H(z)$ 的全部极点都位于单位圆内。需要注意的是，这里的前提条件是该系统为因果系统。

例 3.33 已知LTI系统的系统函数为 $H(z)=\dfrac{z}{z^2-z-1}$，分析其因果性和稳定性。

解 $H(z)$ 有两个极点 $\left(z=\dfrac{1+\sqrt{5}}{2}\text{ 和 }z=\dfrac{1-\sqrt{5}}{2}\right)$，因此收敛域有三种情况，下面分别讨论。

(1) 若收敛域为 $\dfrac{1+\sqrt{5}}{2}<|z|\leqslant\infty$。

此时收敛域包括 $|z|=\infty$，因此该系统为因果系统；收敛域不包括单位圆，因此该系统是不稳定系统。单位抽样响应为因果序列，对 $H(z)$ 进行 z 反变换可得

$$h(n)=\frac{1}{\sqrt{5}}\left[\left(\frac{1+\sqrt{5}}{2}\right)^n-\left(\frac{1-\sqrt{5}}{2}\right)^n\right]u(n)$$

(2) 若收敛域为 $\dfrac{\sqrt{5}-1}{2}<|z|<\dfrac{1+\sqrt{5}}{2}$。

此时收敛域不包括 $|z|=\infty$，因此该系统为非因果系统；收敛域包括单位圆，因此该系统为稳定系统。单位抽样响应为双边序列，对 $H(z)$ 进行 z 反变换可得

$$h(n)=-\frac{1}{\sqrt{5}}\left(\frac{1-\sqrt{5}}{2}\right)^n u(n)-\frac{1}{\sqrt{5}}\left(\frac{1+\sqrt{5}}{2}\right)^n u(-n-1)$$

(3) 若收敛域为 $|z|<\dfrac{\sqrt{5}-1}{2}$。

此时收敛域不包括 $|z|=\infty$，因此该系统为非因果系统；收敛域也不包括单位圆，因此该系统为不稳定系统。单位抽样响应为反因果序列，对 $H(z)$ 进行 z 反变换可得

$$h(n)=\frac{1}{\sqrt{5}}\left[\left(\frac{1-\sqrt{5}}{2}\right)^n-\left(\frac{1+\sqrt{5}}{2}\right)^n\right]u(-n-1)$$

例 3.34 已知离散时间LTI系统的系统函数为 $H(z)=\dfrac{1}{(z-a)(z-b)}$，$a$、$b$ 为常数。

(1) 要求系统为稳定系统，确定 a 和 b 的取值范围；

(2) 要求系统为因果稳定系统，确定 a 和 b 的取值范围。

解 $H(z)$ 的极点为 $z=a$ 和 $z=b$。

(1) 若要求系统为稳定系统，则 $H(z)$ 的极点不能位于单位圆上，即 $|a|\neq1$，$|b|\neq1$；

(2) 若要求系统为因果稳定系统，则 $H(z)$ 的全部极点都位于单位圆内，即 $|a|<1$，$|b|<1$。

3.8.3 LTI系统的频率响应及其物理意义

对式(3.21)的差分方程两边进行DTFT，可得

$$Y(e^{j\omega})\sum_{k=0}^{N}a_k e^{-jk\omega}=X(e^{j\omega})\sum_{m=0}^{M}b_m e^{-jm\omega}$$

这样就有

$$H(e^{j\omega})=\frac{Y(e^{j\omega})}{X(e^{j\omega})}=\frac{\sum_{m=0}^{M}b_m e^{-jm\omega}}{\sum_{k=0}^{N}a_k e^{-jk\omega}} \tag{3.24}$$

式中，$X(e^{j\omega})$ 和 $Y(e^{j\omega})$ 分别为 $x(n)$ 的 DTFT 与 $y(n)$ 的 DTFT；$H(e^{j\omega})$ 为 LTI 系统的频率响应。

由于DTFT也可以看作是单位圆上的 z 变换，因此在单位圆上（$z=e^{j\omega}$）的系统函数是系统的频率响应 $H(e^{j\omega})$，即

$$H(e^{j\omega})=\text{DTFT}[h(n)]=\sum_{n=-\infty}^{+\infty}h(n)e^{-jn\omega}$$

也就是说，$H(e^{j\omega})$ 是系统单位抽样响应 $h(n)$ 的离散时间傅里叶变换。

线性时不变系统的频率响应 $H(e^{j\omega})$ 是以 2π 为周期的连续周期函数，是复函数，可以写成极坐标的形式，即

$$H(e^{j\omega})=|H(e^{j\omega})|e^{j\arg[H(e^{j\omega})]}$$

式中，频率响应的模 $|H(e^{j\omega})|$ 称为幅度响应或幅频特性、幅度特性；频率响应的相位 $\arg[H(e^{j\omega})]$ 称为系统的相位响应或相频特性、相位特性。

由式(3.24)可得

$$Y(e^{j\omega})=X(e^{j\omega})H(e^{j\omega})$$

若用极坐标表示，则

$$|Y(e^{j\omega})|e^{j\arg[Y(e^{j\omega})]}=|X(e^{j\omega})||H(e^{j\omega})|e^{j\{\arg[X(e^{j\omega})]+\arg[H(e^{j\omega})]\}} \tag{3.25}$$

即

$$|Y(e^{j\omega})|=|X(e^{j\omega})||H(e^{j\omega})| \tag{3.26}$$

$$\arg[Y(e^{j\omega})]=\arg[X(e^{j\omega})]+\arg[H(e^{j\omega})] \tag{3.27}$$

式(3.25)～(3.27)表明，对任意一个输入信号，LTI系统对输入信号中每一个频率为 ω 的复指数序列分量，放大 $|H(e^{j\omega})|$ 倍并进行 $\arg[H(e^{j\omega})]$ 相移，形成系统对该频率 ω 输入信号分量的响应。

假设一个稳定的LTI系统，其单位抽样响应为 $h(n)$。如果输入序列是一个频率为 ω_0 的复指数序列

$$x(n)=e^{jn\omega_0}\quad(-\infty<n<+\infty)$$

则该 LTI 系统的响应为

$$\begin{aligned}y(n)&=h(n)*x(n)=\sum_{m=-\infty}^{+\infty}h(m)x(n-m)\\&=\sum_{m=-\infty}^{+\infty}h(m)e^{j(n-m)\omega_0}=\Big[\sum_{m=-\infty}^{+\infty}h(m)e^{-jm\omega_0}\Big]e^{jn\omega_0}\\&=H(e^{j\omega_0})e^{jn\omega_0}\end{aligned}$$

即

$$y(n)=H(\mathrm{e}^{\mathrm{j}\omega_0})\mathrm{e}^{\mathrm{j}n\omega_0}=|H(\mathrm{e}^{\mathrm{j}\omega_0})|\mathrm{e}^{\mathrm{j}(n\omega_0+\varphi_0)} \tag{3.28}$$

式中，$\varphi_0=\arg[H(\mathrm{e}^{\mathrm{j}\omega_0})]$。

式(3.28)表明，当线性时不变系统输入频率为 ω_0 的复指数序列 $\mathrm{e}^{\mathrm{j}n\omega_0}$ 时，输出 $y(n)$ 为同频率的复指数序列，只不过被一个复值函数 $H(\mathrm{e}^{\mathrm{j}\omega_0})$ 加权，即其幅度放大 $|H(\mathrm{e}^{\mathrm{j}\omega_0})|$ 倍，相移为 $\arg[H(\mathrm{e}^{\mathrm{j}\omega_0})]$。

例 3.35 已知一因果 LTI 系统，其差分方程为

$$y(n)+\frac{1}{2}y(n-1)=x(n)$$

(1) 求该系统的频率响应 $H(\mathrm{e}^{\mathrm{j}\omega})$；

(2) 求输入 $x(n)=\mathrm{e}^{\mathrm{j}3n}$ 时的系统响应 $y(n)$。

解 (1) 对该 LTI 系统差分方程两端进行 z 变换有

$$Y(z)+\frac{1}{2}z^{-1}Y(z)=X(z)$$

则可得该系统的传递函数为

$$H(z)=\frac{Y(z)}{X(z)}=\frac{1}{1+\frac{1}{2}z^{-1}}$$

故系统的频响为

$$H(\mathrm{e}^{\mathrm{j}\omega})=H(z)\big|_{z=\mathrm{e}^{\mathrm{j}\omega}}=\frac{1}{1+\frac{1}{2}\mathrm{e}^{-\mathrm{j}\omega}}$$

(2) 当 $x(n)=\mathrm{e}^{\mathrm{j}3n}$ 输入系统时，响应 $y(n)$ 为

$$y(n)=\mathrm{e}^{\mathrm{j}3n}H(\mathrm{e}^{\mathrm{j}\omega})\big|_{\omega=3}=\frac{1}{1+\frac{1}{2}\mathrm{e}^{-\mathrm{j}3}}\mathrm{e}^{\mathrm{j}3n}$$

3.8.4 利用系统的零点、极点分布分析系统的频率响应

由 3.8.1 节已知，系统函数 $H(z)$ 完全可以用它在 z 平面上的零点、极点确定。由于 $H(z)$ 在单位圆上的 z 变换即是系统的频率响应，因此系统的频率响应也完全可以由 $H(z)$ 的零点、极点确定。下面采用几何方法研究系统零点、极点分布对系统频率特性的影响。

将式(3.23)分子、分母同乘 z^{N+M}，得到

$$H(z)=Az^{N-M}\frac{\prod_{m=1}^{M}(z-c_m)}{\prod_{k=1}^{N}(z-d_k)} \tag{3.29}$$

假设系统稳定，将 $z=\mathrm{e}^{\mathrm{j}\omega}$ 代入式(3.29)，得到频率响应

$$H(\mathrm{e}^{\mathrm{j}\omega})=A\mathrm{e}^{\mathrm{j}\omega(N-M)}\frac{\prod_{m=1}^{M}(\mathrm{e}^{\mathrm{j}\omega}-c_m)}{\prod_{k=1}^{N}(\mathrm{e}^{\mathrm{j}\omega}-d_k)}=|H(\mathrm{e}^{\mathrm{j}\omega})|\mathrm{e}^{\mathrm{j}\arg[H(\mathrm{e}^{\mathrm{j}\omega})]} \tag{3.30}$$

其模等于

$$|H(e^{j\omega})|=|A|\frac{\prod_{m=1}^{M}|e^{j\omega}-c_m|}{\prod_{k=1}^{N}|e^{j\omega}-d_k|} \tag{3.31}$$

其相角为

$$\arg[H(e^{j\omega})]=\arg[A]+(N-M)\omega+\sum_{m=1}^{M}\arg[e^{j\omega}-c_m]-\sum_{k=1}^{N}\arg[e^{j\omega}-d_k] \tag{3.32}$$

在 z 平面上，$z=c_m(m=1,2,\cdots,M)$ 表示 $H(z)$ 的零点(图上用“o”表示)，而 $z=d_k(k=1,2,\cdots,N)$ 表示 $H(z)$ 的极点(图上用“×”表示)，如图 3.19 所示。当然，零点 $z=c_m$ 也可以看作一个原点到 c_m 的矢量$\overrightarrow{Oc_m}$，极点 $z=d_k$ 可以看作一个原点到 d_k 的矢量$\overrightarrow{Od_k}$。$e^{j\omega}-c_m$ 可以由零点 c_m 指向单位圆上 $e^{j\omega}$ 点 D 的矢量$\overrightarrow{c_mD}$ 来表示，即

$$\overrightarrow{c_mD}=e^{j\omega}-c_m=\rho_m e^{j\theta_m} \tag{3.33}$$

同样，$e^{j\omega}-d_k$ 可以由极点 d_k 指向单位圆上 $e^{j\omega}$ 点 D 的矢量$\overrightarrow{d_kD}$ 来表示，即

$$\overrightarrow{d_kD}=e^{j\omega}-d_k=l_k e^{j\varphi_k} \tag{3.34}$$

当 $M<N$ 时系统在原点有 $N-M$ 阶零点，而当 $M>N$ 时系统在原点有 $M-N$ 阶极点。无论系统在原点上有零点还是极点，都可以用原点到圆上 $e^{j\omega}$ 点 D 的矢量$\overrightarrow{OD}$ 来表示，即

$$\overrightarrow{OD}=e^{j\omega}-0=e^{j\omega} \tag{3.35}$$

将式(3.33)～(3.35)代入式(3.31)得到幅频特性为

$$|H(e^{j\omega})|=|A|\frac{\prod_{m=1}^{M}\rho_m}{\prod_{k=1}^{N}l_k} \tag{3.36}$$

也就是，频率响应的幅度函数(即幅频响应)就等于各零点全 $e^{j\omega}$ 点矢量长度之积除以各极点至 $e^{j\omega}$ 点矢量长度之积，再乘 $|A|$。将式(3.33)～(3.35)代入式(3.32)得到相位特性为

$$\arg[H(e^{j\omega})]=\arg[A]+(N-M)\omega+\sum_{m=1}^{M}\theta_m-\sum_{k=1}^{N}\varphi_k \tag{3.37}$$

也就是，频率响应的相位函数等于各零点至 $e^{j\omega}$ 点矢量的相角之和减去各极点至 $e^{j\omega}$ 点矢量的相角之和加上常数 A 的相角 $\arg[A]$，再加上线性相移分量 $(N-M)\omega$。当频率 ω 变化时，单位圆上的点 D 位置发生变化，$\overrightarrow{c_mD}$ 和$\overrightarrow{d_kD}$ 的长度 ρ_m 和 l_k 均随之改变，故 $|H(e^{j\omega})|$ 随频率 ω 变化而变化。对不同频率成分的信号，若其增益 $|H(e^{j\omega})|$ 较大，则该频率成分输出较大，该频率成分能“顺利通过”系统，该频率位于系统通带；若其增益 $|H(e^{j\omega})|$ 较小，则该频率成分输出较小，该频率成分不能“顺利通过”系统，该频率位于系统的阻带。不同频率成分相对增益大小的变化，可以实现对不需要的频率成分的抑制，从而实现对信号的滤波之目的。同样地，当频率 ω 变化时，$\overrightarrow{c_mD}$ 和$\overrightarrow{d_kD}$ 的辐角 θ_m 和 φ_k 均随之改变，故 $\arg[H(e^{j\omega})]$ 随频率 ω 变化而变化，不同频率信号经系统后产生 $\arg[H(e^{j\omega})]$ 相移。当频率 ω 由 0 到 2π 时，这些矢量的终端点沿单位圆逆时针方向旋转一圈，从而可以估算出整个系统的频率响应。例如，图 3.19 表示了两个零点和两个共轭极点的系统以及它的幅度函数(幅频响应)。

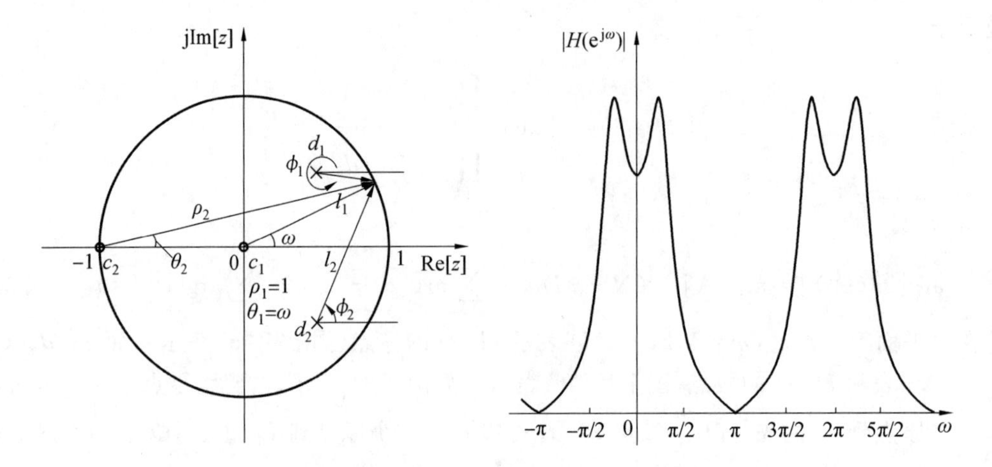

图 3.19　频响的几何确定法

根据式(3.36)和式(3.37),知道零点、极点的分布后,可以很容易地确定零点、极点位置对系统特性的影响。频率响应的形状取决于 $H(z)$ 的零点、极点,也就是说,取决于离散系统的形式及差分方程各系数的大小。不难看出,位于 $z=0$ 处的零点或极点对幅度响应不产生作用,因而在 $z=0$ 处加入或去除零点、极点,不会使幅度响应发生变化,而只会影响相位响应,只会产生一个相位超前或滞后。当 $e^{j\omega}$(即 D 点)旋转到某个极点 d_k 附近时,极点矢量 $\overrightarrow{d_kD}$ 长度最短,因而幅度特性可能出现峰值,且极点越靠近单位圆,极点矢量长度越短,峰值越高越尖锐。如果极点在单位圆上,则幅度特性为 ∞,系统在该频率处出现谐振,系统不稳定。对稳定的系统(尤其是全极点系统),极点位置可以用来配置通带位置。极点位置主要影响频响的峰值位置及尖锐程度,零点位置主要影响频响的谷点位置及形状。系统通过合理配置零点、极点,可以设计出需要的通带和阻带位置,从而实现需要的滤波功能。

通过零点、极点位置分布分析系统频响的几何方法为人们提供了一个直观的概念,对于分析和设计系统是十分有用的。

例 3.36　已知一阶系统的差分方程为

$$y(n)=0.8y(n-1)+x(n)$$

用几何法分析其幅频特性。

解　对系统的差分方程两边进行 z 变换,有

$$Y(z)=0.8z^{-1}Y(z)+X(z)$$

整理可得系统函数为

$$H(z)=\frac{1}{1-0.8z^{-1}}=\frac{z}{z-0.8}$$

系统极点 $z=0.8$,零点 $z=0$。可以看出,系统只有非零点、极点而没有非零零点,所以系统为全极点系统。当 $e^{j\omega}$ 点从 $\omega=0$ 逆时针旋转时,在 $\omega=0$ 点,由于极点矢量长度最短,因此形成波峰;在 $\omega=\pi$ 点,由于极点矢量长度最长,因此形成波谷;$z=0$ 处的零点不影响频响。零点、极点分布及幅频特性如图 3.20 所示。由图 3.20 可知,该系统滤波性能完全由极点决定,由于极点位于正实轴,所以系统呈“低通”特性。

对类似于例 3.36 的全极点系统,可以得出如下结论:若极点位于正实轴附近,则可以实

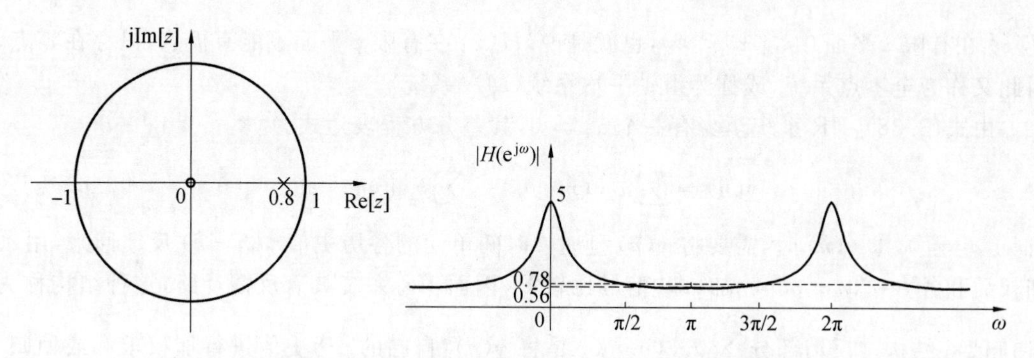

图3.20　例3.36中的系统零点、极点分布及幅频特性

现“低通”特性；若极点位于虚轴附近，则可以实现“带通”特性；若极点位于负实轴附近，则可以实现“高通”特性。对全零点系统，也可以得出类似结论：若零点位于正实轴附近，则可以实现“低阻”特性；若零点位于虚轴附近，则可以实现“带阻”特性；若零点位于负实轴附近，则可以实现“高阻”特性。可见，通过零点、极点配合，可以设计出任何想要的频率特性的滤波器。

3.8.5　无限长单位冲激响应(IIR)系统与有限长单位冲激响应(FIR)系统

我们知道，离散线性时不变系统的差分方程一般表示式为

$$\sum_{k=0}^{N} a_k y(n-k)=\sum_{m=0}^{M} b_m x(n-m)$$

通常选择或归一化 a_0 为 $a_0=1$，且令 $a_k=-a_k$，这样上式可以写作

$$y(n)-\sum_{k=1}^{N} a_k y(n-k)=\sum_{m=0}^{M} b_m x(n-m) \tag{3.38}$$

于是，系统函数为有理分式

$$H(z)=\frac{\sum_{m=0}^{M} b_m z^{-m}}{1-\sum_{k=1}^{N} a_k z^{-k}} \tag{3.39}$$

只要式(3.39)中分母多项式有一个系数 $a_k\neq 0$，则在有限 z 平面内就会有极点出现。不妨假设系统为因果系统，则该系统的单位抽样响应满足：当 $n\to\infty$ 时，$h(n)\neq 0$。这样的系统称为无限长单位冲激响应(Infinite Impulse Response，IIR)系统。IIR系统又分两种情况：一种是分子只有 $b_0\neq 0$，此时在有限 z 平面只有极点没有零点，即零点只能出现在原点或无穷远点，称为全极点系统，或称自回归系统(AR系统)；另一种是 $H(z)$ 为有理函数，在有限 z 平面既有极点也有零点，称为零点、极点系统或自回归滑动平均系统(ARMA系统)。如果全部 $a_k=0(k=1,2,\cdots,N)$，则系统函数为

$$H(z)=\sum_{m=0}^{M} b_m z^{-m}$$

则 $h(n)=\{\underline{b_0},b_1,\cdots,b_M\}$，即单位抽样响应 $h(n)$ 为有限长序列，该系统称为有限长冲激响应(Finite Impulse Response，FIR)系统。根据前面3.2节可知，有限长序列 $h(n)$ 的 z 变换

$H(z)$ 在有限 z 平面 $0<|z|<\infty$，也就是说，$H(z)$ 在有限 z 平面不能有极点，只存在零点，因此又称为全零点系统，或称为滑动平均系统(MA 系统)。

由式(3.38)，IIR 系统至少有一个 $a_k \neq 0$，其差分方程表达式为

$$y(n)=\sum_{k=1}^{N}a_k y(n-k)+\sum_{m=0}^{M}b_m x(n-m)$$

可见，$a_k \neq 0$，求 $y(n)$ 时，需要将 $y(n)$ 延时 k 时间单元的各历史值 $y(n-k)$ 反馈回来，用 a_k 加权后和各 $b_m x(n-m)$ 相加(即"信号比较")，因而 IIR 系统具有反馈环路，这种结构称为"递归型" 结构。反馈部分 $\sum_{k=1}^{N}a_k y(n-k)$ 是将 $y(n)$"自己的" 历史值进行加权求和或回归，形成输出 $y(n)$ 的一部分，故称为"自回归"(AR)。前馈部分 $\sum_{m=0}^{M}b_m x(n-m)$ 相当于对输入序列 $x(n)$ 加一个"滑动的"矩形窗，对窗内的数据进行加权平均后作为输出 $y(n)$ 的一部分，故称为"滑动平均"(MA)。

如果 $a_k=0(k=1,2,\cdots,N)$，则没有反馈，称为"非递归" 结构。也可以看出，FIR 系统的输出只与各输入 $x(n-m)$ 有关。

IIR 系统只能采用递归型结构，FIR 系统大多采用非递归型结构，但是用零点、极点互相抵消的方法，则也可以采用递归型结构。

IIR 系统和 FIR 系统在特性和设计方法上都有很大的差异，而递归型与非递归型结构在量化运算中误差效果上的差别也是很大的，因此，它们构成了数字滤波器的两大类型，在后边章节中将分别对这两类滤波器加以分析和讨论。

3.9 用 z 变换求解差分方程

第 2 章中介绍了常系数线性差分方程的迭代解法，本节介绍 z 变换解法。利用 z 变换可以将时域中的差分方程变换成 z 域的代数方程来求解，从而使求解过程大为简化。

假设 LTI 系统的输入序列为 $x(n)$，输出序列为 $y(n)$，则描述该系统的 N 阶常系数线性差分方程可以表示为

$$\sum_{k=0}^{N}a_k y(n-k)=\sum_{m=0}^{M}b_m x(n-m) \tag{3.40}$$

差分方程的求解问题实际是根据给定的输入序列 $x(n)$ 和 N 个初始条件($y(-1),y(-2),\cdots,y(-N)$)来确定系统的输出序列 $y(n)$。

3.9.1 零输入响应

若系统的输入序列 $x(n)=0$，这时系统的输出序列是由系统初始状态引起的，称为零输入响应或初始条件响应，通常用 $y_{zi}(n)$ 表示。此时式(3.40) 表示为

$$\sum_{k=0}^{N}a_k y_{zi}(n-k)=0 \tag{3.41}$$

这里需要采用式(3.2) 定义的单边 z 变换。为了和双边 z 变换区分，用 $X^+(z)=Z^+[x(n)]$ 表示序列 $x(n)$ 的单边 z 变换。利用单边 z 变换的移位性质，即

$$Z^{+}\left[x(n-m)\right]=z^{-m}\left[X^{+}(z)+\sum_{i=-m}^{-1}x(i)z^{-i}\right]\quad(m>0)\tag{3.42}$$

对式(3.41)两边进行单边 z 变换,得

$$a_0Y_{zi}^{+}(z)+\sum_{k=1}^{N}a_kz^{-k}\left[Y_{zi}^{+}(z)+\sum_{i=-k}^{-1}y_{zi}(i)z^{-i}\right]=0$$

整理得

$$Y_{zi}^{+}(z)=\frac{-\sum\limits_{k=1}^{N}\left[a_kz^{-k}\sum\limits_{i=-k}^{-1}y_{zi}(i)z^{-i}\right]}{\sum\limits_{k=0}^{N}a_kz^{-k}}=\frac{-\sum\limits_{k=1}^{N}\left[a_kz^{-k}\sum\limits_{i=-k}^{-1}y(i)z^{-i}\right]}{\sum\limits_{k=0}^{N}a_kz^{-k}}\tag{3.43}$$

对式(3.43)两边进行单边 z 反变换,即得系统的零输入响应

$$y_{zi}(n)=(Z^{+})^{-1}\left[Y_{zi}^{+}(z)\right]\tag{3.44}$$

3.9.2　零状态响应

若系统的初始状态为零($y(-1)=y(-2)=\cdots=y(-N)=0$),这时系统的输出序列是由输入序列 $x(n)$ 引起的,称为零状态响应,通常用 $y_{zs}(n)$ 表示。

对式(3.40)两边进行单边 z 变换,得

$$a_0Y^{+}(z)+\sum_{k=1}^{N}a_kz^{-k}\left[Y^{+}(z)+\sum_{i=-k}^{-1}y(i)z^{-i}\right]=b_0X^{+}(z)+\sum_{m=1}^{M}b_mz^{-m}\left[X^{+}(z)+\sum_{i=-m}^{-1}x(i)z^{-i}\right]$$

将 $y(-1)=y(-2)=\cdots=y(-N)=0$ 代入,并用 $Y_{zs}^{+}(z)$ 代替 $Y^{+}(z)$,得

$$\sum_{k=0}^{N}a_kz^{-k}Y_{zs}^{+}(z)=b_0X^{+}(z)+\sum_{m=1}^{M}b_mz^{-m}\left[X^{+}(z)+\sum_{i=-m}^{-1}x(i)z^{-i}\right]$$

整理得

$$Y_{zs}^{+}(z)=\frac{b_0X^{+}(z)+\sum\limits_{m=1}^{M}b_mz^{-m}\left[X^{+}(z)+\sum\limits_{i=-m}^{-1}x(i)z^{-i}\right]}{\sum\limits_{k=0}^{N}a_kz^{-k}}\tag{3.45}$$

对式(3.45)两边进行单边 z 反变换,即得系统的零状态响应

$$y_{zs}(n)=(Z^{+})^{-1}\left[Y_{zs}^{+}(z)\right]\tag{3.46}$$

若输入 $x(n)$ 为因果序列,即 $n<0$ 时 $x(n)=0$,则式(3.45)表示为

$$Y_{zs}^{+}(z)=X^{+}(z)\frac{\sum\limits_{m=0}^{M}b_mz^{-m}}{\sum\limits_{k=0}^{N}a_kz^{-k}}=X^{+}(z)H(z)\tag{3.47}$$

式中

$$H(z)=\frac{\sum\limits_{m=0}^{M}b_mz^{-m}}{\sum\limits_{k=0}^{N}a_kz^{-k}}$$

为系统函数。由于 $x(n)$ 为因果序列,且系统的初始状态为零,故

$$X^{+}(z)=X(z)$$
$$Y_{zs}^{+}(z)=Y_{zs}(z)$$

因此,有

$$Y_{zs}(z)=X(z)H(z) \tag{3.48}$$

系统的零状态响应为式(3.48)的 z 反变换,即

$$y_{zs}(n)=Z^{-1}[Y_{zs}(z)]=Z^{-1}[X(z)H(z)] \tag{3.49}$$

3.9.3 全响应

零输入响应与零状态响应之和是系统的全响应,即

$$y(n)=y_{zi}(n)+y_{zs}(n) \tag{3.50}$$

例 3.37 假设描述 LTI 系统的差分方程为

$$y(n)-2y(n-1)=x(n)$$

设系统输入序列 $x(n)=u(n)$,初始条件为 $y(-1)=1$,求系统的零输入响应、零状态响应和全响应。

解 (1) 求零输入响应。

根据式(3.43),得

$$Y_{zi}^{+}(z)=\frac{2z^{-1}y(-1)z}{1-2z^{-1}}=\frac{2}{1-2z^{-1}}$$

进行单边 z 反变换,得

$$y_{zi}(n)=(Z^{+})^{-1}[Y_{zi}^{+}(z)]=(Z^{+})^{-1}\left[\frac{2}{1-2z^{-1}}\right]=2^{n+1}u(n)$$

(2) 求零状态响应。

$$X(z)=Z^{-1}[x(n)]=Z^{-1}[u(n)]=\frac{1}{1-z^{-1}}$$

$$H(z)=\frac{\sum_{m=0}^{M}b_m z^{-m}}{\sum_{k=0}^{N}a_k z^{-k}}=\frac{1}{1-2z^{-1}}$$

由于 $x(n)$ 为因果序列,根据式(3.48),得

$$Y_{zs}(z)=X(z)H(z)=\frac{1}{(1-z^{-1})(1-2z^{-1})}$$

因此

$$y_{zs}(n)=Z^{-1}[Y_{zs}(z)]=Z^{-1}\left[\frac{1}{(1-z^{-1})(1-2z^{-1})}\right]=(2^{n+1}-1)u(n)$$

(3) 求全响应。

根据式(3.50),得

$$y(n)=y_{zi}(n)+y_{zs}(n)=2^{n+1}u(n)+(2^{n+1}-1)u(n)=(2^{n+2}-1)u(n)$$

习　题

3.1　求下列序列的 z 变换 $X(z)$，并标明收敛域，绘出 $X(z)$ 的零点、极点图。

(1) $x(n)=\left(\frac{1}{3}\right)^n u(n)$　　(2) $x(n)=3^n u(-n-1)$

(3) $x(n)=\delta(n+1)$　　(4) $x(n)=3^n u(n)$

(5) $x(n)=\left(\frac{1}{2}\right)^n u(n)+\left(\frac{1}{3}\right)^n u(n)$　　(6) $x(n)=na^n u(n)$

(7) $x(n)=\cos(n\omega_0)u(n)$　　(8) $x(n)=\frac{1}{n}u(n-1)$

3.2　假设序列 $x(n)$ 为

$$x(n)=(-1)^n u(n)+\alpha^n u(-n-n_0)$$

已知它的 z 变换收敛域是

$$1<|z|<2$$

试确定在复数 α 和整数 n_0 上的限制。

3.3　考虑如图 P3.3 所示序列：当 $n\geqslant 0$ 时序列以 $N=4$ 周期重复，$n<0$ 时序列值为零。求该序列的 z 变换及其收敛域。

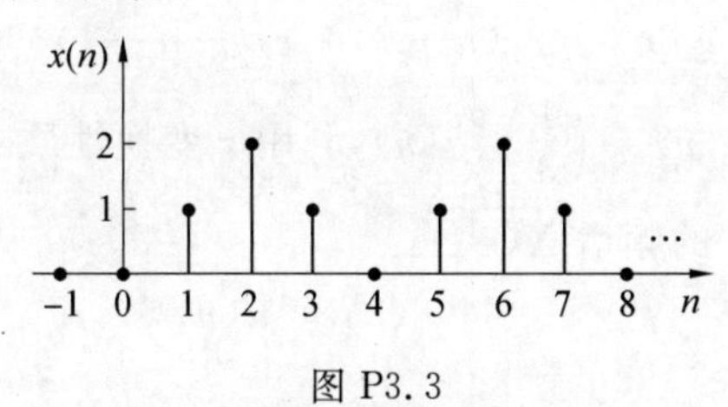

图 P3.3

3.4　假设 $x(n)$ 的 z 变换表达式为

$$X(z)=\frac{5-7z^{-1}}{\left(1-\frac{1}{2}z^{-2}\right)(1-2z^{-2})}$$

问 $X(z)$ 可能有多少不同的收敛域，它们分别对应什么序列？

3.5　假设 $x(n)$ 是一个绝对可和的序列，其 z 变换 $X(z)$ 为有理分式。若已知 $X(z)$ 在 $z=\frac{1}{2}$ 有一个极点，则 $x(n)$ 可以为

(1) 有限长序列吗？

(2) 左边序列吗？

(3) 右边序列吗？

(4) 双边序列吗？

3.6　求下列 $X(z)$ 的反变换：

(1) $X(z)=\frac{1}{1+0.6z^{-1}}$，$|z|>0.6$

(2) $X(z)=\dfrac{1-2z^{-1}}{1-\frac{1}{4}z^{-1}}, |z|<\dfrac{1}{4}$

(3) $X(z)=\dfrac{1}{1+3z^{-1}+2z^{-2}}, |z|>2$

(4) $X(z)=4+3(z^2+z^{-2}), 0<|z|<\infty$

(5) $X(z)=\dfrac{1-\frac{1}{4}z^{-1}}{1-\frac{8}{15}z^{-1}+\frac{1}{15}z^{-2}}, \dfrac{1}{5}<|z|<\dfrac{1}{3}$

(6) $X(z)=\dfrac{1}{(1-z^{-1})(1-z^{-2})}, |z|>1$

3.7　已知因果序列的 z 变换，求下列序列的初值 $x(0)$ 与终值 $x(\infty)$：

(1) $X(z)=\dfrac{1}{(1-0.5z^{-1})(1+0.5z^{-1})}$

(2) $X(z)=\dfrac{1-\frac{1}{2}z^{-1}}{1-\frac{5}{2}z^{-1}+z^{-2}}$

3.8　有一序列 $y(n)$，它与另两个序列 $x_1(n)$ 和 $x_2(n)$ 的关系是

$$y(n)=x_1(n+3)*x_2(-n+1)$$

其中 $x_1(n)=\left(\frac{1}{2}\right)^n u(n)$，$x_2(n)=\left(\frac{1}{3}\right)^n u(n)$，利用 z 变换性质求 $y(n)$。

3.9　求以下序列 $x(n)$ 的频谱 $X(e^{j\omega})$：

(1) $\delta(n-n_0)$　　(2) $e^{-an}u(n)$

(3) $\left(\frac{1}{2}\right)^{-n}u(-n-1)$　　(4) $e^{-an}\cos(\omega_0 n)u(n)$

(5) $u(n-2)-u(n-6)$　　(6) $nR_7(n-3)$

3.10　下列是各序列的离散时间傅里叶变换 $X(e^{j\omega})$，求相应的序列 $x(n)$。

(1) $X(e^{j\omega})=1+3e^{-j\omega}+2e^{-j2\omega}-4e^{-j3\omega}+e^{-j10\omega}$

(2) $X(e^{j\omega})=\dfrac{e^{-j\omega}-\frac{1}{5}}{1-\frac{1}{5}e^{-j\omega}}$

(3) $X(e^{j\omega})=\dfrac{1-\frac{1}{3}e^{-j\omega}}{1-\frac{1}{4}e^{-j\omega}-\frac{1}{8}e^{-j2\omega}}$

(4) $X(e^{j\omega})=\cos^2\omega+\sin^3(3\omega)$

3.11　若 $x_1(n)$、$x_2(n)$ 是因果稳定的实序列，求证：

$$\frac{1}{2\pi}\int_{-\pi}^{\pi}X_1(e^{j\omega})X_2(e^{j\omega})d\omega=\left[\frac{1}{2\pi}\int_{-\pi}^{\pi}X_1(e^{j\omega})d\omega\right]\left[\frac{1}{2\pi}\int_{-\pi}^{\pi}X_2(e^{j\omega})d\omega\right]$$

3.12　假设序列 $x(n)$ 为

$$x(n)=2\delta(n+2)-\delta(n+1)+3\delta(n)-\delta(n-1)+2\delta(n-2)$$

不必求出 $X(\mathrm{e}^{\mathrm{j}\omega})$，试完成下列计算：

(1) $X(\mathrm{e}^{\mathrm{j}0})$　　(2) $X(\mathrm{e}^{\mathrm{j}\pi})$

(3) $\int_{-\pi}^{\pi} X(\mathrm{e}^{\mathrm{j}\omega})\mathrm{d}\omega$　　(4) $\int_{-\pi}^{\pi} |X(\mathrm{e}^{\mathrm{j}\omega})|^2\mathrm{d}\omega$

(5) $\int_{-\pi}^{\pi} \left|\frac{\mathrm{d}X(\mathrm{e}^{\mathrm{j}\omega})}{\mathrm{d}\omega}\right|^2\mathrm{d}\omega$

(6) 确定并画出傅里叶变换实部 $\mathrm{Re}[X(\mathrm{e}^{\mathrm{j}\omega})]$ 的时间序列 $x_{\mathrm{e}}(n)$。

3.13　已知序列 $x(n)$ 有傅里叶变换 $X(\mathrm{e}^{\mathrm{j}\omega})$，用 $X(\mathrm{e}^{\mathrm{j}\omega})$ 表示下列序列的傅里叶变换：

(1) $x_1(n)=x(1-n)+x(-1-n)$

(2) $x_2(n)=\frac{x^*(-n)+x(n)}{2}$

(3) $x_3(n)=(n-1)^2x(n)$

(4) $x_4(n)=x(2n)$

(5) $x_5(n)=\begin{cases} x\left(\frac{n}{2}\right) & (n\text{ 为偶数}) \\ 0 & (n\text{ 为奇数}) \end{cases}$

(6) $x_6(n)=x^2(n)$

(7) $x_7(n)=\mathrm{e}^{\mathrm{j}\omega_0 n}x(n)$

(8) $x_8(n)=x(n)R_5(n)$

(9) $x_9(n)=x^*(-n)$

(10) $x_{10}(n)=x(n)*x^*(-n)$

3.14　已知 $x(n)=R_3(n)$，试求 $x(n)$ 的共轭对称序列 $x_{\mathrm{e}}(n)$ 和共轭反对称序列 $x_{\mathrm{o}}(n)$，并分别求出两个分量的离散时间傅里叶变换。

3.15　若序列 $x(n)$ 是实的并且是因果的，如果

$$X_{\mathrm{R}}(\mathrm{e}^{\mathrm{j}\omega})=\mathrm{Re}[X(\mathrm{e}^{\mathrm{j}\omega})]=1+\alpha\cos 2\omega$$

求 $x(n)$ 及 $X(\mathrm{e}^{\mathrm{j}\omega})$。

3.16　若序列 $x(n)$ 是因果序列，$x(0)=1$，其傅里叶变换的虚部为

$$X_{\mathrm{I}}(\mathrm{e}^{\mathrm{j}\omega})=\mathrm{Im}[X(\mathrm{e}^{\mathrm{j}\omega})]=\frac{-a\sin\omega}{1+a^2-2a\cos\omega}\quad(|a|<1)$$

求序列 $x(n)$ 及其傅里叶变换 $X(\mathrm{e}^{\mathrm{j}\omega})$。

3.17　已知一阶因果离散系统的差分方程为

$$y(n)+3y(n-1)=x(n)$$

试求系统函数 $H(z)$ 和单位抽样响应 $h(n)$。

3.18　已知因果系统由下面差分方程描述：

$$y(n)-\frac{1}{2}y(n-1)+\frac{1}{4}y(n-2)=x(n)$$

(1) 求系统的系统函数 $H(z)$，并画出零点、极点分布图；

(2) 求系统的单位抽样响应 $h(n)$；

(3) 若 $x(n)$ 为

$$x(n)=\left(\frac{1}{2}\right)^{-n}u(n)$$

用 z 变换法求 $y(n)$。

3.19　已知某系统满足下列差分方程：

$$y(n)-\frac{5}{2}y(n-1)+y(n+1)=x(n)$$

该系统不限定为因果、稳定系统。利用系统的零点、极点图，试求系统单位冲激响应的三种可能选择方案。

3.20　已知因果线性时不变系统满足下列差分方程：

$$y(n)-0.9y(n-1)=x(n)+0.9x(n-1)$$

(1) 求该系统的系统函数 $H(z)$ 及单位抽样响应 $h(n)$；

(2) 求系统的频率响应 $H(\mathrm{e}^{\mathrm{j}\omega})$，并定性画出其幅频响应 $|H(\mathrm{e}^{\mathrm{j}\omega})|$；

(3) 已知输入为 $x(n)=10+5\cos\omega_0 n$，求输出 $y(n)$。

3.21　对于图 P3.21 所示的一阶 LTI 系统(假设 a 为实数)，

(1) 假设输入为 $x(n)=u(n)$，求该系统的响应 $y(n)$；

(2) 求系统的频率响应 $H(\mathrm{e}^{\mathrm{j}\omega})$；

(3) 要将系统设计为高通滤波器，求 a 的取值范围。

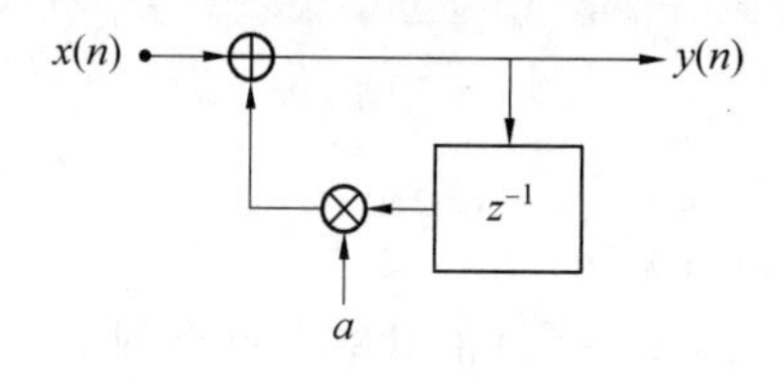

图 P3.21

3.22　已知一个线性时不变系统具有如下频率响应：

$$H(\mathrm{e}^{\mathrm{j}\omega})=\mathrm{e}^{\mathrm{j}\omega}\frac{1}{1.1+\cos\omega}$$

求表示输入输出关系的常系数线性差分方程。

3.23　用 z 变换法求解差分方程

$$y(n)-\frac{3}{10}y(n-1)=\frac{3}{5}x(n)$$

系统输入序列 $x(n)=u(n)$，初始条件为 $y(-1)=0$。

3.24　假设描述 LTI 系统的差分方程为

$$y(n-1)-\frac{10}{3}y(n)+y(n+1)=x(n)$$

并已知系统是稳定的，求该系统的单位抽样响应 $h(n)$。

3.25　一个 LTI 系统的系统函数为

$$H(z)=\frac{z^{-1}-a}{1-az^{-1}}$$

(1) 若该系统为稳定系统，试确定 a 的取值范围；

(2) 若该系统为因果稳定系统，试确定 a 的取值范围。

3.26　已知因果稳定的 LTI 系统的差分方程为

$$y(n)-\frac{1}{2}y(n-1)=\frac{1}{2}x(n)+x(n-1)$$

求该系统的系统函数 $H(z)$ 和单位抽样响应 $h(n)$。

3.27　已知因果 LTI 系统的输入序列为

$$x(n)=\left(\frac{1}{2}\right)^n u(n)+2\times 5^n u(-n-1)$$

其响应为

$$y(n)=3\times\left(\frac{1}{2}\right)^n u(n)-2\times\left(\frac{1}{4}\right)^n u(n)$$

(1) 求该系统的系统函数，并画出零点、极点图、标注 ROC；

(2) 求单位抽样响应 $h(n)$；

(3) 判断该系统的稳定性。

3.28　已知因果 LTI 系统的差分方程为

$$y(n)-0.9y(n-1)=x(n)+0.9x(n-1)$$

(1) 求该系统的系统函数，并画出零点、极点图、标注 ROC；

(2) 求频率响应 $H(e^{j\omega})$。

3.29　假设需设计一个 LTI 系统 $h(n)$，将信号

$$x(n)=a^n u(n)$$

处理为

$$y(n)=x(n)*h(n)=\left(\frac{1}{2}\right)^n[u(n+2)-u(n-2)]$$

求该 LTI 系统的单位抽样响应 $h(n)$。

第 4 章 离散傅里叶变换(DFT)

4.1 引　　言

第 3 章中分析研究了离散时间信号(时域序列)的 z 变换和傅里叶变换。在实际应用中,离散时间信号的频域分析通常在计算机上进行。此过程需要将时域序列 $x(n)$ 转换为等效的频域表示,这样的表示需要对 $x(n)$ 进行离散时间傅里叶变换(DTFT),得到其频谱函数 $X(e^{j\omega})$,但 $X(e^{j\omega})$ 是频率的连续函数,并不适合在计算机上进行处理。

近些年来,计算机的运算速度有了显著提升,利用计算机进行数字信号分析与处理成为必然选择,但需要满足两个前提条件:

(1) 离散时间信号应为有限长序列,或者是无限长的周期序列。

(2) 离散信号对应的频率函数应为离散状态、长度有限,或者是无限长的周期序列。

只有有限个非零值的时域序列即为有限长序列。虽然有限长序列可用 z 变换和离散时间傅里叶变换(DTFT) 对其进行研究,但这两种变换生成的函数都是连续的,都不适合在计算机上直接进行计算。在此种情况下,可以考虑推导出一种针对序列有限长特点的变换 — 运算对象和结果均是有限长度的函数,并利用计算机进行运算,将这种运算称为离散傅里叶变换(DFT)。

有限长序列的离散傅里叶变换是傅里叶表示法的一种,在数字信号分析与处理领域占有十分重要的地位。不仅如此,由于计算离散傅里叶变换的快速有效算法 —— 快速傅里叶变换(FFT) 的提出,使得离散傅里叶变换显现出强大功能,在实现各种数字信号处理算法时发挥着核心作用。

本章先引入傅里叶变换的几种可能形式,接着讨论周期序列的傅里叶级数表示式及其性质,之后以周期序列和有限长序列的关系作为出发点推导离散傅里叶变换定义式,在理解离散傅里叶变换定义的基础上重点研究其性质,尤其是圆周卷积定理以及线性卷积和圆周卷积的关系。

4.2 傅里叶变换的几种可能形式

傅里叶变换是一种分析信号的方法,它建立了以时间为自变量的“信号”与以频率为自变量的“频谱函数”之间的某种变换关系。因此,当自变量“时间”或“频率”取不同状态的值

时,便形成各种类型相异的傅里叶变换对。

4.2.1　连续时间、连续频率 —— 傅里叶变换

连续时间、连续频率是“信号与系统”课程中描述的连续时间非周期信号 $x(t)$ 的傅里叶变换关系,$x(t)$ 对应的是连续的非周期频谱函数 $X(\omega)$。此种情况下傅里叶正、反变换可以表示为

$$X(\omega)=\int_{-\infty}^{+\infty} x(t)\mathrm{e}^{-\mathrm{j}\omega t}\,\mathrm{d}t \tag{4.1}$$

$$x(t)=\frac{1}{2\pi}\int_{-\infty}^{+\infty} X(\omega)\mathrm{e}^{\mathrm{j}\omega t}\,\mathrm{d}\omega \tag{4.2}$$

本书引入了数字角频率,通常用 ω 来表示,因此,为了避免混淆,可用 Ω 代替 ω 表示模拟角频率,且将信号与频谱函数的表示符号中均加入下标 a,表明函数是连续状态,则式(4.1)、式(4.2) 可表示为

$$X_{\mathrm{a}}(\mathrm{j}\Omega)=\int_{-\infty}^{+\infty} x_{\mathrm{a}}(t)\mathrm{e}^{-\mathrm{j}\Omega t}\,\mathrm{d}t \tag{4.3}$$

$$x_{\mathrm{a}}(t)=\frac{1}{2\pi}\int_{-\infty}^{+\infty} X_{\mathrm{a}}(\mathrm{j}\Omega)\mathrm{e}^{\mathrm{j}\Omega t}\,\mathrm{d}\Omega \tag{4.4}$$

从式(4.3)、式(4.4) 及图 4.1(a) 中可以看到,时间函数和频率函数都是连续的,也都是非周期的。

4.2.2　连续时间、离散频率 —— 傅里叶级数

如图 4.1(b) 所示,设 $\tilde{x}_{\mathrm{a}}(t)$ 为一个周期是 T_0 的周期性连续时间函数,根据周期信号的傅里叶级数的理论,其傅里叶级数展开式为

$$\tilde{x}_{\mathrm{a}}(t)=\sum_{k=-\infty}^{+\infty} c_k \mathrm{e}^{\mathrm{j}k\Omega_0 t} \tag{4.5}$$

式中,$c_k=\dfrac{1}{T_0}\displaystyle\int_{T_0} x(t)\mathrm{e}^{-\mathrm{j}k\Omega_0 t}\mathrm{d}t$ 为傅里叶级数的系数,一般是频率的复函数,此处 c_k 可以写作 $X(\mathrm{j}k\Omega_0)$,它是由各次谐波分量组成的非周期离散频率函数,为 $\tilde{x}_{\mathrm{a}}(t)$ 的频谱;$\Omega_0=\dfrac{2\pi}{T_0}=2\pi F_0$ 为离散频谱相邻两谱线之间的角频率间隔;k 为谐波序号。此时变换对可表示为

$$X(\mathrm{j}k\Omega_0)=\frac{1}{T_0}\int_{-T_0/2}^{T_0/2} \tilde{x}_{\mathrm{a}}(t)\mathrm{e}^{-\mathrm{j}k\Omega_0 t}\,\mathrm{d}t \tag{4.6}$$

$$\tilde{x}_{\mathrm{a}}(t)=\sum_{k=-\infty}^{+\infty} X(\mathrm{j}k\Omega_0)\mathrm{e}^{\mathrm{j}k\Omega_0 t} \tag{4.7}$$

4.2.3　离散时间、连续频率 —— 序列的傅里叶变换

此类型傅里叶变换是前面章节所讨论过的序列(离散时间信号) 的傅里叶变换对,其表达式为

$$X(\mathrm{e}^{\mathrm{j}\omega})=\sum_{n=-\infty}^{+\infty} x(n)\mathrm{e}^{-\mathrm{j}\omega n} \tag{4.8}$$

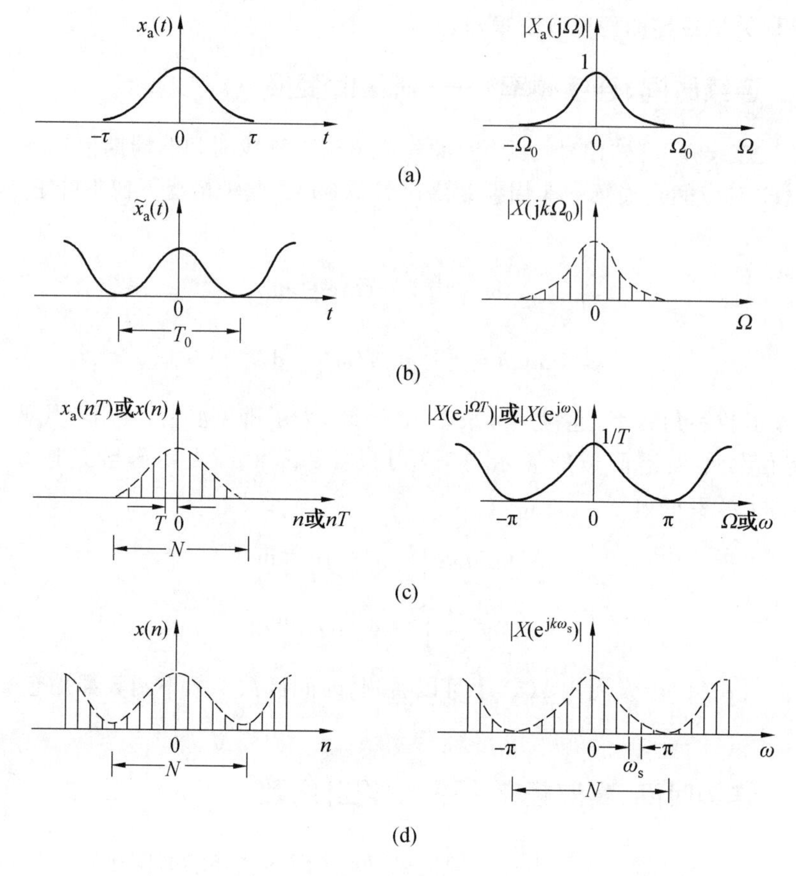

图 4.1　傅里叶变换的各种形式

$$x(n)=\frac{1}{2\pi}\int_{-\pi}^{\pi}X(e^{j\omega})e^{j\omega n}d\omega \tag{4.9}$$

式中，$x(n)$ 为离散非周期序列，其频谱是周期的连续函数 $X(e^{j\omega})$，相当于抽样信号频谱的情况。ω 为数字角频率，它和模拟角频率 Ω 的关系为 $\omega=\Omega T$，其中 T 为抽样间隔。

若把序列 $x(n)$ 看作是模拟信号的抽样，可表示成 $x(n)=x_a(nT)$，抽样频率为 $f_s=1/T$，$\Omega_s=2\pi/T$，则式(4.8)、式(4.9) 也可以写成下面的形式

$$X(e^{j\Omega T})=\sum_{n=-\infty}^{+\infty}x_a(nT)e^{-jn\Omega T} \tag{4.10}$$

$$x_a(nT)=\frac{1}{\Omega_s}\int_{-\Omega_s/2}^{\Omega_s/2}X(e^{j\Omega T})e^{jn\Omega T}d\Omega \tag{4.11}$$

式(4.10) 和式(4.11) 可由离散系统的频率响应推演得出，同样利用频域的周期性，采用频域的傅里叶级数都可以推导上面两式。这一变换对的描述如图 4.1(c) 所示，图中给出了两种自变量坐标，左图时域横坐标为 nT 和 n，右图频域横坐标为模拟角频率 Ω 和数字角频率 ω。可见，离散时间函数造成频谱函数具有周期性，时间函数的非周期使频谱函数是连续的。

4.2.4　离散时间、离散频率 —— 离散傅里叶变换

比较图 4.1(a)、(b) 和(c) 可以得出以下结论：若信号的频谱函数是离散的，则其在时域

表现为周期性；如果信号在时域是离散的，则其频谱函数表现为周期性。以上 3 种傅里叶变换至少在一个域(时域或频域)中函数是连续的，因而都不适合在计算机上运算。可以推断，一个周期性的离散时间序列，其频谱函数既是离散的又是周期的，如图 4.1(d) 所示，这正是适合利用计算机进行运算的理想情况 —— 时域和频域都是离散的。因此可以给出一般规律：一个域的离散必然对应另一个域的周期延拓，一个域的连续必然对应另一个域的非周期。表 4.1 对以上 4 种傅里叶变换形式的规律进行了归纳。

表 4.1　4 种傅里叶变换形式的归纳

时间函数	频率函数
连续和非周期	非周期和连续
连续和周期	非周期和离散
离散和非周期	周期和连续
离散和周期	周期和离散

4.3　周期序列的傅里叶级数 —— 离散傅里叶级数(DFS)

可以采用几种不同的观点推导和解释有限长序列的DFT表示，但本节还是以周期序列和有限长序列的关系作为出发点。首先根据周期性连续时间信号 $\widetilde{x}_a(t)$ 的傅里叶级数展开得到周期序列的傅里叶级数表示，之后将此结果应用到有限长序列的表示上。这可以通过构造一个周期序列来实现，其中每个周期都与有限长序列相等。后面将会看到，周期序列的傅里叶级数表示对应于有限长序列的 DFT。因此相关的方法是，在定义周期序列的傅里叶级数表示并研究此种表示性质的基础上，重复基本相同的推导方式，假设要表示的序列是有限长序列。这种 DFT 的定义方法强调了 DFT 表示式隐含的周期性，并确保在 DFT 的应用中不会忽略周期性。

4.3.1　周期序列离散傅里叶级数的引入

考察一个周期序列 $\widetilde{x}(n)$，其周期为 N，那么对于一个任意整数 r，有

$$\widetilde{x}(n)=\widetilde{x}(n+rN) \tag{4.12}$$

此序列不能用 z 变换表示，因为任何 z 值下其 z 变换 $X(z)$ 都不收敛，但却可以用傅里叶级数来表示，即可以用正弦及余弦序列或复指数序列之和表示 $\widetilde{x}(n)$，而它们的频率等于周期序列基频 $2\pi/N$ 的整数倍。上述表示方法与表示连续周期信号的复指数序列在形式上相似，但二者的频谱分量有着本质的区别。连续周期信号的傅里叶级数有无穷多个谐波成分，而离散周期序列的傅里叶级数只有 N 个独立的谐波成分。这是由于复指数

$$e_k(n)=e^{j\frac{2\pi}{N}kn}=e_{k+rN}(n) \tag{4.13}$$

是 k 的周期函数，周期为 N。于是 $e_0(n)=e_N(n)$，$e_1(n)=e_{N+1}(n)$，…，因此式(4.13)中 $k=0,1,2,\cdots,N-1$ 的 N 个复指数构成的集合定义了频率为 $2\pi/N$ 的整数倍的所有复指数。所以

一个周期序列 $\tilde{x}(n)$ 的傅里叶级数表达式为

$$\tilde{x}(n)=\frac{1}{N}\sum_{k=0}^{N-1}\tilde{X}(k)\mathrm{e}^{\mathrm{j}\frac{2\pi}{N}nk} \tag{4.14}$$

这里的 $1/N$ 是一个常数,使用它是为了下面推导的 $\tilde{X}(k)$ 表达式成立的需要。

4.3.2 $\tilde{x}(n)$ 的 k 次谐波系数 $\tilde{X}(k)$ 的求法

由式(4.13)可知,$\tilde{X}(k)$ 是 k 次谐波的系数,下面来求解它的表达式。这里要利用以下性质:

$$\sum_{n=0}^{N-1}\mathrm{e}^{\mathrm{j}\frac{2\pi}{N}rn}=\begin{cases}N & (r=mN,m\text{ 为任意整数})\\ 0 & (r\text{ 为其他值})\end{cases} \tag{4.15}$$

用 $\mathrm{e}^{-\mathrm{j}\frac{2\pi}{N}nr}$ 乘式(4.14)的两边,然后从 $n=0$ 到 $N-1$ 求和,且利用式(4.15),则得到

$$\begin{aligned}\sum_{n=0}^{N-1}\tilde{x}(n)\mathrm{e}^{-\mathrm{j}\frac{2\pi}{N}kn}&=\frac{1}{N}\sum_{n=0}^{N-1}\sum_{k=0}^{N-1}\tilde{X}(k)\mathrm{e}^{\mathrm{j}\frac{2\pi}{N}(k-r)n}\\&=\sum_{k=0}^{N-1}\tilde{X}(k)\left[\frac{1}{N}\sum_{n=0}^{N-1}\mathrm{e}^{\mathrm{j}\frac{2\pi}{N}(k-r)n}\right]\\&=\tilde{X}(r)\end{aligned}$$

将 r 换成 k,则式(4.14)的系数 $\tilde{X}(k)$ 可以利用如下关系式表达

$$\tilde{X}(k)=\sum_{n=0}^{N-1}\tilde{x}(n)\mathrm{e}^{-\mathrm{j}\frac{2\pi}{N}kn} \tag{4.16}$$

式(4.16)便是求 $k=0$ 到 $N-1$ 的 N 个谐波系数 $\tilde{X}(k)$ 的公式。可以证明 $\tilde{X}(k)$ 也是一个以 N 为周期的周期序列,即时域周期序列 $\tilde{x}(n)$ 的离散傅里叶级数系数 $\tilde{X}(k)$ 也是一个与 $\tilde{x}(n)$ 同周期的周期序列。通常将$[0,N-1]$区间称为主值区间。

傅里叶级数的系数 $\tilde{X}(k)$ 可以认为是一个在 $k=0,1,2,\cdots,N-1$ 时由式(4.16)给定,而对于其他 k 值为零的有限长序列,也可以将 $\tilde{X}(k)$ 描述为一个对所有自变量 k 都是由式(4.16)表示的周期序列。通常都采用后一种解释更方便,因为采用此种解释方法,周期序列的傅里叶级数表达式在时域和频域之间存在对偶关系。式(4.16)和式(4.14)互为变换对,分别称为周期序列离散傅里叶级数从时域到频域的正变换和周期序列离散傅里叶级数从频域到时域的反变换。

为了表示方便,引入符号 $W_N=\mathrm{e}^{-\mathrm{j}\frac{2\pi}{N}}$,则周期序列离散傅里叶级数的正变换和反变换可分别表示为

$$\tilde{X}(k)=\mathrm{DFS}[\tilde{x}(n)]=\sum_{n=0}^{N-1}\tilde{x}(n)\mathrm{e}^{-\mathrm{j}\frac{2\pi}{N}nk}=\sum_{n=0}^{N-1}\tilde{x}(n)W_N^{nk} \tag{4.17}$$

$$\tilde{x}(n)=\mathrm{IDFS}[\tilde{X}(k)]=\frac{1}{N}\sum_{k=0}^{N-1}\tilde{X}(k)\mathrm{e}^{\mathrm{j}\frac{2\pi}{N}nk}=\frac{1}{N}\sum_{k=0}^{N-1}\tilde{X}(k)W_N^{-nk} \tag{4.18}$$

由式(4.17)和式(4.18)可以看出,只需知道周期序列一个周期的内容,其他周期的内

容也就清楚了。虽然 $\tilde{x}(n)$ 和 $\tilde{X}(k)$ 都是无限长的周期序列，但实际上只有一个周期的 N 个点有信息。所以周期序列和其对应的有限长序列有着紧密的联系。

符号 W_N 具有下面的性质：

(1) 周期性。

$$W_N^{nk}=W_N^{(n+iN)k}=W_N^{n(k+iN)}\quad(i\text{ 为整数})$$

(2) 共轭对称性。

$$(W_N^{nk})^*=W_N^{-nk}$$

(3) 正交性。

$$\frac{1}{N}\sum_{k=0}^{N-1}W_N^{nk}(W_N^{mk})^*=\frac{1}{N}\sum_{k=0}^{N-1}W_N^{(n-m)k}=\begin{cases}1 & (n-m=iN)\\0 & (n-m\neq iN)\end{cases}\quad(i\text{ 为整数})$$

(4) 可约性。

$$W_N^{in}=W_{N/i}^{n},\quad W_{iN}^{in}=W_N^{n}\quad(i\neq 0)$$

由可约性可得下面一些推论

$$W_N^{n(N-k)}=W_N^{(N-n)k}=W_N^{-nk}\quad(\text{因为 }W_N^{Nk}=W_N^{Nn}=\mathrm{e}^{-\mathrm{j}2\pi n}=1)$$

$$W_N^{N/2}=-1\quad(\text{因为 }W_N^{N/2}=\mathrm{e}^{-\mathrm{j}\pi}=-1)$$

$$W_N^{(k+N/2)}=-W_N^{k}$$

例 4.1 和例 4.2 是关于周期序列傅里叶级数的例子。

例 4.1　如图 4.2 所示，序列 $\tilde{x}(n)$ 是周期序列，周期 $N=6$，试求其傅里叶级数系数 $\tilde{X}(k)$。

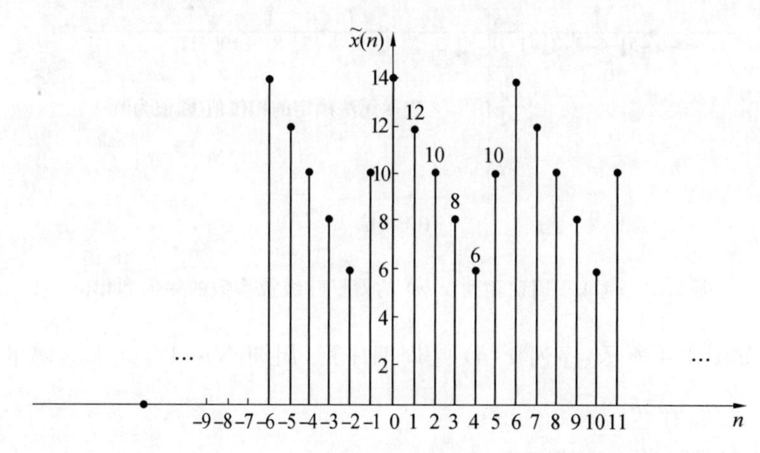

图 4.2　例 4.1 周期序列 $\tilde{x}(n)$ 的图形(周期 $N=6$)

解　由式(4.17)，得

$$\begin{aligned}\tilde{X}(k)&=\sum_{n=0}^{5}\tilde{x}(n)W_6^{nk}=\sum_{n=0}^{5}\tilde{x}(n)\mathrm{e}^{-\mathrm{j}\frac{2\pi}{6}nk}\\&=14+12\mathrm{e}^{-\mathrm{j}\frac{2\pi}{6}k}+10\mathrm{e}^{-\mathrm{j}\frac{2\pi}{6}2k}+8\mathrm{e}^{-\mathrm{j}\frac{2\pi}{6}3k}+6\mathrm{e}^{-\mathrm{j}\frac{2\pi}{6}4k}+10\mathrm{e}^{-\mathrm{j}\frac{2\pi}{6}5k}\end{aligned}$$

将 $k=0,1,2,3,4,5$ 分别代入上式，得

$$\tilde{X}(0)=60,\quad \tilde{X}(1)=9-\mathrm{j}3\sqrt{3},\quad \tilde{X}(2)=3+\mathrm{j}\sqrt{3},$$
$$\tilde{X}(3)=0,\quad \tilde{X}(4)=3-\mathrm{j}\sqrt{3},\quad \tilde{X}(5)=9+\mathrm{j}3\sqrt{3}$$

此为一个周期(通常称为主值区间)内的值,在此区间之外随着 k 的变化,$\tilde{X}(k)$ 的值呈周期性变化。$\tilde{X}(k)$ 的幅值和相位如图 4.3 所示。

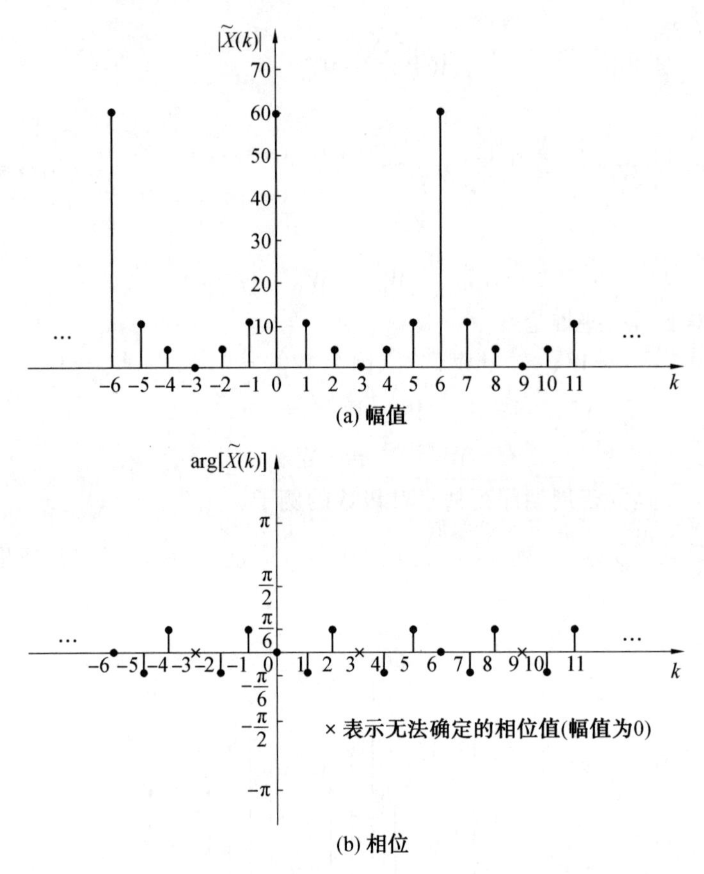

图 4.3　例 4.1 周期序列 $\tilde{x}(n)$ 的傅里叶级数系数的幅值和相位

例 4.2　如图 4.4 所示,序列 $\tilde{x}(n)$ 是周期序列,周期 $N=10$,试求其傅里叶级数系数 $\tilde{X}(k)$。

解　由式(4.17),得

$$\tilde{X}(k)=\sum_{n=0}^{10-1}\tilde{x}(n)W_{10}^{nk}=\sum_{n=0}^{9}\mathrm{e}^{-\mathrm{j}\frac{2\pi}{10}nk}$$

上式为有限项等比数列求和,有闭合形式

$$\tilde{X}(k)=\frac{1-\mathrm{e}^{-\mathrm{j}(\pi k)}}{1-\mathrm{e}^{-\mathrm{j}(2\pi k/10)}}=\frac{\mathrm{e}^{-\mathrm{j}(5\pi k/10)}\left[\mathrm{e}^{\mathrm{j}(5\pi k/10)}-\mathrm{e}^{-\mathrm{j}(5\pi k/10)}\right]}{\mathrm{e}^{-\mathrm{j}(\pi k/10)}\left[\mathrm{e}^{\mathrm{j}(\pi k/10)}-\mathrm{e}^{-\mathrm{j}(\pi k/10)}\right]}=\mathrm{e}^{-\mathrm{j}(4\pi k/10)}\ \frac{\sin(\pi k/2)}{\sin(\pi k/10)}$$

$\tilde{X}(k)$ 的幅值和相位如图 4.5 所示。

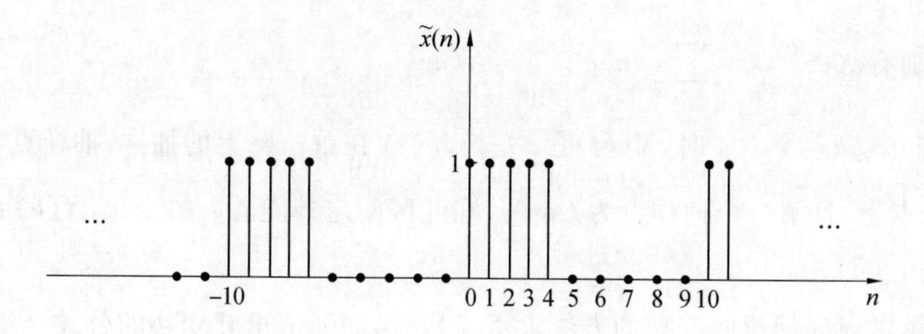

图 4.4　例 4.2 周期序列 $\widetilde{x}(n)$ 的图形(周期 $N=10$)

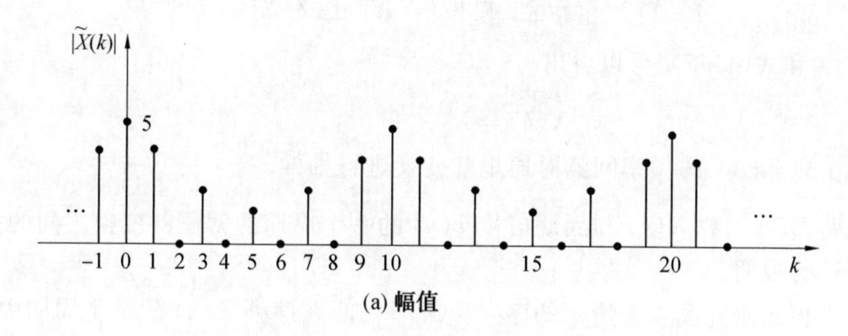

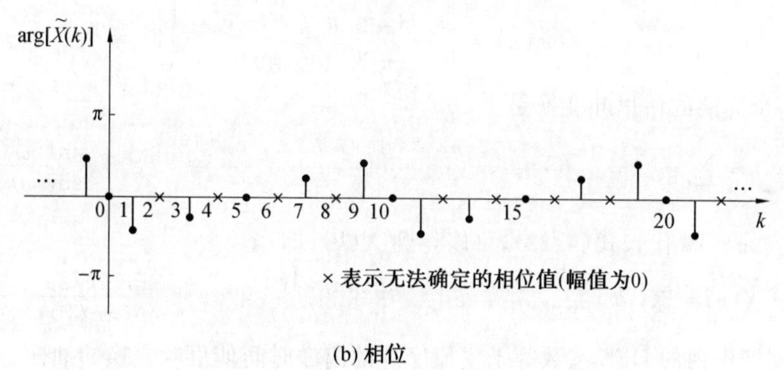

图 4.5　例 4.2 周期序列 $\widetilde{x}(n)$ 的傅里叶级数系数的幅值和相位

4.3.3　利用 z 变换、傅里叶变换求 $\widetilde{X}(k)$

周期序列傅里叶级数系数 $\widetilde{X}(k)$ 为周期函数，若其周期为 N，则 $\widetilde{X}(k)$ 只有 N 个不同值。

下面用 z 变换的方法求 $\widetilde{X}(k)$。将周期序列 $\widetilde{x}(n)$ 的一个周期内的序列记为 $x(n)$，且此周期对应于主值区间，则

$$x(n)=\begin{cases}\widetilde{x}(n) & (0\leqslant n\leqslant N-1)\\ 0 & (n\text{ 为其他值})\end{cases}\tag{4.19}$$

观察式(4.19)，通常将 $x(n)$ 称为 $\widetilde{x}(n)$ 的主值序列。对 $x(n)$ 进行 z 变换，得

$$X(z)=\sum_{n=-\infty}^{+\infty}x(n)z^{-n}=\sum_{n=0}^{N-1}\widetilde{x}(n)z^{-n}\tag{4.20}$$

令 $z=\mathrm{e}^{\mathrm{j}\frac{2\pi}{N}k}$，则有 $X(\mathrm{e}^{\mathrm{j}\frac{2\pi}{N}k})=\sum_{n=0}^{N-1}\tilde{x}(n)\mathrm{e}^{-\mathrm{j}\frac{2\pi}{N}kn}=\tilde{X}(k)$。

可见，当 $0\leqslant k\leqslant N-1$ 时，$\tilde{X}(k)$ 是 z 变换 $X(z)$ 在单位圆上的抽样，抽样点在单位圆上的 N 个等分点上，且第一个抽样点为 $k=0$。在此区间之外随着 k 的变化，$\tilde{X}(k)$ 的值呈周期性变化。

再利用离散时间傅里叶变换的方法求 $\tilde{X}(k)$。由序列傅里叶变换的公式

$$X(\mathrm{e}^{\mathrm{j}\omega})=\sum_{n=-\infty}^{+\infty}x(n)\mathrm{e}^{-\mathrm{j}\omega n}=\sum_{n=0}^{N-1}\tilde{x}(n)\mathrm{e}^{-\mathrm{j}\omega n} \tag{4.21}$$

比较式(4.21)和式(4.17)，可以看出

$$\tilde{X}(k)=X(\mathrm{e}^{\mathrm{j}\omega})\big|_{\omega=2\pi k/N} \tag{4.22}$$

这相当于以 $2\pi/N$ 的频率间隔对傅里叶变换进行抽样。

为了说明DFS系数 $\tilde{X}(k)$ 和周期信号 $\tilde{x}(n)$ 的一个周期的傅里叶变换之间的关系，再列举一道例题进行说明。

例 4.3 再次研究图 4.4 所示的序列 $\tilde{x}(n)$ 可知，在序列 $\tilde{x}(n)$ 的一个周期中，

$$x(n)=\begin{cases}1 & (0\leqslant n\leqslant 4)\\ 0 & (n\text{ 为其他值})\end{cases}$$

则 $\tilde{x}(n)$ 的一个周期的傅里叶变换是

$$X(\mathrm{e}^{\mathrm{j}\omega})=\sum_{n=0}^{4}\mathrm{e}^{-\mathrm{j}\omega n}=\frac{1-\mathrm{e}^{-\mathrm{j}5\omega}}{1-\mathrm{e}^{-\mathrm{j}\omega}}=\frac{\mathrm{e}^{-\mathrm{j}(5\omega/2)}\left[\mathrm{e}^{\mathrm{j}(5\omega/2)}-\mathrm{e}^{-\mathrm{j}(5\omega/2)}\right]}{\mathrm{e}^{-\mathrm{j}(\omega/2)}\left[\mathrm{e}^{\mathrm{j}(\omega/2)}-\mathrm{e}^{-\mathrm{j}(\omega/2)}\right]}=\mathrm{e}^{-\mathrm{j}2\omega}\frac{\sin(5\omega/2)}{\sin(\omega/2)}$$

若将 $\omega=2\pi k/10$ 代入式(4.22)，可以得到 $\tilde{X}(k)$，即

$$\tilde{X}(k)=X(\mathrm{e}^{\mathrm{j}\omega})\big|_{\omega=2\pi k/10}=\mathrm{e}^{-\mathrm{j}\frac{4\pi k}{10}}\frac{\sin(5\pi k/10)}{\sin(\pi k/10)}=\mathrm{e}^{-\mathrm{j}\frac{2\pi k}{5}}\frac{\sin(\pi k/2)}{\sin(\pi k/10)}$$

也就是一个周期序列的 DFS 系数等于主值序列的离散时间傅里叶变换的抽样。

4.3.4 离散傅里叶级数的性质

正如连续时间信号的傅里叶变换、拉普拉斯变换和离散非周期时间信号的 z 变换一样，离散傅里叶级数(DFS)的一些性质对于其成功地应用于信号处理也是十分重要的，而且这些性质的许多基本特性与 z 变换的性质十分相似。然而，由于 $\tilde{x}(n)$ 和 $\tilde{X}(k)$ 的周期性，DFS的性质与 z 变换的性质还有一些比较大的差别。而且DFS表达式在时域和频域之间具有严格的对偶关系，而 z 变换并不具备这样的特性。

1. 线性关系

设 $\tilde{x}_1(n)$ 和 $\tilde{x}_2(n)$ 均是周期为 N 的周期序列，其 DFS 分别为

$$\tilde{X}_1(k)=\mathrm{DFS}[\tilde{x}_1(n)]$$

$$\tilde{X}_2(k)=\mathrm{DFS}[\tilde{x}_2(n)]$$

DFS 的线性关系性质如下式所述：

$$\text{DFS}[a\tilde{x}_1(n)+b\tilde{x}_2(n)]=a\tilde{X}_1(k)+b\tilde{X}_2(k) \tag{4.23}$$

式中,a和b为任意常数,所得到的频域序列也是周期序列,周期为N。此性质可由DFS的定义直接证明。

2. 周期序列的移位

若$\text{DFS}[\tilde{x}(n)]=\tilde{X}(k)$,则

$$\text{DFS}[\tilde{x}(n+m)]=W_N^{-mk}\tilde{X}(k)=\mathrm{e}^{\mathrm{j}\frac{2\pi}{N}mk}\tilde{X}(k) \tag{4.24}$$

$$\text{DFS}[W_N^{nl}\tilde{x}(n)]=\tilde{X}(k+l) \tag{4.25}$$

或

$$\text{IDFS}[\tilde{X}(k+l)]=W_N^{nl}\tilde{x}(n)=\mathrm{e}^{-\mathrm{j}\frac{2\pi}{N}nl}\tilde{x}(n) \tag{4.26}$$

式中,$\tilde{x}(n+m)$和$\tilde{X}(k+l)$分别为$\tilde{x}(n)$和$\tilde{X}(k)$的移位。其中式(4.25)被称为调制特性。

证明

$$\text{DFS}[\tilde{x}(n+m)]=\sum_{n=0}^{N-1}\tilde{x}(n+m)W_N^{nk}$$

令$i=m+n$,则$n=i-m$。$n=0$时,$i=m$;$m=N-1$时,$i=N-1+m$。所以

$$\text{DFS}[\tilde{x}(n+m)]=\sum_{i=m}^{N-1+m}\tilde{x}(i)W_N^{ik}\cdot W_N^{-mk}=W_N^{-mk}\sum_{i=0}^{N-1}\tilde{x}(i)W_N^{ik}=W_N^{-mk}\tilde{X}(k)$$

式中,$\tilde{x}(i)$和W_N^{ik}都是以N为周期的周期函数。

需要注意,若时域中移位m大于或等于周期N(即$m\geqslant N$)时,可将m表示为$m=m_1+rN$,$0\leqslant m_1\leqslant N-1$。在时域上移位$m$无法与较短的移位$m_1$进行区分。根据$m$的表达式可知,$W_N^{mk}=W_N^{m_1k}$,即时域上移位的不确定性也会在频域的表达式中体现,频域中的移位也会有类似情况出现。

3. 对偶性

通过信号与系统的相关知识点可知,连续时间信号的傅里叶变换在时域、频域间存在着对偶性,但非周期序列和其离散时间傅里叶变换(DTFT)是两类不同的函数:时域是离散的序列,频域是连续周期的函数,所以二者之间不存在对偶性。观察DFS和IDFS变换式,它们的差别仅在于$1/N$因子和符号W_N的指数的正负号,所以周期序列$\tilde{x}(n)$和它的DFS的系数$\tilde{X}(k)$是同一类函数,都具有离散周期性的特点,因此也必然存在时域与频域的对偶关系。

根据式(4.18),将n换成$-n$,可得

$$N\tilde{x}(-n)=\sum_{k=0}^{N-1}\tilde{X}(k)\mathrm{e}^{-\mathrm{j}\frac{2\pi}{N}nk}=\sum_{k=0}^{N-1}\tilde{X}(k)W_N^{nk} \tag{4.27}$$

观察式(4.27)可知,其等式右边是与式(4.17)相同的正变化的表达式,将其中的n和k互换,可得

$$N\tilde{x}(-k)=\sum_{n=0}^{N-1}\tilde{X}(n)W_N^{kn} \tag{4.28}$$

式(4.28)与式(4.17)形式相似，也就是周期序列 $\tilde{X}(n)$ 的DFS系数是 $N\tilde{x}(-k)$，因而有以下的对偶关系：

$$\mathrm{DFS}[\tilde{x}(n)]=\tilde{X}(k) \tag{4.29}$$

$$\mathrm{DFS}[\tilde{X}(n)]=N\tilde{x}(-k) \tag{4.30}$$

4. 共轭对称性

设 $\tilde{x}(n)$ 为复序列，$\tilde{x}^*(n)$ 为其共轭序列，$\tilde{x}^*(-n)$ 为 $\tilde{x}^*(n)$ 的翻褶序列，则

$$\mathrm{DFS}[\tilde{x}^*(n)]=\tilde{X}^*(-k) \tag{4.31}$$

$$\mathrm{DFS}[\tilde{x}^*(-n)]=\tilde{X}^*(k) \tag{4.32}$$

分别证明式(4.31)和式(4.32)。

$$\mathrm{DFS}[\tilde{x}^*(n)]=\sum_{n=0}^{N-1}\tilde{x}^*(n)W_N^{nk}=\left(\sum_{n=0}^{N-1}\tilde{x}(n)W_N^{-nk}\right)^*=\tilde{X}^*(-k)$$

式(4.31)得证。

$$\mathrm{DFS}[\tilde{x}^*(-n)]=\sum_{n=0}^{N-1}\tilde{x}^*(-n)W_N^{nk}=\left(\sum_{n=0}^{N-1}\tilde{x}(n)W_N^{nk}\right)^*=\tilde{X}^*(k)$$

式(4.32)得证。

在第3章中讨论了序列傅里叶变换的一些对称性质，并且给出了共轭对称序列与共轭反对称序列的定义，得到了任意序列都可以表示成共轭对称分量与共轭反对称分量之和这一重要结论。这里设周期序列的共轭对称分量为 $\tilde{x}_e(n)$，共轭反对称分量为 $\tilde{x}_o(n)$，则周期序列 $\tilde{x}(n)=\tilde{x}_e(n)+\tilde{x}_o(n)$，且有

$$\tilde{x}_e(n)=\frac{1}{2}[\tilde{x}(n)+\tilde{x}^*(-n)] \tag{4.33}$$

$$\tilde{x}_o(n)=\frac{1}{2}[\tilde{x}(n)-\tilde{x}^*(-n)] \tag{4.34}$$

可以证明，它们满足

$$\begin{aligned}\tilde{x}_e(n)&=\tilde{x}_e^*(-n)\\ \tilde{x}_o(n)&=-\tilde{x}_o^*(-n)\end{aligned} \tag{4.35}$$

下面分别给出 $\tilde{x}_e(n)$ 和 $\tilde{x}_o(n)$ 的DFS系数：

$$\begin{aligned}\mathrm{DFS}[\tilde{x}_e(n)]&=\frac{1}{2}\mathrm{DFS}[\tilde{x}(n)+\tilde{x}^*(-n)]=\frac{1}{2}[\tilde{X}(k)+\tilde{X}^*(k)]\\ &=\mathrm{Re}[\tilde{X}(k)]=\mathrm{Re}[\mathrm{DFS}[\tilde{x}(n)]]\end{aligned} \tag{4.36}$$

$$\begin{aligned}\mathrm{DFS}[\tilde{x}_o(n)]&=\frac{1}{2}\mathrm{DFS}[\tilde{x}(n)-\tilde{x}^*(-n)]=\frac{1}{2}[\tilde{X}(k)-\tilde{X}^*(k)]\\ &=\mathrm{jIm}[\tilde{X}(k)]=\mathrm{jIm}[\mathrm{DFS}[\tilde{x}(n)]]\end{aligned} \tag{4.37}$$

即周期序列的共轭对称分量的DFS系数等于该周期序列DFS系数的实部，共轭反对称分量的DFS系数等于该周期序列DFS系数的虚部乘j。

$\tilde{x}(n)$ 实部的DFS系数为

$$\mathrm{DFS}\{\mathrm{Re}[\tilde{x}^*(n)]\}=\frac{1}{2}\mathrm{DFS}[\tilde{x}(n)+\tilde{x}^*(n)]=\frac{1}{2}[\tilde{X}(k)+\tilde{X}^*(N-k)]$$

这里称$\frac{1}{2}[\tilde{X}(k)+\tilde{X}^*(N-k)]$为$\tilde{X}(k)$的共轭对称分量，记为$\tilde{X}_e(k)$，即

$$\text{DFS}\{\text{Re}[\tilde{x}^*(n)]\}=\tilde{X}_e(k) \tag{4.38}$$

同理，可以推导出$\tilde{x}(n)$虚部乘 j 后的 DFS 系数，即

$$\text{DFS}\{\text{jIm}[\tilde{x}^*(n)]\}=\frac{1}{2}\text{DFS}\left[\text{j}\left(\frac{\tilde{x}(n)-\tilde{x}^*(n)}{\text{j}}\right)\right]=\frac{1}{2}[\tilde{X}(k)-\tilde{X}^*(N-k)]$$

这里称$\frac{1}{2}[\tilde{X}(k)-\tilde{X}^*(N-k)]$为$\tilde{X}(k)$的共轭反对称分量，记为$\tilde{X}_o(k)$，即

$$\text{DFS}\{\text{jIm}[\tilde{x}^*(n)]\}=\tilde{X}_o(k) \tag{4.39}$$

同样可以证明

$$\begin{aligned}\tilde{X}_e(k)&=\tilde{X}_e^*(-k)\\ \tilde{X}_o(k)&=-\tilde{X}_o^*(-k)\end{aligned} \tag{4.40}$$

5. 周期卷积和

两个周期皆为 N 的序列$\tilde{x}_1(n)$和$\tilde{x}_2(n)$，其 DFS 系数分别为$\tilde{X}_1(k)=\text{DFS}[\tilde{x}_1(n)]$、$\tilde{X}_2(k)=\text{DFS}[\tilde{x}_2(n)]$。

若

$$\tilde{Y}(k)=\tilde{X}_1(k)\tilde{X}_2(k)$$

则

$$\tilde{y}(n)=\text{IDFS}[\tilde{Y}(k)]=\sum_{m=0}^{N-1}\tilde{x}_1(m)\tilde{x}_2(n-m)=\sum_{m=0}^{N-1}\tilde{x}_2(m)\tilde{x}_1(n-m) \tag{4.41}$$

式(4.41)称为时域卷积定理。

证明

$$\tilde{y}(n)=\text{IDFS}[\tilde{X}_1(k)\tilde{X}_2(k)]=\frac{1}{N}\sum_{k=0}^{N-1}\tilde{X}_1(k)\tilde{X}_2(k)W_N^{-kn}$$

将$\tilde{X}_1(k)=\sum_{m=0}^{N-1}\tilde{x}_1(m)W_N^{mk}$代入上式，则有

$$\begin{aligned}\tilde{y}(n)&=\frac{1}{N}\sum_{k=0}^{N-1}\left[\sum_{m=0}^{N-1}\tilde{x}_1(m)W_N^{mk}\right]\tilde{X}_2(k)W_N^{-nk}=\frac{1}{N}\sum_{k=0}^{N-1}\sum_{m=0}^{N-1}\tilde{x}_1(m)\tilde{X}_2(k)W_N^{-(n-m)k}\\ &=\sum_{m=0}^{N-1}\tilde{x}_1(m)\left[\frac{1}{N}\sum_{k=0}^{N-1}\tilde{X}_2(k)W_N^{-(n-m)k}\right]=\sum_{m=0}^{N-1}\tilde{x}_1(m)\tilde{x}_2(n-m)\end{aligned}$$

对$\tilde{y}(n)=\sum_{m=0}^{N-1}\tilde{x}_1(m)\tilde{x}_2(n-m)$中 $n-m$ 进行简单换元，即令 $n-m=m'$，则

$$\tilde{y}(n)=\sum_{m'=n-(N-1)}^{n}\tilde{x}_1(n-m')\tilde{x}_2(m')=\sum_{m'=0}^{N-1}\tilde{x}_2(m')\tilde{x}_1(n-m')$$

将 m' 换成 m，可得

$$\tilde{y}(n)=\sum_{m=0}^{N-1}\tilde{x}_2(m)\tilde{x}_1(n-m)$$

式(4.41)是一个卷积公式，但是它与非周期序列的线性卷积(和)不同。首先，$\tilde{x}_1(m)$和$\tilde{x}_2(n-m)$(或$\tilde{x}_2(m)$和$\tilde{x}_1(n-m)$)都是变量m的周期序列，周期为N，故乘积也是周期为N的周期序列；其次，求和只在一个周期上进行，即$m=0$到$N-1$，所以称为周期卷积。

周期卷积的过程可以用图4.6来说明，这是一个$N=7$的周期卷积。$\tilde{x}_1(n)$每一个周期里有一个宽度为4的矩形脉冲，$\tilde{x}_2(n)$有一个宽度为3的矩形脉冲，图中画出了对应于$n=0$，1,2的$\tilde{x}_2(n-m)$。

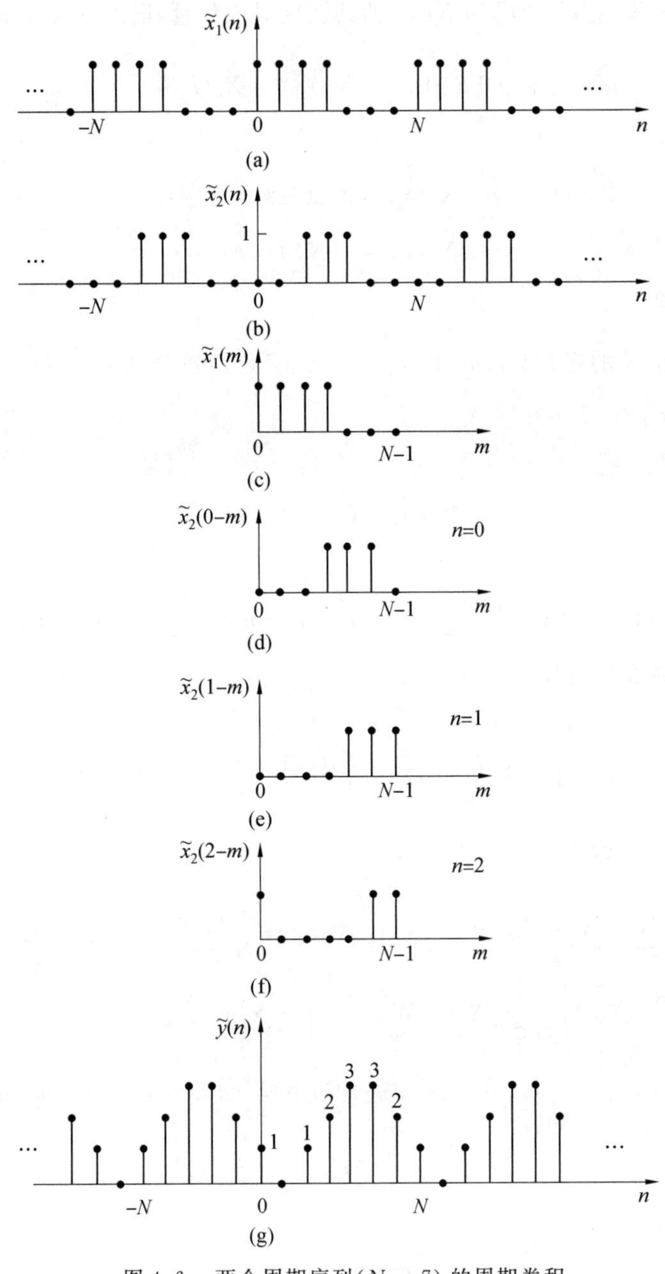

图4.6　两个周期序列($N=7$)的周期卷积

周期卷积过程中一个周期的某一序列值移出计算区间时，相邻的同一位置的序列值就移入计算区间。运算在 $m=0$ 到 $N-1$ 区间内进行，即在一个周期内将 $\tilde{x}_2(n-m)$ 与 $\tilde{x}_1(m)$ 逐点相乘后求和，先计算出 $n=0,1,\cdots,N-1$ 的结果，然后将所得结果周期延拓，就得到所求的整个周期序列 $\tilde{y}(n)$。

同理，因为 DFS 与 IDFS 的对称性，可以证明时域周期序列的乘积对应频域周期序列的周期卷积结果除以 N，即如果

$$\tilde{y}(n)=\tilde{x}_1(n)\tilde{x}_2(n)$$

则

$$\tilde{Y}(k)=\mathrm{DFS}[\tilde{y}(n)]=\sum_{n=0}^{N-1}\tilde{y}(n)W_N^{nk}=\frac{1}{N}\sum_{l=0}^{N-1}\tilde{X}_1(l)\tilde{X}_2(k-l)=\frac{1}{N}\sum_{l=0}^{N-1}\tilde{X}_2(l)\tilde{X}_1(k-l) \tag{4.42}$$

式(4.42) 称为频域卷积定理。

表 4.2 列出了周期序列 DFS 的有关性质。

表 4.2　DFS 性质汇总

序号	周期序列(周期为 N)	DFS 系数(周期为 N)
1	$\tilde{x}(n)$	周期序列 $\tilde{X}(k)$
2	$\tilde{x}_1(n)$、$\tilde{x}_2(n)$	周期序列 $\tilde{X}_1(k)$、$\tilde{X}_2(k)$
3	$a\tilde{x}_1(n)+b\tilde{x}_2(n)$	$a\tilde{X}_1(k)+b\tilde{X}_2(k)$
4	$\tilde{x}(n-m)$	$W_N^{mk}\tilde{X}(k)$
5	$W_N^{-nl}\tilde{x}(n)$	$\tilde{X}(k-l)$
6	$\tilde{X}(n)$	$N\tilde{x}(-k)$
7	$\tilde{x}^*(n)$	$\tilde{X}^*(-k)$
8	$\tilde{x}^*(-n)$	$\tilde{X}^*(k)$
9	$\tilde{x}_e(n)=\frac{1}{2}[\tilde{x}(n)+\tilde{x}^*(-n)]$	$\mathrm{Re}[\tilde{X}(k)]$
10	$\tilde{x}_o(n)=\frac{1}{2}[\tilde{x}(n)-\tilde{x}^*(-n)]$	$\mathrm{jIm}[\tilde{X}(k)]$
11	$\mathrm{Re}[\tilde{x}^*(n)]=\frac{1}{2}[\tilde{x}(n)+\tilde{x}^*(n)]$	$\tilde{X}_e(k)=\frac{1}{2}[\tilde{X}(k)+\tilde{X}^*(-k)]$
12	$\mathrm{jIm}[\tilde{x}^*(n)]=\frac{1}{2}\left[\mathrm{j}\,\frac{\tilde{x}(n)-\tilde{x}^*(n)}{\mathrm{j}}\right]$	$\tilde{X}_o(k)=\frac{1}{2}[\tilde{X}(k)-\tilde{X}^*(-k)]$

续表4.2

序号	周期序列(周期为 N)	DFS 系数(周期为 N)
13	对称性质($\tilde{x}(n)$ 是实序列)	$\begin{cases}\tilde{X}(k)=\tilde{X}^*(-k)\\ \mathrm{Re}[\tilde{X}(k)]=\mathrm{Re}[\tilde{X}(-k)]\\ \mathrm{Im}[\tilde{X}(k)]=-\mathrm{Im}[\tilde{X}(-k)]\\ \lvert\tilde{X}(k)\rvert=\lvert\tilde{X}(-k)\rvert\\ \arg[\tilde{X}(k)]=-\arg[\tilde{X}(-k)]\end{cases}$
14	$\tilde{x}_e(n)=\dfrac{1}{2}[\tilde{x}(n)+\tilde{x}(-n)]$($\tilde{x}(n)$ 是实序列)	$\mathrm{Re}[\tilde{X}(k)]$
15	$\tilde{x}_o(n)=\dfrac{1}{2}[\tilde{x}(n)-\tilde{x}(-n)]$($\tilde{x}(n)$ 是实序列)	$\mathrm{jIm}[\tilde{X}(k)]$
16	$\sum_{m=0}^{N-1}\tilde{x}_1(m)\tilde{x}_2(n-m)$(时域周期卷积)	$\tilde{X}_1(k)\tilde{X}_2(k)$
17	$\tilde{x}_1(n)\tilde{x}_2(n)$	$\dfrac{1}{N}\sum_{l=0}^{N-1}\tilde{X}_1(l)\tilde{X}_2(k-l)$(频域周期卷积)

4.4 有限长序列的傅里叶表示——离散傅里叶变换

前面讨论了周期序列的离散傅里叶级数表示式，并且这个表示式也适用于有限长序列，将这样得到的有限长序列的傅里叶表示称为离散傅里叶变换(DFT)。

实际上，可以利用周期为 N 的周期序列来表示长度为 N 的有限长序列，周期序列的周期与有限长序列的长度相同。既然周期序列的离散傅里叶级数表示是唯一的，那么原始的有限长序列的傅里叶表示也应是唯一的，且这种傅里叶表示也是有限长序列。可以从离散傅里叶级数计算出周期序列的一个周期，也就是计算出有限长序列。

利用计算机来实现信号的频谱分析和其他处理工作是人们所期望的，基于此，对信号及其频谱的要求是：在时域和频域都应是离散的，且应是有限长的。虽然 DFS 在时域和频域都是离散的，但周期序列及其 DFS 系数都是无限长的，而周期序列的一个周期及其傅里叶表示都是有限长序列，满足利用计算机进行信号处理的要求。

4.4.1 主值序列与主值区间

与式(4.19)相似，将周期序列 $\tilde{x}(n)$ 的一个周期内的序列记为 $x(n)$，周期为 N，则可以用 $x(n)$ 来表示 $\tilde{x}(n)$，可写作

$$\tilde{x}(n)=\sum_{r=-\infty}^{+\infty}x(n+rN) \tag{4.43}$$

因为 $x(n)$ 的长度限定为 N，所以对不同的整数 r 值，各项 $x(n+rN)$ 之间彼此不重叠。

对于周期序列 $\tilde{x}(n)$，其第一个周期($0 \leqslant n \leqslant N-1$)定义为 $\tilde{x}(n)$ 的主值区间，即 $x(n)$ 为 $\tilde{x}(n)$ 的主值序列，也就是主值区间上的序列，这样式(4.19)可表示为

$$x(n) = \tilde{x}(n) R_N(n) \tag{4.44}$$

式中，$R_N(n)$ 为矩形序列。

可见，$x(n)$ 只在主值区间 $0 \leqslant n \leqslant N-1$ 有非零值，其余点的值均为 0。此外，一个长度为 $M(M < N)$ 的序列也可以认为是长度为 N 的序列，只是需要在后$(N-M)$点进行补零操作。

如果 $n = n_1 + mN, 0 \leqslant n_1 \leqslant N-1$，且 m 为整数，则有

$$((n))_N = (n_1)$$

此运算符表示 n 被 N 除，商为 m，余数为 n_1。n_1 是 $((n))_N$ 的解，或称为取余数，或称为 n 对 N 取模值，或简称为取模值，n 模 N。

例如：

(1)

$$n = 25, N = 9$$
$$n = 25 = 2 \times 9 + 7 = 2N + n_1$$
$$((25))_9 = 7$$

(2)

$$n = -4, N = 9$$
$$n = -4 = -9 + 5 = -N + 5$$
$$((-4))_9 = 5$$

可见，$x((n))_N = x(n_1)$ 的含义相当于将 $x(n)$ 进行周期延拓。所以式(4.43)可以改写成

$$\tilde{x}(n) = x(n \bmod N) = x((n))_N \tag{4.45}$$

$\tilde{x}(n)$ 与 $x(n)$ 的关系如图 4.7 所示。

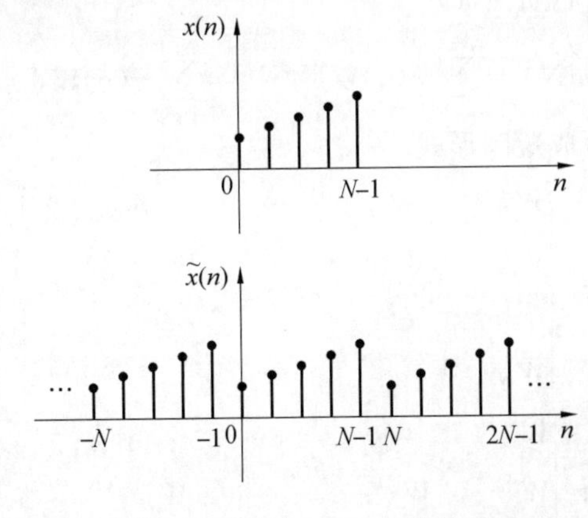

图 4.7　$\tilde{x}(n)$ 与 $x(n)$ 的关系

与前面在时域中的情况类似，频域的周期序列 $\tilde{X}(k)$ 也可视为对有限长序列 $X(k)$ 的周期延拓，而有限长序列 $X(k)$ 也可看作周期序列 $\tilde{X}(k)$ 的主值序列，即

$$\widetilde{X}(k)=X((k))_N \tag{4.46}$$

$$X(k)=\widetilde{X}(k)R_N(k) \tag{4.47}$$

4.4.2 有限长序列的离散傅里叶变换

由式(4.17)和式(4.18)的DFS及IDFS的表示式可以看出，求和只限定在从$n=0$到$N-1$及$k=0$到$N-1$的主值区间进行，它们完全适用于主值序列$x(n)$与$X(k)$，因此可得到新的定义，即有限长序列的离散傅里叶变换(DFT)的定义。

正变换

$$X(k)=\text{DFT}[x(n)]=\sum_{n=0}^{N-1}x(n)W_N^{nk}\quad(0\leqslant k\leqslant N-1) \tag{4.48}$$

反变换

$$x(n)=\text{IDFT}[X(k)]=\frac{1}{N}\sum_{k=0}^{N-1}X(k)W_N^{-nk}\quad(0\leqslant n\leqslant N-1) \tag{4.49}$$

或者表示为

$$X(k)=\widetilde{X}(k)R_N(k) \tag{4.50}$$

$$x(n)=\widetilde{x}(n)R_N(n) \tag{4.51}$$

式(4.48)、式(4.49)是有限长序列的离散傅里叶变换对。式(4.48)为$x(n)$的N点离散傅里叶正变换(DFT)，式(4.49)为$X(k)$的N点离散傅里叶反变换(IDFT)。已知其中一个序列，就可以唯一地确定另一个序列。这是因为$x(n)$与$X(k)$都是点数为N的序列，都有N个独立值，所以信息也是等量的。

需要注意的是，对于N点有限长序列，利用DFS变换对进行改写得到N点DFT对，并没有消除固有的周期性，DFT所处理的有限长序列都是用周期序列的一个周期来表示的，因此离散傅里叶变换隐含周期性，即

$$X(k+mN)=\sum_{n=0}^{N-1}x(n)W_N^{n(k+mN)}=\sum_{n=0}^{N-1}x(n)W_N^{nk}=X(k)$$

DFT和IDFT可以写成矩阵形式：

$$\begin{bmatrix}X(0)\\X(1)\\\vdots\\X(N-1)\end{bmatrix}=\begin{bmatrix}W_N^0 & W_N^0 & \cdots & W_N^0\\W_N^0 & W_N^{1\times1} & \cdots & W_N^{1\times(N-1)}\\\vdots & \vdots & & \vdots\\W_N^0 & W_N^{(N-1)\times1} & \cdots & W_N^{(N-1)(N-1)}\end{bmatrix}\begin{bmatrix}x(0)\\x(1)\\\vdots\\x(N-1)\end{bmatrix}$$

$$\begin{bmatrix}x(0)\\x(1)\\\vdots\\x(N-1)\end{bmatrix}=\frac{1}{N}\begin{bmatrix}W_N^0 & W_N^0 & \cdots & W_N^0\\W_N^0 & W_N^{-1\times1} & \cdots & W_N^{-1\times(N-1)}\\\vdots & \vdots & & \vdots\\W_N^0 & W_N^{-(N-1)\times1} & \cdots & W_N^{-(N-1)(N-1)}\end{bmatrix}\begin{bmatrix}X(0)\\X(1)\\\vdots\\X(N-1)\end{bmatrix}$$

简写作

$$\bar{\boldsymbol{X}}(k)=\bar{\boldsymbol{W}}_N^{nk}\bar{\boldsymbol{x}}(n)$$

$$\bar{\boldsymbol{x}}(n)=\frac{1}{N}\bar{\boldsymbol{W}}_N^{-nk}\bar{\boldsymbol{X}}(k)$$

式中，$\bar{\boldsymbol{X}}(k)$ 和 $\bar{\boldsymbol{x}}(n)$ 分别为 N 重的列向量；$\bar{\boldsymbol{W}}_N^{nk}$ 与 $\bar{\boldsymbol{W}}_N^{-nk}$ 分别为 N 阶对称矩阵。

例 4.4　已知 4 点有限长序列 $x(n)=\{\underline{1+\mathrm{j}},2+\mathrm{j}2,\mathrm{j},1-\mathrm{j}\}$，求它的 4 点 DFT。

解　根据有限长序列 N 点 DFT 的定义式：

$$X(k)=\sum_{n=0}^{N-1}x(n)W_N^{nk}=x(0)+x(1)\mathrm{e}^{-\mathrm{j}\frac{\pi k}{2}}+x(2)\mathrm{e}^{-\mathrm{j}\pi k}+x(3)\mathrm{e}^{-\mathrm{j}\frac{3\pi k}{2}}\quad(k=0,1,\cdots,N-1)$$

$$X(0)=x(0)+x(1)+x(2)+x(3)=4+\mathrm{j}3$$
$$X(1)=x(0)+x(1)(-\mathrm{j})+x(2)(-1)+x(3)(\mathrm{j})=4-\mathrm{j}$$
$$X(2)=x(0)+x(1)(-1)+x(2)+x(3)(-1)=-2+\mathrm{j}$$
$$X(3)=x(0)+x(1)(\mathrm{j})+x(2)(-1)+x(3)(-\mathrm{j})=-2+\mathrm{j}$$

所以 $X(k)=\{\underline{4+\mathrm{j}3},4-\mathrm{j},-2+\mathrm{j},-2+\mathrm{j}\}$。

$X(k)$ 的幅值和相位图形如图 4.8 所示。

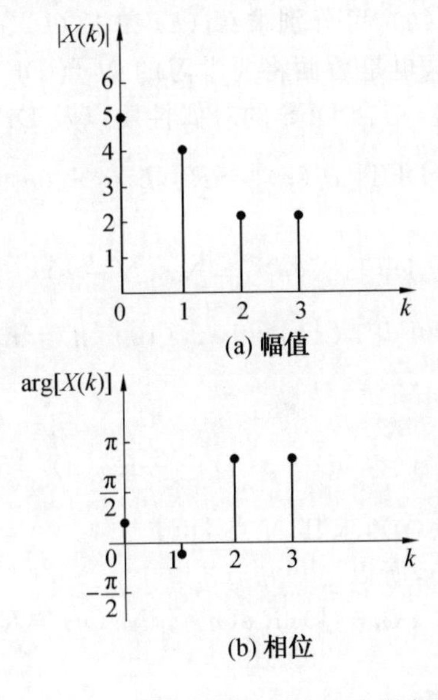

图 4.8　例 4.4 有限长序列 $\tilde{x}(n)$DFT 的幅值和相位

例 4.5　已知 $x(n)=\cos(n\pi/6)$ 是一个长度 $N=12$ 的有限长序列，求它的 N 点 DFT。

解　由 DFT 的定义式，得

$$X(k)=\sum_{n=0}^{11}\cos\frac{n\pi}{6}W_{12}^{nk}=\sum_{n=0}^{11}\frac{1}{2}(\mathrm{e}^{\mathrm{j}\frac{n\pi}{6}}+\mathrm{e}^{-\mathrm{j}\frac{n\pi}{6}})\mathrm{e}^{-\mathrm{j}\frac{2\pi}{12}nk}$$
$$=\frac{1}{2}\left(\sum_{n=0}^{11}\mathrm{e}^{-\mathrm{j}\frac{2\pi}{12}n(k-1)}+\sum_{n=0}^{11}\mathrm{e}^{-\mathrm{j}\frac{2\pi}{12}n(k+1)}\right)$$

利用复正弦序列的正交特性式(4.15)，再考虑 k 的取值区间，可得

$$X(k)=\begin{cases}6 & (k=1,11)\\ 0 & (k\in(0,11))\end{cases}$$

$x(n)$ 及其离散傅里叶变换如图 4.9 所示。

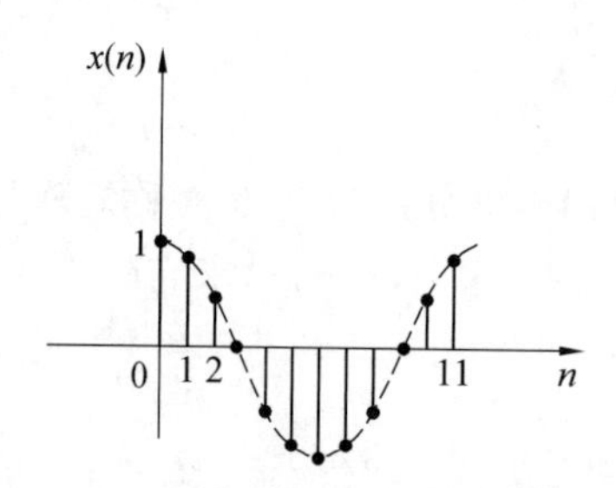

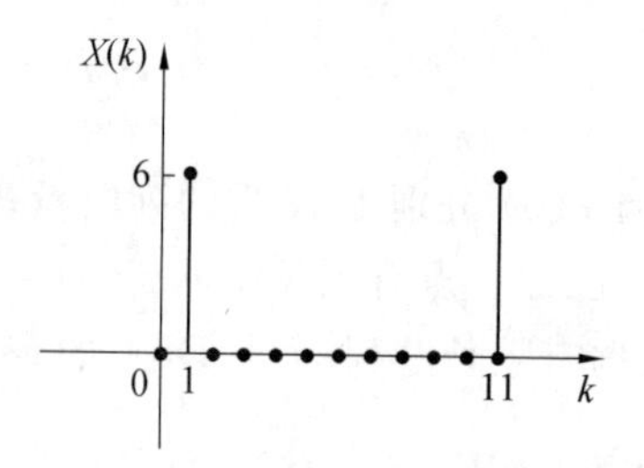

图 4.9　例 4.5 有限长序列 $x(n)$ 及其离散傅里叶变换

例 4.6　已知 $x(n)$ 的 10 点 DFT 为 $X(k)$，其表示式如下

$$X(k)=\begin{cases}5 & (k=0)\\ 1 & (1\leqslant k\leqslant 9)\end{cases}$$

求 $x(n)$。

解　可将 $X(k)$ 由分段表示形式合并成一个表达式

$$X(k)=R_N(k)+4\delta(k)\quad(0\leqslant k\leqslant 9)$$

令 $X_1(k)=R_N(k)$，$X_2(k)=4\delta(k)$，可分别求 $X_1(k)$ 和 $X_2(k)$ 的 10 点 IDFT$x_1(n)$ 和 $x_2(n)$，之后再将它们合并即为所求，这也是后面将要学习的 N 点 DFT 的线性性质。

利用 DFT$[\delta(n)]=R_N(k)$，结合 DFS 的对偶性质以及 DFS 和 DFT 的关系，可得

$$X_1(k)=\mathrm{DFT}[x_1(n)]=R_N(k)\overset{N点}{\Leftrightarrow}x_1(n)=\delta(n)$$

由

$$\mathrm{DFT}[X(n)]=Nx(N-k)$$

$$\mathrm{DFT}[X_2(n)]=4\mathrm{DFT}[\delta(n)]=10x_2(10-n)\overset{N点}{\Leftrightarrow}x_2(n)=\frac{2}{5}R_N(n)$$

所以

$$x(n)=x_1(n)+x_2(n)=\delta(n)+\frac{2}{5}R_N(n)\quad(0\leqslant n\leqslant 9)$$

例 4.7　已知 $x(n)=nR_N(n)$，求其 N 点 DFT。

解　因为 $x(n)=nR_N(n)$，所以

$$x(n)-x(n-1)_N R_N(n)+N\delta(n)=R_N(n)$$

对等式两边进行 DFT，得

$$X(k)-X(k)W_N^k+N=N\delta(k)$$

因此

$$X(k)=\frac{N[\delta(k)-1]}{1-W_N^k}\quad(k=1,2,\cdots,N-1)$$

当 $k=0$ 时

$$X(0)=\sum_{n=0}^{N-1}nW_N^0=\sum_{n=0}^{N-1}n=\frac{N(N-1)}{2}$$

故

$$X(k)=\begin{cases}\dfrac{-N}{1-W_N^k} & (k=1,2,\cdots,N-1)\\ \dfrac{N(N-1)}{2} & (k=0)\end{cases}$$

4.4.3　DFT 与 z 变换、DTFT 的关系

1. DFT 与 z 变换的关系

令 $x(n)$ 是一个有限长序列，长度为 N，对其进行 z 变换

$$X(z)=\sum_{n=0}^{N-1}x(n)z^{-n}$$

将 z 变换表示式与 DFT 进行比较，可以看到，当 $z=\mathrm{e}^{\mathrm{j}\frac{2\pi}{N}k}=W_N^{-k}$ 时

$$X(z)\mid_{z=W_N^{-k}}=\sum_{n=0}^{N-1}x(n)W_N^{nk}=\mathrm{DFT}[x(n)]$$

即

$$X(k)=X(z)\mid_{z=W_N^{-k}} \tag{4.52}$$

$z=W_N^{-k}=\mathrm{e}^{\mathrm{j}\frac{2\pi}{N}k}$ 表明 W_N^{-k} 是 z 平面单位圆上辐角为 $\omega=\frac{2\pi}{N}k$ 的点，也就是将 z 平面单位圆 N 等分之后的第 k 个点，因此 $X(k)$ 也就是对 $X(z)$ 在 z 平面单位圆上 N 点等间隔抽样值，如图 4.10(a) 所示。

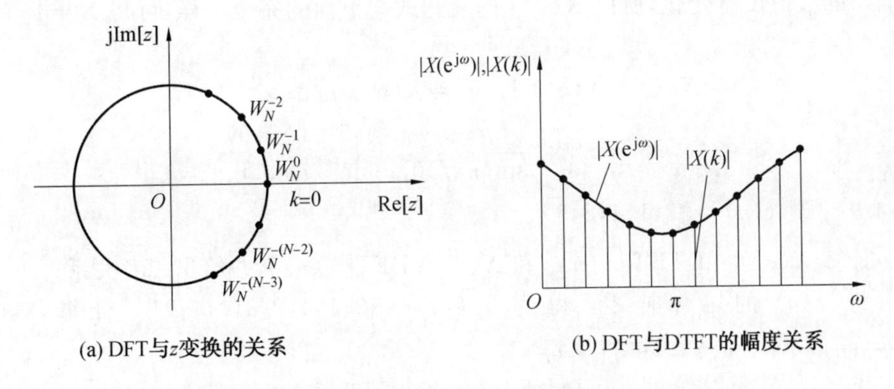

图 4.10　DFT 与 z 变换、DTFT 的关系

2. DFT 与 DTFT 的关系

因为离散时间傅里叶变换(DTFT)$X(\mathrm{e}^{\mathrm{j}\omega})$ 便是单位圆上的 z 变换，长度为 N 的有限长序列 DTFT 表达式为

$$X(\mathrm{e}^{\mathrm{j}\omega})=\sum_{n=0}^{N-1}x(n)\mathrm{e}^{-\mathrm{j}\omega n}$$

将上式与 DFT 进行比较，可得当 $\omega=\frac{2\pi}{N}k$ 时

$$X(\mathrm{e}^{\mathrm{j}\omega})\mid_{\omega=\frac{2\pi}{N}k}=X(\mathrm{e}^{\mathrm{j}k\omega_N})=X(k) \tag{4.53}$$

式中 $\omega_N=\frac{2\pi}{N}$。

式(4.53) 表明 $X(k)$ 也可以看作是序列 $x(n)$ 的傅里叶变换 $X(\mathrm{e}^{\mathrm{j}\omega})$ 在区间$[0,2\pi)$上的等间隔抽样，其抽样间隔为 $\omega_N=2\pi/N$，这就是 DFT 的物理意义。图 4.10(b) 给出了 $|X(\mathrm{e}^{\mathrm{j}\omega})|$ 和 $|X(k)|$ 的关系。显然，DFT 的变换区间长度 N 不同，表示对 $X(\mathrm{e}^{\mathrm{j}\omega})$ 在区间

$[0,2\pi)$ 上的抽样间隔和抽样点数不同，所以 DFT 的变换结果也不同。

例 4.8 设 $x(n)=R_5(n)$，求：(1) $X(e^{j\omega})$；(2) $N=5$ 的 $X(k)$；(3) $N=10$ 的 $X(k)$。

解 (1)

$$X(e^{j\omega})=\sum_{n=0}^{4}e^{-j\omega n}=\frac{1-e^{-j5\omega}}{1-e^{-j\omega}}=\frac{e^{-j5\omega/2}(e^{j5\omega/2}-e^{-j5\omega/2})}{e^{-j\omega/2}(e^{j\omega/2}-e^{-j\omega/2})}$$
$$=e^{-j2\omega}\frac{\sin(5\omega/2)}{\sin(\omega/2)}$$

(2) $N=5$ 时，$X(k)$ 可直接用 DFT 的定义式求解，因为已知 $X(e^{j\omega})$，所以用 $X(e^{j\omega})$ 来求解更为简便。

$$X(k)=X(e^{j\omega})\big|_{\omega=\frac{2\pi}{N}k}=X(e^{j\omega})\big|_{\omega=\frac{2\pi}{5}k}$$
$$=e^{-j4\pi k/5}\frac{\sin(\pi k)}{\sin(\pi k/5)}=\begin{cases}5 & (k=0)\\0 & (k=1,2,3,4)\end{cases}$$

(3) $N=10$ 时，则需要将 $x(n)$ 后面补上 5 个零值，即

$$x(n)=\begin{cases}1 & (0\leqslant n\leqslant 4)\\0 & (5\leqslant n\leqslant 9)\end{cases}$$

由于 $x(n)$ 的数值没有变化，所以 $X(e^{j\omega})$ 的表达式与上面的完全一样，可得 $N=10$ 的 $X(k)$ 为

$$X(k)=X(e^{j\omega})\big|_{\omega=\frac{2\pi}{N}k}=X(e^{j\omega})\big|_{\omega=\frac{2\pi}{10}k}$$
$$=e^{-j2\pi k/5}\frac{\sin(\pi k/2)}{\sin(\pi k/10)}=\begin{cases}5 & (k=0)\\0 & (k=1,2,\cdots,9)\end{cases}$$

例 4.9 设 $x(n)=\{\underline{2},1,4,2,3\}$。

(1) 计算 $X(e^{j\omega})=\mathrm{DTFT}[x(n)]$ 和 $X(k)=\mathrm{DFT}[x(n)]$，并给出二者关系；

(2) 将 $x(n)$ 的尾部补零，得到 $x_0(n)=\{\underline{2},1,4,2,3,0,0,0\}$，计算 $X_0(e^{j\omega})=\mathrm{DTFT}[x_0(n)]$ 和 $X_0(k)=\mathrm{DFT}[x_0(n)]$；

(3) 将(1)、(2) 的结果进行比较，得出相应的结论。

解 分别根据 DTFT 和 DFT 的定义进行求解：

(1) $$X(e^{j\omega})=\sum_{n=-\infty}^{+\infty}x(n)e^{-j\omega n}=\sum_{n=0}^{4}x(n)e^{-j\omega n}=2+e^{-j\omega}+4e^{-j2\omega}+2e^{-j3\omega}+3e^{-j4\omega}$$

$$X(k)=\sum_{n=0}^{4}x(n)W_5^{nk}=2+e^{-j\frac{2\pi}{5}k}+4e^{-j\frac{4\pi}{5}k}+2e^{-j\frac{6\pi}{5}k}+3e^{-j\frac{8\pi}{5}k}$$

由以上结果可知，$X(k)=X(e^{j\omega})\big|_{\omega=\frac{2\pi}{5}k}$，即 $X(k)$ 为 $X(e^{j\omega})$ 在频率 $\omega=\frac{2\pi}{5}k$ 处的抽样值。

(2) $$X_0(e^{j\omega})=\sum_{n=0}^{4}x_0(n)e^{-j\omega n}=X(e^{j\omega})=2+e^{-j\omega}+4e^{-j2\omega}+2e^{-j\omega}+3e^{-j4\omega}$$

$$X_0(k)=\sum_{n=0}^{7}x_0(n)W_8^{nk}=2+e^{-j\frac{\pi}{4}k}+4e^{-j\frac{\pi}{2}k}+2e^{-j\frac{3\pi}{4}k}+3e^{-j\pi k}$$

(3) 由以上两个问题的结论可知，对于 DTFT，序列补零后结果不变，即 $X_0(e^{j\omega})=X(e^{j\omega})$；对于 DFT，序列补零后改变 DFT 的点数，因此改变了抽样的位置，所以补零之后的序列其 DFT 与原序列的 DFT 不同。

4.4.4 DFT 的性质

前面提及,DFT 的定义给出了有限长序列 N 点 DFT 的数学运算公式,其中蕴含 DFT 的物理概念,但若要深入理解与应用 DFT,仅是运用其定义是不够的,还需要利用 DFT 的基本性质,使解决问题变得更简洁方便。例如,对于实序列,利用其 DFT 的共轭对称性就可以使 DFT 的运算量减少一半。

下面将要讨论 DFT 的一些主要特性。为了提高相应知识点的学习效果,应与离散时间傅里叶变换和周期序列的 DFS 性质进行对比,尤其是后者,与 DFT 性质的关系十分密切。然而,DFT 是对有限长序列定义的一种变换,其变换区间为$[0,N-1]$,这一点与 DTFT 截然不同。DFT 的运算对象与运算结果均是有限长序列,分别是 DFS 运算对象与运算结果在主值区间的值,隐含周期性,因此在很多性质上二者有相似之处,但也要注意它们在适用区间范围和对称点等方面的差异。

1. 线性

令序列 $x(n)$ 的有效长度为常数 N,用 DFT[·] 表示 N 点 DFT,且 $X_1(k)=\mathrm{DFT}[x_1(n)]$、$X_2(k)=\mathrm{DFT}[x_2(n)]$,则有

$$\mathrm{DFT}[ax_1(n)+bx_2(n)]=aX_1(k)+bX_2(k) \tag{4.54}$$

式中 a、b 为任意常数。式(4.54)可根据 DFT 定义证明。

2. 圆周移位

(1) 定义。

一个长度为 N 的有限长序列 $x(n)$ 的圆周移位定义为

$$y(n)=x_m(n)=x((n+m))_N R_N(n) \tag{4.55}$$

这里包括 3 个步骤:

① 先将 $x(n)$ 进行周期延拓得到周期序列 $\tilde{x}(n)$,即 $\tilde{x}(n)-x((n))_N$;

② 再将 $\tilde{x}(n)$ 移 m 位,即 $\tilde{x}(n+m)=x((n+m))_N$。若 $m<0$,则 $\tilde{x}(n)$ 右移$|m|$个单位,$m>0$,则 $\tilde{x}(n)$ 左移 m 个单位;

③ 对移位后的周期序列 $\tilde{x}(n+m)$ 取主值区间($n\in[0,N-1]$)上的序列值,即 $y(n)=x_m(n)=x((n+m))_N R_N(n)$。

所以,一个有限长序列 $x(n)$ 的圆周移位序列 $y(n)$ 仍是一个长度为 N 的有限长序列,这一过程如图 4.11 所示。

由图可见,因为是周期序列的移位,当仅观察主值区间 $0\leqslant n\leqslant N-1$ 时,某个抽样值从该区间的一端移出时,相同值的抽样又从该区间的另一端循环移动进来。所以,上面的过程可以等价成 $x(n)$ 排列在一个 N 等分的圆周上,序列 $x(n)$ 的圆周移位相当于其在圆上旋转,如图 4.11(e)、(f)、(g) 所示。当 $x(n)$ 向左圆周移位时,此圆为顺时针旋转;当 $x(n)$ 向右圆周移位时,此圆为逆时针旋转。若围绕圆周观察若干圈,则看到的是周期序列 $\tilde{x}(n)$。

(2) 性质。

设 $x(n)$ 是长度为 N 的有限长序列($0\leqslant n\leqslant N-1$),且 $X(k)=\mathrm{DFT}[x(n)]$ 为 $x(n)$ 的 N 点 DFT,$y(n)$ 为 $x(n)$ 的 m 点圆周移位,即

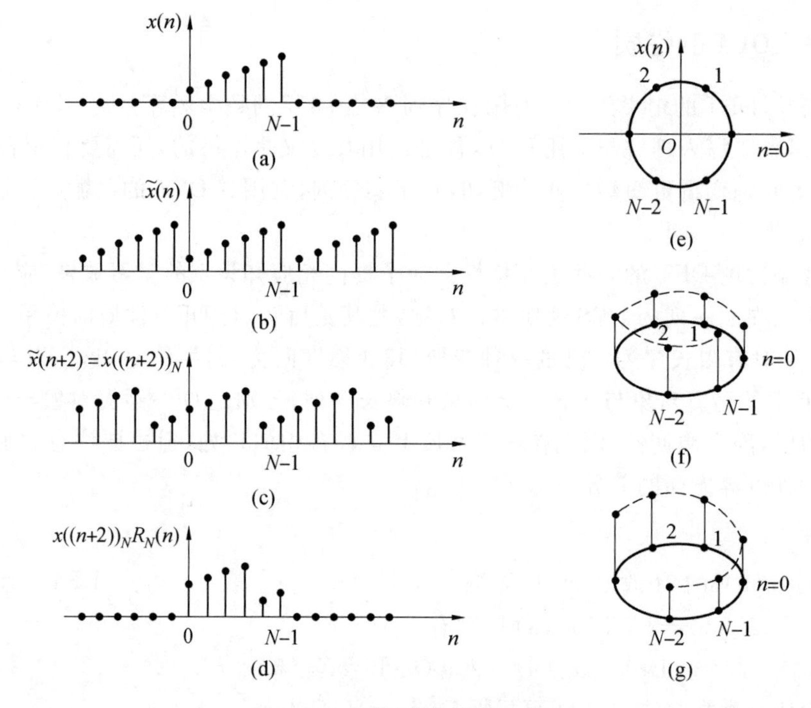

图 4.11　圆周移位过程示意图

$$y(n)=x((n+m))_N R_N(n)$$

则圆周移位后 $y(n)$ 的 DFT 为

$$Y(k)=\mathrm{DFT}[y(n)]=\mathrm{DFT}[x((n+m))_N R_N(n)]=W_N^{-mk}X(k) \tag{4.56}$$

证明　利用周期序列的移位性质加以证明

$$\mathrm{DFS}[x((n+m))_N]=\mathrm{DFS}[\tilde{x}(n+m)]=W_N^{-mk}\tilde{X}(k)$$

再利用 DFS 和 DFT 关系

$$\begin{aligned}\mathrm{DFT}[x((n+m))_N R_N(n)]&=\mathrm{DFT}[\tilde{x}(n+m)R_N(n)]\\&=W_N^{-mk}\tilde{X}(k)R_N(k)\\&=W_N^{-mk}X(k)\end{aligned}$$

这表明,有限长序列的圆周移位在离散频域中引入一个和频率成正比的线性相移 $W_N^{-km}=\mathrm{e}^{\left(\mathrm{j}\frac{2\pi}{N}k\right)m}$,而对频谱的幅度没有影响。

同样,对于有限长 N 点 $X(k)$ 序列,也可看成是分布在一个 N 等分的圆周上,利用频域与时域的对偶关系,若其圆周移位 l 点的序列为 $X((k+l))_N R_N(k)$,则有

$$\mathrm{IDFT}[X((k+l))_N R_N(k)]=W_N^{nl}x(n)=\mathrm{e}^{-\mathrm{j}\frac{2\pi}{N}nl}x(n) \tag{4.57}$$

这就是调制特性。它说明,时域序列的调制等效于频域的圆周移位。

3. 圆周共轭对称性

利用 DFS 共轭对称性的结果,可以直接对 DFT 的共轭对称性(即圆周共轭对称性)进行分析。

(1) 复共轭序列的 DFT。

设 $x^*(n)$ 为 $x(n)$ 的复共轭序列，则

$$\mathrm{DFT}[x^*(n)]=X^*((-k))_N R_N(k)=X^*((N-k))_N R_N(k)=X^*(N-k)$$

$$(0\leqslant k\leqslant N-1) \tag{4.58}$$

$$X(N)=X(0)$$

$$\mathrm{DFT}[x^*((-n))_N R_N(n)]=\mathrm{DFT}[x^*((N-n))_N R_N(n)]=X^*(k)$$

即

$$\mathrm{DFT}[x^*(N-n)]=X^*(k) \tag{4.59}$$

先证明式(4.58)：

$$\begin{aligned}\mathrm{DFT}[x^*(n)]&=\sum_{n=0}^{N-1}x^*(n)W_N^{nk}R_N(k)=\left[\sum_{n=0}^{N-1}x(n)W_N^{-nk}\right]^*R_N(k)\\&=X^*((-k))_N R_N(k)=\left[\sum_{n=0}^{N-1}x(n)W_N^{(N-k)n}\right]^*R_N(k)\\&=X^*((N-k))_N R_N(k)=X^*(N-k)\end{aligned}$$

这里利用了

$$W_N^{nN}=\mathrm{e}^{-\mathrm{j}\frac{2\pi}{N}nN}=\mathrm{e}^{-\mathrm{j}2\pi n}=1$$

因为 $X(k)$ 隐含周期性，所以 $X(N)=X(0)$。

用同样的方法可以证明式(4.59)。

(2)DFT 的共轭对称性。

在前面章节里讨论了序列傅里叶变换的一些对称性质，且定义了共轭对称序列与共轭反对称序列的概念，那里的对称性是关于纵坐标对称的。DFT 也有类似的对称性，但在 DFT 中，涉及的序列 $x(n)$ 及其离散傅里叶变换 $X(k)$ 均为有限长序列，且定义区间为 0 到 $N-1$，所以，这里的对称性是指关于 $N/2$ 点的对称性。

设有限长序列 $x(n)$ 的长度为 N，利用式(4.33) 和式(4.34)，可将其圆周共轭对称分量 $x_{\mathrm{ep}}(n)$ 和圆周共轭反对称分量 $x_{\mathrm{op}}(n)$ 分别定义为

$$x_{\mathrm{ep}}(n)=\tilde{x}_{\mathrm{e}}(n)R_N(n)=\frac{1}{2}[\tilde{x}(n)+\tilde{x}^*(-n)]R_N(n)=\frac{1}{2}[x(n)+x^*(N-n)] \tag{4.60}$$

$$x_{\mathrm{op}}(n)=\tilde{x}_{\mathrm{o}}(n)R_N(n)=\frac{1}{2}[\tilde{x}(n)-\tilde{x}^*(-n)]R_N(n)=\frac{1}{2}[x(n)-x^*(N-n)] \tag{4.61}$$

二者分别满足

$$x_{\mathrm{ep}}(n)=x_{\mathrm{ep}}^*(N-n)\quad(0\leqslant n\leqslant N-1) \tag{4.62}$$

$$x_{\mathrm{op}}(n)=-x_{\mathrm{op}}^*(N-n)\quad(0\leqslant n\leqslant N-1) \tag{4.63}$$

如同任何实函数都可以表示成偶对称分量和奇对称分量之和一样，任何有限长序列 $x(n)$ 都可以分解成其圆周共轭对称分量 $x_{\mathrm{ep}}(n)$ 和圆周共轭反对称分量 $x_{\mathrm{op}}(n)$，即

$$x(n)=x_{\mathrm{ep}}(n)+x_{\mathrm{op}}(n)\quad(0\leqslant n\leqslant N-1) \tag{4.64}$$

由式(4.60)、式(4.61)，并利用式(4.58)、式(4.59)，可得圆周共轭对称分量及圆周共轭

反对称分量的 DFT 分别为

$$\mathrm{DFT}[x_{\mathrm{ep}}(n)]=\mathrm{Re}[X(k)] \tag{4.65}$$

$$\mathrm{DFT}[x_{\mathrm{op}}(n)]=\mathrm{jIm}[X(k)] \tag{4.66}$$

下面开始证明。

证明

$$\mathrm{DFT}[x_{\mathrm{ep}}(n)]=\mathrm{DFT}[\frac{1}{2}(x(n)+x^*(N-n))]=\frac{1}{2}\mathrm{DFT}[x(n)]+\frac{1}{2}\mathrm{DFT}[x^*(N-n)]$$

利用式(4.59),可得

$$\mathrm{DFT}[x_{\mathrm{ep}}(n)]=\frac{1}{2}[X(k)+X^*(k)]=\mathrm{Re}[X(k)]$$

式(4.65)得证。

同理可证明式(4.66)。式(4.66)说明复序列圆周共轭反对称分量的DFT等于$x(n)$的离散傅里叶变换$X(k)$的虚部乘j。

下面讨论有限长序列实部与虚部的 DFT。若用$x_{\mathrm{r}}(n)$及$x_{\mathrm{i}}(n)$分别表示有限长序列$x(n)$的实部及虚部,即

$$x(n)=x_{\mathrm{r}}(n)+\mathrm{j}x_{\mathrm{i}}(n) \tag{4.67}$$

式中

$$x_{\mathrm{r}}(n)=\mathrm{Re}[x(n)]=\frac{1}{2}[x(n)+x^*(n)]$$

$$\mathrm{j}x_{\mathrm{i}}(n)=\mathrm{jIm}[x(n)]=\frac{1}{2}[x(n)-x^*(n)]$$

对$x_{\mathrm{r}}(n)$和$\mathrm{j}x_{\mathrm{i}}(n)$分别求 DFT,得

$$\mathrm{DFT}[x_{\mathrm{r}}(n)]=X_{\mathrm{ep}}(k)=\frac{1}{2}[X(k)+X^*(N-k)] \tag{4.68}$$

$$\mathrm{DFT}[\mathrm{j}x_{\mathrm{i}}(n)]=X_{\mathrm{op}}(k)=\frac{1}{2}[X(k)-X^*(N-k)] \tag{4.69}$$

式中,$X_{\mathrm{ep}}(k)$为$X(k)$的圆周共轭对称分量,$X_{\mathrm{ep}}(k)=X_{\mathrm{ep}}^*(N-k)$;$X_{\mathrm{op}}(k)$为$X(k)$的圆周共轭反对称分量,$X_{\mathrm{op}}(k)=-X_{\mathrm{op}}^*(N-k)$。

证明

$$\mathrm{DFT}[x_{\mathrm{r}}(n)]=\frac{1}{2}\{\mathrm{DFT}[x(n)]+\mathrm{DFT}[x^*(n)]\}$$

利用式(4.58),有

$$\mathrm{DFT}[x_{\mathrm{r}}(n)]=\frac{1}{2}[X(k)+X^*(N-k)]=X_{\mathrm{ep}}(k)$$

上式说明复序列实部的 DFT 等于序列 DFT $X(k)$的圆周共轭对称分量。

同理可证式(4.69)。式(4.69)说明复序列虚部乘j的 DFT 等于序列 DFT 的圆周共轭反对称分量。

根据上述共轭对称特性可以证明有限长实序列 DFT 的共轭对称特性。

若$x(n)$是实序列,这时$x(n)=x^*(n)$,两边进行离散傅里叶变换并利用式(4.58),有

$$X(k)=X^*((N-k))_N R_N(k)=X^*(N-k) \tag{4.70}$$

由上式可看出 $X(k)$ 只有圆周共轭对称分量。

若 $x(n)$ 是纯虚序列,则显然 $X(k)$ 只有圆周共轭反对称分量,即满足

$$X(k)=-X^{*}((N-k))_{N}R_{N}(k)=-X^{*}(N-k) \tag{4.71}$$

上述两种情况,都是只要知道一半数目 $X(k)$ 即可,另一半可利用对称性求得,这些性质在计算 DFT 时可以节约运算,提高效率。

表 4.3 是对上述圆周共轭对称性的归纳。

表 4.3　序列及其 DFT 的奇、偶、虚、实关系

$x(n)$[或 $X(k)$]	$X(k)$[或 $x(n)$]
偶对称	偶对称
奇对称	奇对称
实数	实部为偶对称、虚部为奇对称
虚数	实部为奇对称、实部为偶对称
实数偶对称	实数偶对称
实数奇对称	虚数奇对称
虚数偶对称	虚数偶对称
虚数奇对称	实数奇对称

例 4.10　已知实序列 $x(n)$ 的 8 点 DFT $X(k)$ 的前 5 个值分别为

$$\{0.25, 0.125-\mathrm{j}0.3018, 0, 0.125-\mathrm{j}0.0518, 0\}$$

(1) 求 $X(k)$ 的其余三点的值;

(2) 若 $x_1(n)=\sum_{m=-\infty}^{+\infty} x(n+5+8m)R_8(n)$,求 $x_1(n)$ 的 8 点 DFT $X_1(k)$ 的值;

(3) $x_2(n)=x(n)\mathrm{e}^{\mathrm{j}\pi n/4}$,求 $x_2(n)$ 的 8 点 DFT $X_2(k)$ 的值。

解　(1) 因为 $x(n)$ 为实序列,所以 $X(k)$ 满足共轭对称性,即 $X^{*}(N-k)=X(k)$,由此可得 $X(k)$ 的其余三点的值分别为 $0.125+\mathrm{j}0.0518, 0, 0.125+\mathrm{j}0.3018$。

(2) 因为 $x_1(n)=\sum_{m=-\infty}^{+\infty} x(n+5+8m)R_8(n)=x((n+5))_8R_8(n)$。由 DFT 的圆周卷积性质,得

$$\begin{aligned}X_1(k)=X(k)W_8^{-5k}=\{&0.25, 0.125-\mathrm{j}0.3018, 0, 0.125-\mathrm{j}0.0518, 0,\\&0.125+\mathrm{j}0.0518, 0, 0.125+\mathrm{j}0.3018\}W_8^{-5k}\end{aligned}$$

$$\begin{aligned}(3)\ X_2(k)&=\sum_{n=0}^{7}x_2(n)W_8^{kn}=\sum_{n=0}^{7}x(n)W_8^{-n}W_8^{kn}=\sum_{n=0}^{7}x(n)W_8^{n(k-1)}=X((k-1))_8R_8(k)\\&=\{0.125+\mathrm{j}0.3018, 0.25, 0.125-\mathrm{j}0.3018, 0, 0.125-\mathrm{j}0.0518, 0,\\&\quad 0.125+\mathrm{j}0.0518, 0\}\end{aligned}$$

4. 圆周卷积

圆周卷积也称为循环卷积。在实际应用中,只要应用快速信号处理的领域都有可能用到 DFT,而 DFT 和 IDFT 的计算是采用 DFT 的快速算法(FFT) 实现的。如果信号通过一

个线性时不变系统对其进行处理，系统输出 $y(n)$ 即是输入信号 $x(n)$ 与系统单位抽样响应 $h(n)$ 的线性卷积和。之后会提出快速卷积的概念，即根据 DFT 的圆周卷积定理，在满足圆周卷积等于线性卷积的前提条件下，通过 DFT 将 $x(n)$ 与 $h(n)$ 在时域的卷积转换成频域 $X(k)$ 和 $H(k)$ 的乘积，再经过 IDFT 即可得到 $y(n)=x(n)*h(n)$。其中对 DFT 和 IDFT 都采用快速算法，大大提高了卷积运算速度。与 DFS 的周期卷积和相似，圆周卷积也分为时域和频域两种情况。

(1) 时域圆周卷积定理。

设 $x_1(n)$ 和 $x_2(n)$ 都是点数为 N 的有限长序列($0\leqslant n\leqslant N-1$)，且有

$$\mathrm{DFT}[x_1(n)]=X_1(k)$$
$$\mathrm{DFT}[x_2(n)]=X_2(k)$$

若

$$Y(k)=X_1(k)X_2(k)$$

则

$$\begin{aligned} y(n)=\mathrm{IDFT}[Y(k)]&=\sum_{m=0}^{N-1}x_1(m)x_2((n-m))_N R_N(n)\\ &=\sum_{m=0}^{N-1}x_2(m)x_1((n-m))_N R_N(n) \end{aligned} \tag{4.72}$$

称式(4.72)所表示的运算为 $x_1(n)$ 和 $x_2(n)$ 的 N 点圆周卷积。下面先证明式(4.72)，再说明其计算方法。

这个卷积相当于周期序列 $\tilde{x}_1(n)$ 和 $\tilde{x}_2(n)$ 做周期卷积后再取其主值序列。

先将 $Y(k)$ 周期延拓，即

$$\tilde{Y}(k)=\tilde{X}_1(k)\tilde{X}_2(k)$$

根据 DFS 的周期卷积公式，

$$\tilde{y}(n)=\sum_{m=0}^{N-1}\tilde{x}_1(m)\tilde{x}_2(n-m)=\sum_{m=0}^{N-1}x_1((m))_N x_2((n-m))_N$$

因为 $0\leqslant m\leqslant N-1$ 为主值区间，$x_1((m))_N=x_1(m)$，所以

$$y(n)=\tilde{y}(n)R_N(n)=\sum_{m=0}^{N-1}x_1(m)x_2((n-m))_N R_N(n)$$

将 $\tilde{y}(n)$ 经过简单换元，也可证明

$$y(n)=\sum_{m=0}^{N-1}x_2(m)x_1((n-m))_N R_N(n)$$

圆周卷积过程可以用图 4.12 来表示，分为 5 步：

① 周期延拓：先作出 $x_1(n)$ 和 $x_2(n)$，将 $x_2(m)$ 在参变量坐标 m 上延拓成周期为 N 的周期序列 $x_2((m))_N$；

② 翻褶：将 $x_2((m))_N$ 反转形成 $x_2((-m))_N$；

③ 移位和取主值：将 $x_2((-m))_N$ 移 n 位并取主值序列得到 $x_2((n-m))_N R_N(m)$；

④ 相乘：将相同 m 值 $x_2((n-m))_N R_N(m)$ 与 $x_1(m)$ 相乘；

⑤ 相加：将④中得到的乘积累加起来，便得到圆周卷积 $y(n)$。

可以看出,它和周期卷积过程是一样的,只不过这里要取主值序列。特别要注意的是,两个长度小于等于 N 的序列的 N 点圆周卷积长度仍为 N,这与一般的线性卷积不同。圆周卷积用符号Ⓝ来表示,Ⓝ表示所做的是 N 点圆周卷积。

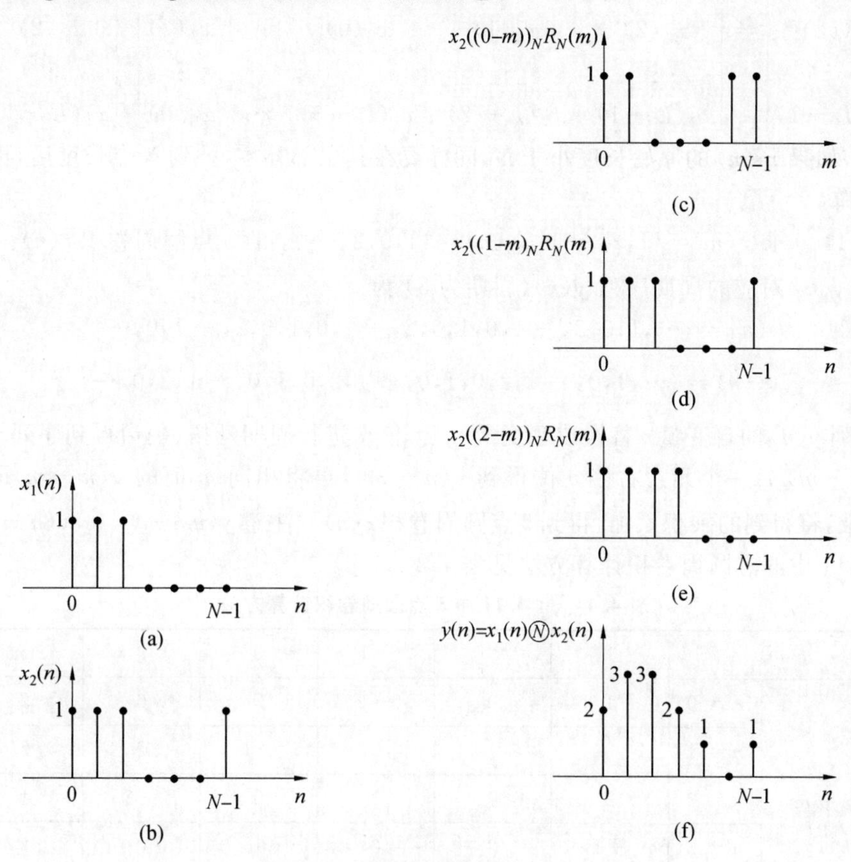

图 4.12　圆周卷积过程示意图

类似于DFT计算,也可以用矩阵来表示圆周卷积的运算关系。设式(4.72)中的 m 为哑变量,因此 $x_2((n-m))_N$ 为圆周翻褶序列 $x_2((-m))_N$ 的圆周移位序列,移位量为 n。若 $n=0$,则以 m 为变量的 $x_2((-m))_N R_N(n)$ 序列为 $\{x_2(0),x_2(N-1),x_2(N-2),\cdots,x_2(2),x_2(1)\}$,即为圆周翻褶序列,其中 $m=0,1,\cdots,N-1$。当 $n=0,1,\cdots,N-1$ 时,相当于将圆周翻褶序列右移 $1,2,\cdots,N-1$ 位,由此可得到 $x_2((n-m))_N R_N(n)$ 的矩阵表示:

$$\begin{bmatrix} x_2(0) & x_2(N-1) & x_2(N-2) & \cdots & x_2(1) \\ x_2(1) & x_2(0) & x_2(N-1) & \cdots & x_2(2) \\ x_2(2) & x_2(1) & x_2(0) & \cdots & x_2(3) \\ \vdots & \vdots & \vdots & & \vdots \\ x_2(N-1) & x_2(N-2) & x_2(N-3) & \cdots & x_2(0) \end{bmatrix}$$

上式即为 $x_2(n)$ 的 N 点圆周卷积矩阵。观察此矩阵第一行,为 $x_2(n)$ 的 N 点圆周翻褶序列,其他各行是第一行的圆周右移序列,每向下一行则依次圆周右移 1 位。需要注意,如果 $x_2(n)$ 的原始长度小于 N,则需要在其尾部补零,补到 N 点长度后再进行圆周翻褶与圆周移

位。借助上面的矩阵,可将式(4.72)表示成圆周卷积的矩阵形式,即

$$\begin{bmatrix} y(0) \\ y(1) \\ y(2) \\ \vdots \\ y(L-1) \end{bmatrix} = \begin{bmatrix} x_2(0) & x_2(L-1) & x_2(L-2) & \cdots & x_2(1) \\ x_2(1) & x_2(0) & x_2(L-1) & \cdots & x_2(2) \\ x_2(2) & x_2(1) & x_2(0) & \cdots & x_2(3) \\ \vdots & \vdots & \vdots & & \vdots \\ x_2(L-1) & x_2(L-2) & x_2(L-3) & \cdots & x_2(0) \end{bmatrix} \begin{bmatrix} x_1(0) \\ x_1(1) \\ x_1(2) \\ \vdots \\ x_1(L-1) \end{bmatrix}$$

需要注意,如果 $x_1(n)$ 的原始长度小于 N,同样要在其尾部补零,补到 N 点长度后,再写出圆周卷积矩阵。

例 4.11 求 $x(n)=\{\underline{1},2,-1\}$、$y(n)=\{\underline{1},0,2,-1\}$ 的 5 点圆周卷积 $r(n)$。

解 $y(n)$ 对应的周期序列 $\tilde{y}(n)$(周期为 5)为

$$\tilde{y}(n)=\{\cdots,1,0,2,-1,0,\underline{1},0,2,-1,0,1,0,2,-1,0,\cdots\}$$

$$\tilde{y}(-n)=\{\cdots,1,0,-1,2,0,\underline{1},0,-1,2,0,1,0,-1,2,0,\cdots\}$$

将序列 $y(n)$ 的自变量 n 替换成哑变量 m 后,依次进行周期延拓、翻褶得到序列 $\tilde{y}(-m)$,之后将 $\tilde{y}(-m)$ 每一个元素右移 n 位得到 $\tilde{y}(n-m)$,再将相同 m 值的 $\tilde{y}(n-m)R_5(n)$ 与 $x(m)$ 相乘,将得到的乘积累加,得到 5 点圆周卷积 $r(n)$。注意 $\tilde{y}(n-m)$ 与 $y((n-m))_5$ 等价。例 4.11 中 5 点圆周卷积计算方法见表 4.4。

表 4.4 例 4.11 中 5 点圆周卷积计算方法

$x(m)$		1	2	−1	0	0	$r(n)$
$\tilde{y}(n-m)$	$n=0$	1	0	−1	2	0	2
	$n=1$	0	1	0	−1	2	2
	$n=2$	2	0	1	0	−1	1
	$n=3$	−1	2	0	1	0	3
	$n=4$	0	−1	2	0	1	−4

所以 $r(n)=\{\underline{2},2,1,3,-4\}$。

例 4.12 设信号 $x(n)=\{\underline{1},2,2,2,1\}$,通过线性时不变系统,系统单位抽样响应 $h(n)=\{\underline{3},2,-1,1\}$。试计算 $x(n)$ 和 $h(n)$ 的 6 点圆周卷积 $y(n)$。

解 先分别将 $x(n)$ 和 $h(n)$ 尾部进行补零,使其长度为 6,则有 $x_0(n)=\{\underline{1},2,2,1,0,0\}$,$h_0(n)=\{\underline{3},2,-1,1,0,0\}$,再根据圆周卷积的矩阵形式计算 $y(n)$,得

$$\begin{bmatrix} y(0) \\ y(1) \\ y(2) \\ y(3) \\ y(4) \\ y(5) \end{bmatrix} = \begin{bmatrix} 3 & 0 & 0 & 1 & -1 & 2 \\ 2 & 3 & 0 & 0 & 1 & -1 \\ -1 & 2 & 3 & 0 & 0 & 1 \\ 1 & -1 & 2 & 3 & 0 & 0 \\ 0 & 1 & -1 & 2 & 3 & 0 \\ 0 & 0 & 1 & -1 & 2 & 3 \end{bmatrix} \begin{bmatrix} 1 \\ 2 \\ 2 \\ 1 \\ 0 \\ 0 \end{bmatrix} = \{\underline{4},8,9,6,2,1\}$$

也可利用列表法求 $y(n)$,见表 4.5。

表 4.5　例 4.12 中 6 点圆周卷积计算方法

$x(m)$		1	2	2	1	0	0	$y(n)$
$h((n-m))_6$	$n=0$	3	0	0	1	−1	2	4
	$n=1$	2	3	0	0	1	−1	8
	$n=2$	−1	2	3	0	0	1	9
	$n=3$	1	−1	2	3	0	0	6
	$n=4$	0	1	−1	2	3	0	2
	$n=5$	0	0	1	−1	2	3	1

所以 $y(n)=\{\underline{4},8,9,6,2,1\}$。

(2) 频域圆周卷积定理。

利用时域与频域的对称性,可以证明频域圆周卷积定理(请读者自己证明)。

若

$$y(n)=x_1(n)x_2(n)$$

$x_1(n)$、$x_2(n)$ 皆为 N 点有限长序列,则

$$\begin{aligned}Y(k)=\mathrm{DFT}[y(n)]&=\frac{1}{N}\sum_{l=0}^{N-1}X_1(l)X_2((k-l))_NR_N(k)\\&=\frac{1}{N}\sum_{l=0}^{N-1}X_2(l)X_1((k-l))_NR_N(k)=\frac{1}{N}X_1(k)\,\textcircled{\scriptsize N}\,X_2(k)\end{aligned}\tag{4.73}$$

5. 对偶性

根据 DFT 与 DFS 的紧密关联,可以推测 DFT 将表现出类似于 DFS 具有的对偶性质。因此,DFT 的对偶性推导可利用 DFT 和 DFS 之间的关系来展开。

对于 N 点有限长序列 $x(n)$,其离散傅里叶变换为 $X(k)$,即

$$\mathrm{DFT}[x(n)]=X(k)$$

下面构造周期序列 $\tilde{x}(n)$ 和 $\tilde{X}(k)$,得

$$\tilde{x}(n)=x((n))_N$$

$$\tilde{X}(k)=X((k))_N$$

这样有

$$\mathrm{DFS}[\tilde{x}(n)]=\tilde{X}(k)$$

根据式(4.30)有

$$\mathrm{DFS}[\tilde{X}(n)]=N\tilde{x}(-k)$$

如果定义周期序列 $\tilde{x}_1(n)=\tilde{X}(n)$,其一个周期是有限长序列 $x_1(n)=X(n)$,那么 $\tilde{x}_1(n)$ 的 DFS 系数为 $\tilde{X}_1(k)=N\tilde{x}(-k)$。所以 $x_1(n)$ 的 DFT 为

$$\begin{aligned}\mathrm{DFT}[x_1(n)]=X_1(k)&=N\tilde{x}(-k)R_N(k)=Nx((-k))_NR_N(k)\\&=Nx((N-k))_NR_N(k)=Nx(N-k)\end{aligned}$$

因此，对于 DFT，其对偶性表达如下。

若 $\mathrm{DFT}[x(n)]=X(k)$，则

$$\mathrm{DFT}[X(n)]=Nx((-k))_N R_N(k)=Nx((N-k))_N R_N(k)=Nx(N-k) \quad (4.74)$$

需要注意的是，非周期序列 $x(n)$ 和它的离散时间傅里叶变换 $X(\mathrm{e}^{\mathrm{j}\omega})=\mathrm{DTFT}[x(n)]$ 是两类不同的函数，$x(n)$ 的自变量是离散的，序列是非周期的，而 $X(\mathrm{e}^{\mathrm{j}\omega})$ 的自变量是连续的，函数是周期性的，因此时域 $x(n)$ 与频域函数 $X(\mathrm{e}^{\mathrm{j}\omega})$ 之间不存在对偶性。

6. 有限长序列的线性卷积与圆周卷积

前已提及，在数字信号分析与处理领域实现序列的线性卷积更受人们关注，也就是希望实现一个线性时不变系统。比如在时域中，一个 FIR 数字滤波器，其输出等于该滤波器的输入与滤波器单位抽样响应的线性卷积。通常情况下，线性卷积的运算量相对比较复杂，尤其是参与运算的序列比较长的情况下。另外，通过时域圆周卷积定理可知，时域圆周卷积在频域上相当于两序列 DFT 的乘积，而计算 DFT 可以采用它的快速算法 —— 快速傅里叶变换（FFT），因此与线性卷积相比，圆周卷积计算速度可以大大提高。一般来说，圆周卷积不等于线性卷积。然而，二者之间有一种简单的关系，这种关系描述了采取何种步骤才能保证二者等价。如果利用这种等价条件，将线性卷积转化为圆周卷积，就可以利用圆周卷积来计算线性卷积，从而加快计算速度。因此，本节需要讨论圆周卷积与线性卷积在什么条件下相等以及如何用圆周卷积运算来代替线性卷积运算的问题。

设 $x_1(n)$ 是 N_1 点的有限长序列（$0\leqslant n\leqslant N_1-1$），$x_2(n)$ 是 N_2 点的有限长序列（$0\leqslant n\leqslant N_2-1$）。其线性卷积为

$$y_1(n)=x_1(n)*x_2(n)=\sum_{m=-\infty}^{+\infty}x_1(m)x_2(n-m)=\sum_{m=0}^{N_1-1}x_1(m)x_2(n-m) \quad (4.75)$$

$x_1(m)$ 的非零区间为

$$0\leqslant m\leqslant N_1-1$$

$x_2(n-m)$ 的非零区间为

$$0\leqslant n-m\leqslant N_2-1$$

将两个不等式相加，得

$$0\leqslant n\leqslant N_1+N_2-2$$

在上述区间外，不是 $x_1(m)=0$ 就是 $x_2(n-m)=0$，因而 $y_1(n)=0$。所以 $y_1(n)$ 是 N_1+N_2-1 点有限长序列，即线性卷积的长度等于参与卷积的两序列的长度之和减 1。例如，图 4.13 中，$x_1(n)$ 为 $N_1=4$ 的矩形序列，$x_2(n)$ 为 $N_2=5$ 的矩形序列，则它们的线性卷积 $y_1(n)$ 为 $N_1+N_2-1=8$ 点的有限长序列。

下面分析 $x_1(n)$ 与 $x_2(n)$ 的圆周卷积。先讨论进行 L 点的圆周卷积，再讨论 L 取何值时，圆周卷积才能代表线性卷积。

设 $y(n)=x_1(n)\ \textcircled{L}\ x_2(n)$ 是两序列的 L 点圆周卷积，$L\geqslant\max[N_1,N_2]$，这就要将 $x_1(n)$ 与 $x_2(n)$ 都看成是 L 点的序列。在这 L 个序列值中，$x_1(n)$ 只有前 N_1 个是非零值，后 $L-N_1$ 个均为补充的零值。同样，$x_2(n)$ 只有前 N_2 个是非零值，后 $L-N_2$ 个均为补充的零值。则

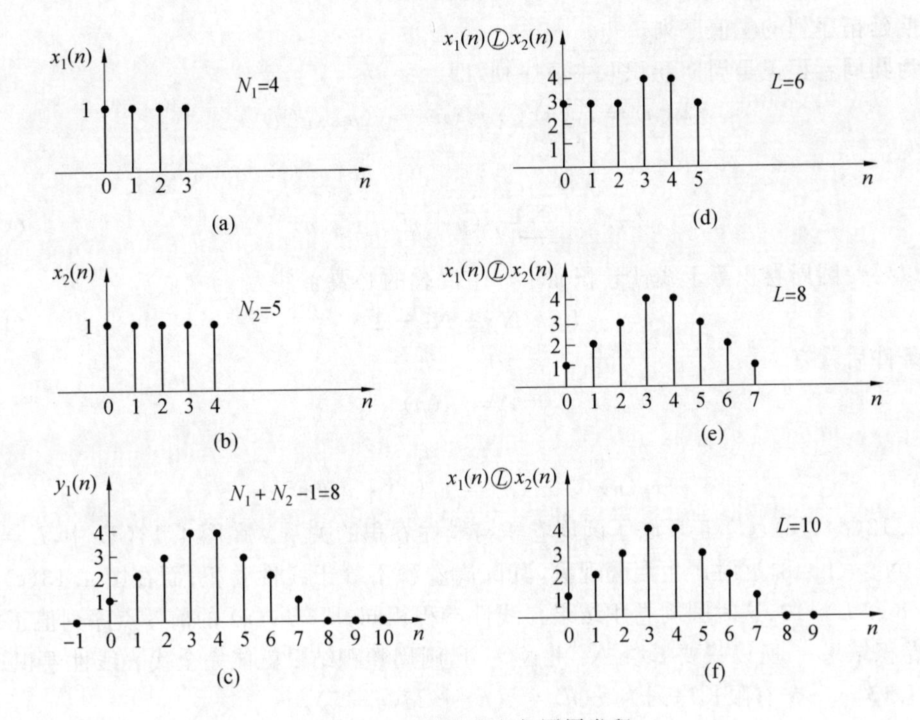

图 4.13　线性卷积与圆周卷积

$$y(n)=x_1(n)\textcircled{L}\,x_2(n)=\sum_{m=0}^{L-1}x_1(m)x_2((n-m))_LR_L(n) \tag{4.76}$$

为了分析其圆周卷积,先将序列 $x_1(n)$ 与 $x_2(n)$ 以 L 为周期进行周期延拓

$$\widetilde{x}_1(n)=x_1((n))_L=\sum_{k=-\infty}^{+\infty}x_1(n+kL)$$

$$\widetilde{x}_2(n)=x_2((n))_L=\sum_{r=-\infty}^{+\infty}x_2(n+rL)$$

将其代入式(4.76)中,得其周期卷积序列为

$$\begin{aligned}\widetilde{y}(n)&=\sum_{m=0}^{L-1}\widetilde{x}_1(m)\widetilde{x}_2(n-m)\\&=\sum_{m=0}^{L-1}x_1(m)\sum_{r=-\infty}^{+\infty}x_2(n+rL-m)\\&=\sum_{r=-\infty}^{+\infty}\sum_{m=0}^{L-1}x_1(m)x_2(n+rL-m)\\&=\sum_{r=-\infty}^{+\infty}y_1(n+rL)\end{aligned} \tag{4.77}$$

前面已经分析了 $y_1(n)$ 具有 N_1+N_2-1 个非零值。因此可以看到,如果周期卷积的周期 $L<N_1+N_2-1$,那么 $y_1(n)$ 的周期延拓就必然有一部分非零序列值要产生混叠。只有在 $L\geqslant N_1+N_2-1$ 时,才没有混叠现象。这时,在 $y_1(n)$ 的周期延拓 $\widetilde{y}(n)$ 中,每一个周期 L 内,前 N_1+N_2-1 个序列值正好是 $y_1(n)$ 的全部非零序列值,而剩下的 $L-(N_1+N_2-1)$ 个点上的序列值则是补充的零值。所以 L 点圆周卷积 $y(n)$ 是线性卷积 $y_1(n)$ 以 L 为周

期的周期延拓序列的主值序列。

因为圆周卷积正是周期卷积取主值序列，即

$$y(n)=x_1(n)\text{ Ⓛ }x_2(n)=\tilde{y}(n)R_L(n)$$

因此

$$y(n)=\left[\sum_{r=-\infty}^{+\infty}y_1(n+rL)\right]R_L(n) \tag{4.78}$$

所以要使圆周卷积等于线性卷积而不产生混叠的必要条件为

$$L\geqslant N_1+N_2-1 \tag{4.79}$$

满足此条件后就有

$$y(n)=y_1(n)$$

即

$$x_1(n)\text{ Ⓛ }x_2(n)=x_1(n)*x_2(n)$$

图 4.13(d)、(e)、(f) 正反映了圆周卷积与线性卷积的关系。在图 4.13(d) 中，$L=6$ 小于 $N_1+N_2-1=8$，这时产生混叠现象，其圆周卷积不等于线性卷积；而在图 4.13(e)、(f) 中，$L=8$ 和 $L=10$，这时圆周卷积结果与线性卷积相同，所得 $y(n)$ 的前 8 点序列值正好代表线性卷积结果。 所以只要 $L\geqslant N_1+N_2-1$，圆周卷积结果就能完全代表线性卷积。

例 4.13 一个有限长序列为 $x(n)=\delta(n)+2\delta(n-5)$。

(1) 计算序列 $x(n)$ 的 10 点离散傅里叶变换 $X(k)$；

(2) 若序列 $y(n)$ 的 10 点离散傅里叶变换为 $Y(k)=W_{10}^{-2k}X(k)$，求序列 $y(n)$；

(3) 若序列 $y(n)$ 的 10 点离散傅里叶变换为 $Y(k)=X(k)W(k)$，其中 $W(k)$ 是序列 $w(n)$ 的 10 点离散傅里叶变换，$w(n)=R_7(n)$，求序列 $y(n)$。

解 (1)$x(n)$ 的 10 点离散傅里叶变换为

$$\begin{aligned}X(k)&=\sum_{n=0}^{N-1}x(n)W_N^{nk}=\sum_{n=0}^{10-1}[\delta(n)+2\delta(n-5)]W_{10}^{nk}\\&=1+2W_{10}^{5k}=1+2\mathrm{e}^{-\mathrm{j}\frac{2\pi}{10}5k}=1+2(-1)^k\quad(k=0,1,\cdots,9)\end{aligned}$$

(2)$X(k)$ 乘以一个 W_N^{-mk} 形式的复指数相当于是 $x(n)$ 圆周移位 m 点。本例中 $m=2$，$x(n)$ 向左圆周移位 2 点，有

$$y(n)=x((n+2))_{10}R_{10}(n)=2\delta(n-3)+\delta(n-8)$$

(3)$X(k)$ 乘以 $W(k)$ 相当于 $x(n)$ 与 $w(n)$ 的圆周卷积和。为了求出圆周卷积和，可以先计算二者的线性卷积和，再将结果周期延拓并取主值序列。$x(n)$ 与 $w(n)$ 的线性卷积和 $y_1(n)$ 为

$$y_1(n)=x(n)*w(n)=\sum_{m=-\infty}^{+\infty}x(m)w(n-m)=\{\underline{1},1,1,1,1,3,3,2,2,2,2,2\}$$

由下式得到二者的 10 点圆周卷积和 $y(n)$：

$$y(n)=\left[\sum_{r=-\infty}^{+\infty}y_1(n+10r)\right]R_{10}(n)=\{\underline{3},3,1,1,1,3,3,2,2,2\}$$

7. DFT 形式下的帕塞瓦尔定理

若 $x(n)$、$y(n)$ 分别是长度为 N 的有限长序列，$y(n)$ 的共轭序列为 $y^*(n)$，$X(k)$、$Y(k)$

分别是 $x(n)$、$y(n)$ 的 N 点离散傅里叶变换，$Y^*(k)$ 是 $Y(k)$ 的共轭，则有

$$\sum_{n=0}^{N-1} x(n)y^*(n) = \frac{1}{N}\sum_{k=0}^{N-1} X(k)Y^*(k) \tag{4.80}$$

证明

$$\begin{aligned}\sum_{n=0}^{N-1} x(n)y^*(n) &= \sum_{n=0}^{N-1} x(n)\left[\frac{1}{N}\sum_{k=0}^{N-1} Y(k)W_N^{-kn}\right]^* \\ &= \frac{1}{N}\sum_{k=0}^{N-1} Y^*(k)\sum_{n=0}^{N-1} x(n)W_N^{kn} \\ &= \frac{1}{N}\sum_{n=0}^{N-1} X(k)Y^*(k)\end{aligned}$$

若令 $y(n)=x(n)$，则式(4.80) 变为

$$\sum_{n=0}^{N-1} x(n)x^*(n) = \frac{1}{N}\sum_{k=0}^{N-1} X(k)X^*(k)$$

即

$$\sum_{n=0}^{N-1} |x(n)|^2 = \frac{1}{N}\sum_{k=0}^{N-1} |X(k)|^2$$

这表明一个序列在时域计算的能量与在频域计算的能量是相等的。

表 4.6 列出了 DFT 的性质。

表 4.6　DFT 性质表(序列长皆为 N 点)

序号	序列	离散傅里叶变换(DFT)
1	$ax_1(n)+bx_2(n)$	$aX_1(k)+bX_2(k)$
2	$x((n+m))_N R_N(n)$	$W_N^{-mk}X(k)$
3	$W_N^{nl}x(n)$	$X((k+l))_N R_N(k)$
4	$x_1(n) Ⓝ x_2(n) = \sum_{m=0}^{N-1} x_1(m)x_2((n-m))_N R_N(n)$	$X_1(k)X_2(k)$
5	$x_1(n)x_2(n)$	$\frac{1}{N}\sum_{l=0}^{N-1} X_1(l)X_2((k-l))_N R_N(k)$
6	$x^*(n)$	$X^*(N-k)$
7	$x^*(N-n)$	$X^*(k)$
8	$x_{ep}(n)=\frac{1}{2}[x(n)+x^*(N-n)]$	$\mathrm{Re}[X(k)]$
9	$x_{op}(n)=\frac{1}{2}[x(n)-x^*(N-n)]$	$\mathrm{jIm}[X(k)]$
10	$\mathrm{Re}[x(n)]=\frac{1}{2}[x(n)+x^*(n)]$	$X_{ep}(k)=\frac{1}{2}[X(k)+X^*(N-k)]$

续表4.6

序号	序列	离散傅里叶变换(DFT)
11	$\mathrm{jIm}[x(n)]=\frac{1}{2}[x(n)-x^*(n)]$	$X_{\mathrm{op}}(k)=\frac{1}{2}[X(k)-X^*(N-k)]$
12	$x(n)$ 是任意实序列	$X(k)=X^*(N-k)$
13	$\sum_{n=0}^{N-1}x(n)y^*(n)=\frac{1}{N}\sum_{k=0}^{N-1}X(k)Y^*(k)$	DFT 形式下的帕塞瓦尔定理
14	$\sum_{n=0}^{N-1}\mid x(n)\mid^2=\frac{1}{N}\sum_{k=0}^{N-1}\mid X(k)\mid^2$	

4.5　频域抽样理论

$\widetilde{X}(k)$ 相当于 $x(n)$ 的 z 变换 $X(z)$ 在单位圆上进行抽样，抽样点在单位圆上的 N 个等分点上，且第一个抽样点为 $k=0$。在$[0,N-1]$区间之外，随着 k 的变化，$\widetilde{X}(k)$ 的值呈周期性变化。

在 4.3 节中提及，周期序列 DFS 系数 $\widetilde{X}(k)$ 的值和周期序列 $\tilde{x}(n)$ 的一个周期（主值区间）$x(n)$ 的 z 变换在单位圆 N 个等分点上的抽样值相等，这就实现了频域的抽样。回顾第 2 章的奈奎斯特时域抽样定理可知，在一定条件下，可以通过时域离散抽样信号恢复原来的连续信号。那么应考虑一个类似的问题，即能否通过频域抽样恢复原来的时域离散信号或频率函数？如果可以，利用什么方法进行逼近，满足的条件又是什么？本节就上述问题进行讨论。

4.5.1　频域抽样

首先，考虑一个任意的绝对可和的非周期序列 $x(n)$，它的 z 变换为

$$X(z)=\sum_{n=-\infty}^{+\infty}x(n)z^{-n}$$

一般情况下，因为 $x(n)$ 满足绝对可和，所以其 z 变换的收敛域包括单位圆（$z=\mathrm{e}^{\mathrm{j}\omega}$）。可将 $X(z)$ 在单位圆上从 $\omega=0\sim2\pi$ 中取 N 个等间距点（间距为 $2\pi/N$，不包括 $\omega=2\pi$）做抽样，如图 4.14 所示。

计算各点上的 z 变换，有

$$X(z)\mid_{z=\mathrm{e}^{\mathrm{j}\frac{2\pi}{N}k}}=\sum_{n=-\infty}^{+\infty}x(n)\mathrm{e}^{-\mathrm{j}\frac{2\pi}{N}nk}$$

使用符号 $W_N=\mathrm{e}^{-\mathrm{j}\frac{2\pi}{N}}$，则上式变为

$$X(z)\mid_{z=W_N^{-k}}=\sum_{n=-\infty}^{+\infty}x(n)W_N^{nk}=\mathrm{DFT}[x(n)]=X(k)\quad(k=0,1,\cdots,N-1)\tag{4.81}$$

上式也表示在$[0,2\pi)$上对 $x(n)$ 的傅里叶变换 $X(\mathrm{e}^{\mathrm{j}\omega})$ 进行 N 点等间隔抽样。问题在

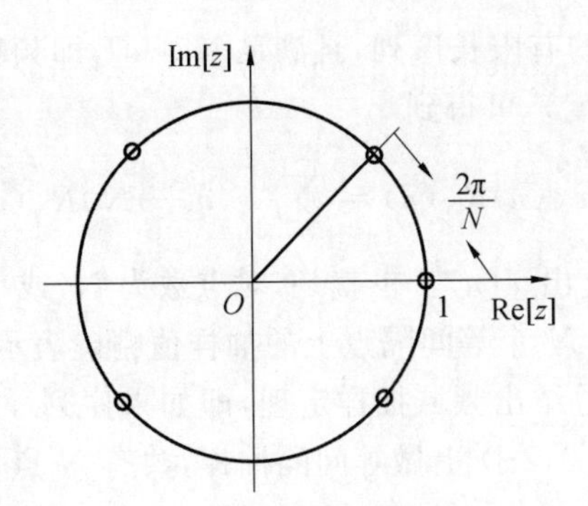

图 4.14　在 z 平面单位圆上取 N 个等间距点

于,这样抽样以后是否仍能不失真地恢复出原序列 $x(n)$。也就是说,频域抽样后从 $X(k)$ 的反变换中所获得的有限长序列,即 $x_N(n)=\text{IDFT}[X(k)]$,能不能代表原序列 $x(n)$? 为此,先来分析 $X(k)$ 的周期延拓序列 $\widetilde{X}(k)$ 的离散傅里叶级数的反变换 $\widetilde{x}_N(n)$。

$$\widetilde{x}_N(n)=\text{IDFS}[\widetilde{X}(k)]=\frac{1}{N}\sum_{k=0}^{N-1}\widetilde{X}(k)W_N^{-nk}=\frac{1}{N}\sum_{k=0}^{N-1}X(k)W_N^{-nk}$$

将式(4.81)代入,可得

$$\widetilde{x}_N(n)=\frac{1}{N}\sum_{k=0}^{N-1}\Big[\sum_{m=-\infty}^{+\infty}x(m)W_N^{mk}\Big]W_N^{-nk}=\sum_{m=-\infty}^{+\infty}x(m)\Big[\frac{1}{N}\sum_{k=0}^{N-1}W_N^{(m-n)k}\Big]$$

因为

$$\frac{1}{N}\sum_{k=0}^{N-1}W_N^{(m-n)k}=\begin{cases}1 & (m=n+rN,r\text{ 为任意整数})\\ 0 & (m\text{ 为其他值})\end{cases}$$

所以有

$$\widetilde{x}_N(n)=\sum_{r=-\infty}^{+\infty}x(n+rN) \tag{4.82}$$

利用DFS和DFT的关系,分别取 $\widetilde{x}_N(n)$ 的主值序列 $x_N(n)$、$\widetilde{X}(k)$ 的主值序列 $X(k)$,即可得到

$$x_N(n)=\text{IDFT}[\widetilde{X}(k)R_N(k)]=\text{IDFT}[X(k)]=\widetilde{x}_N(n)R_N(n)$$
$$X(k)=\text{DFT}[\widetilde{x}_N(n)R_N(n)]=\text{DFT}[x_N(n)]=X(k)R_N(k)$$

式(4.82)表明,由 $\widetilde{X}(k)$ 得到的周期序列 $\widetilde{x}_N(n)$ 是原非周期序列 $x(n)$ 的周期延拓序列,其时域延拓周期为频域抽样点数 N。由第 2 章相关内容可知,时域抽样造成频域的周期延拓,由于具有一个对偶的特性,即频域抽样同样会造成时域的周期延拓。

(1) 如果时域序列 $x(n)$ 不是有限长序列(即无限长序列),则对其进行时域周期延拓后,必然造成混叠现象,如式(4.82)所示,因而会产生误差;如果当 n 增加时,$x(n)$ 衰减得越快,或频域抽样越密(即抽样点数 N 越大),则时域混叠失真越小,即 $x_N(n)$ 越接近 $x(n)$。

(2) 如果 $x(n)$ 是有限长序列,长度为 M 点($0\leqslant n\leqslant M-1$),当频域抽样点数 N 满足 $N<M$ 时,$x(n)$ 以 N 为周期进行延拓,就会产生混叠失真。此时,从 $\widetilde{x}_N(n)$ 中不能不失真地恢复出原信号 $x(n)$,只有在 $M-N\leqslant n\leqslant N-1$ 范围内,才满足 $x_N(n)=x(n)$。

(3) 如果 $x(n)$ 是 M 点的有限长序列，且满足 $N \geqslant M$，即频域抽样点数 N 大于或等于时域抽样点数 M(时域序列长度)，可得到

$$x_N(n)=\tilde{x}_N(n)R_N(n)=\sum_{r=-\infty}^{+\infty}x(n+rN)R_N(n)=x(n) \tag{4.83}$$

即可由 $\tilde{x}_N(n)$ 不失真地恢复出 $x(n)$。也就是，对点数为 N(或小于 N) 的有限长序列，可以利用它的 z 变换在单位圆上 N 个等间隔点上的抽样值精确表示。

根据上面的讨论，可以总结出频域抽样定理，即如果序列 $x(n)$ 的长度为 M 点，若对其 DTFT 函数 $X(\mathrm{e}^{\mathrm{j}\omega})$ 在 $\omega \in [0,2\pi)$ 上做等间隔抽样，共有 N 点，从而得到对应的 DFS 系数 $\tilde{X}(k)$。若抽样点数 N 满足 $N \geqslant M$ 时，才能由 $\tilde{X}(k)$ 恢复出 $x(n)$，即 $x(n)=\mathrm{IDFT}[\tilde{X}(k)R_N(k)]=\mathrm{IDFT}[X(k)]$，否则 $\tilde{X}(k)$ 不能不失真的恢复出 $x(n)$，从而产生时域的混叠失真。

事实上，根据 $\tilde{X}(k)$ 与 $X(k)$ 的关系，由 $\tilde{X}(k)$ 恢复 $x(n)$，相当于利用 $X(k)$ 重构 $x(n)$。

例 4.14 设 $x(n)=\{\underline{1},1,1,1,1,3,3,2,2,2,2,2\}$ 为 $M=12$ 点的有限长序列，其傅里叶变换为 $X(\mathrm{e}^{\mathrm{j}\omega})=\mathrm{DTFT}[x(n)]$，若对 $X(\mathrm{e}^{\mathrm{j}\omega})$ 在 $\omega \in [0,2\pi)$ 的一个周期内做 $N=8$ 点的等间隔抽样，得到 $X_8(k)$，试研究 $\mathrm{IDFT}[X_8(k)]=x_8(n)$ 和原序列 $x(n)$ 的关系。

解 根据频域抽样定理，频域一个周期根据 $N=8$ 点进行等间隔抽样，相当于时域按 $N=8$ 进行周期延拓，混叠相加后在主值区间 $n \in [0,7]$ 内的值，即 $x_8(n)$。因为研究范围仅限于主值区间，因此只需考虑向左一个周期延拓的序列 $x(n+8)$ 与原序列 $x(n)$ 混叠相加后的主值序列，就是 $x_8(n)$，即

$$x_8(n)=[x(n)+x(n+8)]R_8(n)$$

上式可以展开表示为

$x(n)$									1	1	1	1	1	3	3	2	2	2	2	2
$x(n+8)$	1	1	1	1	1	3	3	2	2	2	2	2								
$x_8(n)$									3	3	3	3	1	3	3	2				

即

$$x_8(n)=\{\underline{3},3,3,3,1,3,3,2\}$$

由 $x_8(n)$ 结果可见，在 $M-N \leqslant n \leqslant N-1$ 范围，即 $4 \leqslant n \leqslant 7$ 范围内，$x(n)=x_8(n)$，在 $0 \leqslant n \leqslant 3$ 范围内有混叠失真。

4.5.2 频域的差值重构

既然 N 个频域抽样 $X(k)$ 能不失真地代表 N 点有限长序列 $x(n)$，那么这 N 个抽样值 $X(k)$ 也一定能够完全地表达整个 $X(z)$ 及频率响应 $X(\mathrm{e}^{\mathrm{j}\omega})$，下面进行讨论。

已知有限长序列 $x(n)$ 的 z 变换为

$$X(z)=\sum_{n=0}^{N-1}x(n)z^{-n}$$

将 $x(n)=\dfrac{1}{N}\sum\limits_{k=0}^{N-1}X(k)W_N^{-nk}$ 代入上面 $X(z)$ 表达式中，可得

$$X(z)=\sum_{n=0}^{N-1}\left[\frac{1}{N}\sum_{k=0}^{N-1}X(k)W_N^{-nk}\right]z^{-n}=\frac{1}{N}\sum_{k=0}^{N-1}X(k)\left[\sum_{n=0}^{N-1}W_N^{-nk}z^{-n}\right]$$

$$=\frac{1}{N}\sum_{k=0}^{N-1}X(k)\frac{1-W_N^{-Nk}z^{-N}}{1-W_N^{-k}z^{-1}}$$

因为 $W_N^{-Nk}=1$,所以

$$X(z)=\frac{1-z^{-N}}{N}\sum_{k=0}^{N-1}\frac{X(k)}{1-W_N^{-k}z^{-1}} \tag{4.84}$$

可将式(4.84)表示为

$$X(z)=\sum_{k=0}^{N-1}X(k)\Phi_k(z) \tag{4.85}$$

式中

$$\Phi_k(z)=\frac{1}{N}\frac{1-z^{-N}}{1-W_N^{-k}z^{-1}} \tag{4.86}$$

称为内插函数。令其分子为零,得

$$z=e^{j\frac{2\pi}{N}r}\quad(r=0,1,\cdots,k,\cdots,N-1)$$

即内插函数在单位圆的 N 等分点上(也即抽样点上)有 N 个零点。而分母为零,则有 $z=W_N^{-k}=e^{j\frac{2\pi}{N}k}$ 的一个极点,它将和第 k 个零点相抵消。因而,插值函数 $\Phi_k(z)$ 只在本身抽样点 $r=k$ 处不为零,在其他 $N-1$ 个抽样点 r 上($r=0,1,\cdots,k,\cdots,N-1$,但 $r\neq k$)都是零点(有 $N-1$ 个零点)。而它在 $z=0$ 处还有 $N-1$ 阶极点,如图 4.15 所示。

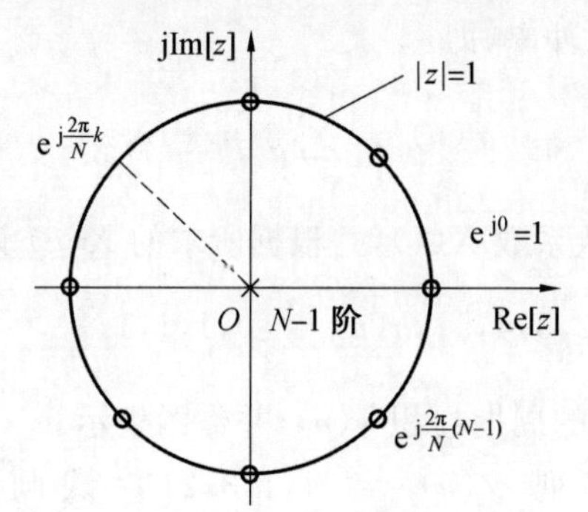

图 4.15　内插函数的零点、极点

现在来讨论频率响应,即求单位圆上 $z=e^{j\omega}$ 的 z 变换。由式(4.85)、式(4.86)可得

$$X(e^{j\omega})=\sum_{k=0}^{N-1}X(k)\Phi_k(e^{j\omega}) \tag{4.87}$$

而

$$\Phi_k(e^{j\omega})=\frac{1}{N}\frac{1-e^{-j\omega N}}{1-e^{-j\left(\omega-k\frac{2\pi}{N}\right)}}=\frac{1}{N}\frac{\sin\left(\frac{\omega N}{2}\right)}{\sin\left(\frac{\omega-\frac{2\pi}{N}k}{2}\right)}e^{-j\left(\frac{N-1}{2}\omega+\frac{k\pi}{N}\right)}$$

$$=\frac{1}{N}\frac{\sin\left[N\left(\frac{\omega}{2}-\frac{\pi}{N}k\right)\right]}{\sin\left(\frac{\omega}{2}-\frac{\pi}{N}k\right)}e^{j\frac{k\pi}{N}(N-1)}e^{-j\frac{N-1}{2}\omega} \tag{4.88}$$

可将 $\Phi_k(e^{j\omega})$ 表示成更为方便的形式，即

$$\Phi_k(e^{j\omega})=\Phi\left(\omega-k\frac{2\pi}{N}\right) \tag{4.89}$$

式中

$$\Phi(\omega)=\frac{1}{N}\frac{\sin(\omega N/2)}{\sin(\omega/2)}e^{-j\frac{N-1}{2}\omega} \tag{4.90}$$

这样式(4.89)又可改写为

$$X(e^{j\omega})=\sum_{k=0}^{N-1}X(k)\Phi\left(\omega-\frac{2\pi}{N}k\right) \tag{4.91}$$

频域抽样理论推进了信号频谱技术的进一步发展。在后面数字滤波器的结构和设计的有关内容中将会学习到，频域抽样理论以及有关公式可提供有用的滤波器结构和滤波器设计途径。

习　题

4.1　设 $x(n)=\{\underline{1},2,2,1\}$，$\tilde{x}(n)=x((n))_6$，试求 $\tilde{X}(k)$，并作图表示 $\tilde{x}(n)$、$|\tilde{X}(k)|$。

4.2　设 $\tilde{x}(n)$ 为周期脉冲串，即

$$\tilde{x}(n)=\sum_{r=-\infty}^{+\infty}\delta(n+rN)$$

求出 $\tilde{x}(n)$ 的离散傅里叶级数系数 $\tilde{X}(k)$，并根据所求的 $\tilde{X}(k)$ 计算 IDFS[$\tilde{X}(k)$]。

4.3　已知 $x(n)=\{\underline{1},2,3,4,5\}$，$h(n)=\{\underline{0},1,1,1,1\}$，令 $\tilde{x}(n)=x((n))_5$，$\tilde{h}(n)=h((n))_5$，试求 $\tilde{x}(n)$ 与 $\tilde{h}(n)$ 的周期卷积 $\tilde{y}(n)$，并作图表示。

4.4　已知有限长序列 $x(n)=\{\underline{1},1,3,2\}$，试画出 $x((n))_6$、$x((-n))_5$、$x((-n))_6R_6(n)$、$x((n))_3R_3(n)$、$x((n-3))_5R_5(n)$、$x((n))_7R_7(n)$ 等各序列。

4.5　计算以下有限长序列的 N 点 DFT，并给出闭合形式表达式。

(1)$x(n)=1$

(2)$x(n)=\delta(n-n_0)$，$0<n_0<N$

(3)$x(n)=u(n)-u(n-n_0)$，$0<n_0<N$

(4)$x(n)=a^n$，$0\leqslant n<N$

(5)$x(n)=\cos(\omega_0 n)R_N(n)$

(6)$x(n)=e^{j\frac{2\pi}{N}mn}$，$0<m<N$

(7)$x(n)=e^{j\omega_0 n}R_N(n)$

4.6　已知下列 $X(k)$，求 $x(n)=\text{IDFT}[X(k)]$。

$$(1)X(k)=\begin{cases}\dfrac{N}{2}e^{j\theta} & (k=m)\\ \dfrac{N}{2}e^{-j\theta} & (k=N-m)\\ 0 & (k\text{ 为其他值})\end{cases}\qquad (2)X(k)=\begin{cases}-j\dfrac{N}{2}e^{j\theta} & (k=m)\\ j\dfrac{N}{2}e^{-j\theta} & (k=N-m)\\ 0 & (k\text{ 为其他值})\end{cases}$$

其中 m 为正整数，$0<m<\dfrac{N}{2}$，N 为变换区间长度。

4.7　若 $X(k)=\text{DFT}[x(n)]$，证明 $x(0)=\dfrac{1}{N}\sum\limits_{k=0}^{N-1}X(k)$。

4.8　长度为 N 的一个有限长序列 $x(n)$ 的 N 点 DFT 为 $X(k)$。另一个长度为 $2N$ 的序列 $y(n)$ 定义为

$$y(n)=\begin{cases}x\left(\dfrac{n}{2}\right) & (n\text{ 为偶数})\\ 0 & (n\text{ 为奇数})\end{cases}$$

试用 $X(k)$ 表示 $y(n)$ 的 $2N$ 点离散傅里叶变换 $Y(k)$。

4.9　试证明如果 $x(n)$ 为实数偶对称，即 $x(n)=x(N-n)$，则 $X(k)$ 也为实数偶对称；如果 $x(n)$ 为实数奇对称，即 $x(n)=-x(N-n)$，则 $X(k)$ 为纯虚数奇对称。

4.10　设信号 $x(n)=\{\underline{1},3,5,2\}$，通过线性移不变系统，其单位抽样响应 $h(n)=\{\underline{4},1,3,5\}$。

(1) 求出系统的输出 $y_1(n)=x(n)*h(n)$；

(2) 试计算 $x(n)$ 和 $h(n)$ 的 5 点圆周卷积 $y(n)$，并指出 $y(n)$ 的哪几点和 $y_1(n)$ 相同。

4.11　一个有限长序列为 $x(n)=\delta(n)+2\delta(n-5)$。

(1) 计算序列 $x(n)$ 的 10 点离散傅里叶变换 $X(k)$；

(2) 若序列 $y(n)$ 的 10 点离散傅里叶变换 $Y(k)=W_{10}^{2k}X(k)$，求序列 $y(n)$；

(3) 若序列 $m(n)$ 的 10 点离散傅里叶变换 $M(k)$ 满足 $M(k)=X(k)Y(k)$，求序列 $m(n)$。

4.12　已知 $N=7$ 点实序列为 $x(n)$，其 7 点 DFT 函数为 $X(k)$，$X(k)$ 在偶数点的值分别为 $X(0)=7.4$、$X(2)=j2.5$、$X(4)=2+j3.1$、$X(6)=6.1+j2.5$，求 $X(k)$ 在奇数点的值。

4.13　已知实序列 $x(n)$ 的 8 点 DFT 为 $X(k)$，而且 $X(0)=4$、$X(1)=3+j4$、$X(2)=-3-j5$、$X(3)=3-j2$、$X(4)=6$，要求确定以下关于 $x(n)$ 表达式的值。

(1)$x(0)$　　(2)$x(4)$　　(3)$\sum\limits_{n=0}^{7}x(n)$　　(4)$\sum\limits_{n=0}^{7}|x(n)|^2$

4.14　已知有限长序列 $x(n)$ 的长度为 N，$X(k)$ 为其 N 点 DFT，另一有限长序列 $y(n)$ 的表达式为

$$y(n)=\begin{cases}x(n) & (0\leqslant n\leqslant N-1)\\ 0 & (N\leqslant n\leqslant mN-1,m\text{ 为自然数})\end{cases}$$

$Y(k)$ 为 $y(n)$ 的 mN 点 DFT，即 $Y(k)=\text{DFT}[y(n)]$，$0\leqslant k\leqslant mN-1$，求 $Y(k)$ 与 $X(k)$ 之间的关系式。

第5章 快速傅里叶变换(FFT)

5.1 引　　言

第4章研究的N点有限长序列离散傅里叶变换(DFT)是时域和频域均为离散状态的一种变换,已知时域的序列函数可以确定唯一的频域离散函数,反之亦然。除了DFT运算本身之外,其他涉及数字信号分析与处理领域的很多算法,例如卷积、相关、谱估计等都可以转化为DFT来实现,尤其是卷积运算,与DFT是互通的关系。因此DFT的重要性可见一斑。

通过前面的分析可知,DFT适用于有限长序列的数值可计算处理,可以利用计算机实现有关运算,从理论层面解决了用计算机进行信号与系统的分析问题。但是,若N较大时,由于DFT的运算耗时复杂,即使利用计算机也很难做到实时处理,严重限制了其实际应用效果。直到1965年之后,出现了各种快速计算DFT的算法,情况才出现改变,这些快速算法统称为快速傅里叶变换(Fast Fourier Transform,FFT)。

FFT出现后使DFT的运算效率得到极大提高,运算时间大大缩短,从而使DFT运算真正在信号分析处理领域得到了广泛应用,人们公认FFT的出现是数字信号处理发展史上的一个里程碑,以此为契机,再加上超大规模集成电路和计算机技术的迅速进步,有力推动了数字信号处理技术的飞速发展,并广泛应用于诸多领域。需要注意的是,FFT并不是一种新的变换,而是DFT的一种快速算法。

FFT这一创新型算法的提出,标志着数字信号处理真正发展成为一门学科。创新是推动人类社会向前发展的重要力量,在教育和科学技术领域,完善科技创新体系,加强创新体系建设,对提供人才支撑、深入实施人才强国战略创造条件,具有十分重要的意义。在理解和掌握FFT算法的过程中,应树立创新观念,充分认识科技创新体系是知识创新、技术创新的平台,是高质量人才培养的前提。

本章主要讨论按时间抽选的基-2 FFT算法、按频率抽选的基-2 FFT算法、IDFT的快速计算方法IFFT、混合基算法、基-4 FFT算法、线形调频z变换算法及DFT(FFT)的实例分析等内容。

5.2 直接计算 DFT 的问题以及改进的方法

5.2.1 DFT 的运算量

设 $x(n)$ 为 N 点有限长序列，其 DFT 为

$$X(k)=\sum_{n=0}^{N-1}x(n)W_N^{nk}\quad(k=0,1,\cdots,N-1)\tag{5.1}$$

IDFT 为

$$x(n)=\frac{1}{N}\sum_{k=0}^{N-1}X(k)W_N^{-nk}\quad(n=0,1,\cdots,N-1)\tag{5.2}$$

观察式(5.1)和式(5.2)，二者的差别只在于 W_N 的指数符号不同，以及差一个常数乘因子 $1/N$，所以 IDFT 与 DFT 具有相同的运算工作量。因此下面只讨论 DFT 的运算量即可。

一般情况下，$x(n)$ 和 W_N^{nk} 都是复数，$X(k)$ 也是复数。由 DFT 定义式可以看出，每计算一个 $X(k)$ 值，需要进行 N 次复数乘法和 $N-1$ 次复数加法。对于 N 个点的 $X(k)$，应重复 N 次上述运算。因此要完成全部 DFT 运算共需 N^2 次复数乘法和 $N(N-1)$ 次复数加法。复数运算实际上由实数运算组成，式(5.1)可改写成

$$\begin{aligned}X(k)&=\sum_{n=0}^{N-1}x(n)W_N^{nk}=\sum_{n=0}^{N-1}\{\mathrm{Re}[x(n)]+\mathrm{jIm}[x(n)]\}\{\mathrm{Re}[W_N^{nk}]+\mathrm{jIm}[W_N^{nk}]\}\\&=\sum_{n=0}^{N-1}\{\mathrm{Re}[x(n)]\mathrm{Re}[W_N^{nk}]-\mathrm{Im}[x(n)]\mathrm{Im}[W_N^{nk}]+\\&\qquad\mathrm{j}(\mathrm{Re}[x(n)]\mathrm{Im}[W_N^{nk}]+\mathrm{Im}[x(n)]\mathrm{Re}[W_N^{nk}])\}\end{aligned}\tag{5.3}$$

由式(5.3)可知，1 次复数乘法包括 4 次实数乘法和 2 次实数加法；1 次复数加法需要 2 次实数加法，因此计算一个 $X(k)$ 需要 $4N$ 次实数乘法和 $2(N-1)+2N=2(2N-1)$ 次实数加法。所以，整个 DFT 运算总共需要 $4N^2$ 次实数乘法和 $N\times2(2N-1)=2N(2N-1)$ 次实数加法。

有时某些 W_N^{nk} 的取值可能是 1 或 j，就不需要相乘，因此实际需要的运算次数和上面的统计有所不同。为了便于比较，一般情况下不会考虑这些特殊情况，而一律把 W_N^{nk} 作为一般复数来考虑。N 越大，这种特殊情况的比重就越小。

当直接计算 DFT 时，乘法和加法次数都与 N^2 成正比，随着点数 N 值的增大，运算量将急剧膨胀。例如，$N=4$ 时，DFT 需要 16 次复乘，而当 $N=2\,048$ 时，DFT 所需的复乘次数为 4 194 304 次，即四百多万次复乘运算。运算量的迅速增长，对信号的实时处理形成极大的障碍。基于此，需要改进 DFT 的计算方法，以大大减少运算次数。

5.2.2 减少 DFT 运算量的方法

改善 DFT 计算效率的大多数方法主要利用了 W_N 的周期性、共轭对称性、可约性以及相关推论，这部分内容在第 4 章中提及。利用 W_N 的这些特性，可以将 DFT 中的同类项合并，并将长度为 N 序列的 DFT 逐次分解为短序列的 DFT，从而降低运算次数，提高运算速

度。例如,对于 N 点 DFT,采用基－2 FFT 算法时,仅需$(N/2)\log_2 N$次复数乘法运算,$N=1\ 024=2^{10}$ 时,需要的复数乘法为 5 120 次,与直接计算 DFT 相比,运算效率提高了 200 多倍。

快速傅里叶变换算法正是基于上述的基本思想发展起来的。它的算法形式有很多种,但基本上可以分成两大类,即按时间抽选(Decimation－in－Time,DIT)法和按频率抽选(Decimation－in－Frequency,DIF)法。本章主要研究按时间抽选的基－2 FFT 算法,一般 N 为 2 的整数幂,即

$$N=2^L \quad (L \geqslant 2 \text{ 且为正整数}) \tag{5.4}$$

5.3　按时间抽选的基－2 FFT 算法

5.3.1　算法原理

此 FFT 算法是把 N 点有限长输入序列 $x(n)$ 按其顺序的奇偶分解为越来越短的序列,称为按时间抽选的基－2 FFT 算法,又称为库利－图基算法。

1. N 点 DFT 分解为 $N/2$ 点 DFT

设有限长序列 $x(n)$ 点数为 N,是 2 的整数幂。若不满足这个条件,可以在其结尾补上若干个零值点满足要求,这种 N 为 2 的整数幂的 FFT 称为基－2 FFT。

将 $N=2^L$ 的序列 $x(n)(n=0,1,\cdots,N-1)$ 先按 n 的奇偶分成以下两组:

n 为偶数时:　　$x(2r)=x_1(r) \quad (r=0,1,\cdots,\frac{N}{2}-1)$

n 为奇数时:　　$x(2r+1)=x_2(r) \quad (r=0,1,\cdots,\frac{N}{2}-1)$

因此,根据 DFT 的定义,有

$$\begin{aligned}
X(k) &= \mathrm{DFT}[x(n)]=\sum_{n=0}^{N-1} x(n) W_N^{nk} \\
&= \sum_{n=0}^{N-1} x(n) W_N^{nk}(n \text{ 为偶数})+\sum_{n=0}^{N-1} x(n) W_N^{nk}(n \text{ 为奇数}) \\
&= \sum_{r=0}^{\frac{N}{2}-1} x(2r) W_N^{2rk}+\sum_{r=0}^{\frac{N}{2}-1} x(2r+1) W_N^{(2r+1)k} \\
&= \sum_{r=0}^{\frac{N}{2}-1} x_1(r)\left(W_N^2\right)^{rk}+W_N^k \sum_{r=0}^{\frac{N}{2}-1} x_2(r)\left(W_N^2\right)^{rk}
\end{aligned} \tag{5.5}$$

利用 W_N^{nk} 的可约性,即

$$W_N^2=\mathrm{e}^{-\mathrm{j}\frac{2\pi}{N}\times 2}=\mathrm{e}^{-\mathrm{j}2\pi/\left(\frac{N}{2}\right)}=W_{N/2} \tag{5.6}$$

式(5.5)可表示为

$$X(k)=\sum_{r=0}^{\frac{N}{2}-1} x_1(r) W_{N/2}^{rk}+W_N^k \sum_{r=0}^{\frac{N}{2}-1} x_2(r) W_{N/2}^{rk}=X_1(k)+W_N^k X_2(k) \tag{5.7}$$

其中

$$\begin{cases}X_1(k)=\sum_{r=0}^{\frac{N}{2}-1}x_1(r)W_{N/2}^{rk}=\sum_{r=0}^{\frac{N}{2}-1}x(2r)W_{N/2}^{rk}\\X_2(k)=\sum_{r=0}^{\frac{N}{2}-1}x_2(r)W_{N/2}^{rk}=\sum_{r=0}^{\frac{N}{2}-1}x(2r+1)W_{N/2}^{rk}\end{cases}\tag{5.8}$$

由式(5.7)可以看到,1 个 N 点 DFT 已分解成 2 个 $N/2$ 点的 DFT。这 2 个 $N/2$ 点的 DFT 再按照式(5.5)组合成 1 个 N 点 DFT。这里应该看到 $x_1(r)$、$x_2(r)$ 及 $X_1(k)$、$X_2(k)$ 都只有 $N/2$ 个点,即 $r,k=0,1,\cdots,N/2-1$。而 $X(k)$ 却有 N 个点,即 $k=0,1,\cdots,N-1$,故用式(5.5)计算得到的只是 $X(k)$ 的前一半的结果,要用 $X_1(k)$、$X_2(k)$ 来表达全部的 $X(k)$ 值,还必须应用系数的周期性,即

$$W_{N/2}^{r(k+N/2)}=W_{N/2}^{rk}$$

下面确定 $X(k)$ 的后一半的值。

$$X_1(\frac{N}{2}+k)=\sum_{r=0}^{\frac{N}{2}-1}x_1(r)W_{N/2}^{r(N/2+k)}=\sum_{r=0}^{\frac{N}{2}-1}x_1(r)W_{N/2}^{rk}=X_1(k)\tag{5.9}$$

同理

$$X_2(\frac{N}{2}+k)=\sum_{r=0}^{\frac{N}{2}-1}x_2(r)W_{N/2}^{r(N/2+k)}=\sum_{r=0}^{\frac{N}{2}-1}x_2(r)W_{N/2}^{rk}=X_2(k)\tag{5.10}$$

可见,$X_1(k)$、$X_2(k)$ 的后一半分别等于其前一半的值。

又根据 W_N^k 的性质

$$W_N^{(N/2+k)}=W_N^{N/2}W_N^k=-W_N^k\tag{5.11}$$

将式(5.9)、式(5.10)、式(5.11)代入式(5.7),可得 $X(k)$ 的前后两部分表达式分别为

$$X(k)=X_1(k)+W_N^kX_2(k)\quad(k=0,1,\cdots,\frac{N}{2}-1)\tag{5.12}$$

$$\begin{aligned}X\left(k+\frac{N}{2}\right)&=X_1\left(k+\frac{N}{2}\right)+W_N^{(k+N/2)}X_2\left(k+\frac{N}{2}\right)\\&=X_1(k)-W_N^kX_2(k)\quad(k=0,1,\cdots,\frac{N}{2}-1)\end{aligned}\tag{5.13}$$

由上面分析过程可知,只要求出[0,(N/2)−1]区间的所有 $X_1(k)$ 和 $X_2(k)$ 的值,即可求出[0,N−1]区间内的所有 $X(k)$ 值,此方法大大减少 N 点 DFT 的运算量。$N=8$ 时,$X_1(k)$、$X_2(k)$ 和 $X(k)$ 的关系如图 5.1 所示。

以此类推,$X_1(k)$ 和 $X_2(k)$ 可以继续分解下去,这种按时间抽选算法是在输入序列分成越来越小的子序列上进行 DFT 运算,最后再合成为 N 点 DFT。

式(5.12)和式(5.13)的运算可以用图 5.2 的运算结构表示,因为该运算结构的几何形状类似蝴蝶,所以称为蝶形信号流图或蝶形运算单元。流图表示法中,若支路没有标出系数时,则该支路的传输系数为 1。

结合式(5.12)、式(5.13)和图 5.2,1 个蝶形运算需要 1 次复数乘法和 2 次复数加法运

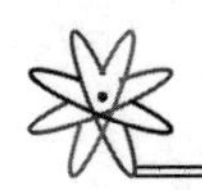

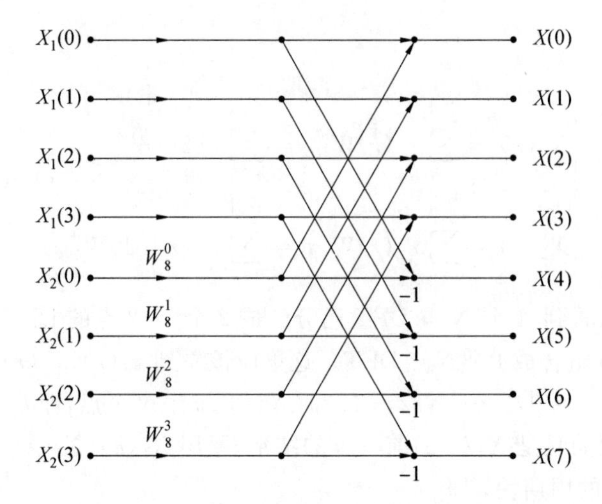

图 5.1　$N=8$ 时 $X_1(k)$、$X_2(k)$ 和 $X(k)$ 的关系

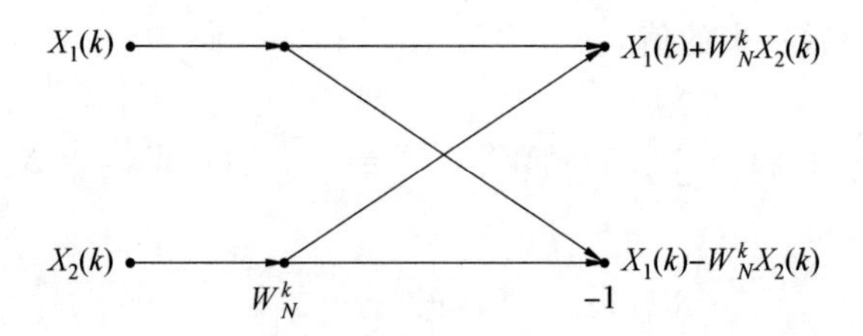

图 5.2　按时间抽选法蝶形信号流图符号

算。

仿照前面的方法，下面分析将 1 个 N 点 DFT 运算分解成 2 个 $N/2$ 点 DFT 后需要的计算量，如图 5.3 所示。由图 5.1 可知，$N=8$ 时，有 4 个蝶形运算，则可以归纳出一般情况下蝶形运算的个数为 $N/2$。

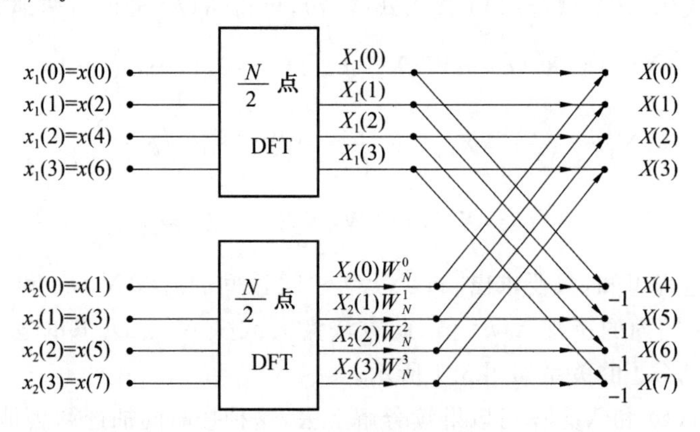

图 5.3　1 个 $N=8$ 点 DFT 分解为 2 个 $N/2$ 点 DFT

按奇、偶分组后的计算量为：

(1) $N/2$ 点的 DFT 运算量。

复乘次数为 $\left(\frac{N}{2}\right)^2=\frac{N^2}{4}$；复加次数为 $\frac{N}{2}\left(\frac{N}{2}-1\right)$。

(2)2 个 $N/2$ 点的 DFT 运算量。

复乘次数为 $2\times\frac{N^2}{4}=\frac{N^2}{2}$；复加次数为 $2\times\frac{N}{2}\left(\frac{N}{2}-1\right)=N\left(\frac{N}{2}-1\right)$。

(3)$N/2$ 个蝶形运算的运算量。

复乘次数为$\frac{N}{2}$；复加次数为 $2\times\frac{N}{2}=N$。

总运算量为

$$\begin{cases}\text{复乘：}\frac{N^2}{2}+\frac{N}{2}\approx\frac{N^2}{2}\\ \text{复加：}N(\frac{N}{2}-1)+N=\frac{N^2}{2}\end{cases}$$

由前面知，N 点 DFT 的复乘次数为 N^2，复加次数为 $N(N-1)$，与分解前相比可知，计算工作量差不多减少一半。

例如 $N=8$ 时的 DFT，可以分解为 2 个 $N/2=4$ 点的 DFT。具体方法如下：

(1)n 为偶数时，即 $x(0),x(2),x(4),x(6)$，分别记作

$$x_1(0)=x(0),\quad x_1(1)=x(2),\quad x_1(2)=x(4),\quad x_1(3)=x(6)$$

进行 $N/2=4$ 点的 DFT，得 $X_1(k)$ 为

$$X_1(k)=\sum_{r=0}^{3}x_1(r)W_4^{rk}=\sum_{r=0}^{3}x(2r)W_4^{rk}\quad(k=0,1,2,3)$$

(2)n 为奇数时，即 $x(1),x(3),x(5),x(7)$，分别记作

$$x_2(0)=x(1),\quad x_2(1)=x(3),\quad x_2(2)=x(5),\quad x_2(3)=x(7)$$

进行 $N/2=4$ 点的 DFT，得 $X_2(k)$ 为

$$X_2(k)=\sum_{r=0}^{3}x_2(r)W_4^{rk}=\sum_{r=0}^{3}x(2r+1)W_4^{rk}\quad(k=0,1,2,3)$$

$$\begin{cases}X(k)=X_1(k)+W_N^kX_2(k)\\ X(k+4)=X_1(k)-W_N^kX_2(k)\quad(k=0,1,2,3)\end{cases}\tag{5.14}$$

(3) 对 $X_1(k)$ 和 $X_2(k)$ 进行蝶形运算，前半部分为 $X(0)\sim X(3)$，后半部分为 $X(4)\sim X(7)$。整个过程如图 5.3 所示。

2. N/2 点 DFT 分解为 N/4 点 DFT

由于 $N=2^L$ 为 2 的整数幂，$X_1(k)$ 和 $X_2(k)$ 仍为高复合数($N/2$) 的 DFT，可按上述方法继续进行分解。将 $x(n)$ 的偶数点序列 $x_1(r)$ 按照 r 的奇偶分成两组，有

$$\begin{cases}x_1(2l)=x_3(l)\qquad(l=0,1,\cdots,\frac{N}{4}-1)\\ x_1(2l+1)=x_4(l)\quad(l=0,1,\cdots,\frac{N}{4}-1)\end{cases}$$

式中，$x_3(l)$ 和 $x_4(l)$ 分别为 $x_1(r)$ 的偶数点序列和奇数点序列。对二者分别进行 $N/4$ 点的 DFT 运算，得到

$$\begin{cases} X_3(k)=\sum_{l=0}^{\frac{N}{4}-1}x_3(l)W_{N/4}^{lk}=\sum_{l=0}^{\frac{N}{4}-1}x_1(2l)W_{N/2}^{2lk} \\ X_4(k)=\sum_{l=0}^{\frac{N}{4}-1}x_4(l)W_{N/4}^{lk}=\sum_{l=0}^{\frac{N}{4}-1}x_1(2l+1)W_{N/2}^{2lk} \end{cases} \tag{5.15}$$

$X_3(k)$、$X_4(k)$ 分别为偶数中的偶数序列及偶数中的奇数序列的 $N/4$ 点 DFT。

从而可得到前 $N/4$ 点的 $X_1(k)$ 为

$$X_1(k)=X_3(k)+W_{N/2}^{k}X_4(k) \quad \left(k=0,1,\cdots,\frac{N}{4}-1\right)$$

后 $N/4$ 点的 $X_1(k)$ 为

$$X_1\left(\frac{N}{4}+k\right)=X_3(k)-W_{N/2}^{k}X_4(k) \quad \left(k=0,1,\cdots,\frac{N}{4}-1\right)$$

同样,将 $x(n)$ 的奇数点序列 $x_2(r)$ 按照 r 的奇偶分成两组,有

$$\begin{cases} x_2(2l)=x_5(l) & \left(l=0,1,\cdots,\frac{N}{4}-1\right) \\ x_2(2l+1)=x_6(l) & \left(l=0,1,\cdots,\frac{N}{4}-1\right) \end{cases}$$

式中,$x_5(l)$ 和 $x_6(l)$ 分别为 $x_2(r)$ 的偶数点序列和奇数点序列。对二者分别进行 $N/4$ 点的 DFT 运算,得到

$$\begin{cases} X_5(k)=\sum_{l=0}^{\frac{N}{4}-1}x_2(2l)W_{N/4}^{lk}=\sum_{l=0}^{\frac{N}{4}-1}x_5(l)W_{N/4}^{lk} \\ X_6(k)=\sum_{l=0}^{\frac{N}{4}-1}x_2(2l+1)W_{N/4}^{lk}=\sum_{l=0}^{\frac{N}{4}-1}x_6(l)W_{N/4}^{lk} \end{cases} \tag{5.16}$$

$X_5(k)$、$X_6(k)$ 分别为奇数中的偶数序列及奇数中的奇数序列的 $N/4$ 点 DFT。

由 $X_5(K)$、$X_6(K)$ 进行蝶形运算,得

$$\begin{cases} X_2(k)=X_5(k)+W_{N/2}^{k}X_6(k) & \left(k=0,1,\cdots,\frac{N}{4}-1\right) \\ X_2\left(\frac{N}{4}+k\right)=X_5(k)-W_{N/2}^{k}X_6(k) & \left(k=0,1,\cdots,\frac{N}{4}-1\right) \end{cases} \tag{5.17}$$

例如,$N=8$ 时的 DFT 可分解为 4 个 $N/4$ 点的 DFT,具体步骤如下:

(1) 将原序列 $x(n)$ 的“偶数中的偶数序列”部分

$$x_3(l)=x_1(r)=x(n), \quad x_3(0)=x_1(0)=x(0), \quad x_3(1)=x_1(2)=x(4)$$

构成 $N/4$ 点 DFT,从而得到 $X_3(0)$、$X_3(1)$。

(2) 将原序列 $x(n)$ 的“偶数中的奇数序列”部分

$$x_4(l)=x_1(r)=x(n), \quad x_4(0)=x_1(1)=x(2), \quad x_4(1)=x_1(3)=x(6)$$

构成 $N/4$ 点 DFT,从而得到 $X_4(0)$、$X_4(1)$。

(3) 将原序列 $x(n)$ 的“奇数中的偶数序列”部分

$$x_5(l)=x_2(r)=x(n),\quad x_5(0)=x_2(0)=x(1),\quad x_5(1)=x_2(2)=x(5)$$

构成 $N/4$ 点 DFT,从而得到 $X_5(0)$、$X_5(1)$。

(4) 将原序列 $x(n)$ 的“奇数中的奇数序列”部分

$$x_6(l)=x_2(r)=x(n),\quad x_6(0)=x_2(1)=x(3),\quad x_6(1)=x_2(3)=x(7)$$

构成 $N/4$ 点 DFT,从而得到 $X_6(0)$、$X_6(1)$。

(5) 由 $X_3(0)$、$X_3(1)$、$X_4(0)$、$X_4(1)$ 进行蝶形运算，得到 $X_1(0)$、$X_1(1)$、$X_1(2)$、$X_1(3)$。

(6) 由 $X_5(0)$、$X_5(1)$、$X_6(0)$、$X_6(1)$ 进行蝶形运算，得到 $X_2(0)$、$X_2(1)$、$X_2(2)$、$X_2(3)$。

(7) 由 $X_1(0)$、$X_1(1)$、$X_1(2)$、$X_1(3)$、$X_2(0)$、$X_2(1)$、$X_2(2)$、$X_2(3)$ 进行蝶形运算,得到 $X(0)$、$X(1)$、$X(2)$、$X(3)$、$X(4)$、$X(5)$、$X(6)$、$X(7)$。

按照上面的思路,又一次分解,得到 4 个 $N/4$ 点 DFT 和两级蝶形组合运算来计算 N 点 DFT,如图 5.4 所示。其运算量与前面的只用 1 次分解蝶形组合方式的计算量相比,约减少一半,即约为 N 点 DFT 运算量的 1/4。

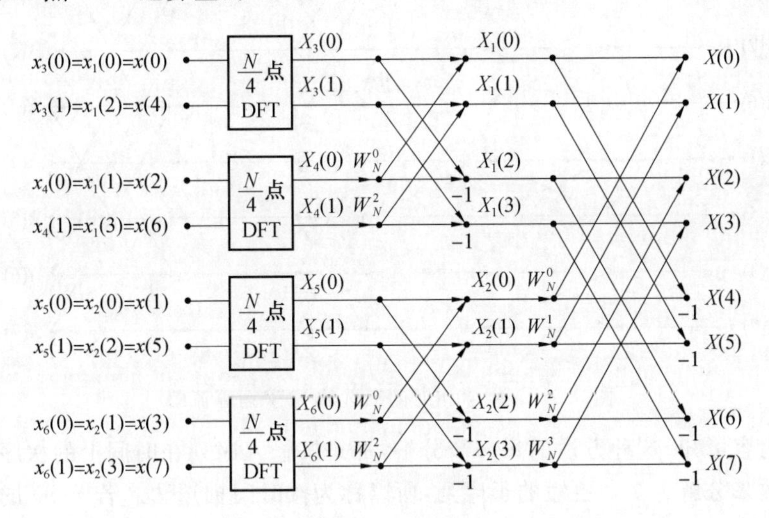

图 5.4　1 个 $N=8$ 点 DFT 分解为 4 个 $N/4$ 点 DFT

图 5.4 中 $N=8$,所以 $N/4$ 点即为 2 点 DFT,可得

$$\begin{cases} X_3(k)=\sum\limits_{l=0}^{1}x_3(l)W_{N/4}^{lk} & (k=0,1) \\ X_4(k)=\sum\limits_{l=0}^{1}x_4(l)W_{N/4}^{lk} & (k=0,1) \\ X_5(k)=\sum\limits_{l=0}^{1}x_5(l)W_{N/4}^{lk} & (k=0,1) \\ X_6(k)=\sum\limits_{l=0}^{1}x_6(l)W_{N/4}^{lk} & (k=0,1) \end{cases}$$

也就是

$$\begin{cases}X_3(0)=x_3(0)+W_2^0x_3(1)=x(0)+W_N^0x(4)\\X_3(1)=x_3(0)+W_2^1x_3(1)=x(0)-W_N^0x(4)\end{cases}$$

$$\begin{cases}X_4(0)=x_4(0)+W_2^0x_4(1)=x(2)+W_N^0x(6)\\X_4(1)=x_4(0)+W_2^1x_4(1)=x(2)-W_N^0x(6)\end{cases}$$

$$\begin{cases}X_5(0)=x_5(0)+W_2^0x_5(1)=x(1)+W_N^0x(5)\\X_5(1)=x_5(0)+W_2^1x_5(1)=x(1)-W_N^0x(5)\end{cases}$$

$$\begin{cases}X_6(0)=x_6(0)+W_2^0x_6(1)=x(3)+W_N^0x(7)\\X_6(1)=x_6(0)+W_2^1x_6(1)=x(3)-W_N^0x(7)\end{cases}$$

这些2点DFT都可以用1个蝶形运算流图表示。由此可以得到按时间抽选的8点DFT完整的基－2 FFT的运算流图，如图5.5所示。图中符号 W_N^r 中 $N=8$。

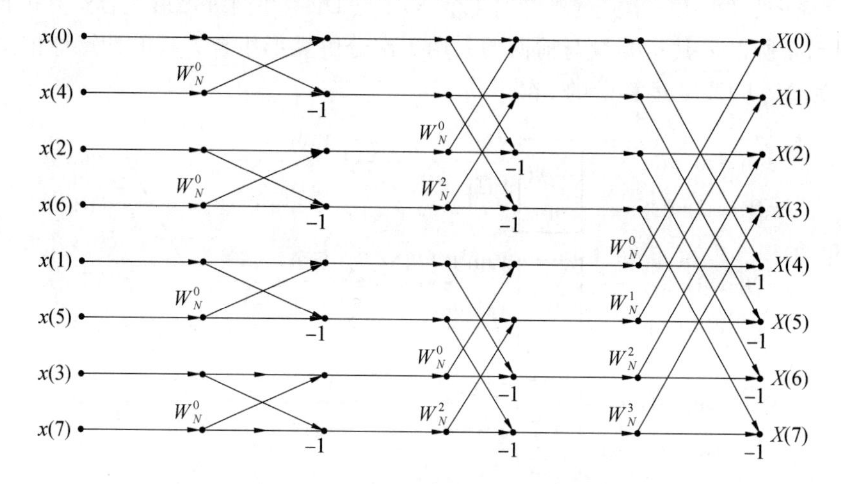

图5.5　$N=8$ 按时间抽选的FFT运算流图

由上面内容可知，这种方法的每一步分解，都是按输入序列在时间上的次序是属于偶数还是属于奇数来分解为2个更短的子序列，所以称为按时间抽选法。若 $x(n)$ 的长度不满足 $N=2^L$，则可在其后面补零达到此要求。补零后，虽然 $x(n)$ 时域点数增加，但其有效数据不变，所以 $x(n)$ 的DTFT函数 $X(e^{j\omega})$ 不变，仅是增加了频谱函数的抽样点数，改变了抽样点位置。

以此方法，可以画出 $N=4$ 时按时间抽选的FFT运算流图，如图5.6所示。

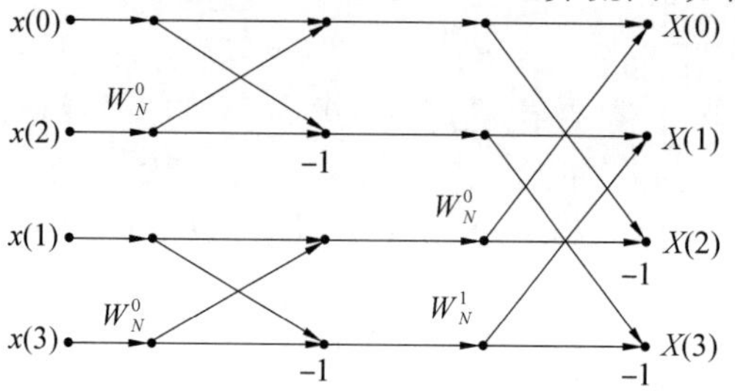

图5.6　$N=4$ 按时间抽选的FFT运算流图

5.3.2　运算量

由按时间抽选的 FFT 流图可知，$N=8$ 需三级蝶形运算。$N=2^3=8$，由此可知，$N=2^L$ 共需 L 级蝶形运算，而且每级都由 $N/2$ 个蝶形运算组成，每个蝶形运算有 1 次复乘，2 次复加。这样 N 点的 FFT(L 级运算) 的运算量为

复数乘法次数

$$m_F=(N/2)L=(N/2)\log_2 N \tag{5.18}$$

复数加法次数

$$a_F=NL=N\log_2 N \tag{5.19}$$

前面已提及，实际的计算量与式(5.18)、式(5.19) 所表示的数字略有不同，因为有时某些 W_N 符号算子的取值可能是 ± 1 或 $\pm \mathrm{j}$，与这些系数相乘都不需进行乘法运算，但这些情况在直接计算 DFT 时也是存在的。随着 N 取值的增大，这些特例相对而言就越来越少。所以，为了便于分析比较，下面的内容都保留这些特例。

由于计算机的乘法运算比加法运算所需的时间多得多，故以乘法作为比较基准。直接计算 DFT 与 FFT 算法的计算量之比为

$$\frac{N^2}{\frac{N}{2}L}=\frac{N^2}{\frac{N}{2}\log_2 N}=\frac{2N}{\log_2 N} \tag{5.20}$$

由上式可见，当点数 N 越大时，FFT 的优点更为明显，如图 5.7 所示。例如 $N=1\,024$ 时

$$\frac{N^2}{\frac{N}{2}L}=\frac{2N}{\log_2 N}=\frac{2\,048}{10}\approx 205$$

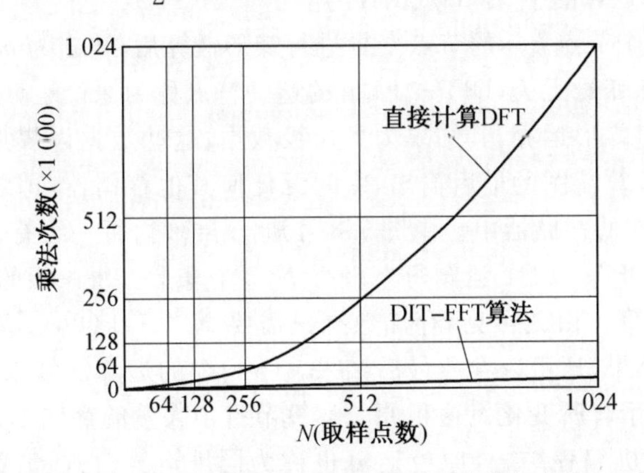

图 5.7　直接计算 DFT 与 FFT 算法所需运算量分别与点数 N 的关系曲线

5.3.3　算法的讨论

1. 级的划分

按时间抽选的基－2 FFT 算法过程是先将 N 点 DFT 分解成 2 个 $N/2$ 点 DFT，再分解成 4 个 $N/4$ 点 DFT，进而分解成 8 个 $N/8$ 点 DFT，依此类推，直到分解为 $N/2$ 个 2 点 DFT。每分解一次，产生一级运算。由 $L=\log_2 N$ 可知，N 点 DFT 可分解 L 级，FFT 运算流图从输

入到输出，依次为第 0 级，第 1 级，…，第 $L-1$ 级，表示级的变量符号设为 m。$N=8$ 时，信号流图如图 5.8 所示，从左到右按顺序为第 $m=0$ 级、第 $m=1$ 级、第 $m=2$ 级。

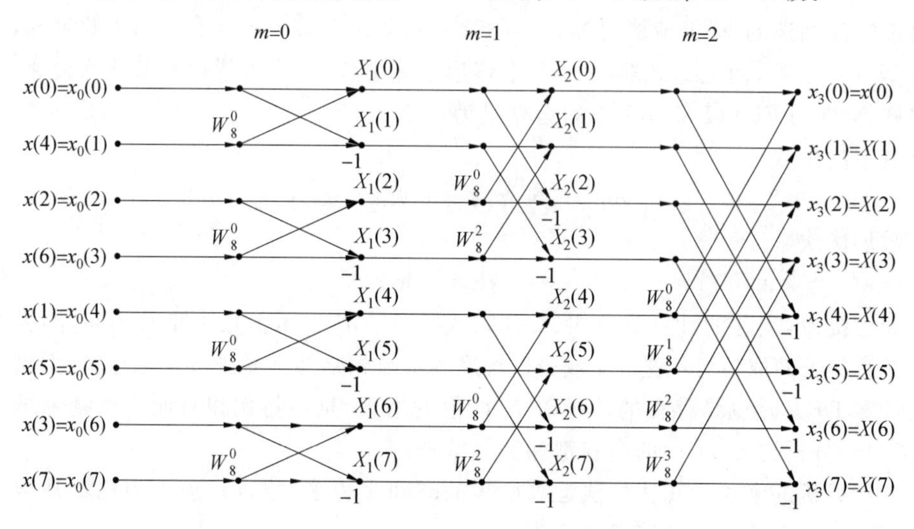

图 5.8　8 点 FFT 按时间抽选法分级信号流图

2. 蝶形单元

图 5.8 中有大量的蝶形运算单元，在第 m 级，蝶形运算可以表示为

$$\begin{cases} X_{m+1}(k)=X_m(k)+W_N^r X_m(j) \\ X_{m+1}(j)=X_m(k)-W_N^r X_m(j) \end{cases} \tag{5.21}$$

式中，k 和 j 为此蝶形运算的上、下节点的序号。

第 m 级的任何 2 个节点 k、j 的节点变量进行蝶形运算后，输出为 $m+1$ 级 k、j 两节点的节点变量，与其他节点变量无关，DIT－FFT 的这一特点称为原位运算，即某一级的 N 个数据送到存储器后，通过蝶形运算，其结果为另一级数据，这些数据以蝶形为单元仍存储在同一组存储器中，直到运算流图的最后输出，中间无任何其他存储器，即蝶形的两个输出值仍放回其 2 个输入值所在的存储器中。由图 5.8 可知，$N=8$ 时，每一级有 $N/2=4$ 个蝶形运算，则一般情况下，N 点 DIT－FFT 流图每一级有 $N/2$ 个蝶形。每一级的蝶形运算完成后，再开始下一级的蝶形运算。由此可见，存储数据只需要 N 个存储单元，既可存入输入的原始数据，又可存放中间结果，还可以存放最后结果。下一级的运算继续采用这种原位方式，但进入蝶形结的组合关系有所变化。这种原位运算节省了大量的存储单元，这是 FFT 算法的一大优点。若与计算机编程结合，原位运算也称为同址运算。式(5.21) 的蝶形运算如图 5.9 所示。

蝶形运算下节点与上节点的序号差即为蝶形运算两点间的距离。观察图 5.8 中第 0 级每个蝶型运算的两点间距离为 1，第 1 级为 2，第 2 级为 4。以此规律进行归纳，对 $N=2^L$ 点 DIT 基－2 FFT，第 m 级蝶形运算上下节点 k、j 间的距离为

$$j-k=2^m \quad (m=0,1,\cdots,L-1) \tag{5.22}$$

3. 组的划分

由图 5.8 可知，每一级 $N/2$ 个蝶形可以分成若干组，每一组的结构相同，W_N^r 的分布也

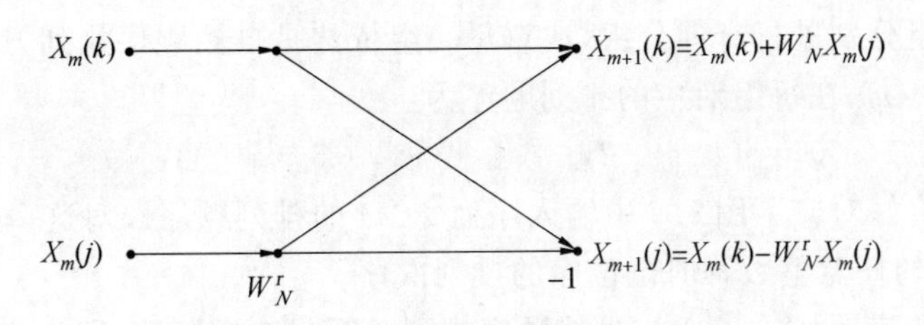

图 5.9　按时间抽选法的蝶形运算一般流图

相同。例如第 $m=0$ 级分成 4 组,第 $m=1$ 级分成 2 组,第 $m=2$ 级分成 1 组。归纳成一般情况可得,第 m 级的组数为 $2^{(\log_2 N)-m-1}$,$m=0,1,\cdots,L-1$。

4. W_N^r 的确定

在第 m 级运算中,1 个 DIT 蝶形运算两节点间的距离为 2^m,因此式(5.21)第 m 级的 1 个蝶形运算可以写成

$$\begin{cases}X_{m+1}(k)=X_m(k)+W_N^rX_m(k+2^m)\\X_{m+1}(j)=X_m(k)-W_N^rX_{m-1}(k+2^m)\end{cases} \tag{5.23}$$

需要解决的问题是,W_N^r 中 N 为已知,而 r 需要确定。下面给出 r 的求解方法:

(1) 将式(5.23)中的节点标号 k 值表示成 $L(L=\log_2 N)$ 位二进制数。

(2) 将此二进制数乘上 2^{L-m-1},即将此 L 位二进制数左移 $L-m-1$ 位,将右边空出的位置补零值,此数即为 r 对应的二进制数,将其转化为十进制数即可得到 r 值。

也可以通过 DIT－FFT 运算流图归纳出 W_N^r 的分布规律,即

$$m=0\text{ 级},\quad W_2^r=W_N^{\frac{rN}{2}}\quad (r=0)$$

$$m=1\text{ 级},\quad W_4^r=W_N^{\frac{rN}{4}}\quad (r=0,1)$$

$$m=2\text{ 级},\quad W_8^r=W_N^{\frac{rN}{8}}\quad (r=0,1,2,3)$$

……

$$m=L-1\text{ 级},\quad W_N^r\quad (r=0,1,\cdots,N/2-1)$$

据此总结出 W_N^r 的分布规律。

$$\text{第 } m\text{ 级},\quad W_{2^{m+1}}^r=W_N^{\frac{rN}{2^{m+1}}}\quad (r=0,1,\cdots,2^m-1)$$

5. 倒位序运算

观察图 5.5 可以看出,当完成原位计算后,FFT 流图的最后输出序列 $X(k)$ 按自然顺序排列在存储单元中,即按 $X(0),X(1),\cdots,X(7)$ 的顺序,而流图的输入序列 $x(n)$ 却没有按自然顺序存储,而是按 $x(0),x(4),\cdots,x(7)$ 的顺序存入存储单元,看起来好像是混乱无序的,但实际上是有规律可循的,称之为倒位序。

产生倒位序的原因是对输入序列 $x(n)$ 按标号 n 奇偶的持续分组所产生的。以 $N=8$ 为例,其自然顺序为 0,1,2,3,4,5,6,7,第一次进行奇偶分组,得到 2 组 $N/2$ 点 DFT,这时候 $x(n)$ 的排列顺序为

$$0,\ 2,\ 4,\ 6\ \|\ 1,\ 3,\ 5,\ 7$$

对上面的两组分别进行奇偶分组，注意每一组依然是自然顺序排列，这样分组后得到4组 $N/4$ 点 DFT，$x(n)$ 在每组对应的排列顺序为

$$0,\ 4\ \|\ 2,\ 6\ \|\ 1,\ 5\ \|\ 3,\ 7$$

上面的次序恰好对应了图5.5中输入序列 $x(n)$ 的排列顺序。对这一规律进行归纳，就可以得到 N 为2的任意整数幂时倒位序的排列次序。

下面以 $N=8$ 为例，将 $x(n)$ 按自然顺序排列并写成二进制数，即

$$x(000),x(001),x(010),x(011),x(100),x(101),x(110),x(111)$$

将二进制数进行翻转，得

$$x(000),x(100),x(010),x(110),x(001),x(101),x(011),x(111)$$

$x(n)$ 对应的十进制排列顺序为

$$x(0),x(4),x(2),x(6),x(1),x(5),x(3),x(7)$$

这就是 $x(n)$ 按标号 n 的奇偶两次分组产生的顺序。

实际运算中，一般先按自然顺序将输入序列 $x(n)$ 存入存储单元，之后通过变址运算实现倒位序排列。如果输入序列的自然顺序 I 用二进制数（例如 $n_2n_1n_0$）表示，则其倒位次序 J 对应的二进制数就是($n_0n_1n_2$)。因此在原来自然顺序时应该存储 $x(I)$ 的单元，现在倒位序后应存放 $x(J)$。例如，$N=8$ 时，$x(1)$ 的标号是 $I=1$，它的二进制数是001，倒位序的二进制数是100，也就是 $J=4$，所以原来存放 $x(001)$ 数据的单元现在应该存放 $x(100)$。表5.1列出了 $N=8$ 时的自然顺序二进制数以及相应的倒位序二进制数。

表5.1　$N=8$ 时的自然顺序二进制数以及相应的倒位序二进制数

自然顺序(I)	二进制数	倒位序二进制数	倒位序(J)
0	000	000	0
1	001	100	4
2	010	010	2
3	011	110	6
4	100	001	1
5	101	101	5
6	110	011	3
7	111	111	7

由表5.1可以看到，自然顺序 I 增加1，是在自然顺序的二进制数最低位加1，向左进位。而倒位序 J 则是在二进制数最高位加1，逢2向右进位。例如，在(100)最高位加1，向右进位，因(100)最高位为1，所以最高位加1要向次高位进位，其实质是将最高位变为0，再在次高位加1，这样可得(010)；再在(010)最高位加1，则得(110)。用这种算法，可以从当前任意的倒位序中求得相应的下一个倒位序。

把按自然顺序存放在存储单元中的数据，换成FFT原位运算流图所要求的倒位序的变址功能，如图5.10所示。当 $I=J$ 时，不必进行调换；当 $I\neq J$ 时，须将原来存放数据 $x(I)$ 的存储单元内调入数据 $x(J)$，而将存放数据 $x(J)$ 的存储单元内调入数据 $x(I)$。为了避免把已经调换过的数据再次调换，保证只调换一次，只比较 J 是否小于 I。当 $J<I$ 时，则表明此 $x(I)$ 已和 $x(J)$ 互相调换过，不必再进行调换；只有当 $J>I$ 时，才将原来存放数据 $x(I)$ 及

存放数据 $x(J)$ 的存储单元内的数据互相交换，这样就得到输入所需的倒位序顺序。可见，其结果与图 5.10 所示相同。

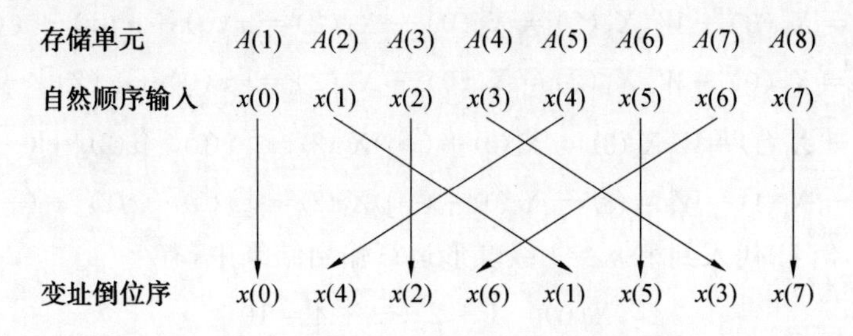

图 5.10　$N=8$ 倒位序的变址处理

经过简单变换，也可以得到输入和输出均为自然顺序的 DIT－FFT 流图，但是这种流图不能进行原位运算，因为 N 个输入数据至少要 $2N$ 个复数存储单元，此种流程一般用在专用硬件实现中。

6. 存储单元

因为 DIT FFT 算法是原位运算，只需存放输入序列 $x(n)(n=0,1,\cdots,N-1)$ 的 N 个存储单元，加上存放系数 $W_N^r(r=0,1,\cdots,N/2-1)$ 的 $N/2$ 个存储单元。

例 5.1　已知有限长序列 $x(n)=\{1,2,3,4\}$，利用输入倒位序，输出自然顺序，按时间抽选的 $N=4$ 点基－2 FFT 算法作流图来计算 $x(n)$ 的 4 点 DFT。

解　先画出按时间抽选的 $N=4$ 点基－2 FFT 流图，并标出计算过程所需的变量符号，如图 5.11 所示。

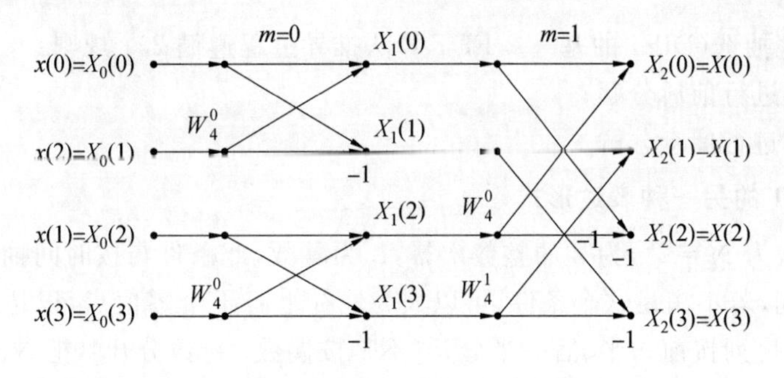

图 5.11　例 5.1 所示 FFT 运算流图($N=4$)

根据图 5.11 和式(5.23) 进行计算式的推导。

$$\begin{cases} X_{m+1}(k)=X_m(k)+W_N^r X_m(k+2^m) \\ X_{m+1}(j)=X_m(k)-W_N^r X_m(k+2^m) \end{cases}$$

第 $m=0$ 级蝶形运算，上下 2 个节点间的距离为 $2^0=1$：

$$\begin{cases} X_1(0)=X_0(0)+W_4^0 X_0(1)=X_0(0)+X_0(1)=x(0)+x(2) \\ X_1(1)=X_0(0)-W_4^0 X_0(1)=X_0(0)-X_0(1)=x(0)-x(2) \end{cases}$$

$$\begin{cases} X_1(2)=X_0(2)+W_4^0 X_0(3)=X_0(2)+X_0(3)=x(1)+x(3) \\ X_1(3)=X_0(2)-W_4^0 X_0(3)=X_0(2)-X_0(3)=x(1)-x(3) \end{cases}$$

第 $m=1$ 级蝶形运算，上下 2 个节点间的距离为 $2^1=2$，第一级蝶形的输出为最后的结果：

$$\begin{cases}X_2(0)=X(0)=X_1(0)+W_4^0X_1(2)=X_1(0)+X_1(2)=x(0)+x(1)+x(2)+x(3)\\X_2(2)=X(2)=X_1(0)-W_4^0X_1(2)=X_1(0)-X_1(2)=[x(0)+x(2)]-[x(1)+x(3)]\end{cases}$$

$$\begin{cases}X_2(1)=X(1)=X_1(1)+W_4^1X_1(3)=X_1(0)+(-\mathrm{j})X_1(2)=[x(0)-x(2)]+(-\mathrm{j})[x(1)-x(3)]\\X_2(3)=X(3)=X_1(1)-W_4^1X_1(3)=X_1(0)-(-\mathrm{j})X_1(2)=[x(0)-x(2)]-(-\mathrm{j})[x(1)-x(3)]\end{cases}$$

将 $x(n)=\{\underline{1},2,3,4\}$ 代入到第 $m=1$ 级蝶形运算输出结果中，有

$$X(0)=1+2+3+4=10$$

$$X(1)=(1-3)+(-\mathrm{j})(2-4)=-2+\mathrm{j}2$$

$$X(2)=(1+3)-(2+4)=-2$$

$$X(3)=(1-3)-(-\mathrm{j})(2-4)=-2-\mathrm{j}2$$

即 $X(k)=\{\underline{10},-2+\mathrm{j}2,-2,-2-\mathrm{j}2\}$。

5.4　按频率抽选的基－2 FFT 算法

下面讨论另一种普遍使用的 FFT 算法，它是把输出序列 $X(k)$（也是 N 点序列）按其顺序的奇偶分解为越来越短的序列，称为按频率抽选(DIF) 的 FFT 算法，也称为桑德－图基算法。

5.4.1　算法原理

这种按频率抽选(DIF) 的基－2 FFT 算法推导过程遵循 2 个规则：

(1) 对时间进行前后分解；

(2) 对频率进行偶奇分解。

1. N 点 DFT 的另一种表达形式

设序列点数为 $N=2^L$，为 2 的整数次幂，L 为整数，此条件与按时间抽选(DIT) 的基－2 FFT 算法相同，若不满足这个条件，可以人为地补上若干个零值点，以达到这一要求。按规则(1) 把输入序列按前一半、后一半分开（不是按偶数、奇数分开），把 N 点 DFT 写成两部分。

$$\begin{aligned}X(k)&=\sum_{n=0}^{N-1}x(n)W_N^{nk}=\sum_{n=0}^{\frac{N}{2}-1}x(n)W_N^{nk}+\sum_{n=N/2}^{N-1}x(n)W_N^{nk}\\&=\sum_{n=0}^{\frac{N}{2}-1}x(n)W_N^{nk}+\sum_{n=0}^{\frac{N}{2}-1}x\left(n+\frac{N}{2}\right)W_N^{(n+\frac{N}{2})k}\\&=\sum_{n=0}^{\frac{N}{2}-1}\left[x(n)+x\left(n+\frac{N}{2}\right)W_N^{Nk/2}\right]W_N^{nk}\quad(k=0,1,\cdots,N-1)\end{aligned}$$

式中，用的是 W_N^{nk}，而不是 $W_{N/2}^{nk}$，因而这并不是 $N/2$ 点 DFT。由于 $W_N^{N/2}=-1$，故 $W_N^{Nk/2}=(-1)^k$，可得

$$X(k)=\sum_{n=0}^{\frac{N}{2}-1}\left[x(n)+(-1)^k x\left(n+\frac{N}{2}\right)\right]W_N^{nk}\quad (k=0,1,\cdots,N-1)\tag{5.24}$$

2. N 点 DFT 按 k 的奇偶分组可分为两个 N/2 的 DFT

当 k 为偶数，即 $k=2r$ 时，$(-1)^k=1$；当 k 为奇数，即 $k=2r+1$ 时，$(-1)^k=-1$。因此，按 k 的奇偶可将 $X(k)$ 分为两部分：

k 为偶数时，

$$\begin{aligned}X(2r)&=\sum_{n=0}^{\frac{N}{2}-1}\left[x(n)+x\left(n+\frac{N}{2}\right)\right]W_N^{2nr}\\&=\sum_{n=0}^{\frac{N}{2}-1}\left[x(n)+x\left(n+\frac{N}{2}\right)\right]W_{N/2}^{nr}\quad \left(r=0,1,\cdots,\frac{N}{2}-1\right)\end{aligned}\tag{5.25}$$

k 为奇数时，

$$\begin{aligned}X(2r+1)&=\sum_{n=0}^{\frac{N}{2}-1}\left[x(n)-x\left(n+\frac{N}{2}\right)\right]W_N^{n(2r+1)}\\&=\sum_{n=0}^{\frac{N}{2}-1}\left\{\left[x(n)-x\left(n+\frac{N}{2}\right)\right]W_N^{n}\right\}W_{N/2}^{nr}\quad \left(r=0,1,\cdots,\frac{N}{2}-1\right)\end{aligned}\tag{5.26}$$

分别令 $a(n)=x(n)+x\left(n+\frac{N}{2}\right)$、$b(n)=\left[x(n)-x\left(n+\frac{N}{2}\right)\right]W_N^n$。令 $X_1(r)=X(2r)$，即 $X_1(r)$ 为 $X(k)$ 的偶数部分；令 $X_2(r)=X(2r+1)$，即 $X_2(r)$ 为 $X(k)$ 的奇数部分。则有

$$\begin{cases}X_1(r)=X(2r)=\sum\limits_{n=0}^{\frac{N}{2}-1}a(n)W_{N/2}^{nr}\quad \left(r=0,1,\cdots,\frac{N}{2}-1\right)\\X_2(r)=X(2r+1)=\sum\limits_{n=0}^{\frac{N}{2}-1}b(n)W_{N/2}^{nr}\quad \left(r=0,1,\cdots,\frac{N}{2}-1\right)\end{cases}\tag{5.27}$$

这样就完成了将1个 N 点 DFT 分成2个 $N/2$ 点 DFT 的过程，核心方法是将 $X(k)$ 按序号 k 奇偶分开。

由上面分析过程可知，只要求出 $[0,(N/2)-1]$ 区间所有 $a(n)$ 和 $b(n)$ 的值，再将它们按式(5.27)分别进行 $N/2$ 点 DFT，即可求出 $[0,N-1]$ 区间内所有的 $X(k)$ 值，此方法可大大减少 N 点 DFT 的运算量。$N=8$ 时，$a(n)$、$b(n)$ 和 $X(k)$ 的关系如图5.12所示。

将 $a(n)$、$b(n)$ 的表达式组合成蝶形运算，有

$$\begin{cases}a(n)=x(n)+x\left(n+\frac{N}{2}\right)\quad \left(n=0,1,\cdots,\frac{N}{2}-1\right)\\b(n)=\left[x(n)-x\left(n+\frac{N}{2}\right)\right]W_N^n\quad \left(n=0,1,\cdots,\frac{N}{2}-1\right)\end{cases}\tag{5.28}$$

根据式(5.28)，频率抽选法蝶形运算流图符号如图5.13所示。

以 $N=8$ 为例，按 $X(k)$ 序号 k 的奇偶分解过程先进行蝶形运算，再进行 DFT 运算。这

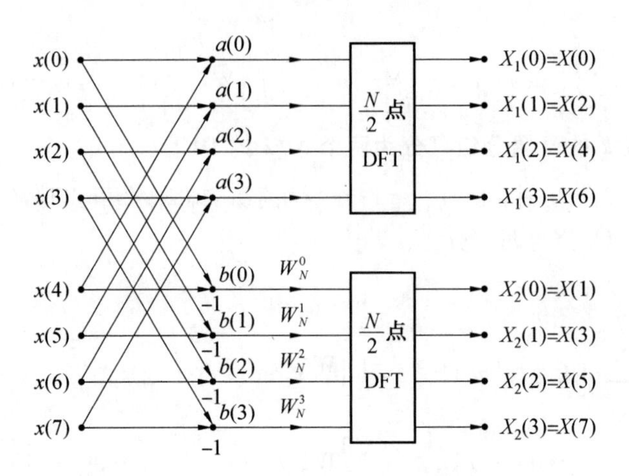

图 5.12　$N=8$ 时，$a(n)$、$b(n)$ 和 $X(k)$ 的关系

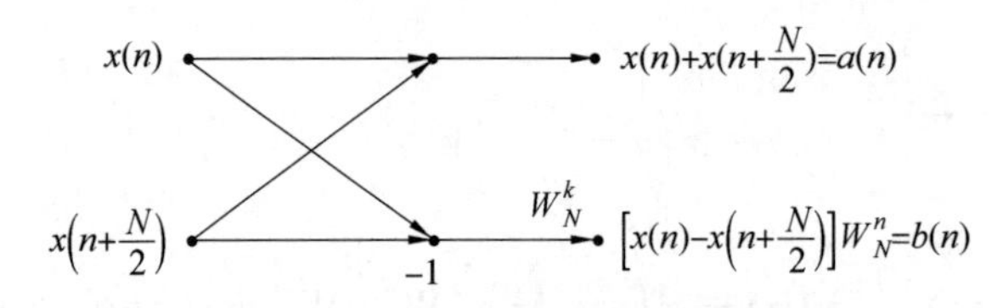

图 5.13　频率抽选法蝶形运算流图符号

样就把 1 个 N 点 DFT 按 k 的奇偶分解为 2 个 $N/2$ 点 DFT，经过推导，分解后需要的计算量与 DIT 基－2 FFT 第一次分解后对应的运算量相同。上述过程如图 5.12 所示。

3. N/2 点 DFT 分解为 N/4 点 DFT

与时间抽取法的分析过程类似，由于 $N=2^L$，$N/2$ 仍是 1 个偶数，因而可以将每个 $N/2$ 点 DFT 的输出再进行分解为偶数组与奇数组，这样每个 $N/2$ 点 DFT 进一步分解为 2 个 $N/4$ 点 DFT。这 2 个 $N/4$ 点 DFT 的输入也是先将 1 个 $N/2$ 点 DFT 的输入按照时间前后对半分开后，再通过蝶形运算而形成。

把图 5.12 中 $a(n)$ 的 $N/2$ 点 DFT 写成两部分。

$$
\begin{aligned}
X_1(r) = X(2r) &= \sum_{n=0}^{\frac{N}{2}-1} a(n) W_{N/2}^{nr} = \sum_{n=0}^{\frac{N}{4}-1} a(n) W_{N/2}^{nr} + \sum_{n=\frac{N}{4}}^{\frac{N}{2}-1} a(n) W_{N/2}^{nr} \\
&= \sum_{n=0}^{\frac{N}{4}-1} a(n) W_{N/2}^{nr} + \sum_{n=0}^{\frac{N}{4}-1} a\left(n+\frac{N}{4}\right) W_{N/2}^{\left(n+\frac{N}{4}\right) r} \\
&= \sum_{n=0}^{\frac{N}{4}-1} \left[a(n) + W_{N/2}^{\frac{N}{4}r} a\left(n+\frac{N}{4}\right) \right] W_{N/2}^{nr} \quad \left(r=0,1,\cdots,\frac{N}{2}-1\right)
\end{aligned}
\tag{5.29}
$$

式(5.29) 中用的是 $W_{N/2}^{nr}$，所以是 $N/2$ 点 DFT。因为 $W_{N/2}^{\frac{N}{4}}=-1$，所以 $W_{N/2}^{\frac{N}{4}r}=(-1)^r$，这样式(5.29) 变为

$$
X_1(r) = \sum_{n=0}^{\frac{N}{4}-1} \left[a(n) + (-1)^r a\left(n+\frac{N}{4}\right) \right] W_{N/2}^{nr} \quad \left(r=0,1,\cdots,\frac{N}{2}-1\right) \tag{5.30}
$$

当 r 为偶数时,即 $r=2l$ 时,$(-1)^r=1$;当 r 为奇数时,即 $r=2l+1$ 时,$(-1)^r=-1$。因此,按 r 的奇偶可将 $X_1(r)$(即 $X(2r)$)再次分为奇偶两部分:

$$\begin{cases} X_1(2l)=\sum_{n=0}^{\frac{N}{4}-1}\left[a(n)+a\left(n+\frac{N}{4}\right)\right]W_{N/2}^{2nl}=\sum_{n=0}^{\frac{N}{4}-1}\left[a(n)+a\left(n+\frac{N}{4}\right)\right]W_{N/4}^{nl} \\ X_1(2l+1)=\sum_{n=0}^{\frac{N}{4}-1}\left[a(n)-a\left(n+\frac{N}{4}\right)\right]W_{N/2}^{n(2l+1)}=\sum_{n=0}^{\frac{N}{4}-1}\left\{\left[a(n)-a\left(n+\frac{N}{4}\right)\right]W_{N/2}^{n}\right\}W_{N/4}^{nl} \end{cases} \tag{5.31}$$

式中,$l=0,1,\cdots,N/4-1$。下面令

$$\begin{cases} c(n)=a(n)+a\left(n+\frac{N}{4}\right) & \left(n=0,1,\cdots,\frac{N}{4}-1\right) \\ d(n)=\left[a(n)-a\left(n+\frac{N}{4}\right)\right]W_{N/2}^{n} & \left(n=0,1,\cdots,\frac{N}{4}-1\right) \end{cases}$$

则有

$$\begin{cases} X_1(2l)=X(4l)=\sum_{n=0}^{\frac{N}{4}-1}c(n)W_{N/4}^{nl} \\ X_1(2l+1)=X(4l+2)=\sum_{n=0}^{\frac{N}{4}-1}d(n)W_{N/4}^{nl} \end{cases} \tag{5.32}$$

同理,将图 5.12 中 $b(n)$ 的 $N/2$ 点 DFT 写成两部分。

$$\begin{aligned} X_2(r)-X(2r+1)&=\sum_{n=0}^{\frac{N}{2}-1}b(n)W_{N/2}^{nr}=\sum_{n=0}^{\frac{N}{4}-1}b(n)W_{N/2}^{nr}+\sum_{n=\frac{N}{4}}^{\frac{N}{2}-1}b(n)W_{N/2}^{nr} \\ &=\sum_{n=0}^{\frac{N}{4}-1}b(n)W_{N/2}^{nr}+\sum_{n=0}^{\frac{N}{4}-1}b\left(n+\frac{N}{4}\right)W_{N/2}^{(n+\frac{N}{4})r} \\ &=\sum_{n=0}^{\frac{N}{4}-1}\left[b(n)+W_{N/2}^{\frac{N}{4}r}b\left(n+\frac{N}{4}\right)\right]W_{N/2}^{nr}\quad(r=0,1,\cdots,N/2-1) \end{aligned} \tag{5.33}$$

式(5.33)中用的也是 $W_{N/2}^{nr}$,所以也是 $N/2$ 点 DFT。因为 $W_{N/2}^{\frac{N}{4}}=-1$,所以 $W_{N/2}^{\frac{N}{4}r}=(-1)^r$,这样式(5.33)变为

$$X_2(r)=\sum_{n=0}^{\frac{N}{4}-1}\left[b(n)+(-1)^r b\left(n+\frac{N}{4}\right)\right]W_{N/2}^{nr}\quad\left(r=0,1,\cdots,\frac{N}{2}-1\right) \tag{5.34}$$

与前面的分析相似,当 r 为偶数时,即 $r=2l$ 时,$(-1)^r=1$;当 r 为奇数时,即 $r=2l+1$ 时,$(-1)^r=-1$。所以按 r 的奇偶可将 $X_2(r)$(即 $X(2r+1)$)再次分为奇偶两部分:

$$\begin{cases} X_2(2l) = \sum_{n=0}^{\frac{N}{4}-1} \left[b(n) + b\left(n + \frac{N}{4}\right) \right] W_{N/2}^{2nl} = \sum_{n=0}^{\frac{N}{4}-1} \left[b(n) + b\left(n + \frac{N}{4}\right) \right] W_{N/4}^{nl} \\ X_2(2l+1) = \sum_{n=0}^{\frac{N}{4}-1} \left[b(n) - b\left(n + \frac{N}{4}\right) \right] W_{N/2}^{n(2l+1)} = \sum_{n=0}^{\frac{N}{4}-1} \left\{ \left[b(n) - b\left(n + \frac{N}{4}\right) \right] W_{N/2}^{n} \right\} W_{N/4}^{nl} \end{cases} \tag{5.35}$$

式中，$l=0,1,\cdots,N/4-1$。下面令

$$\begin{cases} e(n) = b(n) + b\left(n + \frac{N}{4}\right) & \left(n = 0,1,\cdots,\frac{N}{4}-1\right) \\ f(n) = \left[b(n) - b\left(n + \frac{N}{4}\right) \right] W_{N/2}^{n} & \left(n = 0,1,\cdots,\frac{N}{4}-1\right) \end{cases}$$

则有

$$\begin{cases} X_2(2l) = X(4l+1) = \sum_{n=0}^{\frac{N}{4}-1} e(n) W_{N/4}^{nl} \\ X_2(2l+1) = X(4l+3) = \sum_{n=0}^{\frac{N}{4}-1} f(n) W_{N/4}^{nl} \end{cases} \tag{5.36}$$

以上分析过程给出了如何利用频率抽选法将 1 个 $N/2$ 点 DFT 分解为 2 个 $N/4$ 点 DFT。图 5.14 描述了这一步分解的过程。

这样的分解可以一直进行到第 L 次（$L=\log_2^N$），第 L 次实际上是做 2 点 DFT，它只有加减运算。然而，为了便于比较并有统一的运算结构，仍然采用系数为 W_N^0 的蝶形运算来表示，这 $N/2$ 个 2 点 DFT 的 N 个输出就是 $x(n)$ 的 N 点 DFT 的结果 $X(k)$。

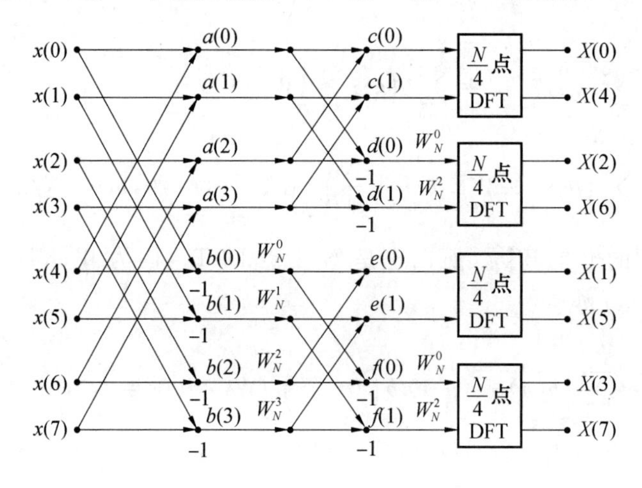

图 5.14　1 个 N 点 DFT 分解为 4 个 $N/4$ 点 DFT

图 5.14 中 $N=8$,所以 $N/4$ 点 DFT 即为 2 点 DFT,由式(5.32)、式(5.36) 可得

$$X_1(2l)=X(4l)=\sum_{n=0}^{\frac{N}{4}-1}c(n)W_{N/4}^{nl} \tag{5.37a}$$

$$X_1(2l+1)=X(4l+2)=\sum_{n=0}^{\frac{N}{4}-1}d(n)W_{N/4}^{nl} \tag{5.37b}$$

$$X_2(2l)=X(4l+1)=\sum_{n=0}^{\frac{N}{4}-1}e(n)W_{N/4}^{nl} \tag{5.37c}$$

$$X_2(2l+1)=X(4l+3)=\sum_{n=0}^{\frac{N}{4}-1}f(n)W_{N/4}^{nl} \tag{5.37d}$$

将式(5.37) 展开,则

$$\begin{cases}X(0)=c(0)+W_2^0c(1)=c(0)+W_N^0c(1)\\X(4)=c(0)+W_2^1c(1)=c(0)-W_N^0c(1)\end{cases}$$

$$\begin{cases}X(2)=d(0)+W_2^0d(1)=d(0)+W_N^0d(1)\\X(6)=d(0)+W_2^1d(1)=d(0)-W_N^0d(1)\end{cases}$$

$$\begin{cases}X(1)=e(0)+W_2^0e(1)=e(0)+W_N^0e(1)\\X(5)=e(0)-W_2^1e(1)=e(0)-W_N^0e(1)\end{cases}$$

$$\begin{cases}X(3)=f(0)+W_2^0f(1)=f(0)+W_N^0f(1)\\X(7)=f(0)+W_2^1f(1)=f(0)-W_N^0f(1)\end{cases}$$

这些 2 点 DFT 都可以用 1 个蝶形运算流图表示,这样就可以得到图 5.15 所示的 $N=8$ 按频率抽选的 FFT 运算流图。

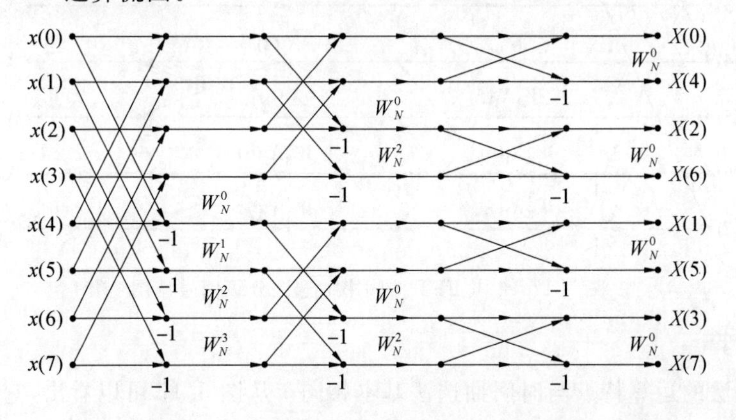

图 5.15　$N=8$ 按频率抽选的 FFT 运算流图

按照前面讨论的方法,可以画出 $N=4$ 按频率抽选的 FFT 运算流图,如图 5.16 所示。

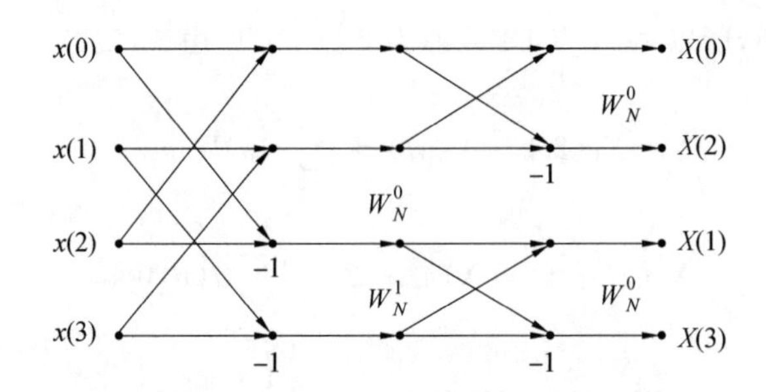

图 5.16　$N=4$ 按频率抽选的 FFT 运算流图

5.4.2　算法的讨论

1. 级的划分

与 DIT－FFT 算法相似，按频率抽选的基－2 FFT 算法过程也是先将 N 点 DFT 分解成 2 个 $N/2$ 点 DFT，再将 2 个 $N/2$ 点 DFT 分解成 4 个 $N/4$ 点 DFT，进而分解成 8 个 $N/8$ 点 DFT，直至分解为 $N/2$ 个 2 点 DFT。每进行一次分解，称为一级运算。因为 $L=\log_2 N$，N 点 DFT 可分解 L 级，从左到右，依次为第 0 级，第 1 级，…，第 $L-1$ 级，令 m 为级的变量符号。8 点 FFT 按频率抽选法分级信号流图如图 5.17 所示，从左到右按顺序为第 $m=0$ 级、第 $m=1$ 级、第 $m=2$ 级。

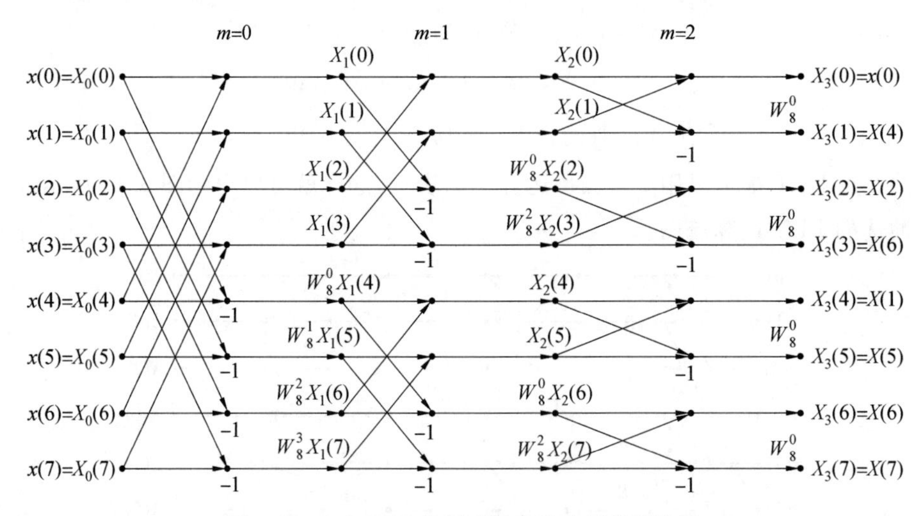

图 5.17　8 点 FFT 按频率抽选法分级信号流图

2. 蝶形运算

频率抽选法的运算特点与时间抽选法基本相同。从图 5.17 可以看出，它也具有大量蝶形运算，每一个蝶形结构完成下述基本迭代运算。在第 m 级，蝶形运算可以表示为

$$\begin{cases} X_{m+1}(k)=X_m(k)+X_m(j) \\ X_{m+1}(j)=[X_m(k)-X_m(j)]W_N^r \end{cases} \tag{5.38}$$

式中，k、j 为此蝶形运算的上、下节点的序号。

从式(5.38)中可以观察到，第 m 级序号为 k、j 的两点仅参与本蝶形单元的运算，它的输出在第 $m+1$ 级，而且这个蝶形单元运算不涉及其他点。可见，DIF－FFT 算法也具有原位运算的特点。式(5.38)的蝶形运算如图 5.18 所示。

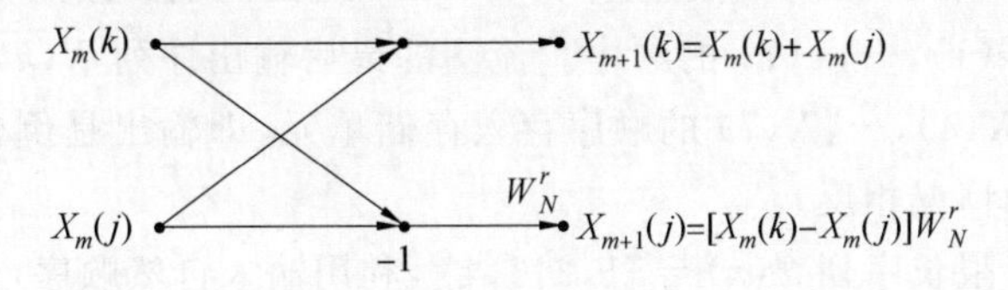

图 5.18　按频率抽选法的蝶形运算一般流图形式

对 $N=2^L$ 点 DIF－FFT，第 m 级蝶形运算上下节点 k、j 间的距离为

$$j-k=\frac{N}{2^{m+1}}=2^{(\log_2 N)-m-1}\quad(m=0,1,\cdots,M-1)\tag{5.39}$$

根据按频率抽选的基－2 FFT 流图分级的概念和蝶形运算的特点，可以得到 N 点 DIF－FFT(L 级运算)的运算量。每个 N 点 FFT 流图共有 $L=\log_2 N$ 级运算，每级蝶形运算均由 $N/2$ 个蝶形构成。由式(5.38)可知，每一个蝶形运算都需要 1 次复数乘法和 2 次复数加法运算，所以 N 点 FFT 复数乘法次数为 $(N/2)\log_2 N$，复数加法次数为 $N\log_2 N$，与 DIT 基－2 FFT 的运算量相同。

3. 组的划分

由图 5.16 可知，每一级 $N/2$ 个蝶形可以分成若干组，每一组的结构相同，W_N^r 的分布也相同。例如第 $m=0$ 级分成 1 组，第 $m=1$ 级分成 2 组，第 $m=2$ 级分成 4 组。归纳成一般情况可得，第 m 级的组数为 2^m，$m=0,1,\cdots,L-1$。

4. W_N^r 的确定

在第 m 级运算中，1 个 DIF 蝶形运算两节点间的距离为 $2^{(\log_2 N)-m-1}$，因此式(5.38)第 m 级的 1 个蝶形运算可以写成

$$\begin{cases}X_{m+1}(k)=X_m(k)+X_m(k+2^{(\log_2 N)-m-1})\\X_{m+1}(j)=[X_m(k)-X_m(k+2^{(\log_2 N)-m-1})]W_N^r\end{cases}\tag{5.40}$$

下面给出 W_N^r 中 r 的求解方法：

(1) 将式(5.40)中的节点标号 k 值表示成 $L(L=\log_2 N)$ 位二进制数。

(2) 将此二进制数乘上 2^m，即将此 L 位二进制数左移 m 位，将右边空出的位置补零值，此数即为 r 对应的二进制数，将其转化为二进制数即可得到 r 值。

也可以通过 DIT－FFT 运算流图归纳出 W_N^r 的分布规律，即

$m=0$ 级，　W_N^r　$(r=0,1,\cdots,N/2-1)$

$m=1$ 级，　W_N^{2r}　$(r=0,1,\cdots,N/4-1)$

$m=2$ 级，　W_N^{4r}　$(r=0,1,\cdots,N/8-1)$

……

$m=L-1$ 级，　$W_N^{(2M-2)r}$　$(r=0,1,\cdots,N/2^{m+1}-1)$

据此总结出 W_N^r 的分布规律。

$$第\ m\ 级，\quad W_N^{2mr} \quad (r=0,1,2,\cdots,2^{(\log_2 N)-m-1}-1)$$

5.倒位序运算

观察图 5.17 可以看出，当完成原位计算后，FFT 流图的输入按照自然顺序排列在存储单元中，即按 $x(0),x(1),\cdots,x(7)$ 的顺序。流图的最后输出序列 $X(k)$ 却没有按自然顺序存储，而是按 $X(0),X(4),\cdots,X(7)$ 的顺序存入存储单元，即输出是倒位序，输入是自然顺序，与 DIT－FFT 的情况相反。

例 5.2 已知有限长序列 $x(n)=\{\underline{1},2,3,4\}$，利用输入自然顺序，输出倒位序，按频率抽选的 $N=4$ 点基－2 FFT 算法作流图来计算 $x(n)$ 的 4 点 DFT。

解 先画出按频率抽选的 $N=4$ 点基－2 FFT 流图，并标出计算过程所需的变量符号，如图 5.19 所示。

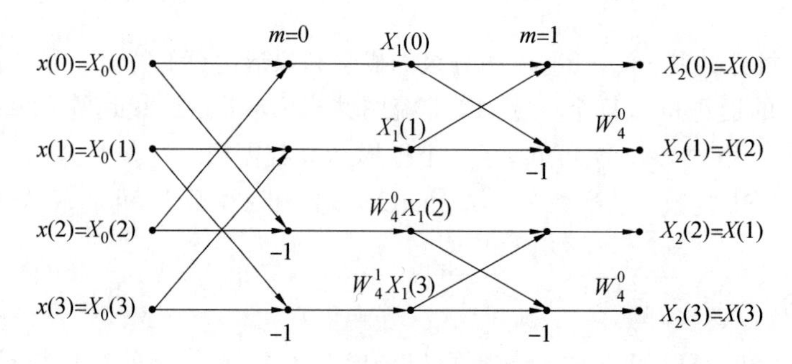

图 5.19 例 5.2 所示 FFT 运算流图($N=4$)

根据图 5.17 和式(5.40)进行计算式的推导。

$$\begin{cases} X_{m+1}(k)=X_m(k)+X_m(k+2^{(\log_2 N)-m-1}) \\ X_{m+1}(j)=[X_m(k)-X_m(k+2^{(\log_2 N)-m-1})]W_N^r \end{cases}$$

第 $m=0$ 级蝶形运算，上下 2 个节点间的距离为 $2^{2-0-1}=2$：

$$\begin{cases} X_1(0)=X_0(0)+X_0(2)=x(0)+x(2) \\ X_1(2)=W_4^0[X_0(0)-X_0(2)]=x(0)-x(2) \end{cases}$$

$$\begin{cases} X_1(1)=X_0(1)+X_0(3)=x(1)+x(3) \\ X_1(3)=[X_0(1)-X_0(3)]W_1^1=-\mathrm{j}[x(1)-x(3)] \end{cases}$$

第 $m=1$ 级蝶形运算，上下 2 个节点间的距离为 $2^{2-1-1}=1$，第一级蝶形的输出为最后的结果：

$$\begin{cases} X_2(0)=X(0)=X_1(0)+X_1(1)=x(0)+x(1)+x(2)+x(3) \\ X_2(1)=X(2)=W_4^0[X_1(0)-X_1(1)]=[x(0)+x(2)]-[x(1)+x(3)] \end{cases}$$

$$\begin{cases} X_2(2)=X(1)=X_1(2)+X_1(3)=[x(0)-x(2)]+(-\mathrm{j})[x(1)-x(3)] \\ X_2(3)=X(3)=W_4^0[X_1(2)-X_1(3)]=[x(0)-x(2)]-(-\mathrm{j})[x(1)-x(3)] \end{cases}$$

将 $x(n)=\{\underline{1},2,3,4\}$ 代入到第 $m=1$ 级蝶形运算输出结果中，有

$$X(0)=1+2+3+4=10$$

$$X(1)=(1-3)+(-\mathrm{j})(2-4)=-2+\mathrm{j}2$$

$$X(2)=(1+3)-(2+4)=-2$$

$$X(3)=(1-3)-(-\mathrm{j})(2-4)=-2-\mathrm{j}2$$

即 $X(k)=\{\underline{10},-2+\mathrm{j}2,-2,-2-\mathrm{j}2\}$。

5.4.3　DIF 法与 DIT 法的异同

1. 相同点

就运算量而言 DIF 与 DIT 是相同的,即都有 $L=\log_2^N$ 级(列)运算,每级运算需 $N/2$ 个蝶形运算来完成,总共需要 $(N/2)\log_2^N$ 次复乘与 $N\log_2^N$ 次复加,DIF 法与 DIT 法都可进行原位运算。频率抽选 FFT 算法的输入是自然顺序,输出是倒位序的。因此运算完毕后,要通过变址计算将倒位序转换成自然位序,然后再输出。转换方法与时间抽选法相同。

2. 不同点

由图 5.15、图 5.18 与图 5.5、图 5.9 相比较,DIF 法与 DIT 法的主要区别是:

(1) 图5.15的DIF输入是自然顺序,输出是倒位序的,这与图5.5的DIT法正好相反。但这不是实质性的区别,因为 DIF 法与 DIT 法一样,都可将输入或输出进行重排,使二者的输入或输出顺序变成自然顺序或倒位序顺序。

(2)DIF 的基本蝶形(图 5.18) 与 DIT 的基本蝶形(图 5.9) 有所不同,这才是实质不同,DIF 的复数乘法只出现在减法之后,DIT 则是先做复乘后再做加减法。

DIT、DIF 的蝶形运算用矩阵可分别表示为:

(a)DIT

$$\begin{pmatrix} X_m(k) \\ X_m(j) \end{pmatrix}=\begin{pmatrix} 1 & W_N^r \\ 1 & -W_N^r \end{pmatrix}\begin{pmatrix} X_{m-1}(k) \\ X_{m-1}(j) \end{pmatrix} \tag{5.41}$$

(b)DIF

$$\begin{pmatrix} X_m(k) \\ X_m(j) \end{pmatrix}=\begin{pmatrix} 1 & 1 \\ W_N^r & -W_N^r \end{pmatrix}\begin{pmatrix} X_{m-1}(k) \\ X_{m-1}(j) \end{pmatrix} \tag{5.42}$$

(3) 两种蝶形运算的关系:互为转置(矩阵);

a.(DIT)　　　　b.(DIF)

$$\begin{pmatrix} 1 & W_N^r \\ 1 & -W_N^r \end{pmatrix} \qquad \begin{pmatrix} 1 & 1 \\ W_N^r & -W_N^r \end{pmatrix}$$

5.5　离散傅里叶反变换(IDFT)的快速计算方法

以上所讨论的FFT的运算方法同样可用于IDFT的运算,称为快速傅里叶反变换,简称为 IFFT。由 DFT 和 IDFT 的定义,将 2 个定义式进行比较,可以看出,只要把 DFT 运算中的每一个系数 W_N^{nk} 改为 W_N^{-nk},并乘系数 $1/N$,就可以用 FFT 算法来计算 IDFT,也就得到了 IFFT 的算法。当把时间抽选 FFT 算法用于 IFFT 计算时,由于

$$
\begin{cases}
x(n)=\mathrm{IDFT}[X(k)]=\dfrac{1}{N}\sum\limits_{k=0}^{N-1}X(k)W_N^{-nk} \\
X(k)=\mathrm{DFT}[x(n)]=\sum\limits_{k=0}^{N-1}x(n)W_N^{nk}
\end{cases}
\tag{5.43}
$$

原来输入的时间序列 $x(n)$ 现在变成了频率序列 $X(k)$，原来是将 $x(n)$ 奇偶分组的，而现在变成对 $X(k)$ 进行奇偶分组，从而这种算法改称为频率抽选 IFFT 算法。类似地，当把频率抽选 FFT 算法用于计算 IFFT 时，应改称为时间抽选 IFFT 算法。在 IFFT 计算中经常把常量 $1/N$ 分解为 L 个 $1/2$ 连乘，即 $1/N=(1/2)^L$，并且在 L 级的迭代运算中，每级的运算都分别乘 $1/2$ 因子。具体的流图可以类似 FFT 的流图形式画出，如图 5.20 所示。

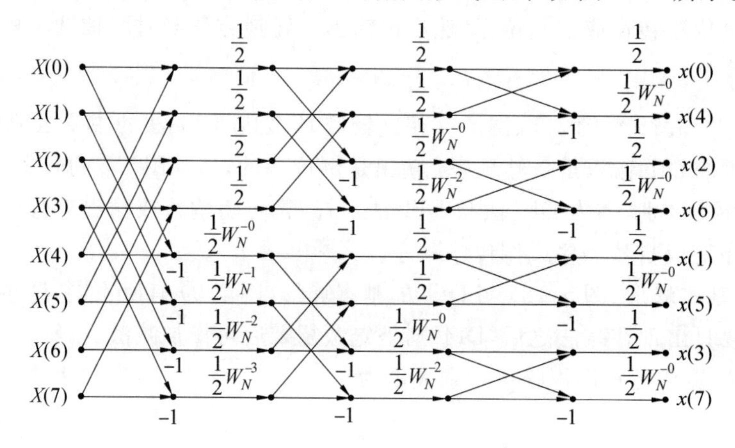

图 5.20　IFFT 流图($N=8$)

上面这种 IFFT 算法虽然编程很方便，但要改变 FFT 的程序和参数才能实现。现介绍另一种计算 IFFT 的方法，可以完全不必改动 FFT 程序。推导如下：

$$x(n)=\frac{1}{N}\sum_{k=0}^{N-1}X(k)W_N^{-nk}$$

对它取共轭，则

$$x^*(n)=\frac{1}{N}\sum_{k=0}^{N-1}X^*(k)W_N^{nk}$$

再取共轭，则

$$
\begin{aligned}
x(n)&=\frac{1}{N}\Big[\sum_{k=0}^{N-1}X^*(k)W_N^{nk}\Big]^* \\
&=\frac{1}{N}\{\mathrm{DFT}[X^*(k)]\}^*
\end{aligned}
\tag{5.44}
$$

将式(5.44)与 $X(k)=\sum\limits_{n=0}^{N-1}x(n)W_N^{nk}$ 进行比较，可见只要将 $X(k)$ 取共轭，就可以直接利用 FFT 子程序，最后再将运算结果取一次共轭，并除以 N 就得到 $x(n)$ 的值。即：

(1) 将 $X(k)$ 的虚部乘 -1，即先取 $X(k)$ 的共轭，得 $X^*(k)$；

(2) 将 $X^*(k)$ 直接送入 FFT 程序即可得出 $Nx^*(n)$；

(3) 最后再对运算结果取一次共轭变换，并乘常数 $1/N$，即可以求出 IFFT 变换的 $x(n)$

的值。

因此,FFT 运算和 IFFT 运算就可以共用 1 个子程序块,这样就可很方便地进行 FFT 和 IFFT 的计算。

5.6　快速傅里叶变换的应用

5.6.1　利用 FFT 对时域连续信号进行频谱分析

DFT 的重要应用之一是对连续时间信号的频谱进行分析,即对连续时间信号进行离散时间傅里叶分析。例如,在语音的分析与处理中,语音信号的频谱分析对音腔谐振的辨识与建模十分有效。另一个例子是多普勒雷达系统,在此系统中用发射序号与接收信号之间的频移来表示目标的速度,频移的确定需要对信号进行频谱分析。

频谱分析需要计算信号的频谱,包括幅度谱、相位谱和功率谱。经典的频谱分析计算 DFT 是利用 FFT 来实现的。

1. 频谱分析步骤

对连续信号进行频谱分析的框图如图 5.21 所示。在图 5.21 中,前置抗混叠低通滤波器 LPF(预滤波器) 的引入,是为了消除或减少时域连续信号转换成序列时可能出现的频谱混叠的影响。在实际工作中,离散时间信号 $x(n)$ 的持续时间是很长的,甚至可能是无限长的(例如语音或音乐信号)。由于 DFT 的需要(实际应用 FFT 计算),必须把 $x(n)$ 限制在一定的时间区间之内,即进行数据截断。数据的截断相当于对其进行加窗处理。因此,在计算 FFT 之前,用 1 个时域有限的窗函数 $w(n)$ 加到 $x(n)$ 上是非常必要的。

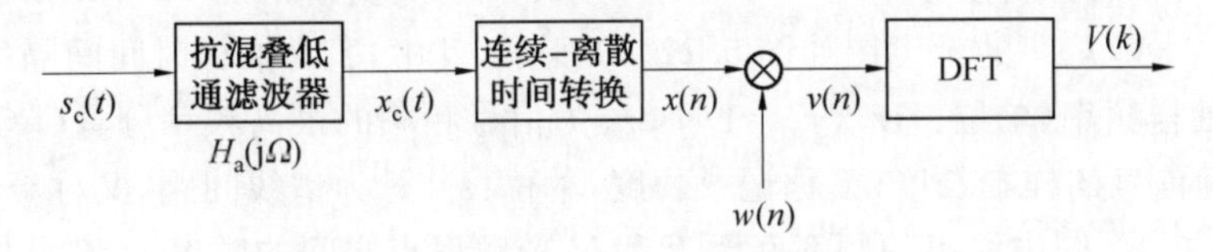

图 5.21　对连续信号进行频谱分析的框图

将滤除高频分量之后得到的时域连续信号 $x_c(t)$ 通过 A/D 变换器转换(忽略其幅度量化误差) 成抽样序列 $x(n)$,其频谱用 $X(e^{j\omega})$ 表示,它是频率 ω 的周期函数,即

$$X(e^{j\omega})=\frac{1}{T}\sum_{m=-\infty}^{+\infty}X_c\left(j\frac{\omega}{T}-j\frac{2\pi m}{T}\right) \tag{5.45}$$

式中,$X_c(j\Omega)$ 或 $X_c\left(j\frac{\omega}{T}\right)$ 为 $x_c(t)$ 的频谱,即 $X(e^{j\omega})$ 是 $X_c\left(j\frac{\omega}{T}\right)$ 以抽样频率$\frac{2\pi}{T}$ 为周期进行的周期延拓。

在实际应用中,前置低通滤波器的阻带不可能是无限衰减的, 故由 $X_c(j\Omega)$ 周期延拓得到的 $X(e^{j\omega})$ 有非零重叠,即出现频谱混叠现象。

由于进行 FFT 的需要,必须对序列 $x(n)$ 进行加窗处理,即 $v(n)=x(n)w(n)$,加窗对频域的影响,用卷积表示为

$$V(e^{j\omega}) = \frac{1}{2\pi}\int_{-\pi}^{\pi} X(e^{j\theta})W(e^{j(\omega-\theta)})d\theta \tag{5.46}$$

最后是进行 FFT 运算。加窗后的 DFT 是

$$V(k) = \sum_{n=0}^{N-1} v(n)e^{-j\frac{2\pi}{N}nk} \quad (0 \leqslant k \leqslant N-1) \tag{5.47}$$

式中，假设窗函数长度 L 小于或等于 DFT 长度 N，为使用基－2 的 FFT 运算，这里选择 N 为 2 的整数幂次。有限长序列 $v(n)=x(n)w(n)$ 的 DFT 相当于 $v(n)$ 傅里叶变换的等间隔抽样，即

$$V(k) = V(e^{j\omega})\big|_{\omega=\frac{2\pi k}{N}} \tag{5.48}$$

$V(k)$ 便是 $x_c(t)$ 的离散频率函数。因为 DFT 对应的数字域频率间隔为 $\Delta\omega=2\pi/N$，且模拟频率 Ω 和数字频率 ω 间的关系为 $\omega=\Omega T$，其中 $\Omega=2\pi f$。所以，离散的频率函数第 k 点对应的模拟频率为

$$\Omega_k = \frac{\omega}{T} = \frac{2\pi k}{NT} \tag{5.49}$$

$$f_k = \frac{k}{NT} \tag{5.50}$$

由式(5.50)很明显可看出，数字域频率间隔 $\Delta\omega=2\pi/N$ 对应的模拟域谱线间距为

$$F = \frac{1}{NT} = \frac{f_s}{N} \tag{5.51}$$

谱线间距，又称频谱分辨率(单位：Hz)。所谓频谱分辨率是指可分辨两频率的最小间距。它的意思是，如设某频谱分析的 $F=10$ Hz，那么信号中频率相差小于 10 Hz 的 2 个频率分量在此频谱图中就分辨不出来。

长度 $N=16$ 的时间信号 $v(n)=(1.1)^n R_{16}(n)$ 的示意图如图 5.22(a) 所示，$V(k)$ 为其 16 点的 DFT，$|V(k)|$ 的示意图如图 5.22(b) 所示，其中，T 为抽样时间间隔(抽样周期，单位：s)，f_s 为抽样频率(单位：Hz)，$f_s=1/T$；f_h 为信号频率的最高频率分量(单位：Hz)；t_p 为截取连续时间信号的样本长度(又称记录长度，单位：s)；F 为谱线间距，又称频谱分辨率(单位：Hz)。$|V(k)|$ 图中给出的频率间距 F 和 N 个频率点之间的频率 f_s 都是指模拟域频率(单位：Hz)。

由图 5.22 可知

$$t_p = NT \tag{5.52}$$

$$F = \frac{f_s}{N} = \frac{1}{NT} = \frac{1}{t_p} \tag{5.53}$$

在实际应用中，要根据信号最高频率 f_h 和频谱分辨率 F 的要求，来确定 T、t_p 和 N 的大小。

由以上讨论得到频谱分析的步骤如下：

(1) 数据准备。

首先，根据抽样定理，为保证抽样信号不失真，$f_s \geqslant 2f_h$(f_h 为信号频率的最高频率分量，也就是前置低通滤波器阻带的截止频率)，即应使抽样周期 T 满足

$$T \leqslant \frac{1}{2f_h}$$

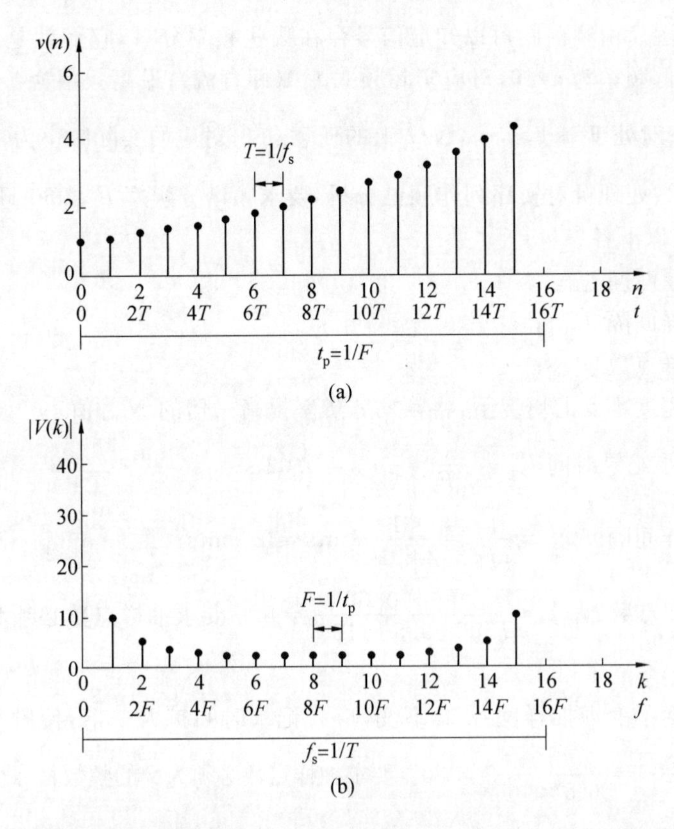

图 5.22　离散时间信号 $v(n)$ 和幅度函数 $|V(k)|$ 的示意图

然后,由频谱分辨率 F 和 T 确定 N, $N=\frac{f_s}{F}=\frac{1}{FT}$;为了使用 FFT 运算,这里选择 N 为 2 的整数幂即 $N=2^L$,由式(5.43)可知,N 大,分辨率好,但会增加样本记录时间 t_p;最后,由 N、T 确定记录长度,$t_p=NT$。这样在记录长度中进行 N 点抽样就得到要求的离散序列 $x(n)$。

(2) 用 FFT 计算信号的频谱。

应用前面讨论的 FFT 算法计算 $x(n)$ 的频谱,得到 $X(k)$。

(3) 由 $X(k)$ 求幅度谱、相位谱和功率谱。

1 个长度为 N 的时域离散序列 $x(n)$,其离散傅里叶变换 $X(k)$(离散频谱)是由实部和虚部组成的复数,即

$$X(k)=X_R(k)+jX_I(k) \tag{5.54}$$

将 $X(k)$ 写成极坐标形式

$$X(k)=|X(k)|e^{j\arg[X(k)]} \tag{5.55}$$

式中,$|X(k)|$ 称为幅度谱;$\arg[X(k)]$ 称为相位谱。实际中常常用信号的功率谱表示,功率谱是幅频谱的平方,功率谱密度 PSD 定义为

$$\text{PSD}(k)=\frac{|X(k)|^2}{N} \tag{5.56}$$

功率谱具有突出主频率的特性,在分析带有噪声干扰的信号时特别有用。将式(5.56)绘成

的图形称为频谱图。由频谱图可以知道信号存在哪些频率分量，它们就是谱图中峰值对应的点。谱图中最低频率为 $k=0$，对应实际频率为 0（即直流）；最高频率为 $k=N/2$，对应实际频率为 $f=f_s/2$；对处于 $0,1,2,\cdots,N/2$ 上的任意点 k，对应的实际频率为 $f=kF=k\dfrac{f_s}{N}$。

例 5.3 用微处理机对实序列作频谱分析，要求频谱分辨率 $F\leqslant 50$ Hz，信号最高频率 $f_h=1$ kHz，确定以下各参量：

(1) 最小纪录时间 t_{pmin}；

(2) 最大抽样间隔 T_{max}；

(3) 最少抽样点数 N_{min}；

(4) 在频带宽度不变的情况下，将频率分辨率提高一倍的 N'_{min} 值。

解 (1) 最小纪录时间 $t_{pmin}=\dfrac{1}{F}=\dfrac{1}{50}\ \text{s}=0.02\ \text{s}$；

(2) 最大抽样间隔 $T_{max}=\dfrac{1}{2f_h}=\dfrac{1}{2\times 10^3}\ \text{ms}=0.5\ \text{ms}$；

(3) 最少抽样点数 $N_{min}\geqslant\dfrac{t_{pmin}}{T_{max}}=\dfrac{0.02}{0.5\times 10^{-3}}=40$。要求抽样点数必须为 2 的整数幂，此时 $N_{min}=64$；

(4) 频带宽度不变即抽样间隔 T 不变，应将记录时间扩大一倍，使频率分辨率提高一倍，此时 $N'_{min}\geqslant\dfrac{t_{pmin}}{T_{max}}=\dfrac{0.04}{0.5\times 10^{-3}}=80$。要求抽样点数必须为 2 的整数幂，此时 $N'_{min}=128$。

2. 谱分析可能出现的误差

利用 FFT 对连续信号进行傅里叶分析时可能造成一定的误差，从而产生如下现象：

(1) 频谱混叠失真。

在图 5.21 所示的频谱分析步骤中，连续－离散时间转换前利用抗混叠低通滤波器进行预滤波，使 $x_c(t)$ 频谱中最高频率分量不超过最高频率 f_h。如果抽样频率不满足抽样定理要求，即没有满足

$$f_s>2f_h$$

或抽样间隔 T 没有满足

$$T=\frac{1}{f_s}<\frac{1}{2f_h}\tag{5.57}$$

则频域周期延拓分量会产生频谱的混叠失真。这一混叠现象由两部分交叠形成，分别是信号的高频分量和延拓信号的低频分量，其产生的负面影响更为严重。频域混叠的来源可能包括的因素有：① 时域的突变造成频域的拖尾；② 信号中的高频噪声干扰；③ 频谱泄露。综合各种影响因素，选取的抽样频率应在 $f_s/2$ 内包含 98% 以上的能量，一般应取 $f_s=(3\sim 6)f_h$，或者抽样之前采用截止频率为 $f_s/2$ 的抗混叠低通滤波器。

FFT 运算相当于频率函数也要进行抽样，变成离散的序列，其抽样间隔为频谱分辨率 F，满足 $t_p=\dfrac{1}{F}$。由 $T<\dfrac{1}{2f_h}$、$t_p=NT$ 和 $N=\dfrac{1}{TF}>\dfrac{2f_h}{F}$ 可知，f_h 与 F 存在矛盾关系，若 f_h 增加，T 必然减小，f_s 一定增加，若固定 N 不变，需要增加 F（分辨率降低）。与之相反，要提

高分辨率(减小F),则需增加t_p,如果N不变,T必然增加,导致f_s减小,若要避免混叠失真,需要减小f_h。

想要兼顾信号最高频率f_h增加、频率分辨率F不变或提高,能够采用的唯一办法是增加记录长度的点数N。

如果时域函数需要加窗处理,则相当于时域相乘,那么频域将进行卷积运算,其结果是必然加宽频谱分量,F可能变差,为了保证性能,须增加数据长度t_p,保证频谱分辨率不至于下降。

(2) 栅栏效应。

利用FFT计算频谱,只是给出离散点$\omega_k=2\pi k/N$或$\Omega_k=2\pi k/(NT)$上的频谱抽样值,即只给出了基频F的整数倍的频谱值,而不可能得到连续频谱函数,这就像通过1个"栅栏"观测信号频谱,所以只能在离散的点上看到信号频谱,这种现象被称为"栅栏"效应,如图5.22(b)所示。这时,如果在2个离散的谱线之间有1个特别大的频谱分量,就无法观测出来。

减小栅栏效应的方法之一便是要使频域抽样更密,即增加频域抽样点数N,假设时域数据不变,则需要在数据尾端进行补零,人为使1个周期内的点数增加,但并不改变原有的记录数据。频谱抽样点为$2\pi k/N$,N增加,必然使抽样点间隔更少(单位圆上抽样点个数更多),谱线更密,谱线变密后就有可能看到原来看不到的谱分量。

需要注意的是,通过补零来改变计算FFT的周期时,所使用窗函数的宽度不能改变。即必须按照数据记录的原来的实际长度对窗函数进行选择,而不能依据补零值点后的长度来确定窗函数。补零并不能提高频率分辨率,这是因为数据的实际长度仍为补零前的数据长度。

(3) 频谱泄漏与谱间干扰。

对信号进行FFT计算之前,首先必须加窗使其变成有限时宽的信号,这就相当于信号在时域乘1个窗函数(例如矩形窗函数),但窗内数据并不改变。时域相乘相当于$v(n)=x(n)w(n)$,加窗对频域的影响,可用式(5.46)的卷积公式表示

$$V(e^{j\omega})=\frac{1}{2\pi}\int_{-\pi}^{\pi}X(e^{j\theta})W(e^{j(\omega-\theta)})d\theta$$

卷积的结果,造成所得到的频谱$V(e^{j\omega})$与原来的频谱$X(e^{j\omega})$相比有所变化,产生了失真。这种失真的结果最主要的是造成频谱的"扩散"(拖尾、变宽),称之为"频谱泄漏"。

由上可知,泄漏是由于截取有限长信号所产生的。例如,正弦波频谱具有单一谱线,其必须为无限长。即如果输入信号是无限长的,那么FFT就能计算出完全正确的单一频线。但这并不可行,而只能取有限长的记录样本点。如果在该长度有限的样本中,正弦信号又不是整数个周期时,就会产生泄漏。

例如,1个周期为$N=16$的余弦序列$x(n)=\cos(6\pi n/16)$,截取其1个周期长度的序列,也就是$x_1(n)=x(n)R_{16}(n)=\cos(6\pi n/16)R_{16}(n)$,其16点FFT的频谱图如图5.23(a)所示,若截取的长度为13,则其16点FFT的频谱图如图5.23(b)所示。由此可见,频谱不再是单一的谱线,它的能量散布到整个频谱的各处。这种能量散布到其他谱线位置的现象即为"频谱泄漏"。

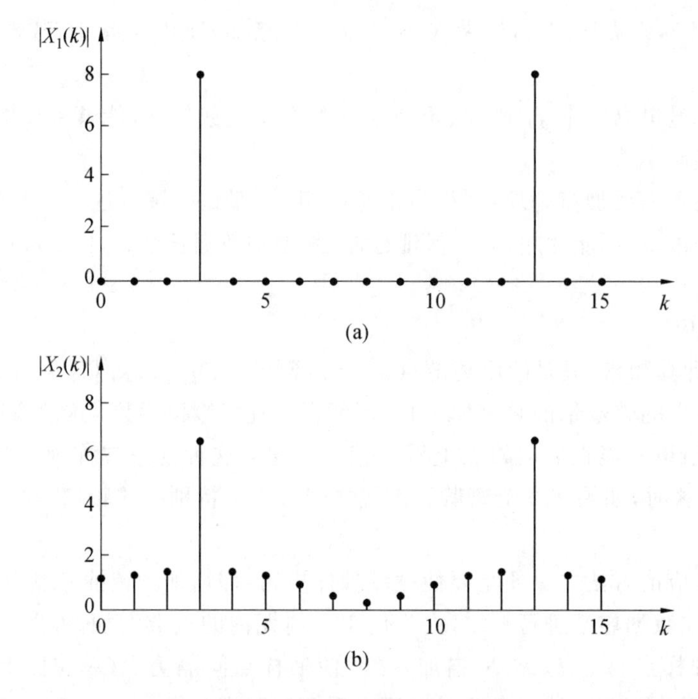

图 5.23　16 点 FFT 的频谱图

需要指出，泄漏也会导致混叠，因为泄漏将会导致频谱的扩展，从而使最高频率有可能超过折叠频率($f_s/2$)，造成频率响应的混叠失真。

泄漏导致的后果还有就是降低频谱的分辨率。此外，由于在主谱线两边形成很多旁瓣，会引起不同频率分量间的干扰，将其称为谱间干扰。特别是若信号谱的旁瓣很强，就可能淹没弱信号的主瓣谱线；或者是另一种情况，把强信号谱的旁瓣误认为是别的信号的谱线，从而造成信号识别错误，这样就会使谱分析产生较大误差。

在进行 FFT 运算时，进行时域截断是不可避免的，从而频谱泄漏和谱间干扰也一定会出现。为尽量减少二者的影响，需增加窗的时域宽度，这会使得相应窗谱的主瓣变窄，但又会导致运算量及所需存储单元的增加；其次，数据不能突然截断，也就是确定窗函数类型时，不要加矩形窗等陡峭变化的窗函数，而是选择各种缓变的窗(例如：三角形窗、升余弦窗、改进的升余弦窗等)，使得窗谱的旁瓣能量更小，进行卷积后造成的泄漏能够减小。

5.6.2　线性卷积的 FFT 算法

1. FFT 的快速卷积法

很多场景会避免直接计算时域卷积，原因之一是卷积的数学运算很烦琐，如果傅里叶变换的复杂程度低于卷积运算的复杂程度，利用频域运算得到时域卷积的结果就很具有吸引力；另外，FFT 算法给出了快速计算 DFT 的途径，利用 FFT，通过频域乘法可使卷积运算速度比传统方法快很多倍。应用FFT算法计算线性卷积和又称为FFT的快速卷积和，下面具体讨论这个问题。

这里以 FIR 数字滤波器为例，作为一个线性时不变系统，其输出信号 $y_1(n)$ 等于单位冲

激响应 $h(n)$ 与输入信号 $x(n)$ 的线性卷积和。$x(n)$、$h(n)$ 和 $y_l(n)$ 均为有限长序列，设 $x(n)$ 长为 L 点，$h(n)$ 长为 M 点，输出信号 $y_l(n)$ 为

$$y_l(n)=\sum_{m=0}^{M-1}h(m)x(n-m)$$

由前面相关结论可知，$y_l(n)$ 的长度为 $L+M-1$ 点。下面讨论直接计算线性卷积和的运算量。观察上式，每个 $x(n)$ 的值都必须和全部的 $h(n)$ 值进行一次相乘，所以一共需要的乘法次数为 LM，这就是直接计算线性卷积所需要的乘法运算量，用 m_d 表示，则

$$m_d=LM$$

用 FFT 算法也就是用圆周卷积来代替前面的线性卷积时，为了不产生混叠现象，必须使 $x(n)$、$h(n)$ 都补零值点，补到至少 $N=L+M-1$，即

$$x(n)=\begin{cases}x(n) & (0\leqslant n\leqslant L-1)\\ 0 & (L\leqslant n\leqslant N-1)\end{cases}$$

$$h(n)=\begin{cases}h(n) & (0\leqslant n\leqslant M-1)\\ 0 & (M\leqslant n\leqslant N-1)\end{cases}$$

然后计算 N 点圆周卷积 $y(n)=x(n)\,Ⓝ\,h(n)$。这时，$y(n)$ 就相当于线性卷积的结果。

下面给出用 FFT 计算 $y(n)$ 的步骤：

① 求 $h(n)$ 的 N 点 FFT $H(k)$；

② 求 $x(n)$ 的 N 点 FFT $X(k)$；

③ 计算 $X(k)$ 和 $H(k)$ 的乘积，令其等于 $Y(k)$；

④ 求 $Y(k)$ 的 N 点 IFFT，根据 DFT 的圆周卷积性质，结果即为 $y(n)$。

步骤 ①、②、④ 均可用 FFT 算法来完成。此时的工作量如下：3 次 FFT 运算共需要 $\frac{3}{2}N\log_2 N$ 次乘法运算，还有步骤 ③ 的 N 次相乘，因此共需要相乘次数为

$$m_F=\frac{3}{2}N\log_2 N+N=N\left(1+\frac{3}{2}\log_2 N\right)\tag{5.58}$$

利用线性相位 FIR 数字滤波器来比较直接计算线性卷积（简称直接法）和 FFT 法计算线性卷积（简称 FFT 法）两种方法的乘法次数。因为线性相位 FIR 数字滤波器满足 $h(n)=\pm h(M-1-n)$，其加权系数约为原来的 $\frac{1}{2}$，因此乘法运算量相应约为原来的 $\frac{1}{2}$，即

$$m_d=\frac{LM}{2}\tag{5.59}$$

设式(5.59) 与式(5.58) 的比值为 K_m，则

$$K_m=\frac{m_d}{m_F}=\frac{LM}{2N\left(1+\frac{3}{2}\log_2 N\right)}\tag{5.60}$$

分两种情况进行讨论。

(1) $x(n)$ 与 $h(n)$ 点数相近。例如，$M=L$，$N=2M-1\approx 2M$ 时，则

$$K_m\approx\frac{ML}{4M\left(1+\frac{3}{2}\log_2(2M)\right)}=\frac{M}{10+6\log_2 M}$$

这样可得表 5.2。

表 5.2　K_m

$M=L$	8	16	32	64	128	256	512	1 024	2 048	4 096
K_m	0.286	0.471	0.8	1.391	2.462	4.414	8	14.629	26.947	49.951

当 $M=8,16,32$ 时，FFT 法的运算量大于直接法的运算量；当 $M=64$ 时，FFT 法稍好；当 $M=512$ 时，FFT 法运算速度可快 8 倍；当 $M=4\ 096$ 时，FFT 法运算速度快 50 倍左右。可以看出，当 $M=L$ 且 M 超过 64 以后，M 越长，FFT 法的好处越明显，因此将圆周卷积称为快速卷积。

(2) 当 $x(n)$ 的点数很多，即当 $L>>M$ 时，有

$$N=L+M-1\approx L,\quad K_m=\frac{m_d}{m_F}\approx\frac{ML}{4L\left(1+\frac{3}{2}\log_2 L\right)}=\frac{M}{2+3\log_2 L}$$

若 L 很大时，K_m 会下降，FFT 法的优点无法体现，需要应用分段卷积或分段过滤的方法。

下面讨论 1 个长序列与 1 个短的有限长序列的卷积运算。例如 $x(n)$ 是很长的序列，通常不能等待 $x(n)$ 全部获取后再进行卷积，否则可能导致输出相对输入有较大的延时。另外，若 $N=L+M-1$ 过大，那么 $h(n)$ 要补很多个零值点，很不经济，而且 FFT 运算需要很长时间，这时 FFT 法的优势很难发挥，因而必须将 $x(n)$ 分成点数和 $h(n)$ 相似的段，分别求出每段的卷积结果，之后应用一定方式将它们合并，得到总输出。对每一段的卷积运算都要采用 FFT 法得到结果。从分段卷积的角度考虑，有重叠相加法和重叠保留法两种方法。

2. 重叠相加法

可设 $h(n)$ 的点数为 M，信号 $x(n)$ 相对 $h(n)$ 为很长的序列。先将 $x(n)$ 分解为很多段，每段为 L 点，L 选择成和 M 的数量级相同，用 $x_i(n)$ 表示 $x(n)$ 的第 i 段：

$$x_i(n)=\begin{cases}x(n) & (iL\leqslant n\leqslant(i+1)L-1)\\0 & (\text{其他})\end{cases}\quad(i=0,1,\cdots)\tag{5.61}$$

根据式(5.61)，输入序列可以表示成

$$x(n)=\sum_{i=0}^{+\infty}x_i(n)\tag{5.62}$$

这样，$x(n)$ 和 $h(n)$ 的线性卷积等于各 $x_i(n)$ 与 $h(n)$ 的线性卷积之和，即

$$y(n)=x(n)*h(n)=\sum_{i=0}^{+\infty}x_i(n)*h(n)\tag{5.63}$$

每一个 $x_i(n)*h(n)$ 都可用上面讨论的快速卷积办法来运算。因为 $x_i(n)*h(n)$ 为 $M+L-1$ 点，故先对 $x_i(n)$ 与 $h(n)$ 补零到 N 点。为便于利用基－2 FFT 算法，一般取 $N=2^m\geqslant M+L-1$，然后再做 N 点的圆周卷积。

$$y_i(n)=x_i(n)\textcircled{N}h(n)$$

因为 $x_i(n)$ 长度为 L 点，而 $y_i(n)$ 为 $M+L-1$ 点(令 $N=M+L-1$)，所以相邻两段输出序列必然有 $M-1$ 个点发生重叠，即前一段的后 $M-1$ 个点和后一段的前 $M-1$ 个点相重叠，如图 5.24 所示。依据式(5.63)，应该使重叠部分相加，之后再和不重叠的部分共同组

成输出 $y(n)$。

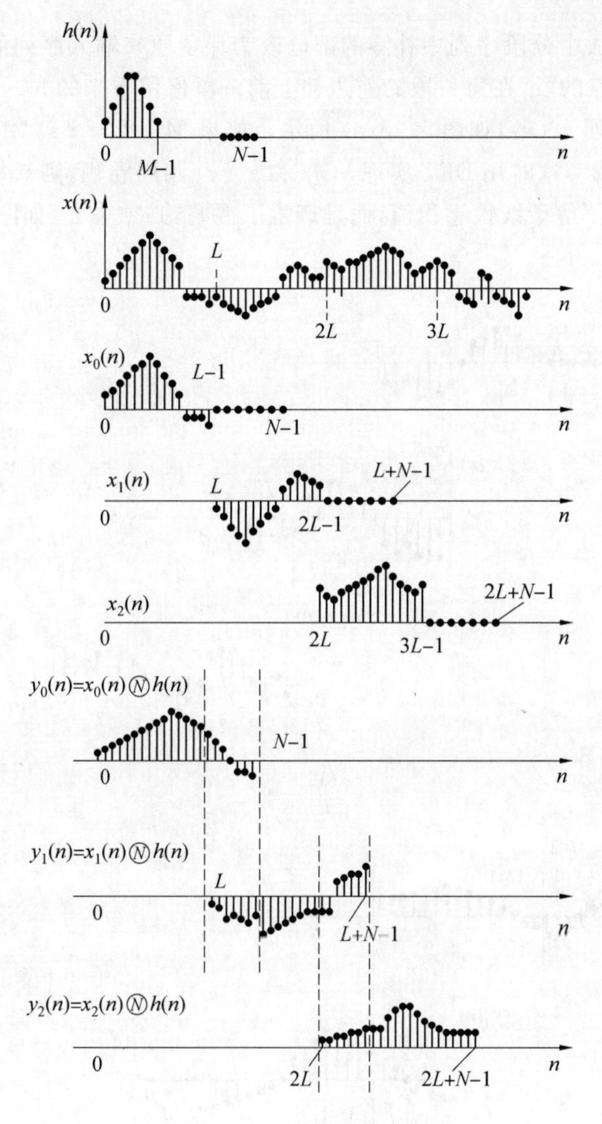

图 5.24　重叠相加法图形

与前面讨论的内容相似，用 FFT 法实现重叠相加法的步骤为：

① 求 $h(n)$ 的 N 点 FFT $H(k)$；

② 求 $x_i(n)$ 的 N 点 FFT $X_i(k)$；

③ 计算 $X_i(k)$ 和 $H(k)$ 的乘积，令其等于 $Y_i(k)$；

④ 求 $Y_i(k)$ 的 N 点 IFFT，根据 DFT 的圆周卷积性质，结果即为 $y_i(n)$；

⑤ 将各段 $y_i(n)$（包括重叠部分）相加得到 $y(n)=\sum_{i=0}^{+\infty} y_i(n)$。

由于线性卷积为各输出段的重叠部分相加而得的，故称此法为重叠相加法。

3. 重叠保留法

如果将重叠相加法中分段序列中补零的部分改为保留原来输入序列的值，即将 $x(n)$ 分为 $L=N-M+1$ 个点的段，在每一段的前边补上前一段保留下来的 $M-1$ 个输入序列值，组成 $M+L-1$ 点序列 $x_i(n)$，如图 5.25(a) 所示。如果 $M+L-1<2^m$，则可在每段序列末端补零值到长度为 2^m，这时用 DFT 实现 $h(n)$ 和 $x_i(n)$ 圆周卷积，则其每段圆周卷积结果的前 $M-1$ 个点的值不等于线性卷积值，而是产生了混叠，必须舍去，如图 5.25(b) 所示。

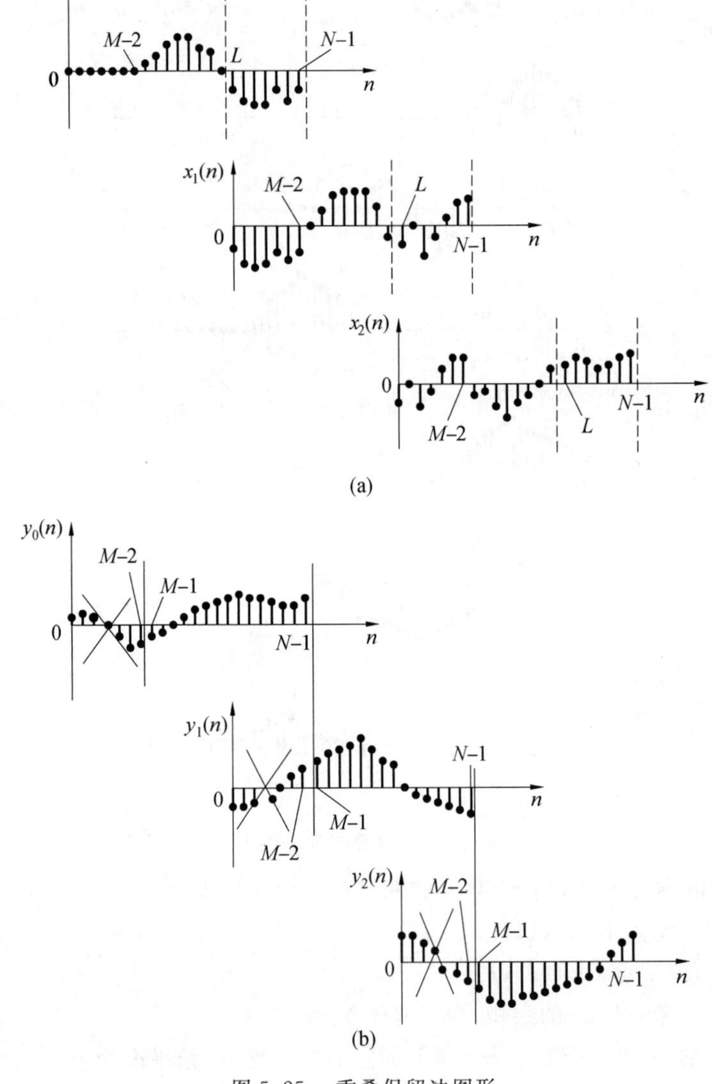

图 5.25　重叠保留法图形

为了证明以上说法，观察图 5.26。任何一段 N 点 $x_i(n)$ 与 $h(n)$（原为 M 点，补零值后也为 N 点）的 N 点圆周卷积为

$$y'_i(n)=x_i(n) \circledN h(n)=\sum_{m=0}^{N-1}x_i(m)h((n-m))_N R_N(n) \tag{5.64}$$

由于$h(m)$长度为M点，当其补零后进行N点圆周移位时，在$n=0,1,\cdots,M-2$的每一种条件下，$h((n-m))_N R_N(n)$在$0\leqslant m\leqslant N-1$范围的尾端出现非零值，而此处$x_i(m)$是有非零数值存在的，图5.26(c)、(d)为$n=0$和$n=M-2$的情况，所以在$0\leqslant n\leqslant M-2$这一部分的$y_i(n)$值中将混入$x_i(m)$末端与$h((n-m))_N R_N(m)$末端的乘积值，从而导致这些点的$y_i(n)$与线性卷积结果不同。然而从$n=M-1$开始到$n=N-1$，$h((n-m))_N R_N(m)=h(n-m)$如图5.26(e)、(f)所示，圆周卷积值与线性卷积值完全相等，$y_i(n)$就是正确的线性卷积值。所以根据前面分析的结论，应把每一段圆周卷积结果的前$M-1$个值去掉，如图5.26(g)所示。

所以为了不使输出信号产生遗漏，当对输入进行分段时，就应使相邻的两段有$M-1$个点重叠。对于前一段$x_0(n)$，因为没有其前面相邻段保留信号，所以需要在序列前填充$M-1$个零值，基于此，若设原输入序列为$x'(n)$，且此序列在$n\geqslant 0$时有非零值，则应该重新定义输入序列

$$x(n)=\begin{cases}0 & (0\leqslant n\leqslant M-2)\\ x'[n-(M-1)] & (M-1\leqslant n)\end{cases} \tag{5.65}$$

而

$$x_i(n)=\begin{cases}x[n+i(N-M+1)] & (0\leqslant n\leqslant N-1)\\ 0 & (其他)\end{cases}\quad (i=0,1,\cdots) \tag{5.66}$$

在上面的公式中，已经把每一段的时间原点放在该段的起始点，而不是$x(n)$的原点。这种分段方法如图5.25所示，图中每段$x_i(n)$和$h(n)$的圆周卷积结果以$y'_i(n)$表示，如图5.25(b)所示，图中已标出每一段输出段开始的$M-1$个点，$0\leqslant n\leqslant M-2$部分则舍弃不用。把相邻各输出段留下的序列衔接起来，就构成了最后想要得到的正确输出，即

$$y(n)=\sum_{i=0}^{+\infty}y_i[n-i(N-M+1)] \tag{5.67}$$

其中

$$y_i(n)=\begin{cases}y'_i(n) & (M-1\leqslant n\leqslant N-1)\\ 0 & (其他)\end{cases} \tag{5.68}$$

这种情况下，每段输出的时间原点放在$y_i(n)$的起始点，而不是$y(n)$的原点。因为每一组相继的输入段都是由$N-M+1$个新点和前一段保留下来的$M-1$个点所组成的，故称为重叠保留法。

5.6.3　线性相关的 FFT 算法

在数字信号处理、随机信号分析及通信中，自相关与互相关运算都十分重要。与前面提及的线性卷积类似，可以利用 FFT 计算相关函数，即利用圆周相关代替线性相关，此方法被称为快速相关，此方法也要利用补零的办法来避免混叠失真。

设$x(n)$为L点有限长序列，$y(n)$为M点有限长序列，则线性相关函数$r_{xy}(n)$为

$$r_{xy}(n)=\sum_{m=0}^{M-1}x(n+m)y^*(m) \tag{5.69}$$

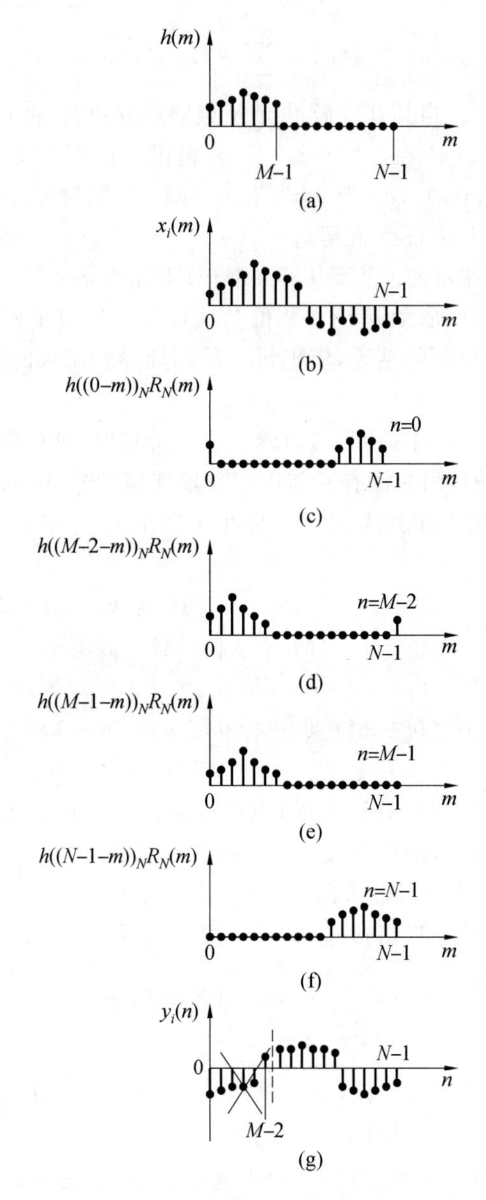

图 5.26　用保留信号代替补零后的局部混叠现象

利用圆周相关代替线性相关(即利用 FFT 求线性相关的具体实现)，选择 $N \geqslant L+M-1$，且 $N=2^m$(m 为正整数)，设

$$x(n)=\begin{cases} x(n) & (0 \leqslant n \leqslant L-1) \\ 0 & (L \leqslant n \leqslant N-1) \end{cases}$$

$$y(n)=\begin{cases} y(n) & (0 \leqslant n \leqslant M-1) \\ 0 & (M \leqslant n \leqslant N-1) \end{cases}$$

根据圆周相关定理，如果

$$R_{xy}(k)=X(k)Y^{*}(k)$$

则

$$r_{xy}(m)=\mathrm{IDFT}[R_{xy}(k)]=\sum_{n=0}^{N-1}y^*(n)x((n+m))_N R_N(m)$$

$$=\sum_{n=0}^{N-1}x(n)y^*((n-m))_N R_N(m)$$

仿照前面利用 FFT 计算线性卷积的思路,求线性相关的计算步骤如下:

① 求 $x(n)$ 的 N 点 FFT $X(k)$;

② 求 $y(n)$ 的 N 点 FFT $Y(k)$;

③ 计算 $X(k)$ 和 $Y^*(k)$ 的乘积,令其等于 $R_{xy}(k)$;

④ 求 $R_{xy}(k)$ 的 N 点 IFFT,根据 DFT 的圆周卷积性质,结果即为 $r_{xy}(n)$。

也可只利用已有的 FFT 程序计算 IFFT,求

$$r_{xy}(n)=\frac{1}{N}\sum_{k=0}^{M-1}R_{xy}(k)W_N^{-nk}=\frac{1}{N}\Big[\sum_{k=0}^{M-1}R_{xy}^*(k)W_N^{nk}\Big] \tag{5.70}$$

即可利用求 $R_{xy}^*(k)$ 的 FFT 后取共轭再乘 $1/N$ 得到 $r_{xy}(n)$。这里所利用的 FFT 方法计算线性相关的运算量与利用 FFT 法计算线性卷积的运算量是相同的。

5.7　线性调频 z 变换算法

设 $x(n)$ 为 1 个有限长序列,根据前面的内容,可以利用 FFT 算法快速计算出全部 $x(n)$ 的 N 点 DFT 值,那么根据 DFT 与 z 变换的关系,相当于计算出 $x(n)$ 的 z 变换 $X(z)$ 在 z 平面单位圆上 N 个等间隔抽样点 z_k 处的抽样值,这里 N 为高度复合数。

实际场景中,有时仅需要信号的某一频段内容,即只计算单位圆上某一段的频谱值即可。例如针对窄带信号计算频谱值,通常不考虑带外,只希望在窄带频率范围内进行密集抽样,以提高计算的频谱分辨率。此种情况(如利用 DFT 方法)则需要增加窄带频率范围内外的频域抽样点数,对带外进行计算,降低计算效率。另外某些场景需要关注非单位圆的抽样,例如语音信号处理中,经常需要知道其 z 变换的极点所在处的复频率,如果极点位置远离单位圆,仅利用单位圆上的频谱很难获取极点对应的复频率,这时需要考虑频域抽样的位置应定位在接近极点的曲线上,即沿着螺旋线对 z 变换抽样;如果 N 是比较大的素数时,不能进行分解,无法有效计算此种序列的 DFT,如 $N=313$,若用基-2 FFT 算法,则需 $N=2^8=512$ 点,应补 209 个零点,浪费大量计算。从以上三方面看,z 变换在螺旋线上抽样适用于这些需要,它可利用 FFT 进行快速计算,将这种变换称为线性调频 z 变换(Chirp-Z Transfrom,CZT),它适用于这种更为一般情况下由 $x(n)$ 求 $X(z_k)$ 的快速变换算法,实际上这种变换聚焦于 z 平面上包括单位圆在内的等高线上的求值问题。

5.7.1　CZT 变换算法原理

已知 $x(n)$ 是长度为 N 的有限长序列,定义区间为 $0\leqslant n\leqslant N-1$。其 z 变换为

$$X(z)=\sum_{n=0}^{N-1}x(n)z^{-n} \tag{5.71}$$

为使 z 可以沿 z 平面更一般的路径(而不仅是单位圆)取值,故沿 z 平面上的一段螺旋线做等

分角的抽样，z 的这些抽样点 z_k 可表示为

$$z_k = AW^{-k} \quad (k=0,1,\cdots,M-1) \tag{5.72}$$

式中，M 为所要分析的复频率的点数，即抽样点的总数，不一定等于 N；A 和 W 都是任意复数，可表示为

$$A = A_0 e^{j\theta_0} \tag{5.73}$$

$$W = W_0 e^{-j\varphi_0} \tag{5.74}$$

将式(5.73)、式(5.74)代入式(5.72)，可得

$$z_k = A_0 e^{j\theta_0} W_0^{-k} e^{jk\varphi_0} = A_0 W_0^{-k} e^{j(\theta_0 + k\varphi_0)} \tag{5.75}$$

这样

$$\begin{aligned} z_0 &= A_0 e^{j\theta_0} \\ z_1 &= A_0 W_0^{-1} e^{j(\theta_0+\varphi_0)} \\ &\vdots \\ z_k &= A_0 W_0^{-k} e^{j(\theta_0+k\varphi_0)} \\ &\vdots \\ z_{M-1} &= A_0 W_0^{-(M-1)} e^{j[\theta_0+(M-1)\varphi_0]} \end{aligned}$$

抽样点 z_k 在 z 平面上所沿的路径如图 5.27 所示。由以上讨论内容和图 5.27 可以看出：

(1)A_0 表示起始抽样点 z_0 的矢量半径长度，通常是 $A_0 \leqslant 1$；否则 z_0 将处于单位圆 $|z| \leqslant 1$ 的外部。

(2)θ_0 表示起始抽样点 z_0 的相角，它可以是正值或负值。

(3)φ_0 表示两相邻抽样点之间的角度差。φ_0 为正时，表示 z_k 的路径是逆时针旋转的；φ_0 为负时，表示 z_k 的路径是顺时针旋转的。

(4)W_0 的大小表示螺线的伸展率。$W_0 > 1$ 时，随着 k 的增加螺旋线内缩；$W_0 < 1$ 时，则随 k 的增加螺旋线外伸；$W_0 = 1$ 时，表示对应于半径为 A_0 的一段圆弧。若又有 $A_0 = 1$，则这段圆弧是单位圆的一部分。

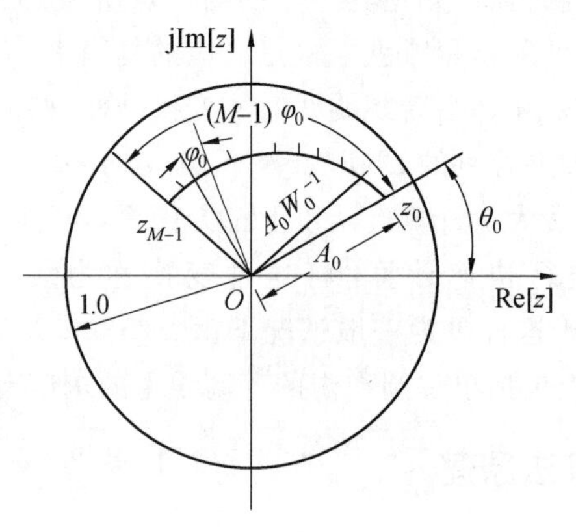

图 5.27　CZT 在 z 平面的螺旋线抽样

在特殊情况时，即 $M=N$，$A=A_0 e^{j\theta_0}=1$，$W=W_0 e^{-j\varphi_0}=e^{-j\frac{2\pi}{N}}$（即 $W_0=1$，$\varphi_0=\dfrac{2\pi}{N}$），各 z_k 就均匀等间隔地分布在单位圆上，这就是求序列的 DFT。

将式(5.72)的 z_k 代入变换表达式(5.71),可得

$$X(z_k)=\sum_{n=0}^{N-1}x(n)z_k^{-n}=\sum_{n=0}^{N-1}x(n)A^{-n}W^{nk}\quad(0\leqslant k\leqslant 1)\tag{5.76}$$

直接计算式(5.76),与直接计算 DFT 相似,总共算出有 M 个抽样点,需要 NM 次复数乘法与 $(N-1)M$ 次复数加法。当 N、M 很大时,计算量十分大,这就限制了运算速度。但通过将符号算子 W^{nk} 的幂 nk 进行一定的变换,则以上运算可以转换为卷积形式,从而可以采用 FFT 算法,这样就可以大大提高运算速度。nk 可以用下面的表达式来替换

$$nk=\frac{1}{2}[n^2+k^2-(k-n)^2]\tag{5.77}$$

将式(5.77)代入式(5.76),可得

$$X(z_k)=\sum_{n=0}^{N-1}x(n)A^{-n}W^{\frac{n^2}{2}}W^{-\frac{(k-n)^2}{2}}W^{\frac{k^2}{2}}=W^{\frac{k^2}{2}}\sum_{n=0}^{N-1}[x(n)A^{-n}W^{\frac{n^2}{2}}]W^{-\frac{(k-n)^2}{2}}\tag{5.78}$$

令

$$g(n)=x(n)A^{-n}W^{\frac{n^2}{2}}\quad(n=0,1,\cdots,N-1)\tag{5.79}$$

则

$$h(n)=W^{-\frac{n^2}{2}}\tag{5.80}$$

它们的卷积为

$$g(k)*h(k)=\sum_{n=0}^{N-1}g(n)h(k-n)=\sum_{n=0}^{N-1}[x(n)A^{-n}W^{\frac{n^2}{2}}]W^{-\frac{(k-n)^2}{2}}\tag{5.81}$$

其中 $k=0,1,\cdots,M-1$,而且式(5.81)是式(5.78)的一部分。可以观察出,z_k 点的 z 变换 $X(z_k)$ 可以通过求 $g(k)$ 和 $h(k)$ 的线性卷积(这里将变量 n 替换成了 k),然后乘 $W^{\frac{k^2}{2}}$ 得到,即

$$X(z_k)=W^{\frac{k^2}{2}}\cdot[g(k)*h(k)]\quad(k=0,1,\cdots,M-1)\tag{5.82}$$

由式(5.82)可以看出,如果对信号 $x(n)$ 按式(5.78)先进行一次加权处理,加权系数为 $A^{-n}W^{\frac{n^2}{2}}$,得到 $g(n)$;然后 $g(n)$ 通过 1 个单位脉冲响应为 $h(n)$ 的线性系统即求出 $g(n)$ 与 $h(n)$ 的线性卷积;最后,对该系统的前 M 点输出再做一次加权,加权系数为 $W^{\frac{n^2}{2}}$,这样就得到了全部 M 点螺旋线抽样值 $X(z_k)(k=0,1,\cdots,M-1)$。这个过程可以用图 5.28 表示。从图中可看到,运算的主要部分是由线性系统来完成的。由于系统的单位冲激响应 $h(n)=W^{-\frac{n^2}{2}}$ 可以想象为频率随时间(n)呈线性增长的复指数序列,在雷达系统中,这种信号称为线性调频信号(Chirp Signal),因此,这里的变换称为线性调频 z 变换。

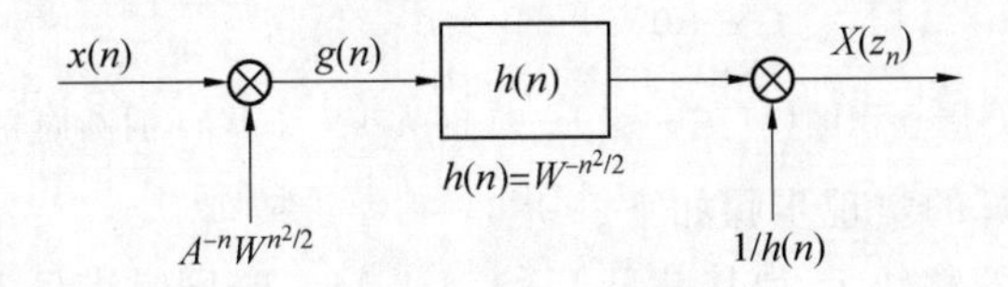

图 5.28　CZT 运算流程

5.7.2 CZT 变换的实现步骤

由式(5.80)可看出,线性系统 $h(n)$ 是非因果的,当 n 的取值为 0 到 $N-1$,k 的取值为 0 到 $M-1$ 时,$h(n)$ 是在 $n=-(N-1)$ 到 $n=M-1$ 范围内取值。即 $h(n)$ 是 1 个有限长序列,长度为 $N+M-1$,如图 5.29(a) 所示。输入信号 $g(n)$ 也是有限长序列,点数为 N。$g(n)*h(n)$ 的点数为 $2N+M-2$,所以用圆周卷积代替线性卷积且不产生混叠的条件是圆周卷积的点数应大于或等于 $2N+M-2$。但是,由于只需要前 M 个值 $X(z_k)(k=0,1,\cdots,M-1)$,之后的其他值是否有混叠失真并不重要,这样可将圆周卷积的点数缩减到最小为 $N+M-1$。当然,为了进行基 -2 FFT 运算,圆周卷积的点数应取为大于等于 $N+M-1$,同时又满足 2 整数次幂的最小值 L。这样可将 $h(n)$ 先进行补零,补到点数等于 L,也就是从 $n=M$ 开始补 $L-(N+M-1)$ 个零值点,补到 $n=L-N$ 处,或者补 $L-(N+M-1)$ 个任意序列值,然后将此序列以 L 为周期进行周期延拓,再取主值序列,便会得到进行圆周卷积的1个序列,如图 5.29(b) 所示。进行圆周卷积的另一个序列只需要将 $g(n)$ 补上零值点,使之成为 L 点序列即可,如图 5.29(c) 所示。

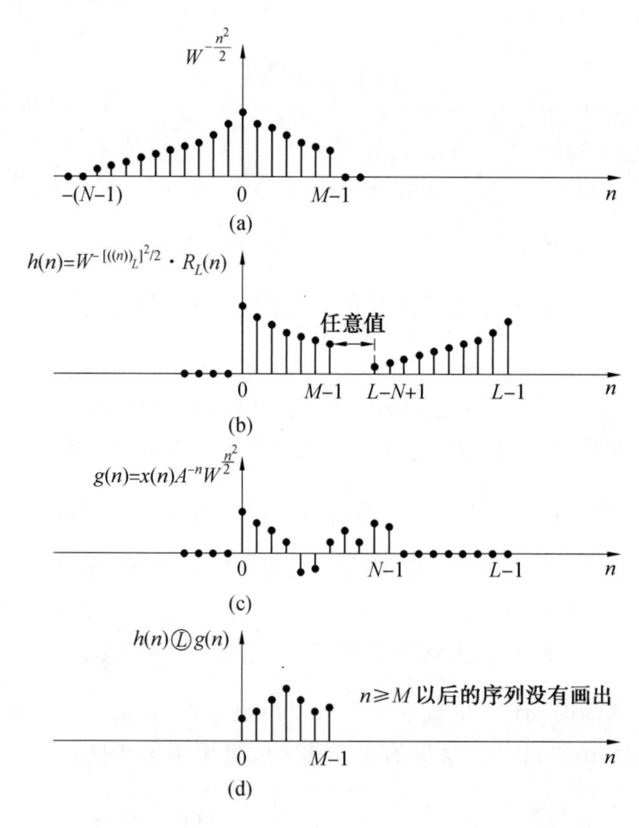

图 5.29 CZT 变换的圆周卷积图($M\leqslant n\leqslant L-1$ 时 $h(n)$ 和 $g(n)$ 的圆周卷积不代表线性卷积)

归纳起来,CZT 运算的实现步骤如下:

(1) 选择 1 个最小的整数 L,使其满足 $L\geqslant N+M-1$,同时满足 $L=2^m$,以便采用基 $-$ 2 FFT 算法。

(2) 将 $g(n)=x(n)A^{-n}W^{\frac{n^2}{2}}$[图 5.29(c)] 补上零值点,变为 L 点序列,因而有

$$g(n)=\begin{cases}A^{-n}W^{\frac{n^2}{2}}x(n) & (0\leqslant n\leqslant N-1)\\ 0 & (N\leqslant n\leqslant L-1)\end{cases} \tag{5.83}$$

然后利用 FFT 算法求此序列的 L 点 DFT

$$G(r)=\sum_{n=0}^{N-1}g(n)\mathrm{e}^{-\mathrm{j}\frac{2\pi}{L}rn}\quad(0\leqslant r\leqslant L-1) \tag{5.84}$$

(3) 按下式形成 L 点序列 $h(n)$,如上所述构造长为 L 的序列 $h(n)$

$$h(n)=\begin{cases}W^{-\frac{n^2}{2}} & (0\leqslant n\leqslant M-1)\\ 0(\text{或任意值}) & (M\leqslant n\leqslant L-N)\\ W^{-\frac{(L-n)^2}{2}} & (L-N+1\leqslant n\leqslant L-1)\end{cases} \tag{5.85}$$

此 $h(n)$ 如图 5.29(b) 所示。也就是图 5.29(a) 的序列 $W^{-\frac{m^2}{2}}$ 以 L 为周期的周期延拓序列的主值序列。

对式(5.85) 定义的 $h(n)$ 序列,用 FFT 法求其 L 点 DFT

$$H(r)=\sum_{n=0}^{L-1}h(n)\mathrm{e}^{-\mathrm{j}\frac{2\pi}{L}rn}\quad(0\leqslant r\leqslant L-1) \tag{5.86}$$

(4) 将 $H(r)$ 和 $G(r)$ 相乘,得 $Q(r)=H(r)G(r)$,$Q(r)$ 为 L 点频域离散序列。

(5) 用 FFT 法求 $Q(r)$ 的 L 点 IDFT,得 $h(n)$ 和 $g(n)$ 的圆周卷积。

$$h(n)\,\textcircled{L}\,g(n)=q(n)=\frac{1}{L}\sum_{r=0}^{L-1}H(r)G(r)\mathrm{e}^{\mathrm{j}\frac{2\pi}{L}rn} \tag{5.87}$$

式中,前 M 个值等于 $h(n)$ 和 $g(n)$ 的线性卷积结果[$h(n)*g(n)$],$n\geqslant M$ 的值没有意义,不必去求。$g(n)*h(n)$ 即 $g(n)$ 与 $h(n)$ 圆周卷积的前 M 个值如图 5.29(d) 所示。

(6) 最后求 $X(z_k)$。

$$X(z_k)=W^{\frac{k^2}{2}}q(k)\quad(0\leqslant k\leqslant M-1) \tag{5.88}$$

由前面的讨论可知,CZT 算法十分灵活。它的输入序列长度 N 和输出序列长度 M 可以不相等,且可为任意整数,包括质数;各 z_k 点间的角度间隔 φ_0 可以是任意值,所以频率分辨率可以调整;计算 z 变换的抽样点的轨迹可以不是圆而是螺旋线;起始点 z_0 可以随意选定,也就是可以从任意频率开始对数据进行分析,便于做窄带高分辨率分析;在特殊情况下,即 $M=N,A=1,W=\mathrm{e}^{-\mathrm{j}\frac{2\pi}{N}}$,CZT 成为 DFT($N$ 为质数也可以)。

习　题

5.1　如果一台通用计算机的速度为平均每次复乘 20 μs,每次复加 5 μs,用它来计算 1 024 点的 DFT[$x(n)$],求直接计算一共需要多少时间,用 FFT 运算一共需要多少时间。

5.2　已知有限长序列 $x(n)=\{\underline{1},2,1,3\}$,利用输入倒位序,输出自然顺序,按时间抽选的 $N=4$ 点基－2 FFT 算法作流图来计算 $x(n)$ 的 4 点 DFT $X(k)$。

5.3　已知有限长序列 $x(n)=\{\underline{1},3,4,2\}$，利用输入自然顺序，输出倒位序，按频率抽选的 $N=4$ 点基－2 FFT 算法作流图来计算 $x(n)$ 的 4 点 DFT $X(k)$。

5.4　设 $x(n)=\{\underline{0},1,0,1,1,1\}$，对 $x(n)$ 进行频谱分析，画出 8 点 FFT 的流程图，用按时间抽选基－2 FFT 算法，并利用此图计算其 8 点 DFT。

5.5　$N=16$ 时，画出按时间抽选法及按频率抽选法的基－2 FFT 流图(时间抽选采用输入倒位序，输出自然顺序；频率抽选采用输入自然顺序，输出倒位序)。

5.6　用微处理机对实序列作频谱分析，抽样点数必须为 2 的整数幂，要求频谱分辨率 $F\leqslant 25$ Hz，信号最高频率 f_{h} 为 2 kHz，确定以下各参数：

(1) 最小记录长度 T_{pmin}；

(2) 最大抽样间隔 $T_{\max}$；

(3) 最少抽样点数 $N_{\min}$；

(4) 在频带宽度不变的情况下，将频率分辨率提高一倍的最少抽样点数 $N'_{\min}$。

5.7　1 个长度为 $N=8\ 192$ 的复序列 $x(n)$ 与 1 个长度为 $L=512$ 的复序列 $h(n)$ 进行卷积运算。

(1) 求直接进行卷积所需(复)乘法次数；

(2) 若用 1 024 点按时间抽选的基－2 FFT 的重叠相加法计算卷积，重复问题(1)。

第6章 数字滤波器的基本结构

6.1 引　　言

一个滤波器从本质而言是一个系统，它可以按期望的要求改变信号的波形、幅频特性和相频特性。滤波是为了从信号中提取信息，或者是进行信号分离，也有些应用场景是为了消除或减少噪声，改善信号的质量，进行信号重建。依据所处理信号的状态，滤波器可分为模拟滤波器和数字滤波器。数字滤波器是数字信号处理领域的一个重要研究内容，它通过离散时间系统来实现，其作用是按照需要将输入序列通过一定的运算转换为符合条件的输出序列。

国内数字滤波器的发展经历了从学习到创新的过程，取得了较多的研究成果。在无限长单位冲激响应（IIR）数字滤波器的设计方面，提出了一些新的稳定性判断和结构优化方法；在有限长单位冲激响应（FIR）数字滤波器的设计方面，提出了新的窗函数和最优逼近方法。对于多维滤波器和自适应滤波器方面，提出了新的设计、算法、实现技术和应用。国内数字滤波器的发展历程，是科技创新的一个具体展现。对于未来数字滤波器的发展，要以党的二十大精神为指导，强化科技创新体系能力，加大多元化科技投入，扩大国际科技交流合作，强化理论与工程相结合的能力，拓展与其他领域交叉和融合的视野，提高应用水平。

随后几节将用前面所学到基本方法来分析数字滤波器，讨论其特点、结构。

6.2　数字滤波器结构的表示方法

6.2.1　数字滤波器的基本概念

滤波器指对输入信号起滤波作用的装置。当输入、输出是离散信号，滤波器的冲激响应是单位抽样响应 $h(n)$ 时，这样的滤波器称为数字滤波器。通常情况下，需要研究线性时不变数字滤波器的特性，如图 6.1 所示。设此类型的数字滤波器输入为 $x(n)$，则其输出 $y(n)$ 可表示为

$$y(n)=x(n)*h(n) \tag{6.1}$$

对式(6.1)两边进行傅里叶变换，则滤波器输出与输入序列的频率函数的关系为

$$Y(\mathrm{e}^{\mathrm{j}\omega})=X(\mathrm{e}^{\mathrm{j}\omega})\cdot H(\mathrm{e}^{\mathrm{j}\omega}) \tag{6.2}$$

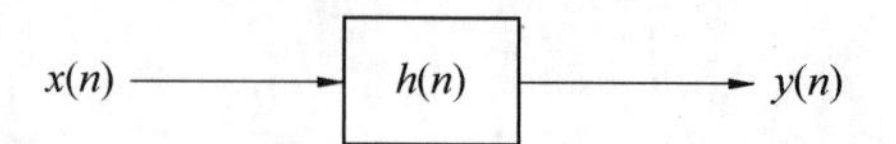

图 6.1　线性时不变数字滤波器的输入、输出与单位抽样响应

6.2.2　数字滤波器的实现方法

数字滤波器一般可以用两种方法来实现：

(1) 设计专用的数字硬件、专用的数字信号处理器或采用通用的数字信号处理器来实现，如图 6.2 所示。

(2) 把滤波器所要完成的运算编成程序并让计算机执行，直接利用通用计算机的软件来实现。

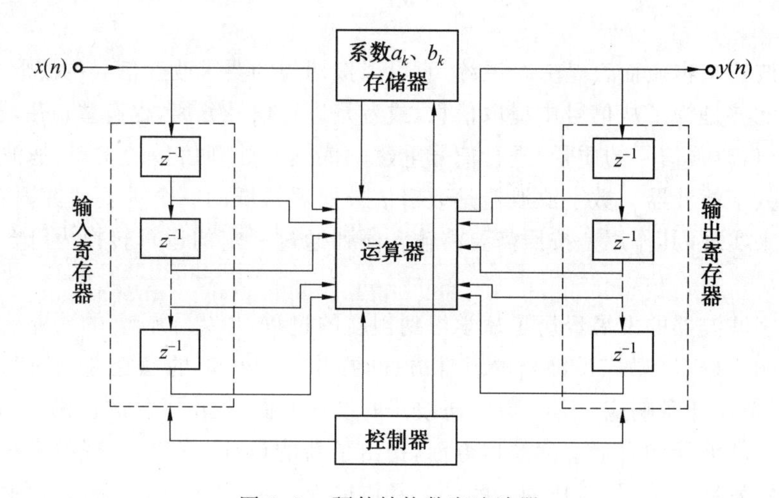

图 6.2　硬件结构数字滤波器

例如，一个数字滤波器，它的系统函数(也即滤波器的传递函数) 如果为

$$H(z)=\frac{Y(z)}{X(z)}=\frac{\sum_{m=0}^{M}b_m z^{-m}}{1-\sum_{k=1}^{N}a_k z^{-k}} \tag{6.3}$$

它所表达的运算可用下面的差分方程来表示

$$y(n)=\sum_{k=1}^{N}a_k y(n-k)+\sum_{m=0}^{M}b_m x(n-m) \tag{6.4}$$

式(6.4) 表示了数字滤波器输入输出关系。滤波是对输入序列 $x(n)$ 进行一定的运算操作，从而得到输出序列 $y(n)$。

6.2.3　数字滤波器的结构表示法

观察式(6.4) 可知，要实现一个数字滤波器，需要进行几种基本运算，分别为加法、单位延时和乘常数，实现基本运算的单元分别为加法器、单位延时器和乘法器。这些基本单元可用两种方法表示，分别为方框图法和信号流图法。研究数字滤波器的运算结构，方框图法最

直观，如图 6.3 所示，方框图能清晰地观察滤波器运算的步骤、乘法与加法运算的次数、所用存储单元的个数等。

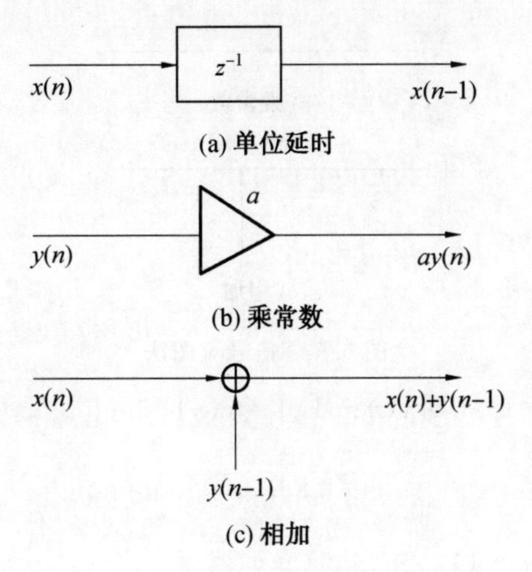

图 6.3　方框图法

1. 方框图法

例 6.1　已知二阶数字滤波器对应的差分方程为

$$y(n)=a_1y(n-1)+a_2y(n-2)+b_0x(n)$$

试给出对应的方框图。

解　方框图结构如图 6.4 所示。

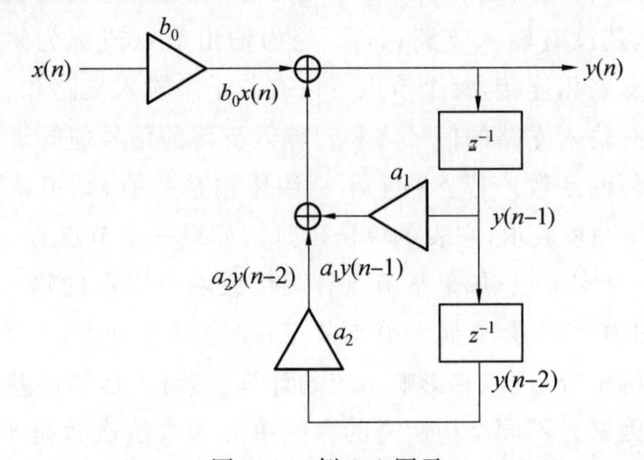

图 6.4　例 6.1 图示

2. 信号流图法

方框图法有一个明显缺点，就是不够简便。鉴于此，滤波器的运算结构常用信号流图法表示，其本质与方框图法等效，只是符号上有差异，但此方法更简单方便，如图 6.5 所示。

图 6.6 所示的一阶数字滤波器的信号流图结构可以用信号流图表达为一个 6 节点的简单图。节点上的信号值称为节点变量或节点状态，图中所示的 6 个节点状态分别是：

①$x(n)$

②$x(n-1)$

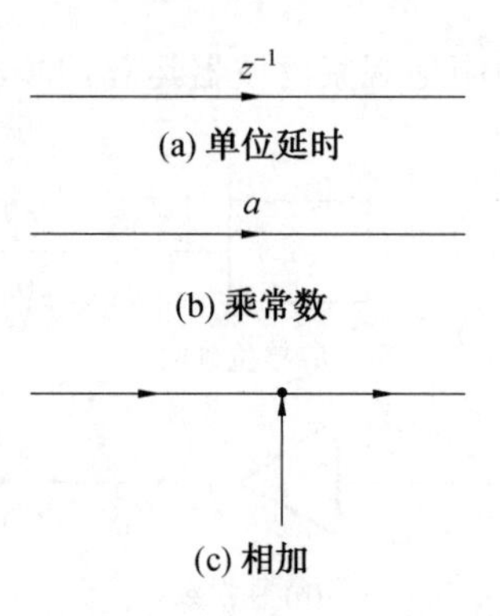

图 6.5　信号流图法

③$a_0x(n)+[a_1x(n-1)+b_1y(n-1)]=y(n)$

④=③

⑤$y(n-1)$

⑥$a_1x(n-1)+b_1y(n-1)$

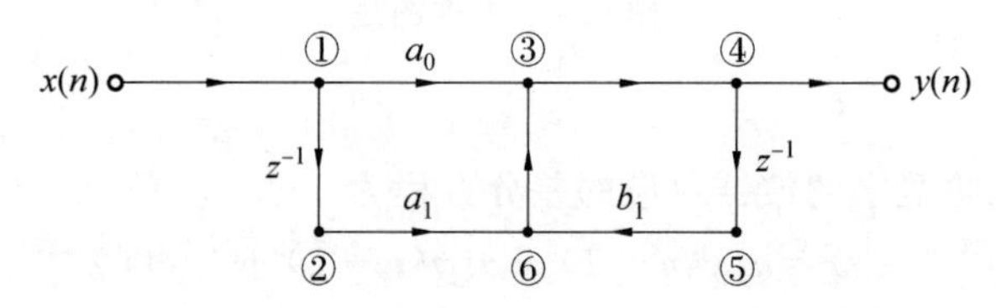

图 6.6　一阶数字滤波器的信号流图结构

图中 ①②③④⑤⑥ 称为网络节点，$x(n)$ 处为输入节点，也称为源节点，表示注入流图的外部输入或信号源，其没有输入支路；$y(n)$ 处为输出节点或称为阱节点，它没有输出支路。节点之间用有向支路相连接，每个节点可以有若干条输入支路和若干条输出支路，任意节点的值等于它的所有输入支路的信号之和。输入支路的信号值等于这一支路起点处节点信号值乘该支路上的传输系数。若支路上不标注传输系数值，则可认为其传输系数为 1。延时支路用延时算子 z^{-1} 来表示，它表示单位延时。如果一个节点有一个输入、一个或多个输出，则此节点相当于分支节点；如果某节点有两个或两个以上的输入，则此节点相当于相加器，又称为和点。图中 ①②④⑤ 属于分支节点，③⑥ 属于和点。

滤波器的运算结构十分重要，它影响系统的计算复杂性、运算误差、存储量、频率响应调节的方便程度等指标因素。不同结构所需的存储单元和乘法次数是不同的，它们分别关联复杂性和运算速度。另外，在有限精度条件下，不同运算结构的误差、稳定性也是不同的。

因为无限长单位冲激响应(IIR) 数字滤波器与有限长单位冲激响应(FIR) 数字滤波器在结构上各自有相异的特点，所以将对它们分别讨论。

6.3　无限长单位冲激响应(IIR)数字滤波器的基本结构

6.3.1　直接型

式(6.3)或式(6.4)中,若至少有一个 a_k 不为 0,则对应无限长单位冲激响应(IIR)数字滤波器系统。IIR 数字滤波器的输出既与现在和以前的输入有关,又与以前的输出有关。滤波器的单位抽样响应 $h(n)$ 是无限长序列,而且存在输出到输入的反馈,即结构是递归型的。一个 IIR 数字滤波器的实现方式不是唯一的,有多种不同的实现方式,相应地,同一个系统函数 $H(z)$ 可以有各种不同的结构形式,主要包括直接型结构、级联型结构和并联型结构,此外还有格型结构和格型梯状结构。本节主要讨论前三种实现结构。

式(6.3)和式(6.4)分别给出了一个 IIR 数字滤波器的有理系统函数和这一系统输入输出关系的 N 阶差分方程,即给出了一种计算方法。式(6.4)为常系数线性差分方程,所以可将 IIR 数字滤波器看作线性时不变(LTI)系统,由式(6.4)可知,滤波器系统的输出 $y(n)$ 由两部分网络级联构成。将式(6.4)前后两部分的顺序进行交换,得

$$y(n)=\sum_{m=0}^{M}b_m x(n-m)+\sum_{k=1}^{N}a_k y(n-k) \tag{6.5}$$

式中,第一部分 $\sum_{m=0}^{M}b_m x(n-m)$ 表示将输入和延时后的输入组成 M 节延时网络,把每节延时抽头后加权(加权系数是 b_m),再把结果相加,即形成一个横向结构网络,是一个非递归系统;第二部分 $\sum_{k=1}^{N}a_k y(n-k)$ 表示将延时后的输出组成 N 节延时网络,也是把每节延时抽头后加权(加权系数是 a_k),再把结果相加,即形成系统;最后的输出 $y(n)$ 是把这两个和式相加构成。由于包含了输出的延时部分,因此系统有反馈网络。

上面介绍的 IIR 数字滤波器实现结构即为直接型结构,这种实现方法对输入信号和输出信号分别采用单独的延迟元件,将此种结构称为直接 Ⅰ 型结构,其结构如图 6.7 所示。由图可知,总网络由上面讨论的两部分网络级联组成,第一个网络实现零点,第二个网络实现极点,而且此种结构需要 $M+N$ 级延时单元,需要的乘法器个数为 $M+N+1$,加法器个数为 $M+N$。

由第 2 章相关内容可知,一个线性时不变系统,若交换其级联子系统的顺序,系统函数不变,即总输入输出关系不发生改变,由此可以得到另一种结构,如图 6.8 所示。它有两个级联子系统,第一个实现系统函数的极点,第二个实现系统函数的零点,需要的乘法器个数为 $M+N+1$,加法器个数为 $M+N$。从图中可知,两行串行延时支路具有相同的输入,因而可以将它们合并,则可得到图 6.9 的结构,称为直接 Ⅱ 型结构。

直接 Ⅱ 型只需要 $\max(N,M)$ 个延时单元,对于 N 阶差分方程,一般情况下 $N\geqslant M$,则需要 N 个延时单元,相比于直接 Ⅰ 型,直接 Ⅱ 型所需延时单元个数较少,这也是实现 N 阶滤波器所需的最少延时单元,所以此种结构又称为典范型(正准型)。与直接 Ⅰ 型相比,直

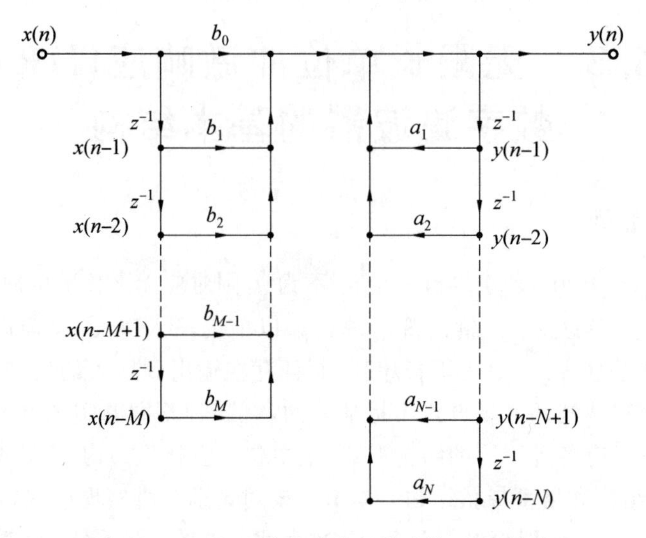

图 6.7　实现 N 阶差分方程的直接 Ⅰ 型结构

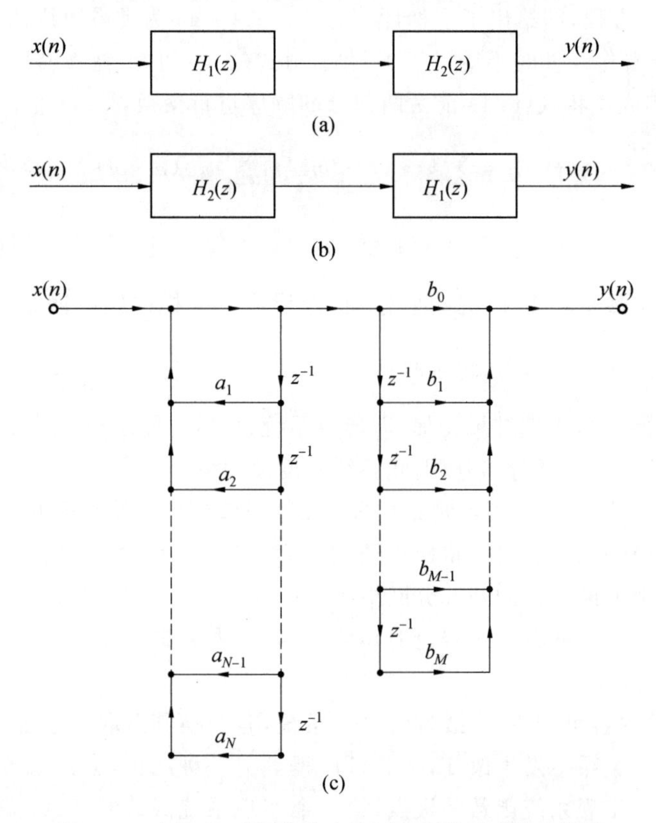

图 6.8　直接 Ⅰ 型网络中交换两个级联子系统的顺序

接 Ⅱ 型可以节省存储单元(软件实现)或节省寄存器(硬件实现)。但是,它们都是直接型的实现方式,有共同的缺点,即二者对系数 a_k、b_m 精度的要求是比较高的。如果从零点、极点的观点进行考虑,系数 a_k 中一个系数的变化将影响滤波器系统各极点的分布;同理,系数 b_m 中一个系数的变化将影响滤波器系统各零点的分布。随着阶数 N 的增大,上面所说的影响

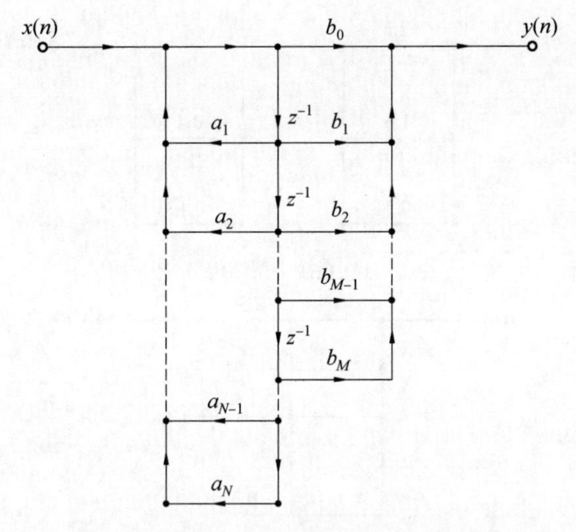

图 6.9　直接 Ⅰ 型到直接 Ⅱ 型的变形

就更大。因此,实际应用中往往很少采用直接型结构实现 IIR 数字滤波器,通常是经过变换,将高阶 IIR 数字滤波器变成若干个不同组合的低阶数字滤波器来应用。

例 6.2　分别用直接 Ⅰ 型及直接 Ⅱ 型结构实现以下 IIR 数字滤波器对应的系统函数

$$H(z)=\frac{5+3.2z^{-1}+0.6z^{-2}}{2+0.8z^{-1}-0.2z^{-2}}$$

解　根据 $H(z)=\frac{Y(z)}{X(z)}=\frac{\sum_{m=0}^{M}b_m z^{-m}}{1-\sum_{k=1}^{N}a_k z^{-k}}$,将已知系统函数分子分母多项式转换为标准形式,即

$$H(z)=\frac{2.5+1.6z^{-1}+0.3z^{-2}}{1+0.4z^{-1}-0.1z^{-2}}=\frac{2.5+1.6z^{-1}+0.3z^{-2}}{1-(-0.4z^{-1}+0.1z^{-2})}$$

对照直接型系统函数通用表达式,有 $a_1=-0.4$,$a_2=0.1$;$b_0=2.5$,$b_1=1.6$,$b_2=0.3$,直接 Ⅰ 型及直接 Ⅱ 型结构分别如图 6.10(a)、(b) 所示。

6.3.2　级联型

把式(6.3) 所示的系统函数进行因式分解,可表示成

$$H(z)=\frac{\sum_{m=0}^{M}b_m z^{-m}}{1-\sum_{k=1}^{N}a_k z^{-k}}=A\frac{\prod_{m=1}^{M_1}(1-p_m z^{-1})\prod_{m=1}^{M_2}(1-q_m z^{-1})(1-q_m{}^{*}z^{-1})}{\prod_{k=1}^{N_1}(1-c_k z^{-1})\prod_{k=1}^{N_2}(1-d_k z^{-1})(1-d_k{}^{*}z^{-1})}\tag{6.6}$$

式中,一阶因式表示实根;p_m 为实零点;c_k 为实极点;二阶因式表示复共轭根;q_m、q_m^* 表示复共轭零点;d_k、d_k^* 表示复共轭极点;A 为实数,$M=M_1+2M_2$,$N=N_1+2N_2$。当 a_k、b_m 为实系数时,式(6.6) 就是最一般的零点、极点表示法。

再将共轭因子展开,构成实系数二阶因子,则得

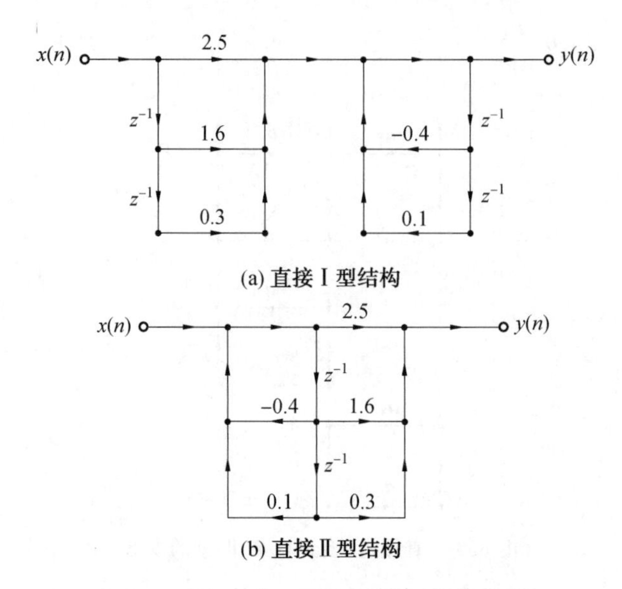

图 6.10　例 6.2 IIR 数字滤波器直接型结构图

$$H(z)=A\frac{\prod_{m=1}^{M_1}(1-p_m z^{-1})\prod_{m=1}^{M_2}(1+\beta_{1m}z^{-1}+\beta_{2m}z^{-2})}{\prod_{k=1}^{N_1}(1-c_k z^{-1})\prod_{k=1}^{N_2}(1-\alpha_{1k}z^{-1}-\alpha_{2k}z^{-2})} \tag{6.7}$$

为了方便，分子取正号，分母取负号；这样，流图上的系数均为正。最后，将两个一阶因子组合成二阶因子（或将一阶因子看成是二阶因子的退化形式），且将分子与分母连乘变量符号统一由 k 标识，则有

$$H(z)=A\prod_k\frac{1+\beta_{1k}z^{-1}+\beta_{2k}z^{-2}}{1-\alpha_{1k}z^{-1}-\alpha_{2k}z^{-2}}=A\prod_k H_k(z) \tag{6.8}$$

根据前面的思路，系统函数 $H(z)$ 的分母（极点网络）和分子（零点网络）总阶数分别为 N 和 M。若 N 或 M 为奇数，则有一个 α_{2k} 或 β_{2k} 为零，这样极点网络或零点网络有一个一阶因子，对应的结构图便有一阶子系统存在。每个一阶、二阶子系统用 $H_k(z)$ 表示，分别称为一阶、二阶基本节，每个基本节都是以直接 Ⅱ 型的结构实现。根据 N 和 M 的奇偶性，基本节对应的零点、极点网络有四种组合情况，如图 6.11 所示。

IIR 数字滤波器级联结构的节数根据具体情况确定，当 $M=N$ 时，共有 $\left\lfloor\frac{N+1}{2}\right\rfloor$ 节，$\left(\left\lfloor\frac{N+1}{2}\right\rfloor\text{表示}\frac{N+1}{2}\text{向下取整}\right)$，此时通常按基本节零点网络和极点网络阶数相等的组合情况实现，即如果 $N\ (M)$ 为奇数，则整个滤波器有一个一阶基本节，如图 6.11(a) 所示，此图与图 6.12 等价。滤波器二阶基本节的个数为 $\left\lfloor\frac{N+1}{2}\right\rfloor-1$，每个二阶基本节如图6.11(d) 表示，即如果 $N\ (M)$ 为偶数，则滤波器只有二阶基本节，其个数为 $\left\lfloor\frac{N+1}{2}\right\rfloor$。整个滤波器是 $H_k(z)$ 的级联，如图 6.13 所示。一个五阶基本节 IIR 数字滤波器系统的级联型结构如图 6.14 实现。

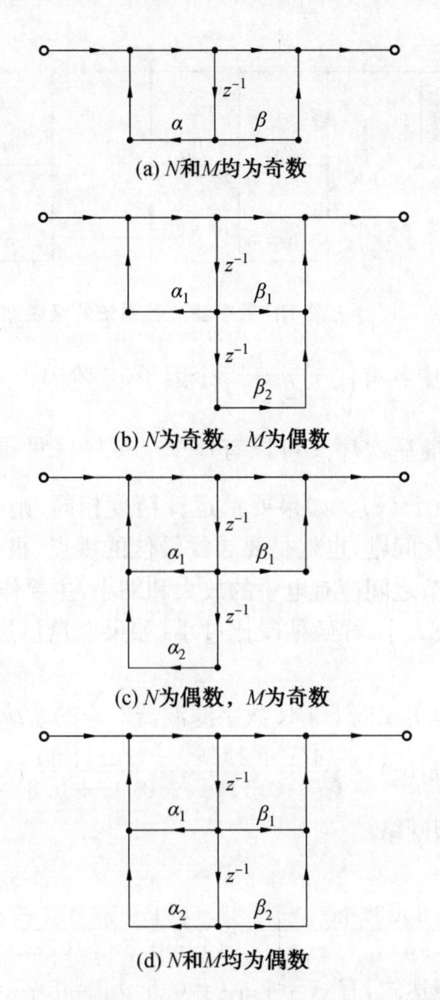

图 6.11　IIR 数字滤波器级联型结构基本节零点、极点网络的组合情况

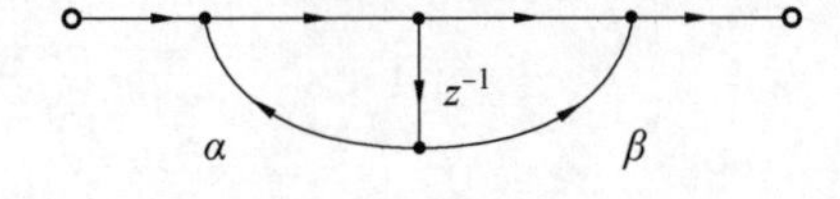

图 6.12　IIR 数字滤波器一阶基本节的另一种表示

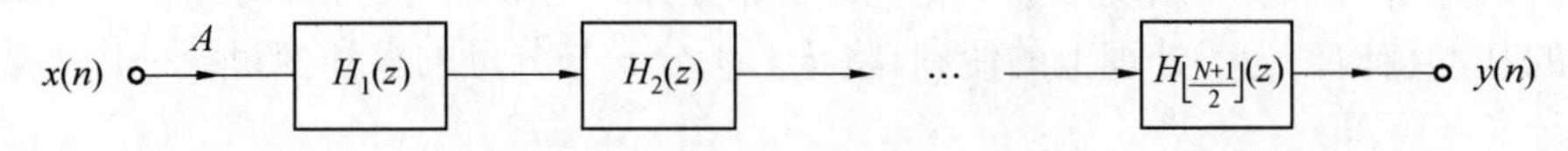

图 6.13　级联型结构($M = N$)

下面了解级联型结构的特点。根据上面讨论的内容可知,α_{1k}、α_{2k} 决定了第 k 对极点,同理 β_{1k}、β_{2k} 决定了第 k 对零点,而对任何一对极点或零点进行调整都不会影响其他零点、极点。因此,级联型结构具有一定的独立性,便于调整滤波器零点、极点,准确实现滤波器的频率响应性能,力争所应用的存储器的个数最少。

另外,$H_k(z)$ 的级联次序是可以交换的,极点对和零点对的搭配(即零点网络和极点网络在一个基本节中)也是任意的,因此,IIR 数字滤波器系统函数 $H(z)$ 的级联型结构并不唯

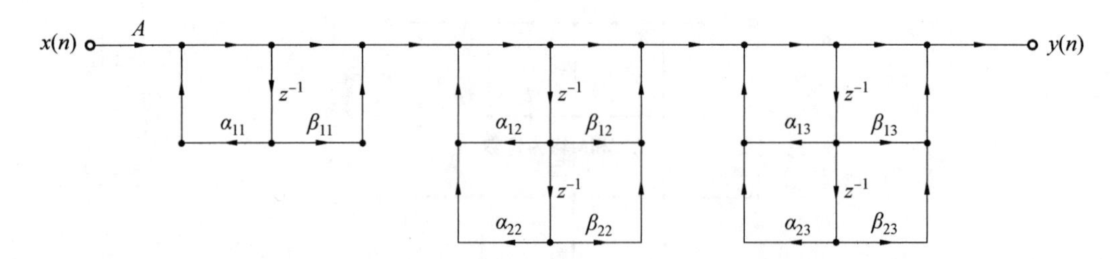

图 6.14　一个五阶 IIR 数字滤波器系统的级联型结构

一。$M=N$ 时，分子和分母中各有$\left(\lfloor \frac{N+1}{2} \rfloor\right)$个因子(二阶因子为主，最多只有一个一阶因子)，这些基本节排列起来，前后次序又可以有$\left(\lfloor \frac{N+1}{2} \rfloor ! \right)$种排法方案，最终多种排列方案对应的是同一个系统函数 $H(z)$。如果要求运算精度相同，则不同的排列方案产生的误差不同，所以存在一个最优化问题，也就是要寻找最佳的零点、极点搭配和最佳的基本节次序排列。此外，级联各基本节之间应有电平的放大和缩小，主要作用是让变量值部分在合理的区间范围内。如果变量值太小，导致信噪比过小；如果变量值过大，导致在定点制运算中出现溢出现象。

例 6.3　用级联型结构实现以下 IIR 数字滤波器对应的系统函数

$$H(z)=\frac{4(z+1)(z^2-1.4z+1)}{(z-0.5)(z^2+0.9z+0.8)}$$

给出符合条件的几种级联型网络。

解

$$H(z)=A\prod_k \frac{1+\beta_{1k}z^{-1}+\beta_{2k}z^{-2}}{1-\alpha_{1k}z^{-1}-\alpha_{2k}z^{-2}}=\frac{4(1+z^{-1})(1-1.4z^{-1}+z^{-2})}{(1-0.5z^{-1})(1+0.9z^{-1}+0.8z^{-2})}$$

对照级联型系统函数通用表达式，有 $A=4$，$\alpha_{11}=0.5$，$\alpha_{21}=0$，$\alpha_{12}=-0.9$，$\alpha_{22}=-0.8$，$\beta_{11}=1$，$\beta_{21}=0$，$\beta_{12}=-1.4$，$\beta_{22}=1$，由此可以给出几种符合条件的 IIR 数字滤波器级联型结构，如图 6.15 所示。

6.3.3　并联型

将因式分解的滤波器系统函数 $H(z)$ 展成部分分式的形式，便可得到并联型的 IIR 数字滤波器的基本结构。为了处理上的便利，将 $H(z)$ 分子与分母的求和变量统一用 k 表示，则

$$H(z)=\frac{\sum_{k=0}^{M} b_k z^{-k}}{1-\sum_{k=1}^{N} a_k z^{-k}}=\sum_{k=1}^{N_1} \frac{A_k}{1-c_k z^{-1}}+\sum_{k=1}^{N_2} \frac{B_k(1-g_k z^{-1})}{(1-d_k z^{-1})(1-d_k^* z^{-1})}+\sum_{k=0}^{M-N} G_k z^{-k} \tag{6.9}$$

此公式是最一般的表达式，其中 $N=N_1+2N_2$，由于 a_k、b_k 是实数，所以 A_k、B_k、g_k、c_k、G_k 均为实数，d_k^* 与 d_k 互为复共轭。当 $M<N$ 时，不包含 $\sum_{k=0}^{M-N} G_k z^{-k}$ 项；当 $M=N$ 时，$\sum_{k=0}^{M-N} G_k z^{-k}$ 项退化为 G_0。一般 IIR 数字滤波器皆满足 $M\leqslant N$ 的条件。式(6.9) 表示系统是由 N_1 个一

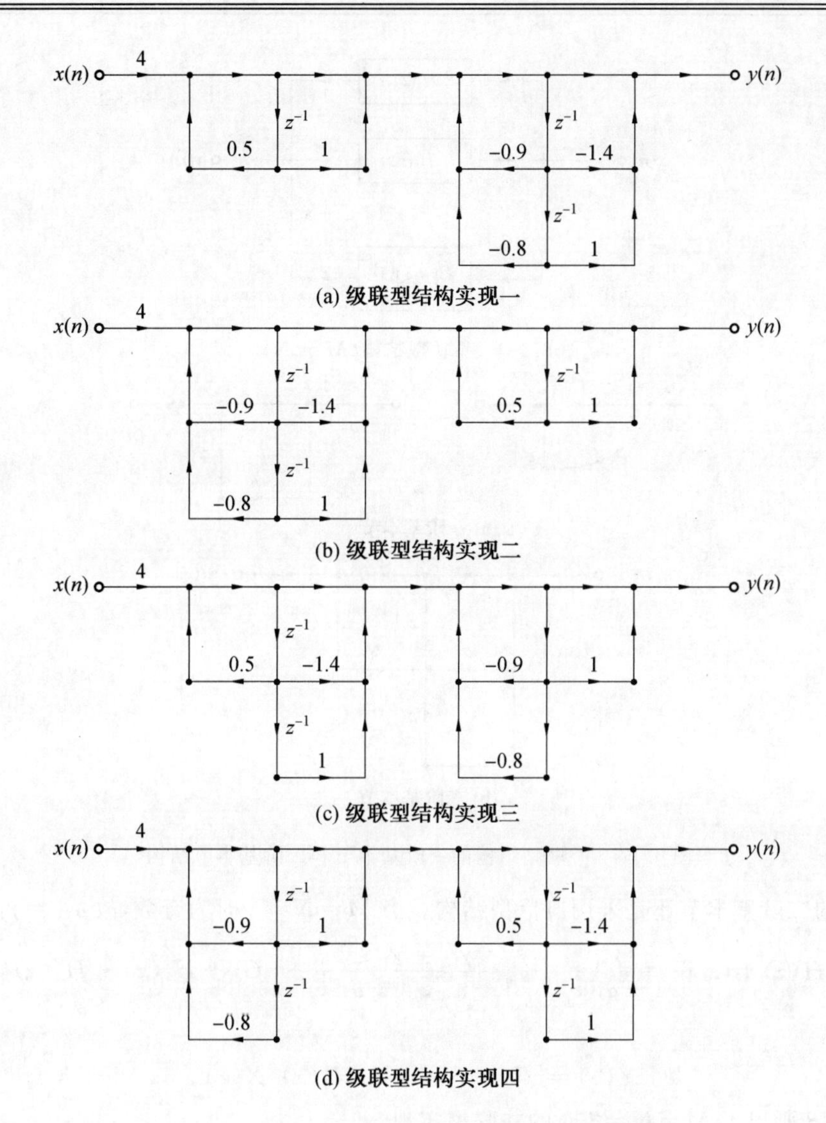

图 6.15　例 6.3 IIR 数字滤波器级联型结构图

阶系统、N_2 个二阶系统以及延时加权单元并联组合而成的。其结构实现如图 6.16 所示。而这些一阶和二阶系统都采用直接 Ⅱ 型结构实现。当 $M=N$ 时，$H(z)$ 可表为

$$H(z)=G_0+\sum_{k=1}^{N_1}\frac{A_k}{1-c_k z^{-1}}+\sum_{k=1}^{N_2}\frac{\gamma_{0k}+\gamma_{1k}z^{-1}}{1-\alpha_{1k}z^{-1}-\alpha_{2k}z^{-2}} \tag{6.10}$$

并联型结构的一阶基本节、二阶基本节的结构如图 6.17 所示。

一般情况下，为了结构上的一致性，以便多路复用，需要将一对对的实极点也组合成实系数二阶多项式，当 $M=N$ 时，可表示成

$$H(z)=G_0+\sum_{k=1}^{\lfloor (N+1)/2\rfloor}\frac{\gamma_{0k}+\gamma_{1k}z^{-1}}{1-\alpha_{1k}z^{-1}-\alpha_{2k}z^{-2}}=G_0+\sum_{k=1}^{\lfloor (N+1)/2\rfloor}H_k(z) \tag{6.11}$$

当 N 为奇数时，包含一个一阶节，即

$$\alpha_{2k}=\gamma_{1k}=0 \tag{6.12}$$

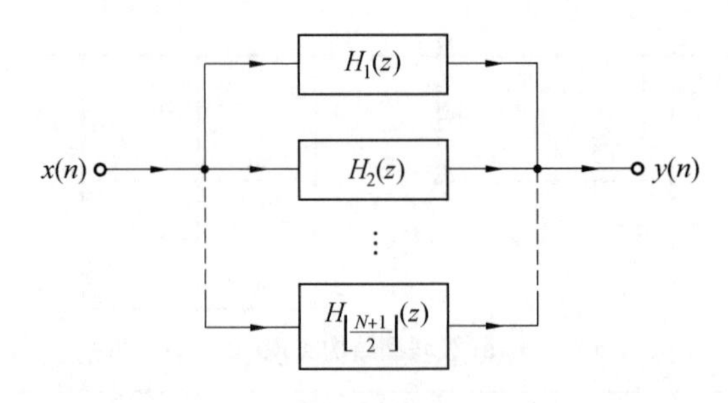

图 6.16　并联型结构($M=N$)

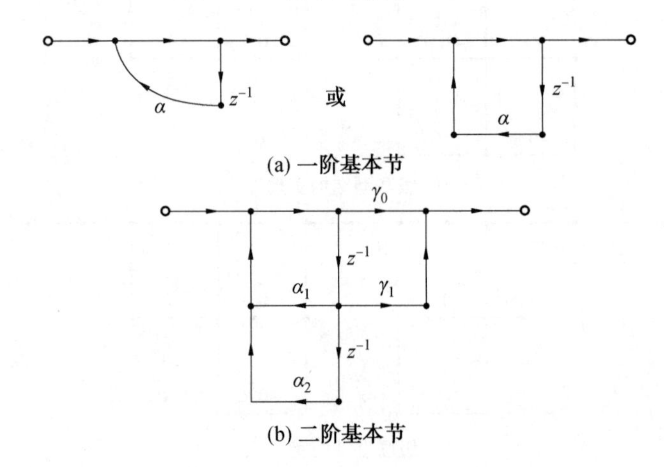

图 6.17　并联型结构的一阶基本节和二阶基本节结构

并联的二阶基本节还是采用典范型结构。当 $M=N=3$ 时为奇数，故 $\alpha_{21}=\gamma_{11}=0$，

$$H(z)=G_0+\frac{\gamma_{01}}{1-\alpha_{11}z^{-1}}+\frac{\gamma_{02}+\gamma_{12}z^{-1}}{1-\alpha_{12}z^{-1}-\alpha_{22}z^{-2}}=G_0+H_1(z)+H_2(z)$$

所以

$$Y(z)=[G_0+H_1(z)+H_2(z)]X(z)$$

图 6.18 画出了 $M=N=3$ 时的并联型实现。

并联型结构可以通过调整 α_{1k}、α_{2k} 来单独调整一对极点的位置，但不能像级联型结构单独调整零点的位置，因此对要求准确传输零点的应用场景，适宜采用级联型结构。并联型结构信号加到各个子网络上，所以其运算速度要快于级联型。各并联基本节的误差互相没有影响，所以其误差较级联型的误差一般稍小。若存在高阶节点，则部分分式展开的处理会很复杂，也可以借助某些数值计算工具解决这个问题。

例 6.4　用并联型结构实现以下 IIR 数字滤波器对应的系统函数

$$H(z)=\frac{5.2+1.58z^{-1}+1.41z^{-2}-1.6z^{-3}}{(1-0.5z^{-1})(1+0.9z^{-1}+0.8z^{-2})}$$

解　对系统函数 $H(z)$ 进行因式分解并展成部分分式，得

$$H(z)=\frac{5.2+1.58z^{-1}+1.41z^{-2}-1.6z^{-3}}{(1-0.5z^{-1})(1+0.9z^{-1}+0.8z^{-2})}=4+\frac{0.2}{1-0.5z^{-1}}+\frac{1+0.3z^{-1}}{1+0.9z^{-1}+0.8z^{-2}}$$

对照并联型结构通用系统函数表达式，可知各系数值如下：

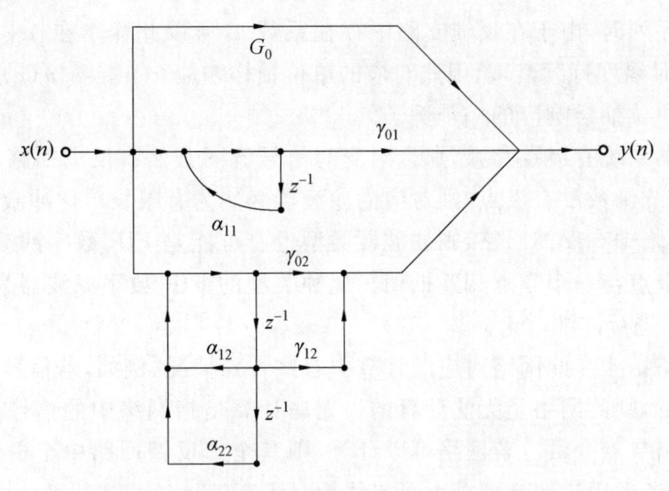

图 6.18　三阶 IIR 数字滤波器的并联型结构

$$G_0=4,\quad \alpha_{11}=0.5,\quad \alpha_{21}=0,\quad \alpha_{12}=-0.9,\quad \alpha_{22}=-0.8$$

$$\gamma_{01}=0.2,\quad \gamma_{11}=0,\quad \gamma_{02}=1,\quad \gamma_{12}=0.3$$

IIR 数字滤波器并联型结构图如图 6.19 所示。

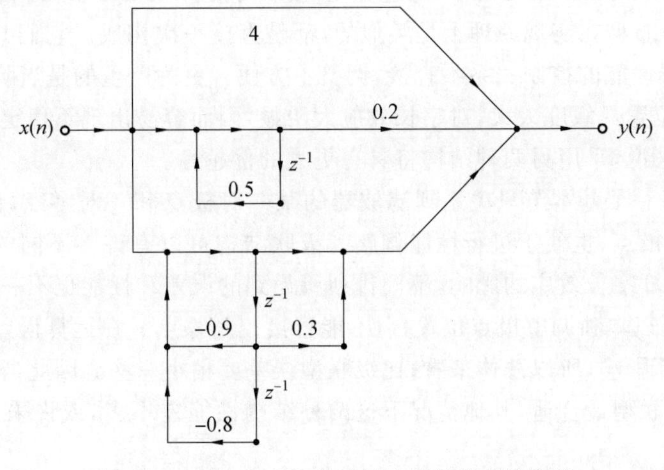

图 6.19　例 6.4 IIR 数字滤波器并联型结构图

除了以上三种基本结构，还有其他结构，这主要取决于线性信号流图理论中的多种运算处理方法。当然无论何种结构，对应的各种流图都要保持输入到输出的关系不变，也就是 $H(z)$ 不变。

6.3.4　IIR 数字滤波器中的反馈

以上介绍的 IIR 数字滤波器的各种结构均有反馈回路，即都有闭合路径，此种结构回路内某一节点的变量值与本身有关。众所周知，IIR 数字滤波器的单位抽样响应 $h(n)$ 是无限长序列，体现在结构图上必然要有反馈回路的存在。如果没有反馈回路，则系统函数 $H(z)$ 除 $z=0$ 之外，仅有零点存在，而且零点的个数小于或等于网络中延迟单元的个数。

以图 6.17(a) 所示结构对应的单一系统为例，此基本节是一个具有反馈回路的系统，当

输入为单位抽样序列时，由于在反馈支路中存在系数 a，所以此样本在 $|a|>1$ 时幅度持续增加，在 $|a|<1$ 时幅度持续衰减，因此对应的单位抽样响应 $h(n)=a^n u(n)$。此即为反馈回路能产生无限长单位抽样响应的一个例子。

若一个滤波器系统有极点存在，那么对应的信号流图必然有反馈回路。如果网络内没有反馈回路，且系统函数没有极点，则对应的滤波器必然为有限长单位冲激响应(FIR)数字滤波器，但如果网络中有反馈回路，则滤波器类型也有可能是 FIR 数字滤波器，原因是此滤波器系统函数的极点与一个零点相互抵消。此种类型的 FIR 数字滤波器为频率抽样结构，在6.4 节中将对比进行详细讨论。

网络中的回路结构在此网络对应的计算中有些特殊情况，例如，若信号流图中的节点变量不能依次计算时，则此网络是无法计算的。无法计算是指网络中的信号流图对应的差分方程无法逐次求出节点变量。若网络可以计算，则其全部反馈回路中至少包含一个单位延迟单元。所以，在考虑用流图实现一个具有线性时不变特性的滤波器系统中，不要出现无延迟的回路。

6.3.5 IIR 数字滤波器的几种结构形式的性能总结

(1) 直接Ⅰ型需要 $2N$ 级延时单元，直接Ⅱ型只需要 N 级延时单元，节省了大量资源。

(2) 直接Ⅰ、Ⅱ型在实现原理上是类似的，都是直接一次构成。它们共同的缺点是，系数 a_k、b_m 对滤波器性能的控制关系不直接，调整不方便。更为严重的是当阶数 N 较高时，直接型结构的极点位置灵敏度太大，对字长效应太明显，因而容易出现不稳定现象并产生较大误差。因此一般来说，采用另两种结构将具有更大的优越性。

(3) 级联型每一个基本节只关系到滤波器的某一对极点和一对零点，能够便于准确实现滤波器的零点、极点，也便于进行性能调整。级联结构可以有许多不同的搭配方式，在实际工作中，由于运算字长效应的影响，不同排列所得到的误差和性能也不一样。

(4) 并联型可以单独调整极点位置，但不能直接控制零点。在运算误差方面，并联型各基本节的误差互不影响，所以总体来看，比级联型误差要稍小一些。因此当要求有准确的传输零点时，采用级联型最合适，其他情况下这两种结构性能差不多，或许采用并联型稍好一点。

6.3.6 转置定理

如果将线性时不变原网络中所有支路方向加以倒转，且将输入 $x(n)$ 和输出 $y(n)$ 交换，其系统函数 $H(z)$ 仍不改变。

这里不给出其证明过程。利用转置定理，可将上面讨论的各种典型结构加以转置，得到新的网络结构。例如，对直接Ⅱ型结构，如图 6.9 所示，可对其进行转置，形成的新型网络如图 6.20 所示。如将图 6.20 转换成习惯形式，即输入在左方，输出在右方，则可转换成图 6.21 的形式。

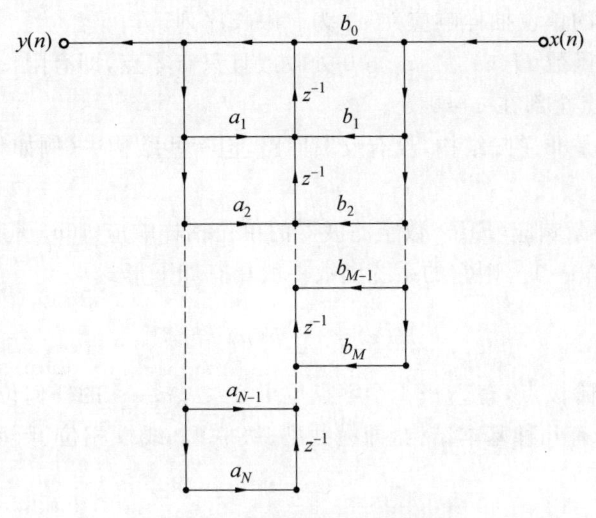

图 6.20　直接 Ⅱ 型结构的转置

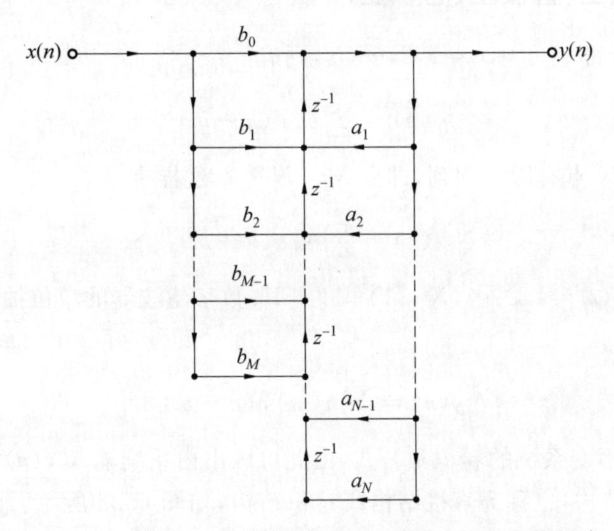

图 6.21　将图 6.20 画成输入在左、输出在右的习惯形式

6.4　有限长单位冲激响应(FIR)数字滤波器的基本结构

6.3 节讨论了 IIR 数字滤波器的直接型、级联型和并联型等基本结构，这些结构对应的系统函数均存在零点、极点。有限长单位冲激响应(FIR)数字滤波器的系统函数除 $z=0$ 外，仅包含零点。比较第 3 章中介绍的 IIR 系统和 FIR 系统的概念，结合 IIR 数字滤波器直接型和级联型的特点可知，FIR 系统也有直接型和级联型两种结构，而且可以作为 IIR 系统这两种结构各自的特例，当然 FIR 系统也有其他类型的结构，后面将会进行详细讨论。

下面先了解 FIR 数字滤波器的几个主要特点：

(1) 滤波器系统的单位抽样响应 $h(n)$ 为有限长序列。

(2) 滤波器系统函数 $H(z)$ 在 $|z|>0$ 处收敛且只有零点，即有限 z 平面只有零点。如果系统为因果，则极点全部在 $z=0$ 处。

(3) 结构上主要是非递归结构，没有反馈回路，但有些结构中(例如频率抽样结构)也包含有反馈的递归部分。

设有限长单位冲激响应(FIR)数字滤波器的单位抽样响应 $h(n)$ 是一个有限长序列，其长度为 N，$0\leqslant n\leqslant N-1$。则它的系统函数一般具有如下形式

$$H(z)=\sum_{n=0}^{N-1}h(n)z^{-n} \tag{6.13}$$

即 $z=0$ 处为 $N-1$ 阶极点，有 $N-1$ 个零点位于 $0<z<\infty$ 的任何位置。

FIR 数字滤波器有几种基本结构，即横截型、级联型、线性相位、频率抽样型、快速卷积结构。

6.4.1　横截型(直接型、卷积型)

令式(6.4)的全部 $a_k=0,k=1,2,\cdots,N$，则有

$$y(n)=\sum_{m=0}^{M}b_m x(n-m) \tag{6.14}$$

一般研究的是 N 点有限长序列，即令 $M=N-1$，这样有

$$y(n)=\sum_{m=0}^{N-1}b_m x(n-m)$$

从上式可以看出，$b_m(m=1,2,\cdots,N-1)$ 即为 FIR 数字滤波器的单位抽样响应 $h(m)$，则此式又可以写成

$$y(n)=\sum_{m=0}^{N-1}h(m)x(n-m) \tag{6.15}$$

式(6.15)是线性时不变系统的卷积和公式，由此可画出由系统输入 $x(n)$ 延时链构成FIR数字滤波器的横截型结构，也称为直接结构或卷积结构，如图 6.22 所示。因为延迟单元位于图的顶部，所以也称此结构为抽头延迟线结构。沿着延迟链每个抽头的信号被各个单位抽样响应值加权，再将所得乘积相加得到滤波器的输出 $y(n)$。

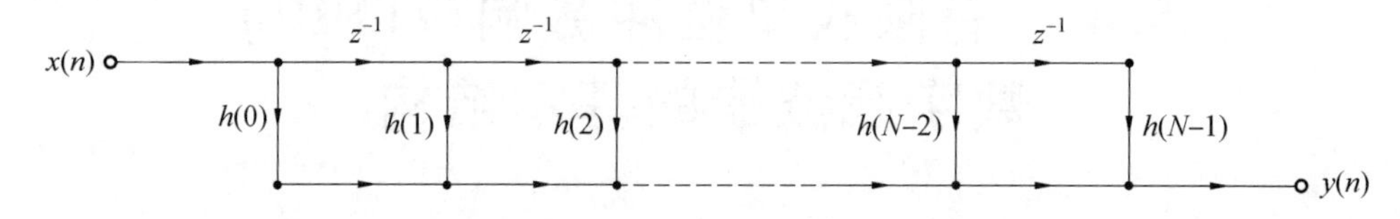

图 6.22　FIR 数字滤波器的横截型结构 1

图 6.22 中的滤波器结构称为横截型或直接型结构，也称为卷积型结构。根据转置定理，稍加改变可以得到图 6.23 所示的另一种结构，也是直接型的。

FIR 数字滤波器的 $N-1$ 阶横截型结构乘法次数为 $N-1$，加法次数为 N。

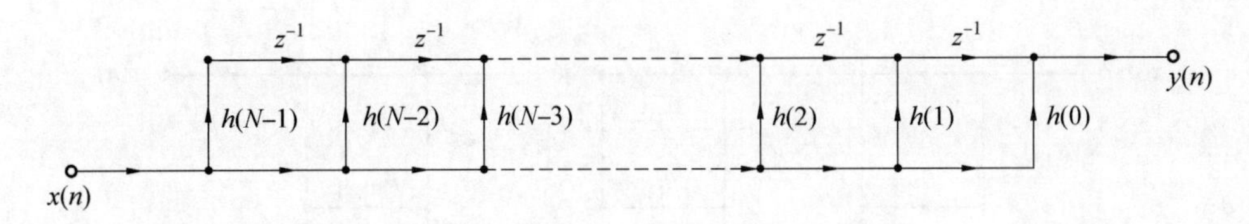

图 6.23　FIR 数字滤波器的横截型结构 2

例 6.5　已知 FIR 数字滤波器的系统函数为

$$H(z)=\left(1-\frac{1}{2}z^{-1}\right)(1+6z^{-1})(1-2z^{-1})\left(1+\frac{1}{6}z^{-1}\right)(1-z^{-1})$$

试画出此 FIR 系统的横截型结构。

解　由 $H(z)$ 可求得滤波器对应的单位抽样响应 $h(n)$ 为

$$h(n)=\left(1,\frac{8}{3},-\frac{205}{12},\frac{205}{12},-\frac{8}{3},-1\right)\quad(n=0,1,2,3,4,5)$$

则

$$y(n)=x(n)+\frac{8}{3}x(n-1)-\frac{205}{12}x(n-2)+\frac{205}{12}x(n-3)-\frac{8}{3}x(n-4)-x(n-5)$$

此 FIR 数字滤波器的横截型结构如图 6.24 所示。

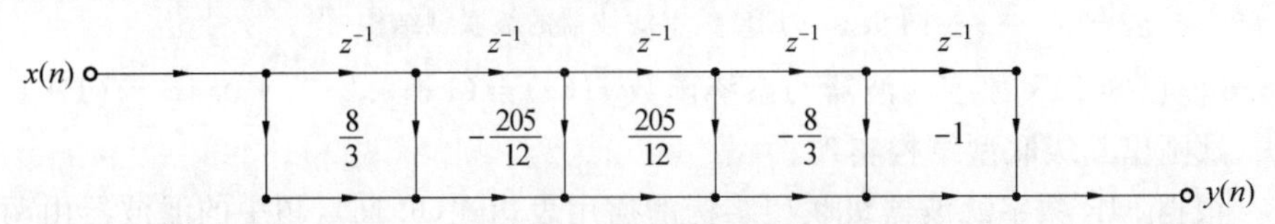

图 6.24　例 6.5 FIR 数字滤波器的横截型结构

6.4.2　级联型

将式(6.13)进行因式分解，可得

$$H(z)=\sum_{n=0}^{N-1}h(n)z^{-n}=\prod_{k=1}^{\lfloor N/2\rfloor}(\beta_{0k}+\beta_{1k}z^{-1}+\beta_{2k}z^{-2})=\prod_{k=1}^{\lfloor N/2\rfloor}H_k(z)\tag{6.16}$$

式中，$\lfloor \frac{N}{2} \rfloor$ 表示取 $\frac{N}{2}$ 的整数部分，例如 $N=5$ 时，$\lfloor \frac{5}{2} \rfloor=2$。

如果 N 为偶数时，$N-1$ 为奇数，则有一个基本节对应 $\beta_{2k}=0$，这是由于有奇数个根，其中的复数根成共轭对，必为偶数，一定会有奇数个实根，这样 FIR 系统中有且仅有一个一阶基本阶，$\lfloor \frac{N}{2} \rfloor-1$ 个二阶基本阶；如果 N 为奇数时，$N-1$ 为偶数，则系统的子网络均为二阶，且其个数为 $\lfloor \frac{N}{2} \rfloor$。FIR 数字滤波器的级联型结构如图 6.25 所示，每一个基本节利用了图 6.22 的横截型结构。

FIR 数字滤波器的级联型结构每一节均控制相应的零点，所以可应用于控制传输零点。不过级联型结构所需系数 $\beta_{ik}(i=0,1,2)$ 多于直接型结构所需系数 $h(n)$，因此级联型所需乘法次数也比直接型所需乘法次数多。

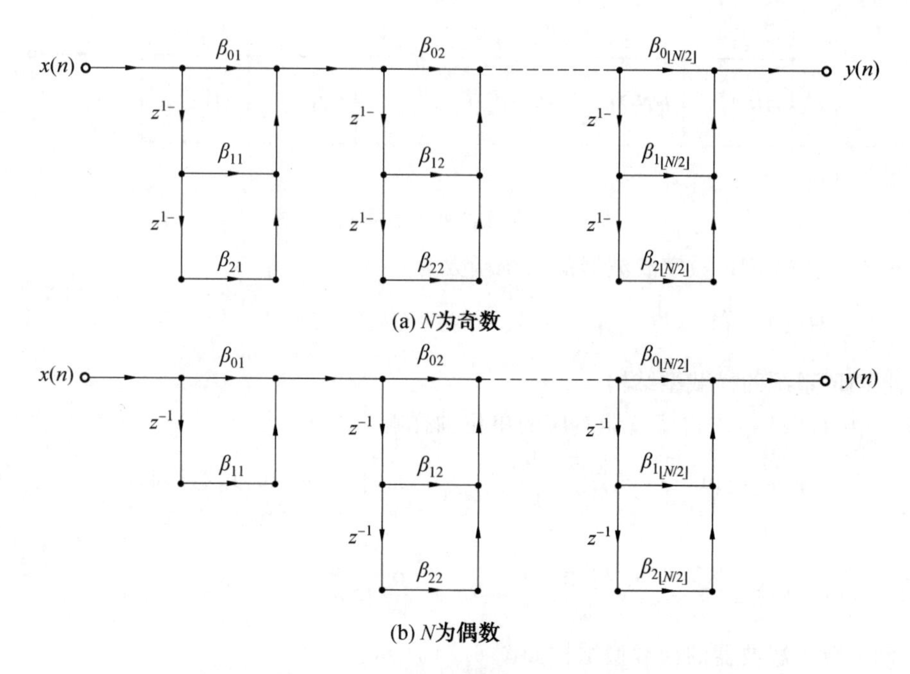

图 6.25　FIR 数字滤波器的级联型结构

例 6.6　已知 FIR 数字滤波器的系统函数 $H(z)=(1+0.2z^{-1}+0.4z^{-2})(1+0.3z^{-1}+0.5z^{-2})$，试画出其级联型结构实现。

解　根据 FIR 数字滤波器级联型结构的通用表达式(6.16)，题中的滤波器由两个基本节级联而成，每个基本节对应的系数分别为

$$\beta_{01}=1,\quad \beta_{11}=0.2,\quad \beta_{21}=0.4$$

$$\beta_{02}=1,\quad \beta_{12}=0.3,\quad \beta_{22}=0.5$$

再结合图 6.25，可画出此题的 FIR 级联型实现，如图 6.26 所示。

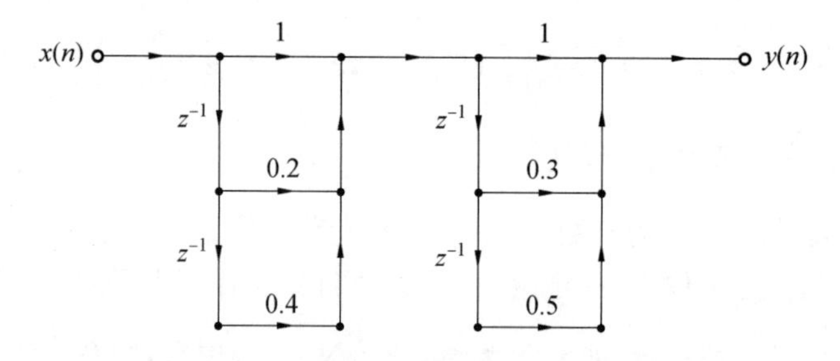

图 6.26　例 6.6 FIR 数字滤波器的级联型结构

6.4.3　线性相位 FIR 数字滤波器

实际应用中，例如数据传输和图像处理场景均要求系统具有线性相位，FIR 数字滤波器最吸引人的特点之一是能将其设计成具有线性相位。具有线性相位的 FIR 数字滤波器的单位抽样响应 $h(n)$ 具有偶对称或奇对称特性。若 $h(n)$ 满足偶对称，则有

$$h(n)=h(N-1-n) \tag{6.17}$$

图 6.27 所示为偶对称序列 $h(n)$。现在分析具有这样冲激响应的 FIR 系统的幅度和相位特点。将 FIR 系统的系统函数重写为

$$H(z)=z^{-\frac{N-1}{2}}\sum_{n=0}^{N-1}h(n)\left[\frac{1}{2}z^{-(n-\frac{N-1}{2})}+\frac{1}{2}z^{n-\frac{N-1}{2}}\right] \tag{6.18}$$

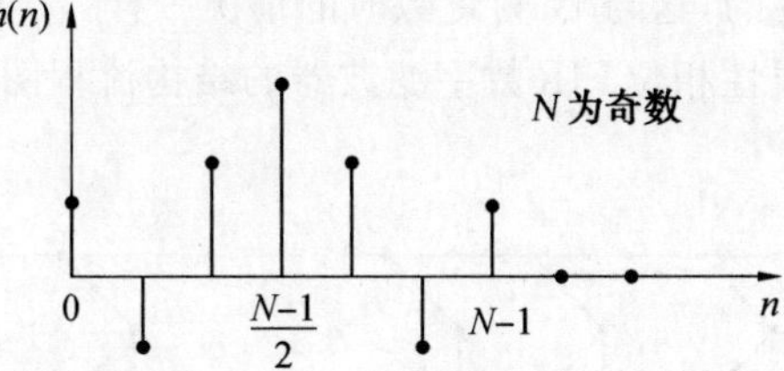

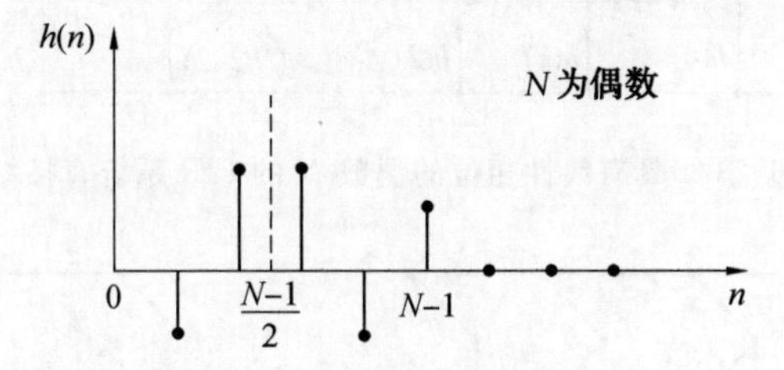

图 6.27　偶对称序列 $h(n)$

令 $z=\mathrm{e}^{\mathrm{j}\omega}$，可得系统的频率响应为

$$H(\mathrm{e}^{\mathrm{j}\omega})=\underbrace{\mathrm{e}^{-\mathrm{j}\omega\frac{N-1}{2}}}_{\mathrm{e}^{\mathrm{j}\varphi(\omega)}}\cdot\underbrace{\sum_{n=0}^{N-1}h(n)\cos\left[\omega\left(n-\frac{N-1}{2}\right)\right]}_{H(\omega)} \tag{6.19}$$

则 $\varphi(\omega)=-\omega\dfrac{N-1}{2}$ 为线性相位。

下面分两种情况进行讨论：

(1) N 为偶数时，利用式(6.19)，可得系统的幅度响应为

$$\begin{aligned}H(\omega)&=\sum_{n=N/2}^{N-1}2h(n)\cos\left[\omega\left(n-\frac{N-1}{2}\right)\right]\xrightarrow{m=n-\frac{N}{2}+1}\\&=\sum_{m=1}^{N/2}2h(m+\frac{N}{2}-2)\cos\left[\omega\left(m-\frac{1}{2}\right)\right]\\&=\sum_{n=1}^{N/2}b(n)\cos\left[\omega\left(n-\frac{1}{2}\right)\right]\end{aligned} \tag{6.20}$$

其中 $b(0)=0,b(n)=2h(n+\dfrac{N}{2}-1)(n\geqslant 1)$。$H(\omega)$ 对 $\omega=\pi$ 是呈奇对称的，而相位响应是严格线性的。

(2) N 为奇数时，利用式(6.19)，可得系统的幅度响应为

$$\begin{aligned}H(\omega)&=h\left(\frac{N-1}{2}\right)+\sum_{n=(N+1)/2}^{N-1}2h(n)\cos\left[\omega\left(n-\frac{N-1}{2}\right)\right]\xrightarrow{m=n-\frac{N-1}{2}}\\&=h\left(\frac{N-1}{2}\right)+\sum_{m=1}^{(N-1)/2}2h\left(m+\frac{N-1}{2}\right)\cos m\omega\end{aligned}$$

$$= \sum_{n=0}^{(N-1)/2} a(n)\cos n\omega \tag{6.21}$$

式中，$a(0)=h\left(\frac{N-1}{2}\right)$；$a(n)=2h\left(n+\frac{N-1}{2}\right)$ $(n\geqslant 1)$。$H(\omega)$ 对 $\omega=0,\pi,2\pi$ 各点是偶对称的；相位响应是严格线性的，这与 N 为奇数时的情况一样。

N 为偶数和奇数时，线性相位FIR数字滤波器的结构流程图分别如图6.28和图6.29所示。

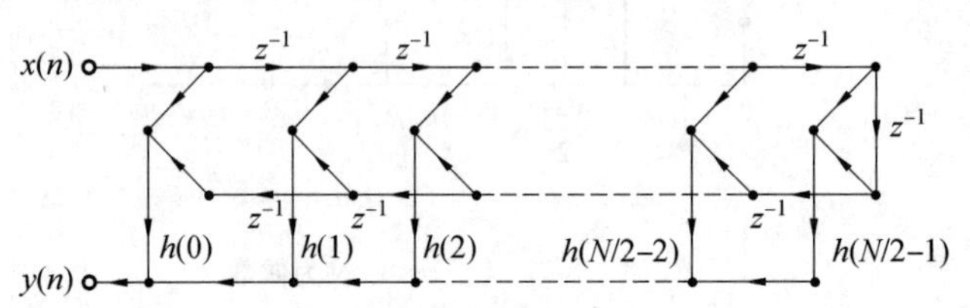

图 6.28　具有线性相位的偶数 N 的 FIR 系统直接结构

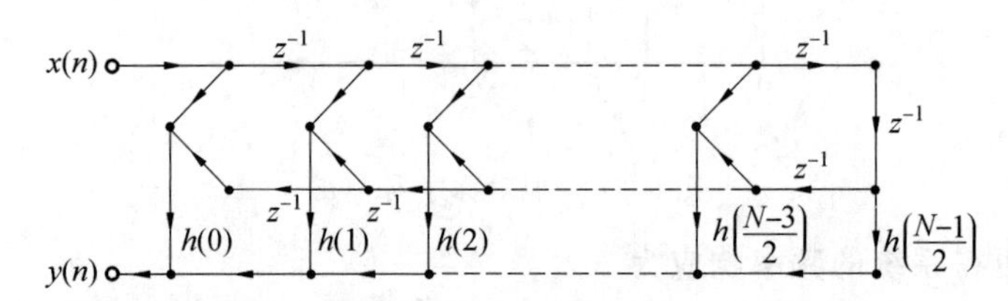

图 6.29　具有线性相位的奇数 N 的 FIR 系统直接结构

从图中可以看出，线性相位 N 阶 FIR 数字滤波器只需要 $N/2$ 次(N 为偶数) 或$(N+1)/2$ 次(N 为奇数) 乘法。

用与上面相似的方法可以证明，当 FIR 系统的单位抽样响应 $h(n)$ 为奇对称时，即

$$h(n)=-h(N-1-n) \tag{6.22}$$

系统同样具有线性相位特性。

还是以偶对称为例，由于线性相位FIR数字滤波器的单位抽样响应 $h(n)$ 必须满足 $h(n)=h(N-1-n)$，因此它的零点位置受到严格的限制。根据对称条件，有

$$H(z)=\sum_{n=0}^{N-1}h(n)z^{-n}=\sum_{n=0}^{N-1}h(N-1-n)z^{-n} \tag{6.23}$$

令 $m=N-1-n$，得到

$$H(z)=\sum_{n=0}^{N-1}h(n)z^{-n}=\sum_{n=0}^{N-1}h(m)z^{-(N-1-m)}$$

$$=z^{-(N-1)}\sum_{m=0}^{N-1}h(m)z^{m}=z^{-(N-1)}H(z^{-1}) \tag{6.24}$$

式(6.24)表明，$H(z)$ 和 $H(z^{-1})$ 除相差 $N-1$ 个样本间隔外，没有什么不同。因此，如果 z_k 是 $H(z)$ 的零点，那么 z_k^{-1} 也是 $H(z)$ 的零点。

这就是说，线性相位 FIR 数字滤波器的零点必须是互为倒数的共轭对。冲激响应为偶对称的线性相位FIR数字滤波器，它的系统函数多项式的系统是镜像对称的。例如，四阶系统的系统函数的形式是

$$a+bz^{-1}+cz^{-2}+bz^{-3}+az^{-4}$$

而五阶系统函数的形式是

$$a+bz^{-1}+cz^{-2}+cz^{-3}+bz^{-4}+az^{-5}$$

关于线性相位 FIR 的内容，在后续章节中还要进一步进行详细分析。

6.4.4　频率抽样型

前面讨论了有限长序列可以进行频域抽样。现设 $h(n)$ 是长度为 N 的有限长序列，因此也可以对其对应的系统函数 $H(z)$ 在单位元上做 N 等分抽样，这个抽样值也就是 $h(n)$ 的离散傅里叶变换值 $H(k)$，即

$$H(k)=H(z)\big|_{z=W_N^{-k}}=\mathrm{DFT}[h(n)] \tag{6.25}$$

用频率抽样表达 z 函数的内插公式为

$$H(z)=(1-z^{-N})\ \frac{1}{N}\sum_{k=0}^{N-1}\frac{H(k)}{1-W_N^{-k}z^{-1}} \tag{6.26}$$

式(6.26) 为 FIR 数字滤波器提供了另外一种实现结构，即

$$H(z)=\frac{1}{N}(1-z^{-N})\sum_{k=0}^{N-1}\frac{H(k)}{1-W_N^{-k}z^{-1}}=\frac{1}{N}H_c(z)\left[\sum_{k=0}^{N-1}H_k(z)\right] \tag{6.27}$$

所以整个 FIR 数字滤波器的结构可以看作由两部分级联而成，级联的第一部分 $H_c(z)$(图 6.30) 为

$$H_c(z)=1-z^{-N} \tag{6.28}$$

这是一个由 N 节延时单元构成的梳状滤波器，可看作是一个 FIR 数字滤波器的子系统。

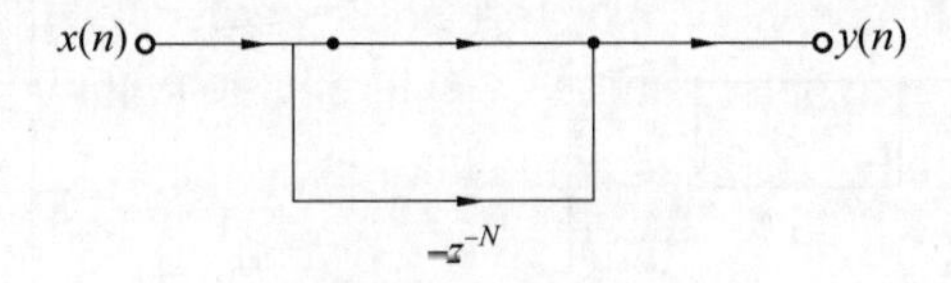

图 6.30　梳状滤波器

它在单位圆上有 N 个等分的零点，即

$$1-z^{-N}=0$$

$$z_i=\mathrm{e}^{\mathrm{j}\frac{2\pi}{N}i}=W_N^{-i}\quad (i=0,1,\cdots,N-1)$$

它的频率响应为

$$|H_c(\mathrm{e}^{\mathrm{j}\omega})|=2\left|\sin\left(\frac{N}{2}\omega\right)\right|$$

其图形是梳齿状的，如图 6.31 所示。

第二部分是一组并联的一阶网络

$$\sum_{k=0}^{N-1}H_k(z)$$

其中每一个一阶网络都是一个谐振器，构成一个谐振器柜

$$H_k(z)=\frac{H(k)}{1-W_N^{-k}z^{-1}} \tag{6.29}$$

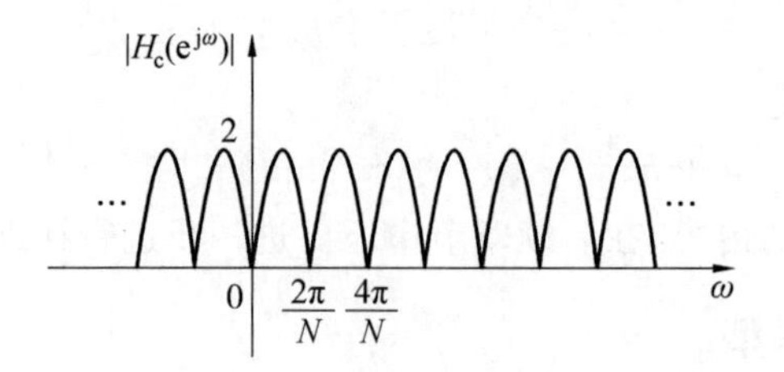

图 6.31　梳齿状频响

这个一阶网络在单位圆上有一个极点

$$z_k = W_N^{-k} = e^{j\frac{2\pi}{N}k}$$

因此网络对频率为 $\omega = \frac{2\pi}{N}k$ 的响应将是 ∞，所以，网络是一个谐振频率为 $\frac{2\pi}{N}k$ 的无耗谐振器。这些并联谐振器的极点正好各自抵消一个梳状滤波器的零点，从而使在这个频率点上的响应等于 $H(k)$。

由这样两部分级联起来后，就得到图 6.32 所示的总结构。这个结构的特点是它的系数 $H(k)$ 直接就是滤波器在 $\omega = \frac{2\pi}{N}k$ 处的响应。因此控制滤波器的响应是很直接的。

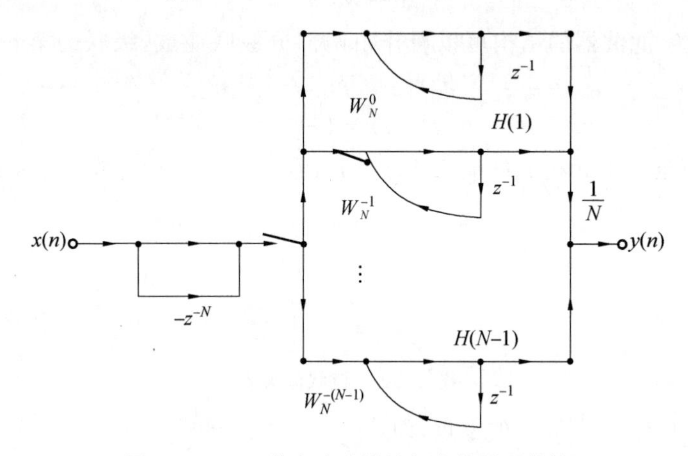

图 6.32　FIR 数字滤波器的频率抽样型结构

但是此类型的滤波器结构有两个主要的缺点，分别为：

(1) 所有的相乘系数 W_N^{-k}、$H(k)$ 都是复数，乘起来较麻烦。

(2) 所有谐振器的极点都在单位圆上，考虑到系数量化的影响，有些极点实际上是不能与梳状滤波器的零点相抵消的，这样导致系统是不稳定的。

为了克服这个缺点，首先做一下修正，将所有的谐振器的极点从单位圆向内收缩一点，使它处在一个靠近单位圆但半径比单位圆小($r \leqslant 1$) 的圆上，同时，梳状滤波器的零点也移到 r 圆上，也即将频率抽样由单位圆移到修正半径圆上，如图 6.33 所示。

修正后，系统函数的表达式为

$$H(z) = \frac{1 - r^N z^{-N}}{N} \sum_{k=0}^{N-1} \frac{H_r(k)}{1 - rW_N^{-k} z^{-1}} \tag{6.30}$$

式中，$H_r(k)$ 是修正点上的抽样值。不过由于修正半径 $r \approx 1$，因此 $H_r(k) \approx H(k)$ 。即

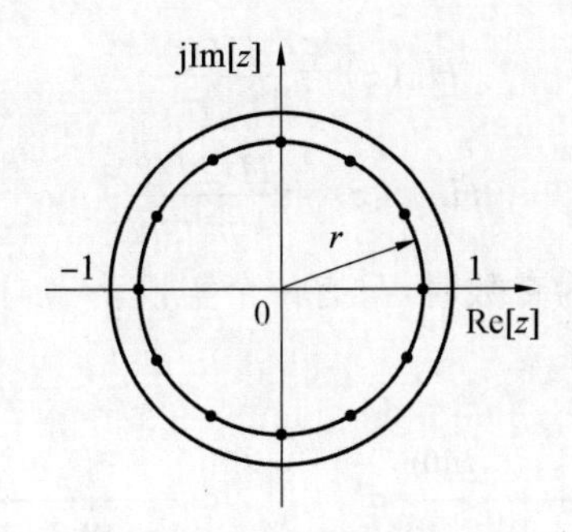

图 6.33　将频率抽样由单位圆移到修正半径圆上

$$H_r(k)=H(z)\big|_{z=rW_N^{-k}}=H(rW_N^{-k})\approx H(W_N^{-k})=H(k)$$

所以

$$H(z)\approx(1-r^N z^{-N})\frac{1}{N}\sum_{k=0}^{N-1}\frac{H(k)}{1-rW_N^{-k}z^{-1}} \tag{6.31}$$

另外，为了使系数为实数，可以将谐振器的共轭根合并，这些共轭根在圆周上是对称的。也就是

$$W_N^{-(N-k)}=W_N^k=(W_N^{-k})^*$$

同时，如果 $h(n)$ 为实序列，则它的 DFT 也是周期共轭对称的。

$$H(k)=H^*(N-k)\quad(k=1,2,\cdots,N-1) \tag{6.32}$$

基于此，可以将第 k 和第 $N-k$ 个谐振器合并为一个二阶网络：

$$H_k(z)\approx\frac{H(k)}{1-rW_N^{-k}z^{-1}}+\frac{H(N-k)}{1-rW_N^{-(N-k)}z^{-1}}=\frac{H(k)}{1-rW_N^{-k}z^{-1}}+\frac{H^*(k)}{1-rW_N^{*-k}z^{-1}}$$

$$=\frac{\alpha_{0k}+\alpha_{1k}z^{-1}}{1-2rz^{-1}\cos\left(\frac{2\pi}{N}k\right)+r^2z^{-2}}\quad\left(0<k<\frac{N}{2}\right) \tag{6.33}$$

式中

$$\begin{cases}\alpha_{0k}=2\mathrm{Re}[H(k)]\\ \alpha_{1k}=-2r\mathrm{Re}[H(k)W_N^k]\end{cases} \tag{6.34}$$

这个二端网络是一个有限 Q 值的谐振器。谐振频率为 $\omega_k=\frac{2\pi}{N}k$，结构如图 6.34 所示。

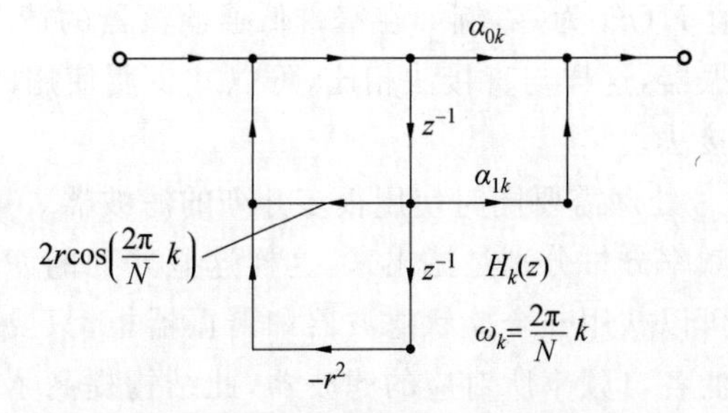

图 6.34　修正及合并后的结构图

除了共轭复数根，还有实数根需要讨论。当 N 为偶数时，有一对实根，它们分别为 $z=\pm r$，因此这对实根有两个对应的一阶网络，分别为

$$H_0(z) = \frac{H(0)}{1 - rz^{-1}} \tag{6.35}$$

$$H_{N/2}(z) = \frac{H(N/2)}{1 + rz^{-1}} \tag{6.36}$$

其结构如图 6.35 所示。当 N 为奇数时，只有一个实根 $z=r$，因此相对应只有一个一阶网络 $H_0(z)$。

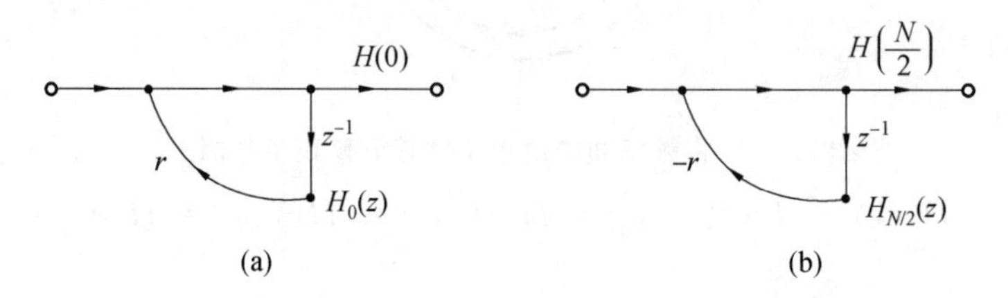

图 6.35　结构图

这样就可以得到改进后的总结构。N 是偶数时，有

$$\begin{aligned} H(z) &= (1 - r^N z^{-N}) \frac{1}{N} \left[\frac{H(0)}{1 - rz^{-1}} + \frac{H(N/2)}{1 + rz^{-1}} + \sum_{k=1}^{N/2-1} \frac{\alpha_{0k} + \alpha_{1k} z^{-1}}{1 - 2z^{-1} r\cos\left(\frac{2\pi}{N}k\right) + r^2 z^{-2}} \right] \\ &= (1 - r^N z^{-N}) \frac{1}{N} \left[H_0(z) + H_{N/2}(z) + \sum_{k=1}^{N/2-1} H_k(z) \right] \end{aligned} \tag{6.37}$$

而 N 为奇数时

$$\begin{aligned} H(z) &= (1 - r^N z^{-N}) \frac{1}{N} \left[\frac{H(0)}{1 - rz^{-1}} + \sum_{k=1}^{(N-1)/2} \frac{\alpha_{0k} + \alpha_{1k} z^{-1}}{1 - 2z^{-1} r\cos\left(\frac{2\pi}{N}k\right) + r^2 z^{-2}} \right] \\ &= (1 - r^N z^{-N}) \frac{1}{N} \left[H_0(z) + \sum_{k=1}^{(N-1)/2} H_k(z) \right] \end{aligned} \tag{6.38}$$

当 N 为偶数时，其总结构如图 6.36 所示。在谐振器柜中，两端两个是一阶的，其余的均是二阶的。但如果当 N 为奇数时，最后一个一阶网络 $H_{N/2}(z)$ 就没必要保留了。从中还可以看到，这种结构既有递归部分 —— 谐振器柜，也有非递归部分 —— 梳状滤波器。

从一般的角度考虑，频率抽样结构比较复杂，其所需的存储器及乘法器也比较多。但是在某些情况下，使用频率抽样结构却可以有一定的优势：

(1) 如果多数抽样值 $H(k)$ 为零，例如在窄带低通滤波器的情况下，这时谐振器柜中只剩下少数几个所需的谐振器，这样与直接法相比，可以减少所使用的乘法器数目，但所需存储器的数量还是多于直接法。

(2) 某些情况下，信号处理需要同时使用很多并列的滤波器。譬如在信号频谱分析中，要求同时将信号的多种频率分量分别过滤出来，这样这些并列的滤波器可以采用频率抽样结构。并且这些滤波器可以共用一个梳状滤波器和谐振器柜，只要将各个谐振器的输出适当加权组合就能组成过滤各自频率所对应的滤波器，此结构提高了滤波器某些部分的利用率，经济性强。

(3) 频率抽样的结构还有一个自身所固有的特点，即其每个部分均具有很高的规范性。只需改变二阶谐振节中的系数 α_{0k}、α_{1k} 及一阶节中的系数就可以构成不同的滤波器，而

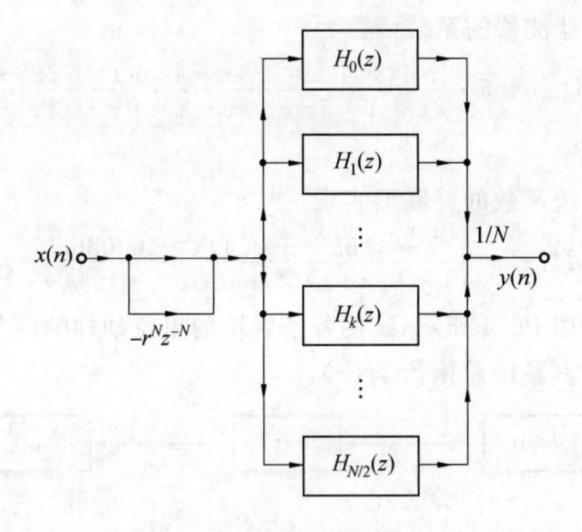

图 6.36　频率抽样总结构

不用改变整个结构以及其他各个系数，因此可以应用在时分复用的场景。

6.4.5　快速卷积结构

前面已提及，如果 $x(n)$ 是长度为 N_1 的有限长序列，$h(n)$ 是长度为 N_2 的有限长序列，将 $x(n)$ 补 $L-N_1$ 个零值点，$h(n)$ 补 $L-N_2$ 个零值点，只要 $L \geqslant N_1+N_2-1$，就有

$$y(n)=x(n) \text{Ⓛ} h(n)=x(n) * h(n) \quad (0 \leqslant n \leqslant N_1+N_2-2)$$

由卷积定理得

$$Y(k)=X(k)H(k)$$

所以有

$$y(n)=\text{IDFT}[Y(k)]=\text{IDFT}[X(k)H(k)]=x(n) * h(n)$$

根据以上步骤，就可以得到 FIR DF 的快速卷积结构，如图 6.37 所示。

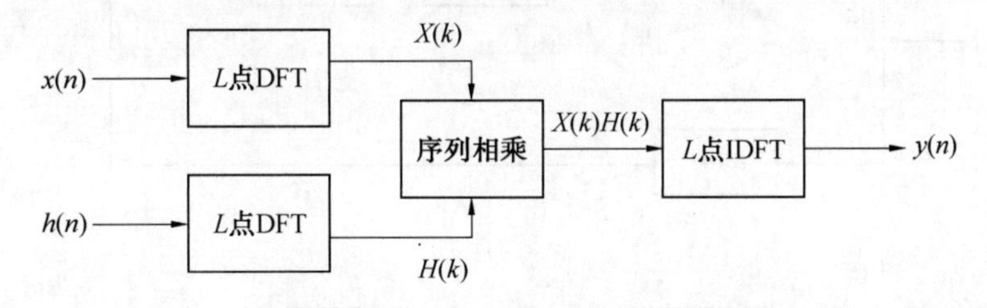

图 6.37　FIR DF 的快速卷积结构

这里的 DFT 和 IDFT 均可以利用 FFT 算法。当 N_1 和 N_2 足够长时，用这种结构计算线性卷积要快得多。

习　题

6.1　分别用直接 Ⅰ 型结构及直接 Ⅱ 型结构实现以下 IIR 数字滤波器对应的系统函数

$$H(z)=\frac{7+2z^{-1}}{5-4z^{-1}+6z^{-2}}$$

6.2　设 IIR 数字滤波器的系统函数为

$$H(z)=5\cdot\frac{z+3}{2z-1}\cdot\frac{2z^2-3z+4}{3z^2+5z-6}\cdot\frac{4z^2+2z-3}{6z^2+3z+2}$$

给出其级联型实现。

6.3　给出以下系统函数的并联型实现：

$$H(z)=\frac{5+1.6z^{-1}+0.4z^{-2}-0.036z^{-3}}{(1-0.2z^{-1})(1+0.5z^{-1}+0.06z^{-2})}$$

6.4　四个系统如图 P6.4 所示，试用各子系统的单位抽样响应分别表示各总系统的单位抽样响应 $h(n)$，并求其系统总函数 $H(z)$。

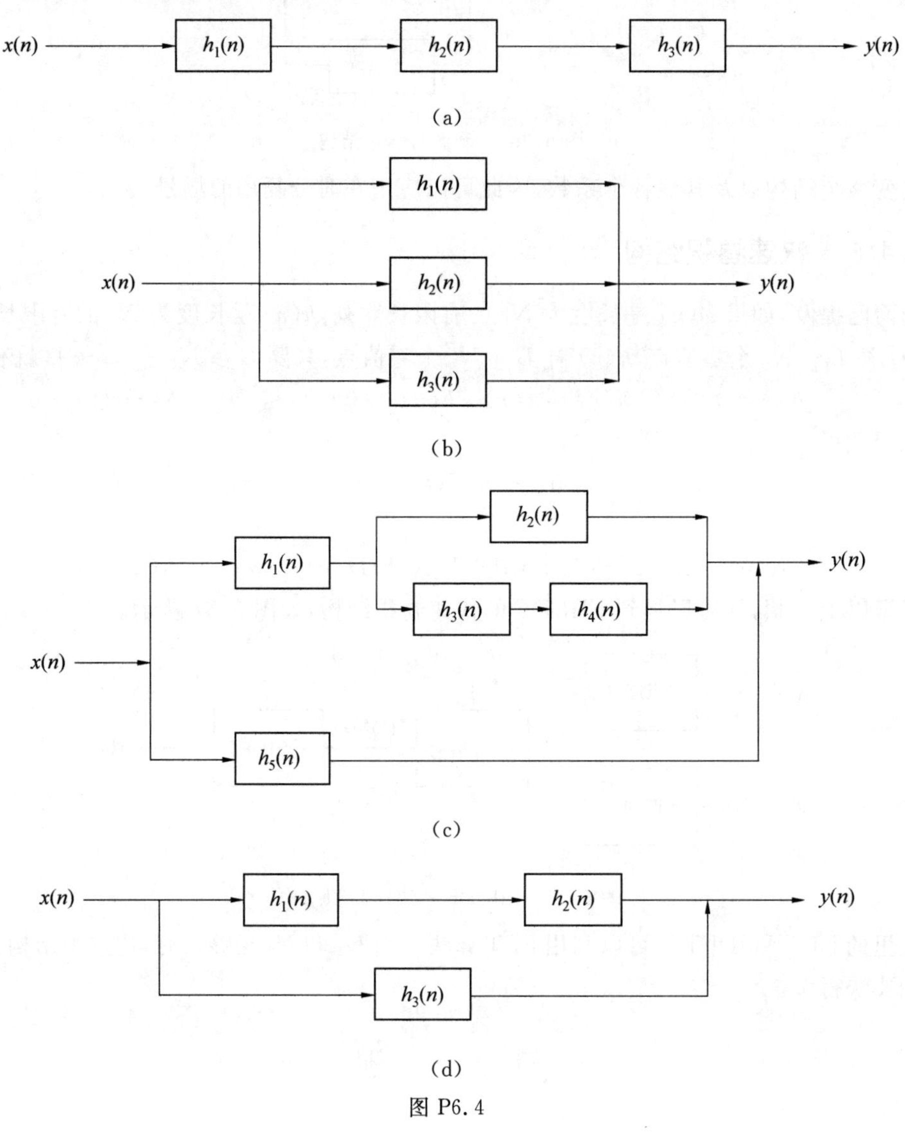

图 P6.4

6.5　分别用直接 Ⅰ 型、直接 Ⅱ 型、全部一阶基本节的级联型以及并联型实现以下系统函数

$$H(z)=\frac{1+\frac{1}{4}z^{-1}}{1-\frac{8}{15}z^{-1}+\frac{1}{15}z^{-2}}$$

6.6　已知FIR数字滤波器的系统函数

$$H(z)=(1-2z^{-1})(1+\frac{1}{3}z^{-1})(1+3z^{-1})\left(1+\frac{1}{4}z^{-1}\right)(1-5z^{-1})$$

试画出此FIR系统的横截型结构。

6.7　已知一个FIR数字滤波器的单位抽样响应为$h(n)=a^nR_7(n)$，给出该系统的横截型实现结构，并利用此系统的系统函数给出一个IIR系统和FIR系统的级联结构。

6.8　已知FIR数字滤波器的系统函数

$$H(z)=(3-2z^{-1}+z^{-2})(2+2.5z^{-1}+0.3z^{-2})(1-0.2z^{-1})$$

试画出其级联结构实现。

6.9　用频率抽样结构实现以下系统函数：

$$H(z)=\frac{5-2z^{-3}-3z^{-6}}{1-z^{-1}}$$

抽样点数$N=6$，修正半径$r=0.9$。

6.10　设某FIR数字滤波器的系统函数为

$$H(z)=\frac{1}{5}(1+3z^{-1}+5z^{-2}+3z^{-3}+z^{-4})$$

试画出此滤波器的线性相位结构。

第7章 无限长单位冲激响应(IIR)数字滤波器的设计方法

7.1 引 言

滤波器在实际的信号处理中具有重要的作用，是去除信号中噪声的基本手段，可用于波形形成、调制解调、信号提取、信号分离和信道均衡等。数字滤波器同模拟滤波器一样，都是用来“滤波”的，它将信号中某些频段的信号加以放大，而将另外一些频段的信号加以抑制，也就是通过某种运算得到或增强所需信号，滤除不需要的信号或噪声、干扰。数字滤波是通过数值运算对输入信号序列进行滤波的数字信号处理。同模拟滤波器相比，数字滤波器具有精度高、稳定性好、灵活、便于集成化和小型化等优点，并且不需要阻抗匹配，可以实现模拟滤波器难以实现的复杂滤波功能。

7.2 数字滤波器的基本概念

7.2.1 数字滤波器的分类

从功能上分，数字滤波器主要有低通、高通、带通、带阻、全通等类型。图7.1所示为各种数字滤波器的理想幅频响应，频率变量以数字频率 ω 来表示（$\omega=\Omega T=\Omega/f_s$，$\Omega$ 为模拟角频率，T 为抽样时间间隔，f_s 为抽样频率）。数字滤波器的频率响应 $H(e^{j\omega})$ 是以 2π 为周期的周期函数。

按照单位冲激响应的时间特性，数字滤波器可以分为无限长单位冲激响应(IIR)数字滤波器和有限长单位冲激响应(FIR)数字滤波器。前者的单位冲激响应包含无限个非零值，后者的单位冲激响应只包含有限个非零值。本章重点介绍IIR数字滤波器的设计。

7.2.2 数字滤波器的技术指标

由于理想滤波器的幅频响应从通带到阻带之间有突变，导致无限长的非因果的单位冲激响应，因此物理上是不可实现的。实际工作中，为了保证滤波器是物理可实现的、稳定的，设计出的滤波器都是在某些准则下对理想滤波器的近似。

数字滤波器的设计一般包括以下几个步骤：

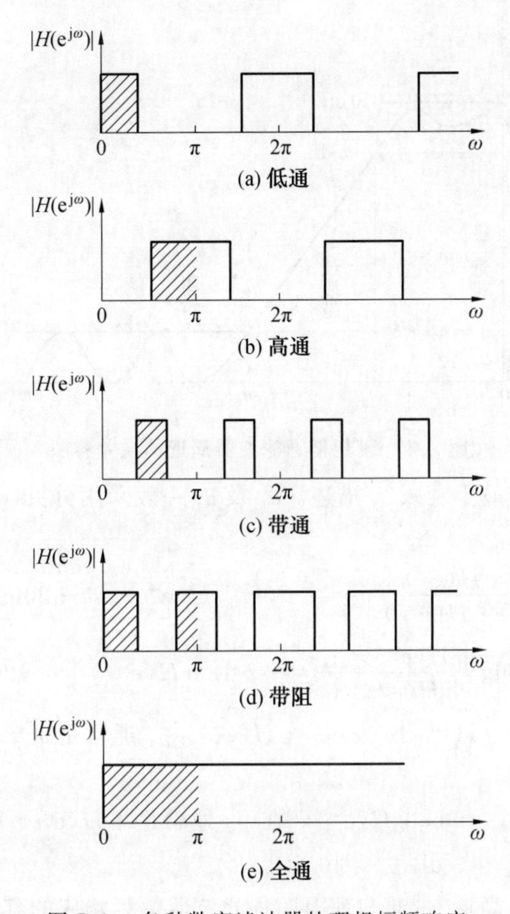

图 7.1　各种数字滤波器的理想幅频响应

(1) 确定滤波器的性能指标。

(2) 用一个因果、稳定的离散线性时不变系统的系统函数去逼近这些性能指标。

(3) 利用有限精度算法来实现这一系统函数。

(4) 实际的技术实现，包括采用通用计算机软件或专用数字滤波器硬件来实现，或采用专用或通用的数字信号处理器来实现。

理想滤波器物理上是不可实现的，其根本原因是频率响应从通带到阻带之间有突变。为了物理上可实现，从通带到阻带之间必须有一个非零宽度的过渡带，在这个过渡带内的频率响应平滑地从通带下降到阻带。

图 7.2 所示为对理想低通滤波器逼近的误差容限图。通带的边界频率 ω_p 称为通带截止频率，阻带的起始频率 ω_{st} 称为阻带截止频率，$\omega_p \sim \omega_{st}$ 之间为过渡带，δ_p 和 δ_s 分别为通带和阻带的误差容限。

在通带内，幅频响应以小于 δ_p 的误差逼近于 1，即

$$1-\delta_p \leqslant |H(e^{j\omega})| \leqslant 1 \quad (|\omega| \leqslant \omega_p)$$

在阻带内，幅频响应以小于 δ_s 的误差逼近于 0，即

$$|H(e^{j\omega})| \leqslant \delta_s \quad (\omega_{st} \leqslant |\omega| \leqslant \pi)$$

虽然给出了通带和阻带的误差容限，但在具体技术指标中往往也使用通带允许的最大

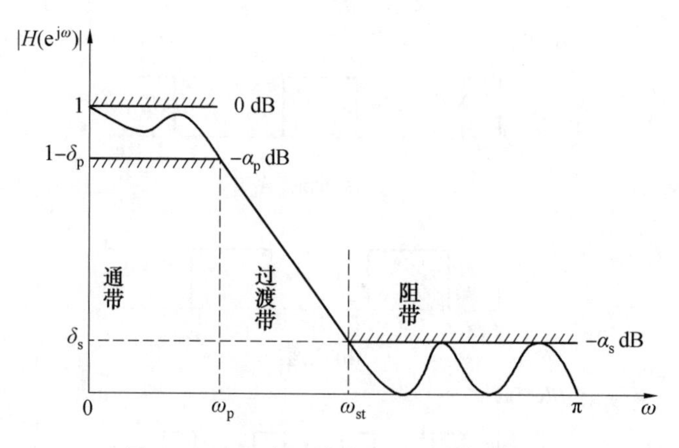

图 7.2　理想低通滤波器逼近的误差容限

衰减 α_p 和阻带应达到的最小衰减 α_s 描述。α_p 及 α_s 一般采用分贝(dB)数表示,其定义分别为

$$\alpha_p = 20\lg \frac{|H(e^{j\omega})|_{max}}{|H(e^{j\omega_p})|} = -20\lg |H(e^{j\omega_p})| = -20\lg(1-\delta_p)$$

$$\alpha_s = 20\lg \frac{|H(e^{j\omega})|_{max}}{|H(e^{j\omega_{st}})|} = -20\lg |H(e^{j\omega_{st}})| = -20\lg \delta_s$$

式中,假定 $|H(e^{j\omega})|_{max}=1$(已归一化)。$|H(e^{j\omega})|_{max}$ 通常是 $\omega=0$ 处 $|H(e^{j\omega})|$ 的值,即 $|H(e^{j0})|$。

例如,若 $|H(e^{j\omega})|_{max}=1$,$|H(e^{j\omega})|$ 在 ω_p 处满足 $|H(e^{j\omega_p})|=0.707$,在 ω_{st} 处满足 $|H(e^{j\omega_{st}})|=0.01$,则 $\alpha_p=3$ dB,$\alpha_s=40$ dB。

图 7.3 所示为低通、高通、带通和带阻四种滤波器幅频响应的容限图及技术指标。

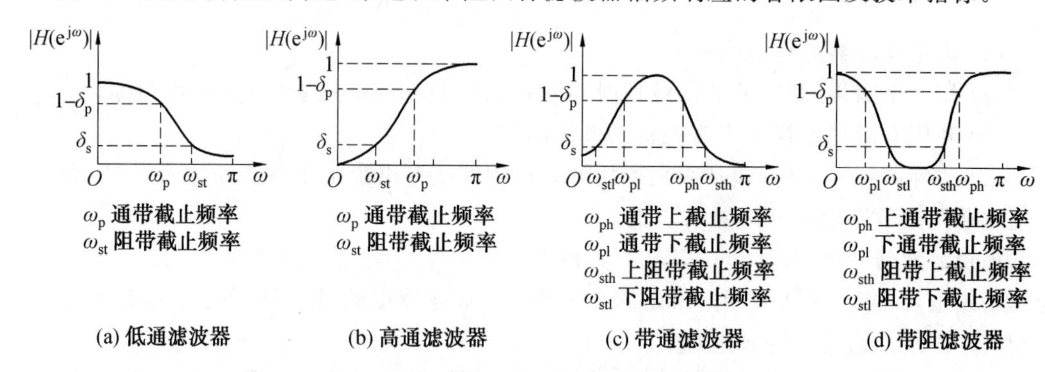

图 7.3　四种滤波器幅频响应的容限图及技术指标

表征数字滤波器频率响应特性的主要参量包括以下几个:

(1) 幅度平方响应。

幅度平方响应的定义为

$$|H(e^{j\omega})|^2 = H(e^{j\omega})H^*(e^{j\omega})$$

单位冲激响应 $h(n)$ 为实序列,故满足 $H^*(e^{j\omega})=H(e^{-j\omega})$,因此有

$$|H(e^{j\omega})|^2 = H(e^{j\omega})H(e^{-j\omega}) = H(z)H(z^{-1})\big|_{z=e^{j\omega}}$$

$h(n)$ 为实序列，因此 $H(z)$ 的极点(或零点)一定是共轭成对的，即若 $z=z_i$ 为 $H(z)$ 的极点(或零点)，则 $z=z_i^*$ 同样为 $H(z)$ 的极点(或零点)；又由于 $H(z)$ 与 $H(z^{-1})$ 的极点(或零点)互为倒数，故 $z=\frac{1}{z_i}$ 和 $z=\frac{1}{z_i^*}$ 均为 $H(z^{-1})$ 的极点(或零点)。因此，$H(z)H(z^{-1})$ 的极点(或零点)一定是互为倒数的共轭对。

如果设计滤波器时只需逼近幅度响应而不需要考虑相位，比如标准的低通、高通、带通和带阻滤波器的逼近，这种情况根据幅度平方响应来进行设计是很方便的。为了保证系统是因果稳定的，应选取 $H(z)H(z^{-1})$ 位于单位圆内的极点作为 $H(z)$ 的极点，选取位于单位圆外的极点作为 $H(z^{-1})$ 的极点。若无特殊要求，选取 $H(z)H(z^{-1})$ 关于单位圆($|z|=1$)镜像对称的任一半零点作为 $H(z)$ 的零点均可；若选取 $H(z)H(z^{-1})$ 位于单位圆内的零点作为 $H(z)$ 的零点，则得到的是最小相位系统。

(2) 相位响应。

数字滤波器的频率响应可以表示为

$$H(e^{j\omega})=|H(e^{j\omega})|e^{j\varphi(\omega)} \tag{7.1}$$

式中，$\varphi(\omega)$ 为系统的相位响应，反映不同频率分量经过系统后的相位变化，可以表示为

$$\varphi(\omega)=\arg[H(e^{j\omega})]=\arctan\left\{\frac{\mathrm{Im}[H(e^{j\omega})]}{\mathrm{Re}[H(e^{j\omega})]}\right\}$$

(3) 相延时(Phase Delay) 和群延时(Group Delay)。

滤波器的延时有相延时和群延时两种。

相延时的定义为相位响应与角频率比值的负值，即

$$\tau_p(\omega)=-\frac{\varphi(\omega)}{\omega} \tag{7.2}$$

式中的负号是由于负的相位响应会带来时间的滞后。

假设某离散 LTI 系统的输入输出关系为 $y(n)=x(n-k)$，则该系统的频率响应为

$$H(e^{j\omega})=H(z)\big|_{z=e^{j\omega}}=\frac{Y(z)}{X(z)}\bigg|_{z=e^{j\omega}}=\frac{z^{-k}X(z)}{X(z)}\bigg|_{z=e^{j\omega}}=z^{-k}\big|_{z=e^{j\omega}}=e^{-jk\omega}$$

由式(7.1) 可得 LTI 系统的相位响应为

$$\varphi(\omega)=-k\omega$$

根据式(7.2)，系统的相延时为

$$\tau_p(\omega)=-\frac{\varphi(\omega)}{\omega}=k$$

可见，若系统的相延时为常数，则不同频率分量经过该系统后的延时均相同。相延时 $\tau_p(\omega)$ 代表的是频率为 ω 的分量经过系统的延时。

要使相延时 $\tau_p(\omega)$ 为不随 ω 变化的常数，由式(7.2) 可知，相位响应 $\varphi(\omega)$ 必须是一条经过原点的直线，如图 7.4 所示。此时相位响应可以表示为

$$\varphi(\omega)=-\tau\omega$$

群延时定义为相位响应对角频率导数的负值，即

$$\tau_g(\omega)=-\frac{d\varphi(\omega)}{d\omega} \tag{7.3}$$

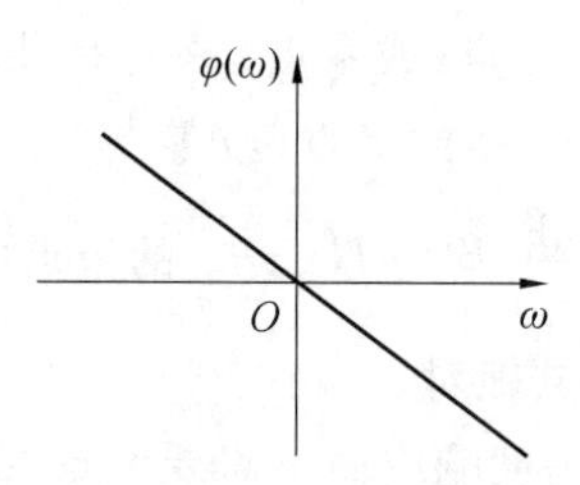

图 7.4　恒相延时系统的相位响应

由导数的概念可知，群延时 $\tau_g(\omega)$ 代表的是在频率 ω 附近的相位响应的变化率，是描述相位变化随着频率变化快慢程度的量。

假设输入信号为 $x(n)=x_a(n)\cos(\omega_0 n)$，其中 $x_a(n)$ 为低频成分，$\cos(\omega_0 n)$ 为载波信号，且 $x_a(n)$ 的最高频率远远小于 ω_0。可以证明，$x(n)$ 通过一个线性系统后的输出为

$$y(n)=|H(e^{j\omega_0})|x_a[n-\tau_g(\omega_0)]\cos[\omega_0(n-\tau_p(\omega_0)]$$

由上式可以看出，相延时反映载波信号的延时，而群延时反映输出信号包络的延时。当系统的群延时恒定时，传输信号失真最小。

要使群延时 $\tau_g(\omega)$ 为不随 ω 变化的常数，由式(7.3)可知，相位响应 $\varphi(\omega)$ 必须是一条直线，如图 7.5 所示。此时相位响应可以表示为

$$\varphi(\omega)=\varphi_0-\tau\omega$$

当 $\varphi_0=0$ 时，系统的群延时与相延时均为常数。

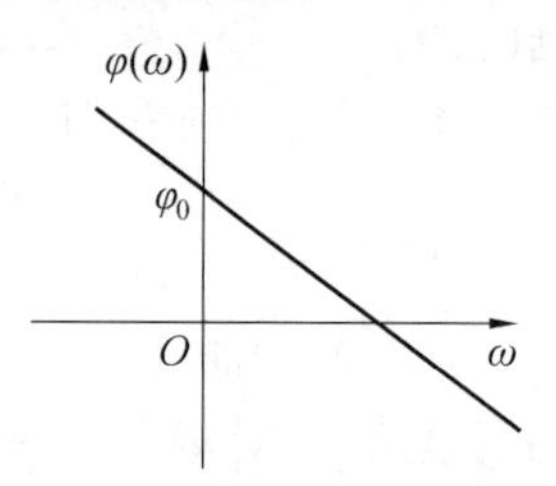

图 7.5　恒群延时系统的相位响应

若群延时在通带内为常数，则该系统具有线性相位。

7.2.3　IIR 数字滤波器的主要特点及设计方法

IIR 数字滤波器的主要特点是：

(1) 单位冲激响应 $h(n)$ 是无限长的。

(2) 系统函数可表示为 z^{-1} 的有理分式，即

$$H(z)=\frac{\sum_{m=0}^{M}b_m z^{-m}}{1-\sum_{k=1}^{N}a_k z^{-k}} \tag{7.4}$$

$H(z)$ 在有限 z 平面($0<|z|<\infty$)上一定有极点。为了使系统是因果、稳定的，极点应全部位于 z 平面的单位圆内。一般满足 $M\leqslant N$，这类系统称为 N 阶系统；若 $M>N$，$H(z)$ 可看成是一个 N 阶 IIR 子系统与一个 $M-N$ 阶的 FIR 子系统的级联。后续讨论都假定 $M\leqslant N$。

(3) 系统的运算结构上既有正向支路,又有反馈支路,也就是包含递归结构。

IIR 数字滤波器的设计方法主要有以下几类:

(1) 间接设计法。先根据数字滤波器的设计指标设计一个合适的模拟滤波器,然后变换成满足预定指标的数字滤波器。由于模拟滤波器具有成熟的设计方法和很多现成的设计公式,并且设计参数已经表格化,因此数字滤波器的设计实现起来更为简单。

(2) 零点、极点位置累试法。零点、极点位置累试法适合性能要求比较简单的滤波器。在第 3 章中介绍过,数字系统的幅频响应在系统函数 $H(z)$ 的极点频率处会出现峰值,零点频率处会出现谷值。根据这一特性,可以通过设置不同位置的零点、极点来实现系统的性能要求。累试是指零点、极点位置通常需要多次调整,才能完全达到要求。

(3) 最优化设计法。最优化设计法一般是先确定最优准则,比如最小均方误差准则、最小绝对误差准则等;之后赋予系统函数 $H(z)$ 的分子多项式及分母多项式系数初值,根据选定的最优准则计算误差;若误差不满足要求,则改变系数赋值,重新计算误差,直至满足要求。这种设计方法需要进行大量的迭代运算,所以一般要利用计算机辅助设计。

在以上这几种方法中,着重介绍由模拟滤波器来设计 IIR 数字滤波器的间接设计法。

7.3　模拟滤波器的设计

本章中重点讨论的内容是间接法设计 IIR 数字滤波器,即由模拟滤波器来设计数字滤波器的方法,因此首先介绍模拟滤波器的设计方法。

低通、高通、带通和带阻模拟滤波器的设计都归结为先设计一个归一化原型低通滤波器,然后通过模拟频带变换得到所需类型的模拟滤波器。所谓归一化低通原型,就是将低通滤波器通带边沿频率归一化为 1。

模拟滤波器的一般设计步骤如下:

(1) 确定滤波器的技术指标。

(2) 选择滤波器类型。

(3) 计算滤波器阶数。

(4) 通过查表或计算确定归一化低通滤波器的系统函数 $H_{aN}(s)$。

(5) 由 $H_{aN}(s)$ 求得所需的滤波器的系统函数 $H_a(s)$。

模拟滤波器的设计方法已经相当成熟,常用的模拟原型滤波器有巴特沃斯(Butterworth) 滤波器、切比雪夫Ⅰ型(ChebyshevⅠ) 滤波器、切比雪夫Ⅱ型(ChebyshevⅡ) 滤波器、椭圆滤波器和贝塞尔(Bessel) 滤波器等。这几种滤波器都有严格的设计公式,有现成的曲线和图表供设计人员选用。这些典型的滤波器各有特点:巴特沃斯滤波器的幅频特性在通带和阻带内是单调的;切比雪夫 Ⅰ 型滤波器的幅频特性在通带内具有等波纹性,而在阻带内单调变化;切比雪夫 Ⅱ 型滤波器的幅频特性在通带内单调变化,而在阻带内具有等波纹性;椭圆滤波器的幅频特性在通带和阻带内都具有等波纹性;贝塞尔滤波器在通带内具有较好的线性相位特性。在实际设计中,可以根据具体要求选用不同类型的滤波器。

7.3.1 由幅度平方函数确定模拟滤波器的系统函数

模拟滤波器通常采用单位冲激响应 $h_a(t)$、系统函数 $H_a(s)$ 或频率响应函数 $H_a(j\Omega)$ 进行描述,另外也可以用常系数线性微分方程进行描述。设计模拟滤波器时,设计指标一般由幅频响应函数 $|H_a(j\Omega)|$ 给出。模拟滤波器的设计是根据设计指标求系统函数 $H_a(s)$,使其幅频响应函数 $|H_a(j\Omega)|$ 满足给定的指标。模拟低通滤波器的设计指标参数有通带截止频率 Ω_p、阻带截止频率 Ω_{st}、通带最大衰减 α_p 和阻带最小衰减 α_s。

模拟滤波器的幅频响应函数常用幅度平方函数 $|H_a(j\Omega)|^2$ 来表示,即

$$|H_a(j\Omega)|^2 = H_a(j\Omega)H_a^*(j\Omega)$$

由于滤波器的单位冲激响应 $h_a(t)$ 是实函数,满足

$$H_a^*(j\Omega) = H_a(-j\Omega)$$

因此

$$|H_a(j\Omega)|^2 = H_a(j\Omega)H_a(-j\Omega) = H_a(s)H_a(-s)|_{s=j\Omega}$$

所以

$$H_a(s)H_a(-s) = |H_a(j\Omega)|^2|_{\Omega^2=-s^2} \tag{7.5}$$

由于 $h_a(t)$ 是实函数,$H_a(s)$ 的极点必以共轭对形式出现,即若 $s=s_i$ 为 $H_a(s)$ 的极点,则 $s=s_i^*$ 同样为 $H_a(s)$ 的极点,而 $s=-s_i$ 和 $s=-s_i^*$ 为 $H_a(-s)$ 的极点,即 $H_a(s)$ 与 $H_a(-s)$ 的极点关于虚轴对称。因此,$H_a(s)H_a(-s)$ 的极点分布是成象限对称的,其中一半属于 $H_a(s)$,另一半属于 $H_a(-s)$。$H_a(s)H_a(-s)$ 的零点分布也具有同样的特点。$H_a(s)H_a(-s)$ 位于虚轴上的零点(或极点)(临界稳定的情况下才会出现虚轴上的极点)一定是二阶的,这是由 $H_a(s)$ 与 $H_a(-s)$ 的极点关于虚轴对称的特性决定的。$H_a(s)H_a(-s)$ 的零点、极点分布如图 7.6 所示。

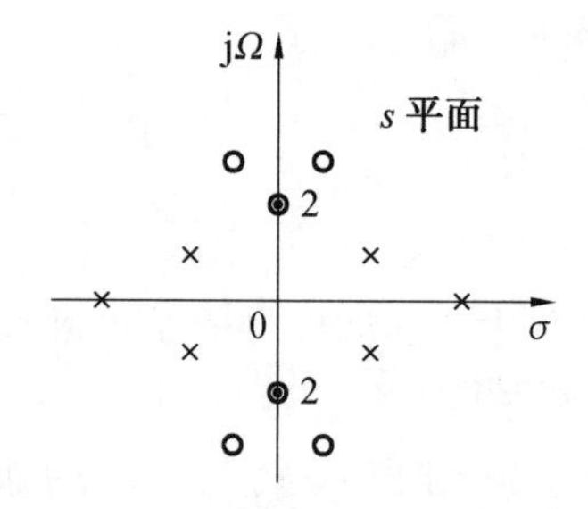

图 7.6 $H_a(s)H_a(-s)$ 的零点、极点分布(虚轴零点上的"2"表示是二阶零点)

任何实际可实现的滤波器都是稳定的,因此其系统函数 $H_a(s)$ 的极点一定位于 s 平面的左半平面。所以 $H_a(s)H_a(-s)$ 位于 s 平面的左半平面的极点属于 $H_a(s)$;而位于右半平面的极点属于 $H_a(-s)$。零点的分布则无此限制,只与滤波器的相位特性有关。如无特殊要求,可将 $H_a(s)H_a(-s)$ 关于虚轴对称的任一半零点(若为复数零点,则应为共轭对)取为 $H_a(s)$ 零点。若要求滤波器具有最小相位延迟特性,则应选取 $H_a(s)H_a(-s)$ 位于 s 平面的左半平面的零点作为 $H_a(s)$ 的零点。

由幅度平方函数 $|H_a(j\Omega)|^2$ 确定系统函数 $H_a(s)$ 的步骤如下:

(1) 根据式(7.5)求 $H_a(s)H_a(-s)$。

(2) 对 $H_a(s)H_a(-s)$ 进行因式分解，得到其零点和极点。选取左半平面的极点作为 $H_a(s)$ 的极点；如无特殊要求，可选取 $H_a(s)H_a(-s)$ 关于虚轴对称的任一半零点(若为复数零点，则应为共轭对) 作为 $H_a(s)$ 的零点；若要求是最小相位延迟滤波器，则选取左半平面的零点作为 $H_a(s)$ 的零点。虚轴上的零点应是偶次的，其中一半(应为共轭对) 属于 $H_a(s)$。

(3) 根据 $H_a(j\Omega)$ 与 $H_a(s)$ 的低频特性或高频特性的对比确定增益常数。

(4) 由求出的零点、极点及增益常数，则可确定系统函数 $H_a(s)$。

例 7.1　根据以下幅度平方函数 $|H_a(j\Omega)|^2$ 确定模拟滤波器的系统函数 $H_a(s)$：

$$|H_a(j\Omega)|^2=\frac{16\,(25-\Omega^2)^2}{(49+\Omega^2)(36+\Omega^2)}$$

解　首先根据式(7.5) 求 $H_a(s)H_a(-s)$。

$$H_a(s)H_a(-s)=|H_a(j\Omega)|^2\big|_{\Omega^2=-s^2}=\frac{16\,(25+s^2)^2}{(49-s^2)(36-s^2)}$$

可以求得 $H_a(s)H_a(-s)$ 的极点为 $s=\pm 7$、$s=\pm 6$；零点为 $s=\pm j5$(二阶)。选取 $H_a(s)H_a(-s)$ 位于左半平面的极点 $s=-6$、$s=-7$ 作为 $H_a(s)$ 的极点；选取一对共轭零点 $s=\pm j5$(一阶) 作为 $H_a(s)$ 的零点。

假设增益常数为 K_0，则

$$H_a(s)=\frac{K_0(s^2+25)}{(s+7)(s+6)}$$

由 $H_a(s)\big|_{s=0}=H_a(j\Omega)\Big|_{\Omega=0}$ 得

$$\frac{K_0\times 25}{7\times 6}=\sqrt{\frac{16\times 25^2}{49\times 36}}$$

可以求得 $K_0=4$，因此

$$H_a(s)=\frac{4(s^2+25)}{(s+7)(s+6)}=\frac{4s^2+100}{s^2+13s+42}$$

7.3.2　模拟巴特沃斯低通滤波器的设计

巴特沃斯滤波器又称最平幅频特性滤波器，其主要特点为：通带内具有最大平坦的幅频特性，且随着频率增大平滑单调下降；阶数越高，通带内幅频特性越平坦，过渡带和阻带内衰减越快；属于“全极点型”滤波器。

1. 巴特沃斯低通滤波器的幅度平方函数

巴特沃斯低通滤波器的幅度平方函数定义为

$$|H_a(j\Omega)|^2=\frac{1}{1+\left(\dfrac{\Omega}{\Omega_c}\right)^{2N}} \tag{7.6}$$

式中，N 为正整数，代表滤波器的阶数；Ω_c 为 3 dB 截止频率。

2. 巴特沃斯低通滤波器的幅频特性

由式(7.6) 可得

$$|H_a(j\Omega)|=\frac{1}{\sqrt{1+\left(\frac{\Omega}{\Omega_c}\right)^{2N}}} \tag{7.7}$$

图 7.7 所示为巴特沃斯滤波器幅频特性。当 $\Omega=0$ 时，$|H_a(j0)|=1$，无衰减；当 $\Omega=\Omega_c$ 时，$|H_a(j\Omega_c)|=\frac{1}{\sqrt{2}}=0.707$，衰减为

$$20\lg\frac{|H_a(j0)|}{|H_a(j\Omega_c)|}=3\ \text{dB}$$

也就是说，当 $\Omega=\Omega_c$ 时，不管阶数 N 为多少，衰减均为 3 dB。所有幅频特性曲线都在 $\Omega=\Omega_c$ 时交汇于 3 dB 衰减处，这就是 3 dB 不变性。

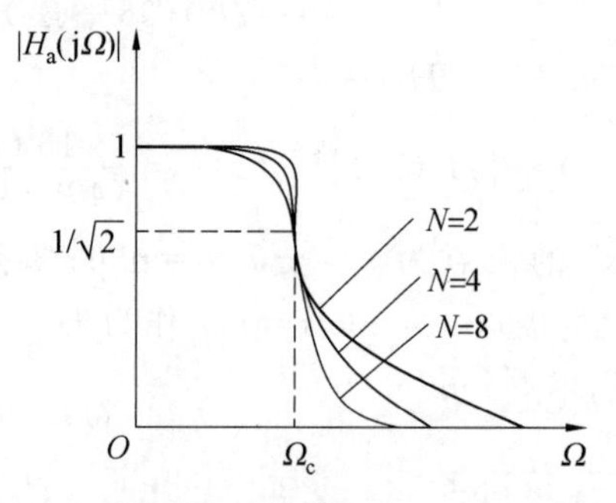

图 7.7　巴特沃斯滤波器幅频特性及其与阶数 N 的关系

3. 巴特沃斯低通滤波器的系统函数

如果将该巴特斯沃滤波器的单位冲激响应限制为实值函数，那么由傅里叶变换的共轭对称性质，就有

$$H_a^*(j\Omega)=H_a(-j\Omega) \tag{7.8}$$

因此

$$H_a(j\Omega)H_a(-j\Omega)=\frac{1}{1+\left(\frac{\Omega}{\Omega_c}\right)^{2N}} \tag{7.9}$$

由于 $H_a(s)|_{s=j\Omega}=H_a(j\Omega)$，由式(7.9)可得

$$H_a(s)H_a(-s)=\frac{1}{1+\left(\frac{s}{j\Omega_c}\right)^{2N}} \tag{7.10}$$

$H_a(s)H_a(-s)$ 的极点为

$$s_k=(-1)^{\frac{1}{2N}}(j\Omega_c)=\Omega_c e^{j\left(\frac{1}{2}+\frac{2k-1}{2N}\right)\pi}\quad(k=1,2,\cdots,2N) \tag{7.11}$$

由式(7.11)可以得出 $H_a(s)H_a(-s)$ 的极点分布图，其主要特点如下：

(1) 在 s 平面内，$2N$ 个极点等间隔分布在半径为 Ω_c 的圆（巴特沃斯圆）上，相邻极点间的角度差为 π/N rad。

(2) 极点绝不会落在虚轴上，这样滤波器才有可能是稳定的。

(3) N 为奇数时，实轴上有极点；N 为偶数时，实轴上没有极点。

阶数 N 为3和4时，$H_a(s)H_a(-s)$ 的极点分布分别如图7.8(a)和图7.8(b)所示。

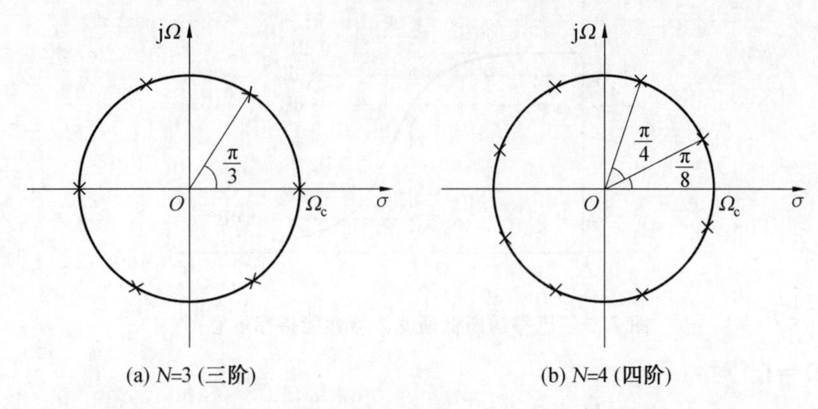

图7.8　巴特沃斯滤波器 $H_a(s)H_a(-s)$ 在 s 平面的极点位置

$H_a(s)H_a(-s)$ 的极点总是成对出现的，即如果有一个极点在 $s=s_k$，那么也就有一个极点在 $s=-s_k$。因此，为了构成 $H_a(s)$ 的极点，可以从每对极点当中选取一个。若将系统限定为稳定和因果的，那么 $H_a(s)$ 的极点就应该选取 $H_a(s)H_a(-s)$ 在 s 平面的左半平面的极点，即

$$s_k=(-1)^{\frac{1}{2N}}(\mathrm{j}\Omega_c)=\Omega_c \mathrm{e}^{\mathrm{j}\left(\frac{1}{2}+\frac{2k-1}{2N}\right)\pi}\quad (k=1,2,\cdots,N) \tag{7.12}$$

由此可以得出巴特沃斯低通滤波器的系统函数表达式为

$$H_a(s)=\frac{\Omega_c^N}{\prod\limits_{k=1}^{N}(s-s_k)} \tag{7.13}$$

其中分子系数为 Ω_c^N，可由 $H_a(0)=1$ 求得。

4. 巴特沃斯低通滤波器的设计

由式(7.12)和式(7.13)可知，巴特沃斯低通滤波器的系统函数完全由阶数 N 和3 dB截止频率 Ω_c 确定。巴特沃斯低通滤波器的设计也就是根据设计指标来确定 N 和 Ω_c，之后可以根据式(7.12)求出极点，再根据式(7.13)就可以得到巴特沃斯低通滤波器的系统函数。

实际设计时，通常采用更为简便的方法。在滤波器设计手册中，一般会以表格的形式给出各阶巴特沃斯归一化($\Omega_c=1$)低通滤波器的各种参数。因此，只要求得巴特沃斯低通滤波器的阶数 N，查表得到 N 阶巴特沃斯归一化原型低通滤波器的系统函数 $H_{aN}(s)$，最后经过频率变换即可得到所需系统的系统函数 $H_a(s)$。

(1) 确定设计指标。

模拟低通滤波器的设计指标一般由 Ω_p、α_p、Ω_{st} 和 α_s 这四个参数给出。Ω_p 为通带截止频率，α_p 为通带最大衰减(注意 Ω_p 不一定是3 dB截止频率，即 α_p 不一定等于3 dB)，Ω_{st} 为阻带截止频率，α_s 为阻带最小衰减。图7.9所示为巴特沃斯低通滤波器性能指标示意图。

进行设计时，要求巴特沃斯低通滤波器的系统函数 $H_a(\mathrm{j}\Omega)$ 满足：

① 当 $\Omega=\Omega_p$ 时，

$$20\lg\frac{|H_a(\mathrm{j}\Omega)|_{\max}}{|H_a(\mathrm{j}\Omega_p)|}=-20\lg|H_a(\mathrm{j}\Omega_p)|\leqslant\alpha_p \tag{7.14}$$

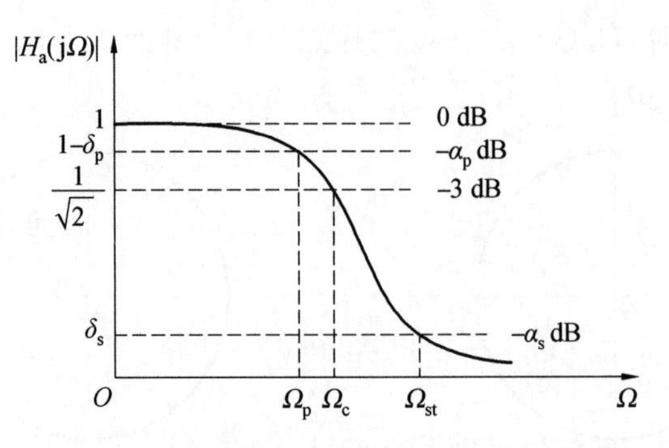

图 7.9　巴特沃斯低通滤波器性能指标示意图

② 当 $\Omega=\Omega_{st}$ 时，

$$20\lg\frac{|H_a(j\Omega)|_{\max}}{|H_a(j\Omega_{st})|}=-20\lg|H_a(j\Omega_{st})|\geqslant\alpha_s \tag{7.15}$$

这里假定 $|H_a(j\Omega)|_{\max}=1$。

(2) 求滤波器的阶数 N。

将式(7.7)代入式(7.14)、式(7.15)，可得

$$10\lg\left[1+\left(\frac{\Omega_p}{\Omega_c}\right)^{2N}\right]\leqslant\alpha_p \tag{7.16}$$

$$10\lg\left[1+\left(\frac{\Omega_{st}}{\Omega_c}\right)^{2N}\right]\geqslant\alpha_s \tag{7.17}$$

由此可得到

$$\left(\frac{\Omega_p}{\Omega_c}\right)^{2N}\leqslant 10^{\frac{\alpha_p}{10}}-1 \tag{7.18}$$

$$\left(\frac{\Omega_{st}}{\Omega_c}\right)^{2N}\geqslant 10^{\frac{\alpha_s}{10}}-1 \tag{7.19}$$

因此

$$\left(\frac{\Omega_{st}}{\Omega_p}\right)^{2N}\geqslant\frac{10^{\frac{\alpha_s}{10}}-1}{10^{\frac{\alpha_p}{10}}-1} \tag{7.20}$$

由此可得巴特沃斯低通滤波器的阶数 N 应满足

$$N\geqslant\lg\left(\frac{10^{\frac{\alpha_s}{10}}-1}{10^{\frac{\alpha_p}{10}}-1}\right)\Big/\left[2\lg\left(\frac{\Omega_{st}}{\Omega_p}\right)\right] \tag{7.21}$$

因此，不妨令

$$N=\left\lceil\lg\left(\frac{10^{\frac{\alpha_s}{10}}-1}{10^{\frac{\alpha_p}{10}}-1}\right)\Big/\left[2\lg\left(\frac{\Omega_{st}}{\Omega_p}\right)\right]\right\rceil \tag{7.22}$$

这里$\lceil x\rceil$代表对 x 向上取整。

(3) 求滤波器的 3 dB 截止频率 Ω_c。

由式(7.16)、式(7.17) 可得巴特沃斯低通滤波器的 3 dB 截止频率 Ω_c 应满足

$$\Omega_c \geqslant \frac{\Omega_p}{\sqrt[2N]{10^{\alpha_p/10}-1}}=\Omega_{cp} \tag{7.23}$$

$$\Omega_c \leqslant \frac{\Omega_{st}}{\sqrt[2N]{10^{\alpha_s/10}-1}}=\Omega_{cs} \tag{7.24}$$

即

$$\Omega_{cp} \leqslant \Omega_c \leqslant \Omega_{cs} \tag{7.25}$$

若选取 $\Omega_c=\Omega_{cp}$，则通带衰减刚好满足设计要求的最低标准，阻带衰减可优于设计要求的最低标准；若选取 $\Omega_c=\Omega_{cs}$，则阻带衰减刚好满足设计要求的最低标准，通带衰减可优于设计要求的最低标准；若选取 $\Omega_c=(\Omega_{cp}+\Omega_{cs})/2$，则通带衰减和阻带衰减均可优于设计要求的最低标准。

(4) 求归一化原型低通滤波器的系统函数 $H_{aN}(s)$。

表 7.1 和表 7.2 分别给出了巴特沃斯归一化低通滤波器系统函数分母多项式用系数和根表示的数据。根据滤波器的阶数 N，查表即可得到巴特沃斯归一化原型低通滤波器的系统函数 $H_{aN}(s)$。

$H_{aN}(s)$ 可表示为

$$H_{aN}(s)=\frac{d_0}{s^N+a_{N-1}s^{N-1}+\cdots+a_2s^2+a_1s+1}=\frac{d_0}{(s-s_1)(s-s_2)\cdots(s-s_N)} \tag{7.26}$$

式中，d_0 一般由 $\Omega=0$ 时 $|H_a(\mathrm{j}0)|$ 的值来确定，通常 $d_0=1$。

表 7.1　巴特沃斯归一化低通滤波器分母多项式 $s^N+a_{N-1}s^{N-1}+\cdots+a_2s^2+a_1s+1(a_0=a_N=1)$ 的系数

N	a_1	a_2	a_3	a_4	a_5	a_6	a_7	a_8	a_9
1	1								
2	1.414 21								
3	2.000 00	2.000 00							
4	2.613 13	3.414 21	2.613 13						
5	3.236 07	5.236 07	5.236 07	3.236 07					
6	3.863 70	7.464 10	9.141 62	7.464 10	3.863 70				
7	4.493 96	10.097 83	14.591 79	14.591 79	10.097 83	4.493 96			
8	5.125 83	13.137 07	21.846 15	25.688 36	21.846 15	13.137 07	5.125 83		
9	5.758 77	16.581 72	31.163 44	41.986 39	41.986 39	31.163 44	16.581 72	5.758 77	
10	6.392 45	20.431 73	42.802 06	64.882 40	74.233 43	64.882 40	42.802 06	20.431 73	6.392 45

表 7.2　巴特沃斯归一化低通滤波器分母多项式的根

N	分母多项式的根
1	-1
2	$-0.70711 \pm j0.70711$
3	$-1, -0.5 \pm j0.86603$
4	$-0.38268 \pm j0.92388, -0.92388 \pm j0.38268$
5	$-1, -0.30902 \pm j0.95106, -0.80902 \pm j0.58779$
6	$-0.25882 \pm j0.96593, -0.70711 \pm j0.70711, -0.96593 \pm j0.25882$
7	$-1, -0.22252 \pm j0.97493, -0.62349 \pm j0.78183, -0.90097 \pm j0.43388$
8	$-0.19509 \pm j0.98079, -0.55557 \pm j0.83147, -0.83147 \pm j0.55557, -0.98079 \pm j0.19509$
9	$-1, -0.17365 \pm j0.98481, -0.5 \pm j0.86603, -0.76604 \pm j0.64279, -0.93969 \pm j0.34202$
10	$-0.15643 \pm j0.98769, -0.45399 \pm j0.89101, -0.70711 \pm j0.70711, -0.89101 \pm j0.45399, -0.98769 \pm j0.15643$

(5) 求巴特沃斯低通滤波器的系统函数 $H_a(s)$。

假设归一化原型低通滤波器的系统函数为 $H_{aN}(s)$，要得到 3 dB 截止频率为 Ω_c 的一般低通滤波器的系统函数 $H_a(s)$，只需用$\dfrac{s}{\Omega_c}$替换 $H_{aN}(s)$ 中的 s，即

$$H_a(s) = H_{aN}\left(\frac{s}{\Omega_c}\right) \tag{7.27}$$

例 7.2　设计模拟巴特沃斯低通滤波器，要求通带截止频率 $f_p = 1\,000$ Hz，通带最大衰减 $\alpha_p = 1$ dB，阻带截止频率 $f_{st} = 1\,500$ Hz，阻带最小衰减 $\alpha_s = 15$ dB。

解　(1) 确定设计指标。

所要求的模拟低通滤波器的技术指标为

$$\Omega_p = 2\pi f_p = 2\,000\pi \text{ rad/s}, \quad \Omega_{st} = 2\pi f_{st} = 3\,000\pi \text{ rad/s}, \quad \alpha_p = 1 \text{ dB}, \quad \alpha_s = 15 \text{ dB}$$

(2) 求滤波器的阶数。

根据式(7.22)，可求得该滤波器的阶数为

$$N = \left\lceil \lg\left(\frac{10^{\frac{\alpha_s}{10}} - 1}{10^{\frac{\alpha_p}{10}} - 1}\right) \Big/ \left[2\lg\left(\frac{\Omega_{st}}{\Omega_p}\right)\right] \right\rceil = \lceil 5.8858 \rceil = 6$$

(3) 求滤波器的 3 dB 截止频率。

根据式(7.25)，可以选取 3 dB 截止频率 $\Omega_c = \Omega_{cp}$，由式(7.23) 得

$$\Omega_c = \Omega_{cp} = \frac{\Omega_p}{\sqrt[2N]{10^{\alpha_p/10} - 1}} = 7.0321 \times 10^3$$

(4) 求归一化原型低通滤波器的系统函数。

查表 7.1，可得归一化原型低通滤波器的系统函数为

$$H_{aN}(s) = \frac{1}{s^6 + 3.8637s^5 + 7.4641s^4 + 9.1416s^3 + 7.4641s^2 + 3.8637s + 1}$$

(5) 求巴特沃斯低通滤波器的系统函数。

根据式(7.27),所要求的模拟低通滤波器的系统函数为

$$H_a(s)=H_{aN}\left(\frac{s}{\Omega_c}\right)$$

$$=\frac{1}{\left(\frac{s}{\Omega_c}\right)^6+3.8637\left(\frac{s}{\Omega_c}\right)^5+7.4641\left(\frac{s}{\Omega_c}\right)^4+9.1416\left(\frac{s}{\Omega_c}\right)^3+7.4641\left(\frac{s}{\Omega_c}\right)^2+3.8637\left(\frac{s}{\Omega_c}\right)+1}$$

整理得

$$H_a(s)=\frac{1.209\times10^{23}}{s^6+2.717\times10^4s^5+3.691\times10^8s^4+3.179\times10^{12}s^3+1.825\times10^{16}s^2+6.644\times10^{19}s+1.209\times10^{23}}$$

若没有巴特沃斯归一化低通滤波器分母多项式表格,求出 N 和 Ω_c 之后,也可以根据式(7.12)、式(7.13) 来求解巴特沃斯低通滤波器的系统函数。

求得的模拟巴特沃斯低通滤波器的幅频响应曲线如图 7.10 所示。

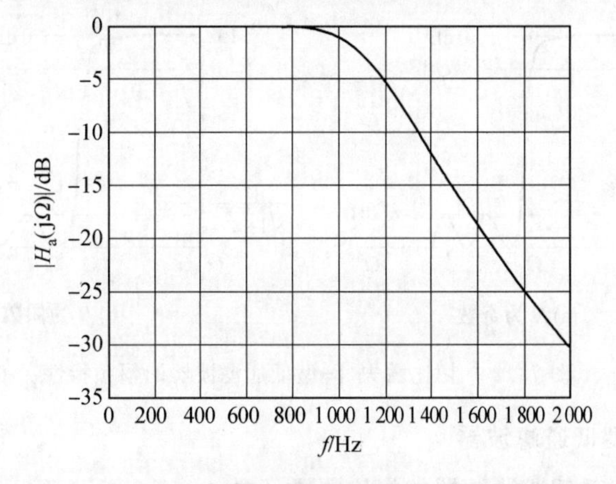

图 7.10　例 7.2 模拟巴特沃斯低通滤波器的幅频响应曲线

7.3.3　模拟切比雪夫低通滤波器的设计

巴特沃斯滤波器的幅频特性曲线无论在通带还是阻带中都是频率的单调函数。因此,当通带或阻带的边界处刚好满足设计指标要求时,在通带或阻带内肯定会有较大的富余量,因而并不经济。如果能将误差指标更加均匀地分布在整个通带或阻带内,则可有效降低滤波器的阶数。切比雪夫滤波器能够实现在通带内等波纹或在阻带内等波纹,即误差指标能较均匀地分布在整个通带内或整个阻带内。因此,对相同的幅频特性指标要求,切比雪夫滤波器的阶数通常比巴特沃斯滤波器的阶数更低。

切比雪夫滤波器有两种:幅频特性在通带中是等波纹的,在阻带中是单调的称为切比雪夫 Ⅰ 型滤波器;幅频特性在通带中是单调的,在阻带中是等波纹的称为切比雪夫 Ⅱ 型滤波器。图 7.11 和图 7.12 所示分别为切比雪夫 Ⅰ 型低通滤波器和切比雪夫 Ⅱ 型低通滤波器的幅频特性。

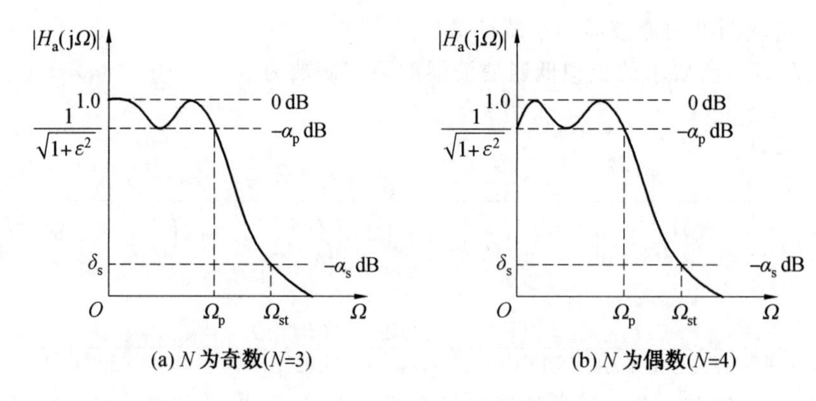

图 7.11　切比雪夫 Ⅰ 型低通滤波器的幅频特性

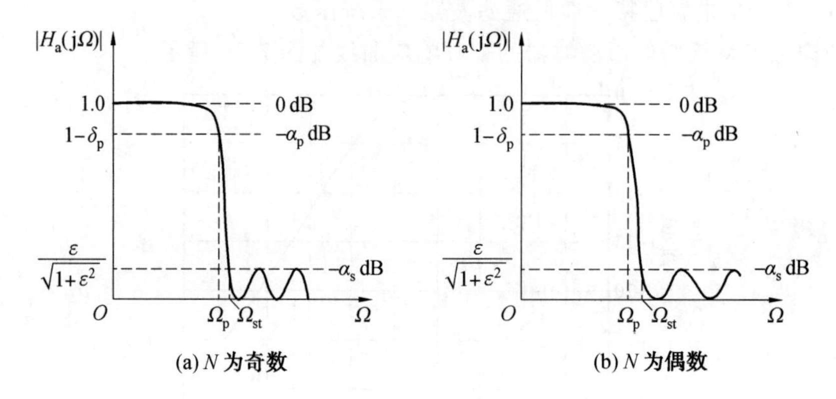

图 7.12　切比雪夫 Ⅱ 型低通滤波器的幅频特性

1. 切比雪夫 Ⅰ 型低通滤波器

(1) 切比雪夫 Ⅰ 型低通滤波器的幅度平方函数。

切比雪夫 Ⅰ 型低通滤波器的幅度平方函数定义为

$$|H_a(j\Omega)|^2=\frac{1}{1+\varepsilon^2 C_N^2\left(\frac{\Omega}{\Omega_p}\right)} \tag{7.28}$$

式中,N 为正整数,代表滤波器的阶数,阶数 N 越高,幅频特性越接近矩形;Ω_p 为通带截止频率(不一定是 3 dB 衰减处的截止频率);ε 为小于 1 的正数,代表通带波纹参数,ε 越大则通带内幅度波动的程度越大;$C_N(x)$ 为 N 阶切比雪夫多项式,其定义为

$$C_N(x)=\begin{cases}\cos(N\cdot\arccos x) & (|x|\leqslant 1(\text{通带}))\\ \text{ch}(N\cdot\text{arcch}\, x) & (|x|>1(\text{阻带}))\end{cases} \tag{7.29}$$

$C_N(x)$ 可展开成 x 的多项式,见表 7.3。

表 7.3　切比雪夫多项式

N	$C_N(x)$
0	1
1	x

续表7.3

N	$C_N(x)$
2	$2x^2-1$
3	$4x^3-3x$
4	$8x^4-8x^2+1$
5	$16x^5-20x^3+5x$
6	$32x^6-48x^4+18x^2-1$
7	$64x^7-112x^5+56x^3-7x$

当 $N \geqslant 1$ 时，切比雪夫多项式的递推公式为

$$C_{N+1}(x)=2xC_N(x)-C_{N-1}(x) \tag{7.30}$$

图 7.13 所示为阶数 $N=0,1,\cdots,5$ 的切比雪夫多项式 $C_N(x)$ 的曲线。可以看出，当 $|x|\leqslant 1$ 时，$C_N(x)$ 在 $|x|\leqslant 1$ 内具有等波纹特性，且 $|C_N(x)|\leqslant 1$；当 $|x|>1$ 时，$|C_N(x)|$ 随 $|x|$ 的增大而增大。

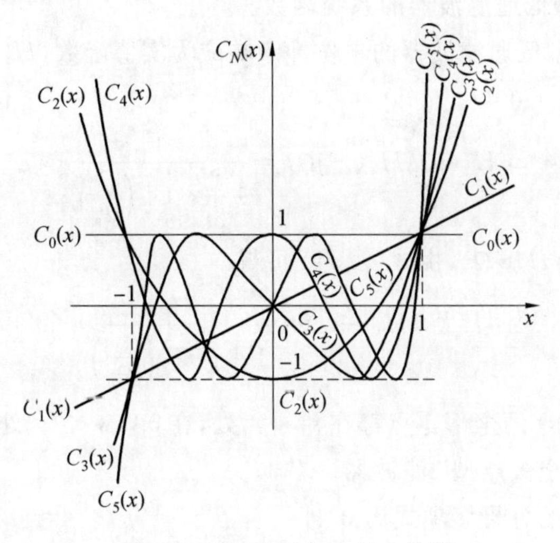

图 7.13　切比雪夫多项式曲线

(2) 切比雪夫 Ⅰ 型低通滤波器的幅频特性。

切比雪夫 Ⅰ 型低通滤波器的幅频响应为

$$|H_a(j\Omega)|=\frac{1}{\sqrt{1+\varepsilon^2 C_N^2\left(\dfrac{\Omega}{\Omega_p}\right)}} \tag{7.31}$$

$|H_a(j\Omega)|$ 的主要特点如下：

① 当 $\Omega=0$ 时，若 N 为奇数，则 $|H_a(j0)|=1$；若 N 为偶数，则 $|H_a(j0)|=\dfrac{1}{\sqrt{1+\varepsilon^2}}$。

② 在通带内，即当 $0\leqslant\Omega\leqslant\Omega_p$ 时，由于 $|\Omega/\Omega_p|\leqslant 1$，因此 $|H_a(j\Omega)|$ 在 $1\sim\dfrac{1}{\sqrt{1+\varepsilon^2}}$

之间等波纹地起伏，通带内起伏波纹的极值(包括极大值和极小值)数等于滤波器的阶数 N。

③ 当 $\Omega=\Omega_{\mathrm{p}}$ 时，$|H_{\mathrm{a}}(\mathrm{j}\Omega_{\mathrm{p}})|=\dfrac{1}{\sqrt{1+\varepsilon^2}}$，即不管阶数 N 为多少，幅频响应曲线都在 $\Omega=\Omega_{\mathrm{p}}$ 处通过 $\dfrac{1}{\sqrt{1+\varepsilon^2}}$ 点，因此把 Ω_{p} 定义为切比雪夫低通滤波器的通带截止频率，对应的通带最大衰减为

$$\alpha_{\mathrm{p}}=20\lg\frac{|H_{\mathrm{a}}(\mathrm{j}\Omega)|_{\max}}{|H_{\mathrm{a}}(\mathrm{j}\Omega_{\mathrm{p}})|}=-20\lg|H_{\mathrm{a}}(\mathrm{j}\Omega_{\mathrm{p}})|=10\lg(1+\varepsilon^2)\tag{7.32}$$

④ 在过渡带及阻带内，即当 $\Omega>\Omega_{\mathrm{p}}$ 时，由于 $|\Omega/\Omega_{\mathrm{p}}|>1$，因此随着 Ω 的增大，$|H_{\mathrm{a}}(\mathrm{j}\Omega)|$ 迅速单调地趋近于 0。

⑤ 当 $\Omega=\Omega_{\mathrm{st}}$ 时，即在阻带截止频率处，衰减为

$$\alpha_{\mathrm{s}}=20\lg\frac{|H_{\mathrm{a}}(\mathrm{j}\Omega)|_{\max}}{|H_{\mathrm{a}}(\mathrm{j}\Omega_{\mathrm{st}})|}=-20\lg|H_{\mathrm{a}}(\mathrm{j}\Omega_{\mathrm{st}})|\tag{7.33}$$

α_{s} 为阻带最小衰减，当 $\Omega>\Omega_{\mathrm{st}}$ 时，即在阻带内，幅频响应衰减值大于 α_{s}。

(3) 切比雪夫 Ⅰ 型低通滤波器的系统函数。

由于切比雪夫 Ⅰ 型低通滤波器的单位冲激响应为实值函数，$H_{\mathrm{a}}^{*}(\mathrm{j}\Omega)=H_{\mathrm{a}}(-\mathrm{j}\Omega)$，因此有

$$H_{\mathrm{a}}(\mathrm{j}\Omega)H_{\mathrm{a}}(-\mathrm{j}\Omega)=\frac{1}{1+\varepsilon^2C_N^2\left(\dfrac{\Omega}{\Omega_{\mathrm{p}}}\right)}\tag{7.34}$$

由于 $H_{\mathrm{a}}(s)|_{s=\mathrm{j}\Omega}=H_{\mathrm{a}}(\mathrm{j}\Omega)$，由式(7.34)可得

$$H_{\mathrm{a}}(s)H_{\mathrm{a}}(-s)=\frac{1}{1+\varepsilon^2C_N^2\left(\dfrac{s}{\mathrm{j}\Omega_{\mathrm{p}}}\right)}\tag{7.35}$$

可以看出，$H_{\mathrm{a}}(s)H_{\mathrm{a}}(-s)$ 的全部零点都在 $s\to\infty$ 处，在 $0<s<\infty$ 处有极点，因而切比雪夫 Ⅰ 型低通滤波器也是“全极点型”滤波器。

令 $H_{\mathrm{a}}(s)H_{\mathrm{a}}(-s)$ 的分母多项式为 0，即

$$1+\varepsilon^2C_N^2\left(\frac{s}{\mathrm{j}\Omega_{\mathrm{p}}}\right)=0$$

即

$$C_N\left(\frac{s}{\mathrm{j}\Omega_{\mathrm{p}}}\right)=\pm\mathrm{j}\frac{1}{\varepsilon}\tag{7.36}$$

由式(7.36)可以得到 $H_{\mathrm{a}}(s)H_{\mathrm{a}}(-s)$ 的极点为

$$s_k=\sigma_k+\mathrm{j}\Omega_k=-\Omega_{\mathrm{p}}a\sin\left(\frac{2k-1}{2N}\pi\right)+\mathrm{j}\Omega_{\mathrm{p}}b\cos\left(\frac{2k-1}{2N}\pi\right)\quad(k=1,2,\cdots,2N)\tag{7.37}$$

式中

$$\sigma_k=-\Omega_{\mathrm{p}}a\sin\left(\frac{2k-1}{2N}\pi\right)\quad(k=1,2,\cdots,2N)\tag{7.38}$$

$$\Omega_k=\Omega_{\mathrm{p}}b\cos\left(\frac{2k-1}{2N}\pi\right)\quad(k=1,2,\cdots,2N)\tag{7.39}$$

$$a=\mathrm{sh}\left(\frac{1}{N}\mathrm{arcsh}\,\frac{1}{\varepsilon}\right) \tag{7.40}$$

$$b=\mathrm{ch}\left(\frac{1}{N}\mathrm{arcsh}\,\frac{1}{\varepsilon}\right) \tag{7.41}$$

由式(7.38) 和式(7.39) 可得

$$\frac{\sigma_k^2}{a^2\Omega_{\mathrm{p}}^2}+\frac{\Omega_k^2}{b^2\Omega_{\mathrm{p}}^2}=1 \tag{7.42}$$

可以看出，这是一个椭圆方程，长轴在 s 平面的虚轴上，长为 $b\Omega_{\mathrm{p}}$，短轴在 s 平面的实轴上，长为 $a\Omega_{\mathrm{p}}$。也就是说切比雪夫 Ⅰ 型低通滤波器的所有极点分布在一个椭圆上。

为了使系统为稳定和因果的，选取 $H_{\mathrm{a}}(s)H_{\mathrm{a}}(-s)$ 在 s 平面的左半平面的极点作为 $H_{\mathrm{a}}(s)$ 的极点，即

$$s_k=\sigma_k+\mathrm{j}\Omega_k=-\Omega_{\mathrm{p}}a\sin\left(\frac{2k-1}{2N}\pi\right)+\mathrm{j}\Omega_{\mathrm{p}}b\cos\left(\frac{2k-1}{2N}\pi\right)\quad(k=1,2,\cdots,N) \tag{7.43}$$

可以求得切比雪夫 Ⅰ 型低通滤波器的系统函数为

$$H_{\mathrm{a}}(s)=\frac{1}{\sqrt{1+\varepsilon^2C_N^2(s/\mathrm{j}\Omega_{\mathrm{p}})}}=\frac{\dfrac{\Omega_{\mathrm{p}}^N}{\varepsilon 2^{N-1}}}{\prod\limits_{k=1}^{N}(s-s_k)} \tag{7.44}$$

(4) 切比雪夫 Ⅰ 型低通滤波器的设计。

由式(7.40)、式(7.41)、式(7.43) 和式(7.44) 可知，切比雪夫 Ⅰ 型低通滤波器的系统函数可由阶数 N、通带波纹参数 ε 和通带截止频率 Ω_{p} 这三个参数确定。进行设计时，同巴特沃斯低通滤波器的设计过程类似，首先根据设计指标来确定阶数 N 和通带波纹参数 ε，之后可利用式(7.40)、式(7.41)、式(7.43) 和式(7.44) 得到系统函数 $H_{\mathrm{a}}(s)$。也可以采用一种更为简便的方式：确定 N 和 ε 之后，通过查表得到切比雪夫 Ⅰ 型归一化($\Omega_{\mathrm{p}}=1$) 原型低通滤波器的系统函数 $H_{\mathrm{aN}}(s)$，最后经过频率变换即可得到所需滤波器的系统函数 $H_{\mathrm{a}}(s)$。

① 确定设计指标。设计指标一般由通带截止频率 Ω_{p}、通带最大衰减 α_{p}、阻带截止频率 Ω_{st} 和阻带最小衰减 α_{s} 这四个参数给出。

② 求通带波纹参数 ε。由式(7.32) 可以求得通带波纹参数 ε 为

$$\varepsilon=\sqrt{10^{\alpha_{\mathrm{p}}/10}-1} \tag{7.45}$$

③ 求滤波器的阶数 N。滤波器的阶数 N 可由阻带截止频率 Ω_{st} 和阻带最小衰减 α_{s} 确定。当 $\Omega=\Omega_{\mathrm{st}}$ 时，要求切比雪夫Ⅰ型低通滤波器的系统函数 $H_{\mathrm{a}}(\mathrm{j}\Omega)$ 满足式(7.15)，整理可得

$$|H_{\mathrm{a}}(\mathrm{j}\Omega_{\mathrm{st}})|^2\leqslant 10^{-\alpha_{\mathrm{s}}/10} \tag{7.46}$$

将式(7.28) 代入式(7.46)，可得

$$\frac{1}{1+\varepsilon^2C_N^2\left(\dfrac{\Omega_{\mathrm{st}}}{\Omega_{\mathrm{p}}}\right)}\leqslant 10^{-\alpha_{\mathrm{s}}/10} \tag{7.47}$$

由此得出

$$C_N\left(\frac{\Omega_{\mathrm{st}}}{\Omega_{\mathrm{p}}}\right)\geqslant\frac{1}{\varepsilon}\sqrt{10^{\alpha_{\mathrm{s}}/10}-1} \tag{7.48}$$

由于 $\Omega_{st}/\Omega_p > 1$，因此由式(7.29)可得

$$C_N\left(\frac{\Omega_{st}}{\Omega_p}\right)=\operatorname{ch}\left(N\cdot\operatorname{arcch}\frac{\Omega_{st}}{\Omega_p}\right)\geqslant\frac{1}{\varepsilon}\sqrt{10^{\alpha_s/10}-1} \tag{7.49}$$

因此有

$$N\geqslant\frac{\operatorname{arcch}(\sqrt{10^{\alpha_s/10}-1}/\varepsilon)}{\operatorname{arcch}(\Omega_{st}/\Omega_p)} \tag{7.50}$$

所以，不妨令

$$N=\left\lceil\frac{\operatorname{arcch}(\sqrt{10^{\alpha_s/10}-1}/\varepsilon)}{\operatorname{arcch}(\Omega_{st}/\Omega_p)}\right\rceil \tag{7.51}$$

④ 求归一化原型低通滤波器的系统函数 $H_{aN}(s)$。表7.4和表7.5分别给出了切比雪夫低通滤波器系统函数分母多项式用系数和根表示的数据。根据滤波器的阶数 N 和通带波纹参数 ε(或通带最大衰减 α_p)，查表即可得到切比雪夫Ⅰ型归一化原型低通滤波器的系统函数 $H_{aN}(s)$。

$H_{aN}(s)$ 可表示为

$$H_{aN}(s)=\frac{d_0}{s^N+a_{N-1}s^{N-1}+\cdots+a_2s^2+a_1s+1}=\frac{d_0}{(s-s_1)(s-s_2)\cdots(s-s_N)} \tag{7.52}$$

式中

$$d_0=\frac{1}{\varepsilon 2^{N-1}} \tag{7.53}$$

⑤ 求切比雪夫Ⅰ型低通滤波器的系统函数 $H_a(s)$。假设归一化原型低通滤波器的系统函数为 $H_{aN}(s)$，要得到通带截止频率为 Ω_p 的一般低通滤波器的系统函数 $H_a(s)$，只需用 $\frac{s}{\Omega_p}$ 替换 $H_{aN}(s)$ 中的 s，即

$$H_a(s)=H_{aN}\left(\frac{s}{\Omega_p}\right) \tag{7.54}$$

表7.4　切比雪夫归一化低通滤波器分母多项式 $s^N+a_{N-1}s^{N-1}+\cdots+a_2s^2+a_1s+a_0\ (a_N=1)$ 的系数

N	a_0	a_1	a_2	a_3	a_4	a_5	a_6	a_7	a_8	a_9
a. 1/2 dB波纹($\varepsilon=0.349\ 31$，$\varepsilon^2=0.122\ 02$)										
1	2.862 78									
2	1.516 20	1.425 62								
3	0.715 69	1.534 90	1.252 91							
4	0.379 05	1.025 46	1.716 87	1.197 39						
5	0.178 92	0.752 52	1.309 57	1.937 37	1.172 49					
6	0.094 76	0.432 37	1.171 86	1.589 76	2.171 84	1.159 18				
7	0.044 73	0.282 07	0.755 65	1.647 90	1.869 41	2.412 65	1.151 22			
8	0.023 69	0.152 54	0.573 56	1.148 59	2.184 02	2.149 22	2.656 75	1.146 08		
9	0.011 18	0.094 12	0.340 82	0.983 62	1.611 39	2.781 50	2.429 33	2.902 73	1.142 57	
10	0.005 92	0.049 29	0.237 27	0.626 97	1.527 43	2.144 24	3.440 93	2.709 74	3.149 88	1.140 07

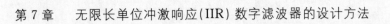

续表7.4

N	a_0	a_1	a_2	a_3	a_4	a_5	a_6	a_7	a_8	a_9
b. 1 dB 波纹($\varepsilon = 0.508\ 85, \varepsilon^2 = 0.258\ 93$)										
1	1.965 23									
2	1.102 51	1.097 73								
3	0.491 31	1.238 41	0.988 34							
4	0.275 63	0.742 62	1.453 92	0.952 81						
5	0.122 83	0.580 53	0.974 40	1.688 82	0.936 82					
6	0.068 91	0.307 08	0.939 35	1.202 14	1.930 83	0.928 25				
7	0.030 71	0.213 67	0.548 62	1.357 54	1.428 79	2.176 08	0.923 12			
8	0.017 23	0.107 34	0.447 83	0.846 82	1.836 90	1.655 16	2.423 03	0.919 81		
9	0.007 68	0.070 60	0.244 19	0.786 31	1.201 61	2.378 12	1.881 48	2.670 95	0.917 55	
10	0.004 31	0.034 50	0.182 45	0.455 39	1.244 49	1.612 99	2.981 51	2.107 85	2.919 47	0.915 93
c. 2 dB 波纹($\varepsilon = 0.764\ 78, \varepsilon^2 = 0.584\ 89$)										
1	1.307 56									
2	0.823 06	0.803 82								
3	0.326 89	1.022 19	0.737 82							
4	0.205 77	0.516 80	1.256 48	0.716 22						
5	0.081 72	0.459 35	0.693 48	1.499 54	0.706 46					
6	0.051 44	0.210 27	0.771 46	0.867 01	1.745 86	0.701 23				
7	0.020 42	0.166 09	0.382 51	1.144 44	1.039 22	1.993 53	0.697 89			
8	0.012 86	0.072 94	0.358 70	0.598 22	1.579 58	1.211 71	2.242 25	0.696 06		
9	0.005 11	0.054 38	0.168 45	0.644 47	0.856 86	2.076 75	1.383 75	2.491 29	0.694 68	
10	0.003 22	0.023 33	0.144 01	0.317 76	1.038 91	1.158 25	2.636 25	1.555 74	2.740 60	0.693 69
d. 3 dB 波纹($\varepsilon - 0.997\ 63, \varepsilon^2 = 0.995\ 26$)										
1	1.002 38									
2	0.707 95	0.644 90								
3	0.250 59	0.928 35	0.597 24							
4	0.176 99	0.404 77	1.169 12	0.581 58						
5	0.062 64	0.407 94	0.548 86	1.414 98	0.574 43					
6	0.044 25	0.163 43	0.699 10	0.690 61	1.662 85	0.570 70				
7	0.015 66	0.146 15	0.300 02	1.051 84	0.831 44	1.911 55	0.568 42			
8	0.011 06	0.056 48	0.320 76	0.471 90	1.466 70	0.971 95	2.160 71	0.566 95		
9	0.003 92	0.047 59	0.131 39	0.583 50	0.678 91	1.943 84	1.112 29	2.410 13	0.565 92	
10	0.002 77	0.018 03	0.127 76	0.249 20	0.949 92	0.921 07	2.483 42	1.252 65	2.659 74	0.565 22

表 7.5　切比雪夫归一化低通滤波器分母多项式的根

N	分母多项式的根
	a. 1/2 dB 波纹($\varepsilon = 0.349\ 31, \varepsilon^2 = 0.122\ 02$)
1	−2.862 78
2	−0.712 81±j1.004 04
3	−0.626 46,−0.313 23±j1.021 93
4	−0.175 35±j1.016 25,−0.423 34±j0.420 95
5	−0.362 32,−0.111 96±j1.011 56,−0.293 12±j0.625 18
6	−0.077 65±j1.008 46,−0.212 14±j0.738 24,−0.289 79±j0.270 22
7	−0.256 17,−0.057 00±j1.006 41,−0.159 72±j0.807 08,−0.230 80±j0.447 89
8	−0.043 62±j1.005 00,−0.124 22±j0.852 00,−0.185 91±j0.569 29,−0.219 29±j0.199 91
9	−0.198 41,−0.034 45±j1.004 00,−0.099 20±j0.882 91,−0.151 99±j0.655 32,−0.186 44±j0.348 69
10	−0.027 90±j1.003 27,−0.080 97±j0.905 07,−0.126 11±j0.718 26,−0.158 91±j0.461 15,−0.176 15±j0.158 90
	b. 1 dB 波纹($\varepsilon = 0.508\ 85, \varepsilon^2 = 0.258\ 93$)
1	−1.965 23
2	−0.548 87±j0.895 13
3	−0.494 17,−0.247 09±j0.966 00
4	−0.139 54±j0.983 38,−0.336 87±j0.407 33
5	−0.289 49,−0.089 46±j0.990 11,−0.234 21±j0.611 92
6	−0.062 18±j0.993 41,−0.169 88±j0.727 23,−0.232 06±j0.266 18
7	−0.205 41,−0.045 71±j0.995 28,−0.128 07±j0.798 16,−0.185 07±j0.442 94
8	−0.035 01±j0.996 45,−0.099 70±j0.844 75,−0.149 20±j0.564 44,−0.176 00±j0.198 21
9	−0.159 33,−0.027 67±j0.997 23,−0.079 67±j0.876 95,−0.122 05±j0.650 90,−0.149 72±j0.346 33
10	−0.022 41±j0.997 78,−0.065 05±j0.900 11,−0.101 32±j0.714 33,−0.127 67±j0.458 63,−0.141 52±j0.158 03
	c. 2 dB 波纹($\varepsilon = 0.764\ 78, \varepsilon^2 = 0.584\ 89$)
1	−1.307 56
2	−0.401 91±j0.813 35
3	−0.368 91,−0.184 46±j0.923 08
4	−0.104 89±j0.957 95,−0.253 22±j0.396 80
5	−0.218 31,−0.067 46±j0.973 46,−0.176 62±j0.601 63
6	−0.046 97±j0.981 71,−0.128 33±j0.718 66,−0.175 31±j0.263 05

续表7.5

N	分母多项式的根
7	−0.155 30，−0.034 56±j0.986 61，−0.096 83±j0.791 20，−0.139 92±j0.439 08
8	−0.026 49±j0.989 79，−0.075 44±j0.839 10，−0.112 91±j0.560 67，−0.133 19±j0.196 88
9	−0.120 63，−0.020 95±j0.991 95，−0.060 31±j0.872 30，−0.092 41±j0.647 45，−0.113 35±j0.344 50
10	−0.016 98±j0.993 49，−0.049 27±j0.896 24，−0.076 73±j0.711 26，−0.096 69±j0.456 66，−0.107 18±j0.157 35
d. 3 dB波纹($\varepsilon=0.997\ 63,\varepsilon^2=0.995\ 26$)	
1	−1.002 38
2	−0.322 45±j0.777 16
3	−0.298 62，−0.149 31±j0.903 81
4	−0.085 17±j0.946 48，−0.205 62±j0.392 05
5	−0.177 51，−0.054 85±j0.965 92，−0.143 61±j0.596 97
6	−0.038 23±j0.976 41，−0.104 45±j0.714 78，−0.142 67±j0.261 63
7	−0.126 49，−0.028 15±j0.982 70，−0.078 86±j0.788 06，−0.113 96±j0.437 34
8	−0.021 58±j0.986 77，−0.061 45±j0.836 54，−0.091 97±j0.558 96，−0.108 48±j0.196 28
9	−0.098 27，−0.017 06±j0.989 55，−0.049 14±j0.870 20，−0.075 28±j0.645 88，−0.092 35±j0.343 67
10	−0.013 83±j0.991 54，−0.040 14±j0.894 48，−0.062 52±j0.709 87，−0.078 78±j0.455 76，−0.087 33±j0.157 04

例7.3　设计模拟切比雪夫Ⅰ型低通滤波器，要求通带截止频率$f_p=1\ 000$ Hz，通带最大衰减$\alpha_p=1$ dB，阻带截止频率$f_{st}=1\ 500$ Hz，阻带最小衰减$\alpha_s=15$ dB。

解　(1) 确定设计指标。

所要求的模拟低通滤波器的技术指标为

$$\Omega_p=2\pi f_p=2\ 000\pi\ \text{rad/s},\quad \Omega_{st}=2\pi f_{st}=3\ 000\pi\ \text{rad/s},\quad \alpha_p=1\ \text{dB},\quad \alpha_s=15\ \text{dB}$$

(2) 求通带波纹参数。

根据式(7.45)，通带波纹参数为

$$\varepsilon=\sqrt{10^{\alpha_p/10}-1}=\sqrt{10^{1/10}-1}=0.508\ 8$$

(3) 求滤波器的阶数。

根据式(7.51)，滤波器的阶数为

$$N=\left\lceil\frac{\operatorname{arcch}(\sqrt{10^{\alpha_s/10}-1}/\varepsilon)}{\operatorname{arcch}(\Omega_{st}/\Omega_p)}\right\rceil=\lceil 3.197\ 7\rceil=4$$

(4) 求归一化原型低通滤波器的系统函数。

查表7.4，可得归一化原型低通滤波器的系统函数为

$$H_{aN}(s)=\frac{d_0}{s^4+0.952\ 8s^3+1.453\ 9s^2+0.742\ 6s+0.275\ 6}$$

式中

$$d_0=\frac{1}{\varepsilon 2^{N-1}}=0.245\ 7$$

(5) 求切比雪夫 Ⅰ 型低通滤波器的系统函数。

根据式(7.54),所要求的模拟低通滤波器的系统函数为

$$H_a(s)=H_{aN}\left(\frac{s}{\Omega_p}\right)$$

$$=\frac{0.245\ 7}{\left(\frac{s}{\Omega_p}\right)^4+0.952\ 8\left(\frac{s}{\Omega_p}\right)^3+1.453\ 9\left(\frac{s}{\Omega_p}\right)^2+0.742\ 6\left(\frac{s}{\Omega_p}\right)s+0.275\ 6}$$

整理得

$$H_a(s)=\frac{3.829\times10^{14}}{s^4+5.987\times10^3 s^3+5.740\times10^7 s^2+1.842\times10^{11}s+4.296\times10^{14}}$$

求得的模拟切比雪夫 Ⅰ 型低通滤波器的幅频响应曲线如图 7.14 所示。

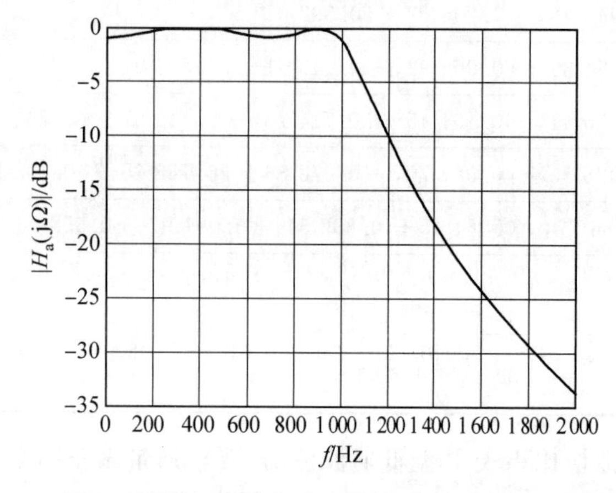

图 7.14 例 7.3 模拟切比雪夫 Ⅰ 型低通滤波器的幅频响应曲线

若没有切比雪夫归一化低通滤波器分母多项式表格,求出 ε 和 N 之后,也可以根据式(7.40)、式(7.41)、式(7.43) 和式(7.44) 来求解滤波器的系统函数。

例 7.2 与例 7.3 的设计指标相同,例 7.2 求得的模拟巴特沃斯滤波器阶数为 6,而例 7.3 求得的模拟切比雪夫 Ⅰ 型滤波器阶数为 4。可见,对相同的幅频特性指标要求,模拟切比雪夫 Ⅰ 型滤波器的阶数比模拟巴特沃斯滤波器的阶数更低。

2. 切比雪夫 Ⅱ 型低通滤波器

这里对切比雪夫 Ⅱ 型低通滤波器仅做简要介绍。

(1) 切比雪夫 Ⅱ 型低通滤波器的幅度平方函数。

切比雪夫 Ⅱ 型低通滤波器的幅度平方函数定义为

$$|H_a(j\Omega)|^2=\frac{\varepsilon^2 C_N^2(\Omega_{st}/\Omega)}{1+\varepsilon^2 C_N^2(\Omega_{st}/\Omega)} \tag{7.55}$$

(2) 切比雪夫 Ⅱ 型低通滤波器的幅频特性。

切比雪夫 Ⅱ 型低通滤波器的幅频响应为

$$|H_a(j\Omega)|=\frac{\varepsilon|C_N(\Omega_{st}/\Omega)|}{\sqrt{1+\varepsilon^2C_N^2(\Omega_{st}/\Omega)}} \tag{7.56}$$

$|H_a(j\Omega)|$ 的主要特点如下：

① 当 $\Omega=0$ 时，$|H_a(j0)|=1$，即其直流增益为 1。

② 在通带及过渡带内，即当 $0\leqslant\Omega\leqslant\Omega_{st}$ 时，幅频响应单调下降。

③ 当 $\Omega=\Omega_p$ 时

$$|H_a(j\Omega_p)|=\frac{\varepsilon C_N(\Omega_{st}/\Omega_p)}{\sqrt{1+\varepsilon^2C_N^2(\Omega_{st}/\Omega_p)}} \tag{7.57}$$

因此，通带最大衰减为

$$\alpha_p=-20\lg\frac{\varepsilon C_N(\Omega_{st}/\Omega_p)}{\sqrt{1+\varepsilon^2C_N^2(\Omega_{st}/\Omega_p)}} \tag{7.58}$$

④ 在阻带内，即当 $\Omega>\Omega_{st}$ 时，幅频响应是等波纹变化的。

⑤ 当 $\Omega=\Omega_{st}$ 时，即在阻带截止频率处，

$$|H_a(j\Omega_{st})|=\frac{\varepsilon C_N(\Omega_{st}/\Omega_{st})}{\sqrt{1+\varepsilon^2C_N^2(\Omega_{st}/\Omega_{st})}}=\frac{\varepsilon}{\sqrt{1+\varepsilon^2}} \tag{7.59}$$

因此，阻带最小衰减为

$$\alpha_s=-20\lg\frac{\varepsilon}{\sqrt{1+\varepsilon^2}} \tag{7.60}$$

(3) 切比雪夫 Ⅱ 型低通滤波器的系统函数。

切比雪夫 Ⅱ 型低通滤波器的系统函数为

$$H_a(s)=\frac{\varepsilon C_N(j\Omega_{st}/s)}{\sqrt{1+\varepsilon^2C_N^2(j\Omega_{st}/s)}} \tag{7.61}$$

切比雪夫 Ⅱ 型低通滤波器在 s 平面既有极点又有零点。

7.3.4　模拟频率变换及模拟高通、带通、带阻滤波器的设计

目前，模拟低通、高通、带通和带阻滤波器的设计方法都是先设计出归一化(通带截止频率或阻带截止频率为 1) 低通滤波器，之后通过模拟频率变换将归一化低通滤波器的系统函数转换成所要求的滤波器的系统函数。

假设归一化模拟低通滤波器的系统函数为 $H_{aN}(\bar{s})$，频率响应为 $H_{aN}(j\bar{\Omega})$，变换后的模拟低通、高通、带通或带阻滤波器的系统函数为 $H_a(s)$，频率响应为 $H_a(j\Omega)$。从 $\bar{s}$ 到 s 的变换函数及从 $\bar{\Omega}$ 到 Ω 的变换函数为

$$\bar{s}=G(s),\quad j\bar{\Omega}=G(j\Omega) \tag{7.62}$$

对变换的要求主要包括以下两点：

(1) $G(s)$ 为有理函数，这样才能使有理函数 $H_{aN}(\bar{s})$ 变换为 $H_a(s)$ 后仍然为有理函数。

(2) $\bar{s}$ 平面的虚轴、左半平面和右半平面分别映射成 s 平面的虚轴、左半平面和右半平面，这样才能使稳定的滤波器变换后仍然是稳定的。

通过对比各种类型模拟滤波器与归一化模拟低通滤波器的幅频特性，得出各主要频点的对应关系，就可以推导出频率变换关系。在这里对低通到低通、低通到高通及低通到带通

的变换，采用通带截止频率对应的方式，对低通到带阻的变换采用阻带截止频率对应的方式。由于具体的推导过程比较复杂，因此这里只给出结论。

1. 归一化模拟低通滤波器到模拟低通滤波器的频率变换

从通带截止频率为 1 的归一化模拟低通滤波器转换成通带截止频率为 Ω_p 的模拟低通滤波器，其变换关系式为

$$\bar{s}=\frac{s}{\Omega_p},\quad \bar{\Omega}=\frac{\Omega}{\Omega_p} \tag{7.63}$$

主要频点对应关系为：$\bar{\Omega}=0\rightarrow\Omega=0$；$\bar{\Omega}=\pm\infty\rightarrow\Omega=\pm\infty$；$\bar{\Omega}=\pm1\rightarrow\Omega=\pm\Omega_p$。

从通带截止频率为 1 的归一化模拟低通滤波器到模拟低通滤波器的频率变换关系如图 7.15 所示。

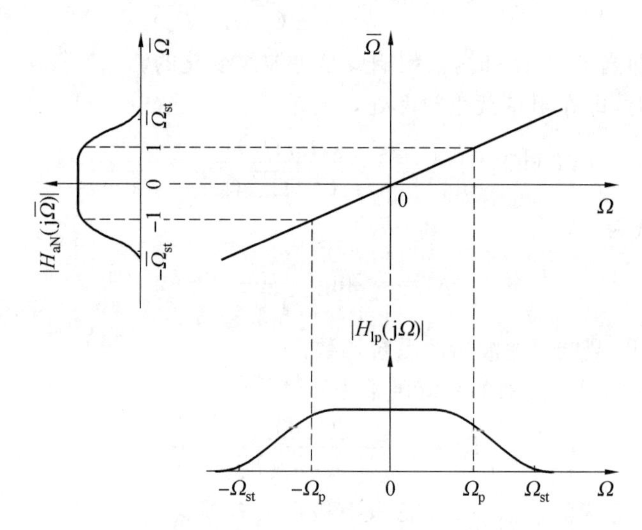

图 7.15 归一化模拟低通滤波器到模拟低通滤波器的频率变换关系

2. 归一化模拟低通滤波器到模拟高通滤波器的频率变换

从通带截止频率为 1 的归一化模拟低通滤波器转换成通带截止频率为 Ω_p 的模拟高通滤波器，其变换关系式为

$$\bar{s}=\frac{\Omega_p}{s},\quad \bar{\Omega}=-\frac{\Omega_p}{\Omega} \tag{7.64}$$

主要频点对应关系为：$\bar{\Omega}=0\rightarrow\Omega=\pm\infty$；$\bar{\Omega}=\pm\infty\rightarrow\Omega=0$；$\bar{\Omega}=\pm1\rightarrow\Omega=\mp\Omega_p$。

从通带截止频率为 1 的归一化模拟低通滤波器到模拟高通滤波器的频率变换关系如图 7.16 所示。

3. 归一化模拟低通滤波器到模拟带通滤波器的频率变换

从通带截止频率为 1 的归一化模拟低通滤波器转换成通带上截止频率和通带下截止频率分别为 Ω_{ph} 和 Ω_{pl} 的模拟带通滤波器，其变换关系式为

$$\bar{s}=\frac{s^2+\Omega_{p0}^2}{B_p\times s},\quad \bar{\Omega}=\frac{\Omega^2-\Omega_{p0}^2}{B_p\times\Omega} \tag{7.65}$$

式中，$\Omega_{p0}=\sqrt{\Omega_{pl}\Omega_{ph}}$ 为通带几何中心频率；$B_p=\Omega_{ph}-\Omega_{pl}$ 为通带带宽。

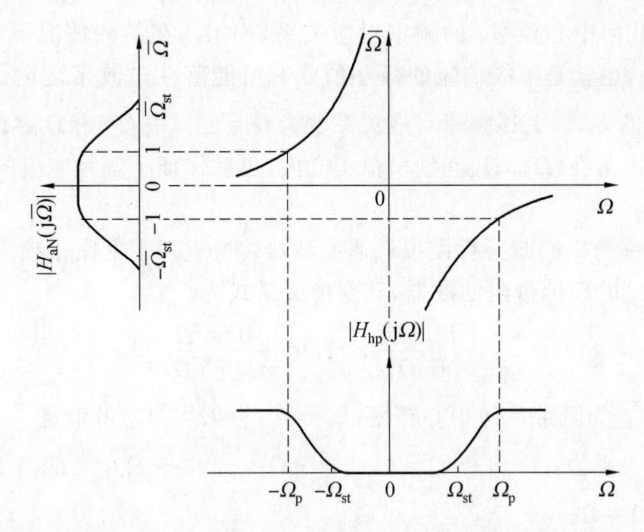

图 7.16　归一化模拟低通滤波器到模拟高通滤波器的频率变换关系

主要频点对应关系为：$\overline{\Omega}=0\rightarrow\Omega=\pm\Omega_{p0}$；$\overline{\Omega}=+\infty\rightarrow\Omega=+\infty,0^-$；$\overline{\Omega}=-\infty\rightarrow\Omega=-\infty,0^+$；$\overline{\Omega}=1\rightarrow\Omega=\Omega_{ph},-\Omega_{pl}$；$\overline{\Omega}=-1\rightarrow\Omega=\Omega_{pl},-\Omega_{ph}$。

从通带截止频率为 1 的归一化模拟低通滤波器到模拟带通滤波器的频率变换关系如图 7.17 所示。

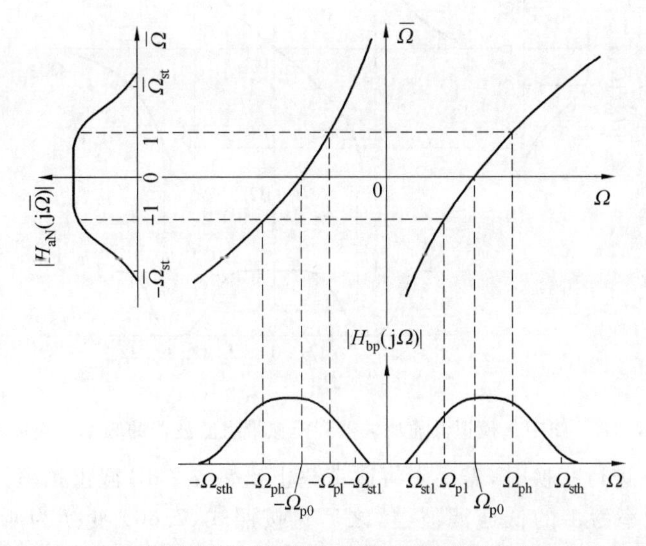

图 7.17　归一化模拟低通滤波器到模拟带通滤波器的频率变换关系

需要注意，这里通带截止频率不一定是 3 dB 衰减处的截止频率。对于巴特沃斯滤波器，若通带最大衰减 $\alpha_p\neq 3$ dB，则需要先将 3 dB 截止频率为 1 的低通滤波器变换为通带截止频率为 1 的低通滤波器，之后再利用式(7.63)、式(7.64) 或式(7.65) 变换为所要求的模拟低通、高通或带通滤波器。

4. 归一化模拟低通滤波器到模拟带阻滤波器的频率变换

对于低通到带阻的变换，若采用通带截止频率对应的方式，将会导致 $\overline{\Omega}=\pm\infty\rightarrow\Omega=$

$\pm\Omega_{p0}$（Ω_{p0} 为通带几何中心频率）的频率对应关系，而 Ω_{p0} 在某些情况下有可能落在（Ω_{stl}，Ω_{sth}）频率范围之外，也就是幅频响应的极小值点有可能落在过渡带之内。因此，这里采用阻带截止频率对应的方式，上述频率对应关系变为 $\bar{\Omega}=\pm\infty\rightarrow\Omega=\pm\Omega_{st0}$（$\Omega_{st0}$ 为阻带几何中心频率），而 Ω_{st0} 必定落在（Ω_{stl}，Ω_{sth}）频率范围之内，也就保证了幅频响应的极小值点一定会落在阻带之内。

从阻带截止频率为 1 的归一化模拟低通滤波器转换成阻带上截止频率和阻带下截止频率分别为 Ω_{sth} 和 Ω_{stl} 的模拟带阻滤波器，其变换关系式为

$$\bar{s}=\frac{B_s\times s}{s^2+\Omega_{st0}^2},\quad \bar{\Omega}=\frac{B_s\times\Omega}{-\Omega^2+\Omega_{st0}^2} \tag{7.66}$$

式中，$\Omega_{st0}=\sqrt{\Omega_{stl}\Omega_{sth}}$ 为阻带几何中心频率；$B_s=\Omega_{sth}-\Omega_{stl}$ 为阻带带宽。

主要频点对应关系为：$\bar{\Omega}=0\rightarrow\Omega=0,\pm\infty$；$\bar{\Omega}=\pm\infty\rightarrow\Omega=\pm\Omega_{st0}$；$\bar{\Omega}=1\rightarrow\Omega=\Omega_{stl},-\Omega_{sth}$；$\bar{\Omega}=-1\rightarrow\Omega=\Omega_{sth},-\Omega_{stl}$。

从阻带截止频率为 1 的归一化模拟低通滤波器到模拟带阻滤波器的频率变换关系如图 7.18 所示。

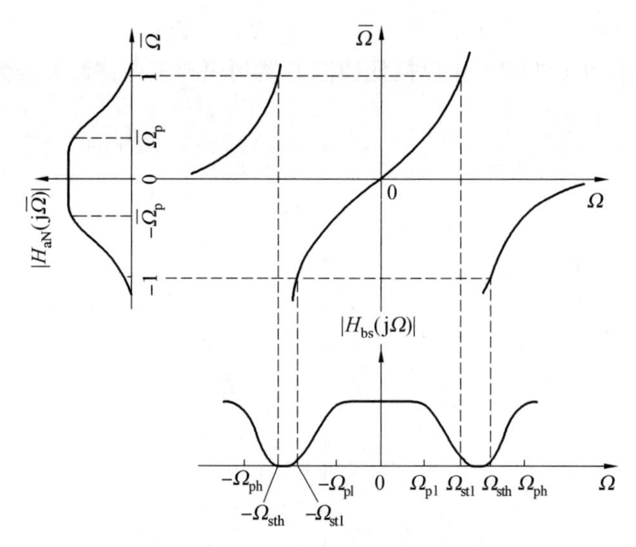

图 7.18　归一化模拟低通滤波器到模拟带阻滤波器的频率变换关系

利用式(7.66)进行变换时，需要先将通带截止频率或 3 dB 截止频率为 1 的低通滤波器变换为阻带截止频率为 1 的低通滤波器，之后再按照式(7.66)变换为所要求的带阻滤波器。

由式(7.63)～(7.66)可以看出，将归一化模拟低通滤波器变换为一般模拟低通滤波器或模拟高通滤波器后，所得滤波器的阶数与原低通滤波器阶数相同；而将归一化模拟低通滤波器变换为模拟带通滤波器或模拟带阻滤波器后，所得滤波器的阶数为原低通滤波器阶数的两倍。

模拟低通滤波器的设计方法前面已经介绍，下面举例说明模拟高通、带通以及带阻滤波器的设计方法。

例 7.4　设计模拟切比雪夫Ⅰ型高通滤波器，要求通带截止频率 $f_p=100$ Hz，通带最大

衰减 $\alpha_p=2$ dB,阻带截止频率 $f_{st}=50$ Hz,阻带最小衰减 $\alpha_s=20$ dB。

解　(1) 确定设计指标。

所要求的模拟高通滤波器的技术指标为

$$\Omega_p=2\pi f_p=200\pi\ \text{rad/s},\quad \Omega_{st}=2\pi f_{st}=100\pi\ \text{rad/s},\quad \alpha_p=2\ \text{dB},\quad \alpha_s=20\ \text{dB}$$

(2) 求归一化低通滤波器的系统函数。

根据式(7.64),通带截止频率 $\overline{\Omega}_p=1$ 的归一化模拟低通滤波器的阻带截止频率为

$$\overline{\Omega}_{st}=\left|-\frac{\Omega_p}{\Omega_{st}}\right|=2$$

根据式(7.45),可求得通带波纹参数为

$$\varepsilon=\sqrt{10^{\alpha_p/10}-1}=\sqrt{10^{2/10}-1}=0.764\ 8$$

根据式(7.51),可得归一化模拟低通滤波器的阶数为

$$N=\left\lceil\frac{\operatorname{arcch}(\sqrt{10^{\alpha_s/10}-1}/\varepsilon)}{\operatorname{arcch}(\overline{\Omega}_{st}/\overline{\Omega}_p)}\right\rceil=3$$

查表 7.4,可得该归一化模拟低通滤波器的系统函数为

$$H_{aN}(\bar{s})=\frac{d_0}{\bar{s}^3+0.737\ 8\bar{s}^2+1.022\ 2\bar{s}+0.326\ 9}$$

式中

$$d_0=\frac{1}{\varepsilon 2^{N-1}}=0.326\ 9$$

(3) 进行模拟频带变换,求所需高通滤波器的系统函数。

根据式(7.63),所要求的高通滤波器的系统函数为

$$\begin{aligned}H_{hp}(s)&=H_{aN}(\bar{s})\big|_{\bar{s}=\frac{\Omega_p}{s}}\\&=\frac{0.326\ 9}{\dfrac{\Omega_p^3}{s^3}+0.737\ 8\dfrac{\Omega_p^2}{s^2}+1.022\ 2\dfrac{\Omega_p}{s}+0.326\ 9}\end{aligned}$$

整理得

$$\begin{aligned}H_{hp}(s)&=\frac{0.326\ 9s^3}{\Omega_p^3+0.737\ 8\Omega_p^2 s+1.022\ 2\Omega_p s^2+0.326\ 9s^3}\\&=\frac{s^3}{s^3+1.965\times10^3 s^2+8.910\times10^5 s+7.588\times10^8}\end{aligned}$$

求得的模拟切比雪夫 Ⅰ 型高通滤波器的幅频响应曲线如图 7.19 所示。

例 7.5　设计模拟巴特沃斯带通滤波器,要求通带下截止频率 $f_{pl}=200$ Hz,通带上截止频率 $f_{ph}=300$ Hz,通带最大衰减 $\alpha_p=2$ dB,下阻带截止频率 $f_{stl}=100$ Hz,上阻带截止频率 $f_{sth}=400$ Hz,阻带最小衰减 $\alpha_s=20$ dB。

解　(1) 确定设计指标。

所要求的模拟带通滤波器的技术指标为

$$\Omega_{pl}=2\pi f_{pl}=400\pi\ \text{rad/s},\quad \Omega_{ph}=2\pi f_{ph}=600\pi\ \text{rad/s},\quad \Omega_{stl}=2\pi f_{stl}=200\pi\ \text{rad/s},$$
$$\Omega_{sth}=2\pi f_{sth}=800\pi\ \text{rad/s},\quad \alpha_p=2\ \text{dB},\quad \alpha_s=20\ \text{dB}$$

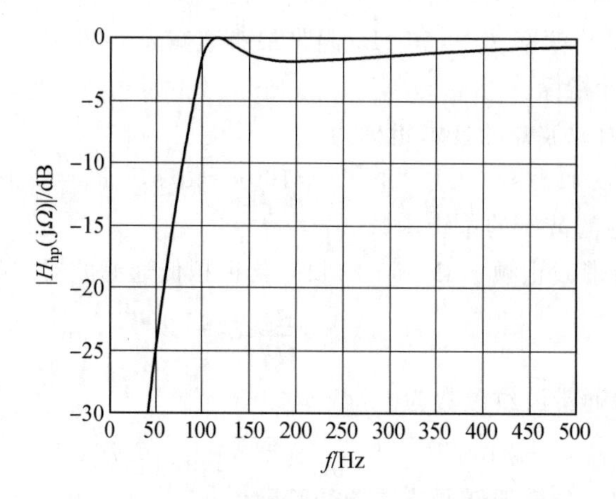

图 7.19　例 7.4 模拟切比雪夫 Ⅰ 型高通滤波器的幅频响应曲线

(2) 求归一化低通滤波器的系统函数。

根据式(7.65),可求得Ω_{stl}和Ω_{sth}所对应的归一化(通带截止频率$\overline{\Omega}_p=1$)模拟低通滤波器的频率分别为

$$\overline{\Omega}_{st1}=\frac{\Omega_{stl}^2-\Omega_{ph}\Omega_{pl}}{\Omega_{stl}(\Omega_{ph}-\Omega_{pl})}=-5$$

$$\overline{\Omega}_{st2}=\frac{\Omega_{sth}^2-\Omega_{ph}\Omega_{pl}}{\Omega_{sth}(\Omega_{ph}-\Omega_{pl})}=2.5$$

若对于较小的阻带截止频率,低通滤波器的阻带衰减大于 20 dB,则对于较大的阻带截止频率,阻带衰减也一定会大于 20 dB。因此,可令该归一化模拟低通滤波器的阻带截止频率为

$$\overline{\Omega}_{st}=\min(|\overline{\Omega}_{st1}|,|\overline{\Omega}_{st2}|)=2.5$$

根据式(7.22),可得该归一化模拟低通滤波器的阶数为

$$N=\left\lceil \lg\left(\frac{10^{\frac{\alpha_s}{10}}-1}{10^{\frac{\alpha_p}{10}}-1}\right)\Big/\left[2\lg\left(\frac{\overline{\Omega}_{st}}{\overline{\Omega}_p}\right)\right]\right\rceil=3$$

选取该归一化模拟低通滤波器的 3 dB 截止频率$\overline{\Omega}_c=\overline{\Omega}_{cp}$,由式(7.23)得

$$\overline{\Omega}_c=\overline{\Omega}_{cp}=\frac{\overline{\Omega}_p}{\sqrt[2N]{10^{\alpha_p/10}-1}}=1.0935$$

查表 7.1,3 dB 截止频率为 1 的低通滤波器的系统函数为

$$H_{aNN}(\overline{s})=\frac{1}{\overline{s}^3+2\overline{s}^2+2\overline{s}+1}$$

根据式(7.27),通带截止频率$\overline{\Omega}_p=1$的归一化模拟低通滤波器的系统函数为

$$H_{aN}(\overline{s})=H_{aNN}\left(\frac{\overline{s}}{\overline{\Omega}_c}\right)=\frac{1}{\frac{\overline{s}^3}{\overline{\Omega}_c^3}+2\frac{\overline{s}^2}{\overline{\Omega}_c}+2\frac{\overline{s}}{\overline{\Omega}_c}+1}=\frac{1.3075}{\overline{s}^3+2.1870\overline{s}^2+2.3915\overline{s}+1.3075}$$

(3) 进行模拟频带变换,求所需带通滤波器的系统函数。

根据式(7.65),所要求的带通滤波器的系统函数为

$$H_{bp}(s)=H_{aN}(\bar{s})\big|_{\bar{s}=\frac{s^2+\Omega_{ph}\Omega_{pl}}{s(\Omega_{ph}-\Omega_{pl})}}$$

$$=\frac{1.3075}{\left[\frac{s^2+\Omega_{ph}\Omega_{pl}}{s(\Omega_{ph}-\Omega_{pl})}\right]^3+2.1870\left[\frac{s^2+\Omega_{ph}\Omega_{pl}}{s(\Omega_{ph}-\Omega_{pl})}\right]^2+2.3915\left[\frac{s^2+\Omega_{ph}\Omega_{pl}}{s(\Omega_{ph}-\Omega_{pl})}\right]+1.3075}$$

整理得

$$H_{bp}(s)=\frac{3.243\times10^8 s^3}{s^6+1.374\times10^3 s^5+8.050\times10^6 s^4+6.834\times10^9 s^3+1.907\times10^{13} s^2+7.710\times10^{15} s+1.329\times10^{19}}$$

求得的模拟巴特沃斯带通滤波器的幅频响应曲线如图 7.20 所示。

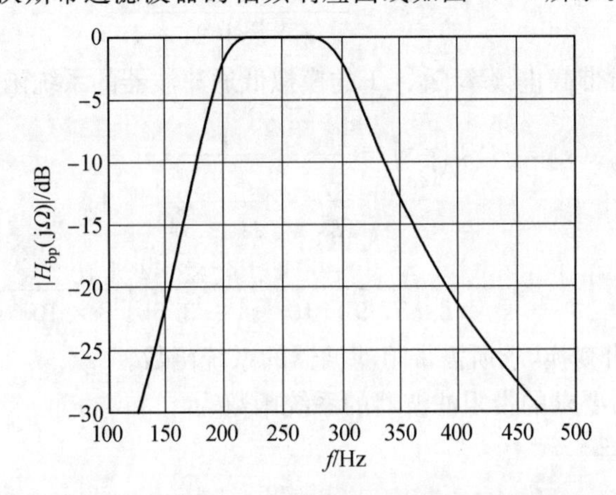

图 7.20　例 7.5 模拟巴特沃斯带通滤波器的幅频响应曲线

例 7.6　设计模拟巴特沃斯带阻滤波器，要求下通带截止频率 $f_{pl}=200$ Hz，上通带截止频率 $f_{ph}=900$ Hz，通带最大衰减 $\alpha_p=2$ dB，阻带下截止频率 $f_{stl}=500$ Hz，阻带上截止频率 $f_{sth}=700$ Hz，阻带最小衰减 $\alpha_s=20$ dB。

解　(1) 确定设计指标。

所要求的模拟带阻滤波器的技术指标为

$$\Omega_{pl}=2\pi f_{pl}=400\pi\ \text{rad/s},\quad \Omega_{ph}=2\pi f_{ph}=1\,800\pi\ \text{rad/s},\quad \Omega_{stl}=2\pi f_{stl}=1\,000\pi\ \text{rad/s},$$

$$\Omega_{sth}=2\pi f_{sth}=1\,400\pi\ \text{rad/s},\quad \alpha_p=2\ \text{dB},\quad \alpha_s=20\ \text{dB}$$

(2) 求归一化低通滤波器的系统函数。

根据式(7.66)，可求得 Ω_{pl} 和 Ω_{ph} 所对应的阻带截止频率 $\bar{\Omega}_{st}=1$ 的归一化模拟低通滤波器的频率分别为

$$\bar{\Omega}_{p1}=\frac{\Omega_{pl}(\Omega_{sth}-\Omega_{stl})}{-\Omega_{pl}^2+\Omega_{sth}\Omega_{stl}}=0.1290$$

$$\bar{\Omega}_{p2}=\frac{\Omega_{ph}(\Omega_{sth}-\Omega_{stl})}{-\Omega_{ph}^2+\Omega_{sth}\Omega_{stl}}=-0.3913$$

若对于较大的通带截止频率，低通滤波器的通带衰减小于 2 dB，则对于较小的通带截止频率，通带衰减也一定会小于 2 dB。因此，可令该归一化模拟低通滤波器的阻带截止频率为

$$\bar{\Omega}_p=\max(|\bar{\Omega}_{p1}|,|\bar{\Omega}_{p2}|)=0.3913$$

根据式(7.22)，可得该归一化模拟低通滤波器的阶数为

$$N=\left\lceil \lg\left(\frac{10^{\frac{\alpha_s}{10}}-1}{10^{\frac{\alpha_p}{10}}-1}\right)\Big/\left[2\lg\left(\frac{\overline{\Omega}_{st}}{\overline{\Omega}_p}\right)\right]\right\rceil=3$$

选取该归一化模拟低通滤波器的 3 dB 截止频率 $\overline{\Omega}_c=\overline{\Omega}_{cp}$，由式(7.23) 得

$$\overline{\Omega}_c=\overline{\Omega}_{cp}=\frac{\overline{\Omega}_p}{\sqrt[2N]{10^{\alpha_p/10}-1}}=0.427\ 9\ \text{rad/s}$$

查表 7.1，3 dB 截止频率为 1 的低通滤波器的系统函数为

$$H_{aNN}(\overline{s})=\frac{1}{\overline{s}^3+2\overline{s}^2+2\overline{s}+1}$$

根据式(7.27)，阻带截止频率 $\overline{\Omega}_{st}=1$ 的模拟低通滤波器的系统函数为

$$H_{aN}(\overline{s})=H_{aNN}\left(\frac{\overline{s}}{\overline{\Omega}_c}\right)=\frac{1}{\frac{\overline{s}^3}{\overline{\Omega}_c^3}+2\frac{\overline{s}^2}{\overline{\Omega}_c^2}+2\frac{\overline{s}}{\overline{\Omega}_c}+1}$$

$$=\frac{7.834\ 4\times10^{-2}}{\overline{s}^3+8.557\ 9\times10^{-1}\overline{s}^2+3.661\ 8\times10^{-1}\overline{s}+7.834\ 4\times10^{-2}}$$

(3) 进行模拟频带变换，求所需带阻滤波器的系统函数。

根据式(7.66)，所要求的带阻滤波器的系统函数为

$$H_{bs}(s)=H_{aN}(\overline{s})\Big|_{\overline{s}=\frac{s(\Omega_{sth}-\Omega_{stl})}{s^2+\Omega_{sth}\Omega_{stl}}}$$

$$=\frac{7.834\ 4\times10^{-2}}{\left[\frac{s(\Omega_{sth}-\Omega_{stl})}{s^2+\Omega_{sth}\Omega_{stl}}\right]^3+8.557\ 9\times10^{-1}\left[\frac{s(\Omega_{sth}-\Omega_{stl})}{s^2+\Omega_{sth}\Omega_{stl}}\right]^2+3.661\ 8\times10^{-1}\left[\frac{s(\Omega_{sth}-\Omega_{stl})}{s^2+\Omega_{sth}\Omega_{stl}}\right]+7.834\ 4\times10^{-2}}$$

整理得

$$H_{bs}(s)=\frac{s^6+4.145\times10^7s^4+5.728\times10^{14}s^2+2.638\times10^{21}}{s^6+5.874\times10^3s^5+5.870\times10^7s^4+1.876\times10^{11}s^3+8.111\times10^{14}s^2+1.121\times10^{18}s+2.638\times10^{21}}$$

求得的模拟巴特沃斯带阻滤波器的幅频响应曲线如图 7.21 所示。

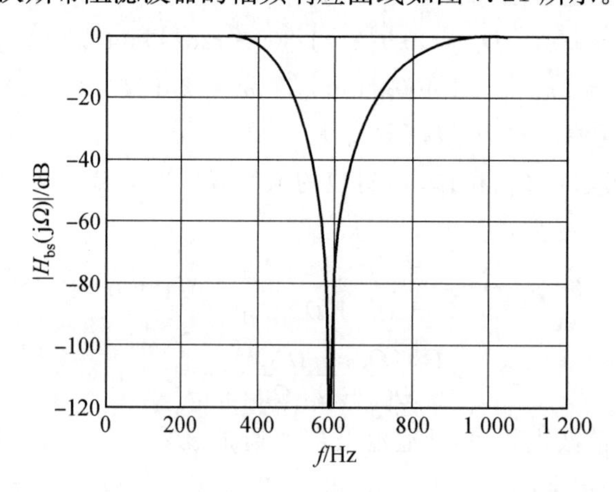

图 7.21 例 7.6 模拟巴特沃斯带阻滤波器的幅频响应曲线

7.4　IIR 数字滤波器的设计

IIR 数字滤波器的设计方法有直接设计法和间接设计法两大类。间接设计法可以利用成熟的模拟滤波器的设计方法,设计更为简便。

间接设计法的基本步骤如下:

(1) 将数字滤波器设计指标转换为相应的模拟滤波器指标;

(2) 设计相应的模拟滤波器;

(3) 将模拟滤波器数字化成数字滤波器。

将模拟滤波器数字化成数字滤波器,就是指将模拟滤波器的系统函数 $H_a(s)$ 从 s 平面映射到 z 平面,转换成数字滤波器的系统函数 $H(z)$。

从 s 平面到 z 平面的映射,必须满足以下两个基本条件:

(1) 频率轴要对应,即 s 平面的虚轴必须映射到 z 平面的单位圆上;

(2) 因果稳定的模拟滤波器转换成数字滤波器仍然是因果稳定的,即若 $H_a(s)$ 只有位于 s 平面左半平面的极点,则 $H(z)$ 应当只有位于 z 平面单位圆内的极点。

实际应用中,将模拟滤波器数字化成数字滤波器采用的方法主要有冲激响应不变法和双线性变换法。

7.4.1　冲激响应不变法设计 IIR 数字滤波器

1. 变换原理

由 s 平面映射到 z 平面的映射关系可知,$z=\mathrm{e}^{sT}$ 或 $s=\frac{1}{T}\ln z$,且 $\omega=\Omega T$(T 为抽样周期)。因此,若给出数字滤波器的技术指标,则可求出相应的模拟滤波器的技术指标。比如,若数字低通滤波器的通带截止频率、阻带截止频率、通带最大衰减及阻带最小衰减分别为 ω_p、ω_{st}、α_p 及 α_s,则相应的模拟低通滤波器的通带截止频率、阻带截止频率、通带最大衰减及阻带最小衰减分别为 $\Omega_p=\frac{1}{T}\omega_p$、$\Omega_{st}=\frac{1}{T}\omega_{st}$、$\alpha_p$ 及 α_s。

将模拟滤波器的系统函数 $H_a(s)$ 转换成数字滤波器的系统函数 $H(z)$ 的一个最直接的方法是直接令

$$H(z)=H_a(s)\big|_{s=\frac{1}{T}\ln z} \tag{7.67}$$

但采用这一方法将使 $H(z)$ 的表达式中出现 z 的对数,使 $H(z)$ 的分子、分母不再是 z 的有理多项式,这将给系统的分析和实现带来困难。因此,需要对该方法加以改造。

冲激响应不变法是从滤波器的冲激响应出发,使数字滤波器的单位冲激响应 $h(n)$ 模仿模拟滤波器的单位冲激响应 $h_a(t)$,使 $h(n)$ 等于 $h_a(t)$ 的抽样值,即

$$h(n)=h_a(nT) \tag{7.68}$$

假设模拟滤波器的系统函数 $H_a(s)$ 只有单阶极点,且分母多项式的阶次 N 大于分子多项式的阶次 M,则可将 $H_a(s)$ 展成部分分式形式,即

$$H_a(s)=\sum_{k=1}^{N}\frac{A_k}{s-s_k} \tag{7.69}$$

对 $H_a(s)$ 进行拉普拉斯反变换，可得模拟滤波器的单位冲激响应为

$$h_a(t)=\sum_{k=1}^{N}A_k e^{s_k t}u(t) \tag{7.70}$$

因此，数字滤波器的单位冲激响应为

$$h(n)=h_a(nT)=\sum_{k=1}^{N}A_k e^{s_k nT}u(n)=\sum_{k=1}^{N}A_k(e^{s_k T})^n u(n) \tag{7.71}$$

对 $h(n)$ 进行 z 变换可得数字滤波器的系统函数为

$$H(z)=\sum_{k=1}^{N}\frac{A_k}{1-e^{s_k T}z^{-1}} \tag{7.72}$$

上述转换所遵循的基本关系仍然是 $z=e^{sT}$。s 平面的虚轴映射到 z 平面的单位圆，左半平面映射到单位圆以内，右半平面映射到单位圆以外。由 $z=e^{sT}$ 得到的 $\omega=\Omega T$ 这一频率映射关系使得 s 平面上每一条宽度为 $2\pi/T$ 的横条都将重叠地映射到整个 z 平面上，如图 7.22 所示。因此，冲激响应不变法中 s 平面到 z 平面的映射并不是一一对应的变换关系。

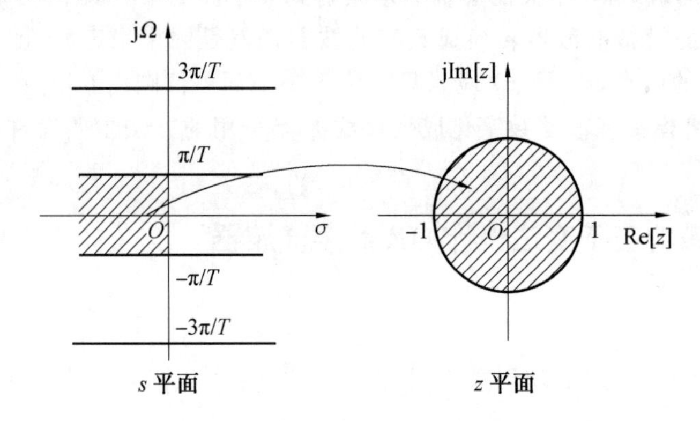

图 7.22 冲激响应不变法的映射关系

根据时域抽样理论，可以得出上述数字滤波器的频率响应 $H(e^{j\omega})$ 与模拟滤波器的频率响应 $H_a(j\Omega)$ 的关系。由于 $h(n)=h_a(nT)$，因此有

$$H(e^{j\omega})\big|_{\omega=\Omega T}=\frac{1}{T}\sum_{k=-\infty}^{+\infty}H_a\left[j\left(\Omega-\frac{2\pi}{T}k\right)\right] \tag{7.73}$$

$$H(e^{j\omega})=\frac{1}{T}\sum_{k=-\infty}^{+\infty}H_a\left[j\left(\frac{\omega}{T}-\frac{2\pi}{T}k\right)\right] \tag{7.74}$$

从式(7.74)可以看出，随着抽样时间间隔 T 的不同，变换后 $H(e^{j\omega})$ 的增益也在改变。为了使数字滤波器增益不随 T 而变化，实际设计中通常采用以下的变换关系，即令

$$h(n)=Th_a(nT) \tag{7.75}$$

这样，式(7.72)、式(7.73)和式(7.74)分别变成

$$H(z)=\sum_{k=1}^{N}\frac{A_k T}{1-e^{s_k T}z^{-1}} \tag{7.76}$$

$$H(e^{j\omega})\big|_{\omega=\Omega T}=\sum_{k=-\infty}^{+\infty}H_a\left[j\left(\Omega-\frac{2\pi}{T}k\right)\right] \tag{7.77}$$

$$H(e^{j\omega})=\sum_{k=-\infty}^{+\infty}H_a\left[j\left(\frac{\omega}{T}-\frac{2\pi}{T}k\right)\right] \tag{7.78}$$

通过以上分析，可以得出模拟滤波器系统函数 $H_a(s)$ 与冲激响应不变法转换得到的数字滤波器系统函数 $H(z)$ 之间的关系：

(1) 数字频率 ω 与模拟频率 Ω 之间是线性关系，$\omega=\Omega T$，s 平面的虚轴映射到 z 平面的单位圆。

(2) s 平面中在 $s=s_k$ 处的极点变换成 z 平面中在 $z=e^{s_k T}$ 处的极点。

(3) 若 $H_a(s)$ 的极点 s_k 位于 s 平面的左半平面，即 s_k 的实部小于0，则对应的 $H(z)$ 的极点 $e^{s_k T}$ 的幅度将小于1，位于 z 平面的单位圆内。因此，若模拟滤波器是因果稳定的，则采用冲激响应不变法转换成数字滤波器仍然是因果稳定的。

(4) $H_a(s)$ 和 $H(z)$ 的部分分式展开式中的系数完全相同，只是相差一个比例系数 T。

(5) 虽然冲激响应不变法按照关系式 $z=e^{s_k T}$ 将 s 平面的极点映射成 z 平面的极点，但并不相当于按照这种关系将整个 s 平面映射到 z 平面。特别是 $H(z)$ 的零点与 $H_a(s)$ 的零点就没有这种对应关系，$H(z)$ 的零点会随着 $H_a(s)$ 的极点 s_k 和系数 TA_k 而变化。

2. 混叠失真

由式(7.77)和式(7.78)可以看出，数字滤波器的频率响应 $H(e^{j\omega})$ 是模拟滤波器频率响应 $H_a(j\Omega)$ 的周期延拓，其延拓周期为 $\Omega_s=\frac{2\pi}{T}=2\pi f_s$，$\omega_s=\frac{\Omega_s}{f_s}=2\pi$。只有当模拟滤波器的频率响应带限于折叠频率 $\frac{\Omega_s}{2}=\frac{\pi}{T}=\pi f_s$ 之内，数字滤波器的频率响应才能不失真地重现模拟滤波器的频率响应，而不产生混叠失真。因此，冲激响应不变法不能用于设计高通滤波器及带阻滤波器。任何一个实际的模拟滤波器的频率响应都不是严格带限的，因此采用冲激响应不变法进行变换后就会产生一定的混叠失真，如图7.23所示。

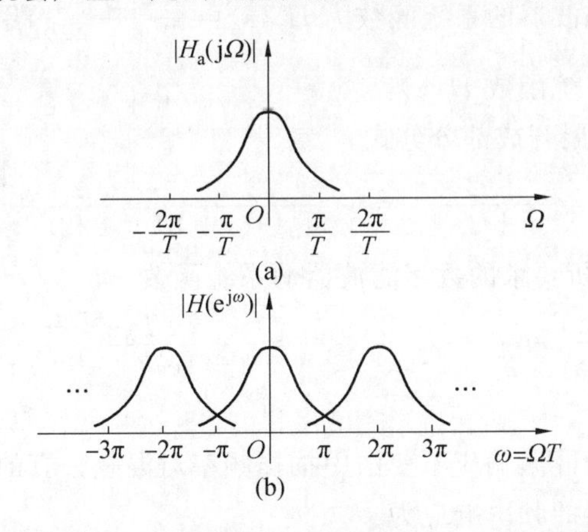

图7.23　冲激响应不变法的频谱混叠失真示意图

从图7.23中可以看出，频谱混叠失真会使数字滤波器在 $\omega=\pi$ 附近的频率响应偏离模拟滤波器的频率响应特性曲线。当模拟滤波器的频率响应在折叠频率以上衰减越大、越快时，变换后的频谱混叠失真就越小。采用冲激响应不变法设计数字滤波器时，为了减小频谱混叠失真，可以选用具有锐截止特性的模拟滤波器或增加抽样频率 f_s。需要注意，若数字滤波器的设计指标是用数字频率给出的，那么增加抽样频率 f_s 时，模拟滤波器的截止频率

也会成比例地增加，因此这种情况下用提高 f_s 的方法是无法解决频谱混叠问题的。

3. 步骤

采用冲激响应不变法设计数字滤波器可以按照如下步骤进行：

(1) 将数字滤波器的设计指标转换为相应的模拟滤波器指标。利用 $\Omega=\frac{\omega}{T}$，将数字滤波器的截止频率转换为模拟滤波器的截止频率，而 α_p 及 α_s 不变。由于在设计过程中，数字滤波器的技术指标首先映射为模拟滤波器的技术指标，之后再将模拟滤波器映射为数字滤波器，因此参数 T 实际上并不起作用，在设计中可以选取任意的 T 值。

(2) 根据模拟滤波器的技术指标设计模拟滤波器的系统函数 $H_a(s)$。

(3) 利用式(7.76)，将 $H_a(s)$ 转换为数字滤波器的系统函数 $H(z)$。

4. 优点及局限性

采用冲激响应不变法设计数字滤波器的主要优点及局限性如下：

(1) 数字滤波器的单位冲激响应完全模仿模拟滤波器的单位冲激响应，在时域逼近良好。

(2) 数字频率与模拟频率之间呈线性关系，即 $\omega=\Omega T$，因而一个线性相位的模拟滤波器可以映射成为一个线性相位的数字滤波器。

(3) 具有频谱混叠失真，只适用于带限的滤波器，即只适用于低通滤波器和带通滤波器，而高通滤波器和带阻滤波器不能采用该方法。

(4) 冲激响应不变法中 $H_a(s)$ 和 $H(z)$ 的变换关系，只适用于并联结构的系统函数，即系统函数必须先展开成部分分式。

例 7.7 已知模拟滤波器的系统函数为 $H_a(s)=\frac{2}{s^2+3s+2}$，用冲激响应不变法将其转换为 IIR 数字滤波器的系统函数 $H(z)$。

解 首先将 $H_a(s)$ 展开成部分分式。

$$H_a(s)=\frac{2}{s^2+3s+2}=\frac{2}{(s+1)(s+2)}=\frac{2}{s+1}-\frac{2}{s+2}$$

根据式(7.76)，可得所要求的数字滤波器的系统函数

$$H(z)=\frac{2T}{1-e^{-1T}z^{-1}}-\frac{2T}{1-e^{-2T}z^{-1}}=\frac{2T(e^{-T}-e^{-2T})z^{-1}}{1-(e^{-T}+e^{-2T})z^{-1}+e^{-3T}z^{-2}}$$

式中，T 为抽样间隔。

下面通过例 7.7 说明冲激响应不变法中抽样频率对混叠失真的影响。

例 7.7 中模拟滤波器的频率响应为

$$H_a(j\Omega)=H_a(s)\big|_{s=j\Omega}=\frac{2}{s^2+3s+2}\bigg|_{s=j\Omega}=\frac{2}{2-\Omega^2+j3\Omega}$$

数字滤波器的频率响应为

$$H(e^{j\omega})=H(z)\big|_{z=e^{j\omega}}=\frac{2T(e^{-T}-e^{-2T})e^{-j\omega}}{1-(e^{-T}+e^{-2T})e^{-j\omega}+e^{-3T}e^{-j2\omega}}=\frac{2T(e^{2T}-e^{T})e^{j\omega}}{e^{3T}e^{j2\omega}-(e^{2T}+e^{T})e^{j\omega}+1}$$

例 7.7 中模拟滤波器的幅频响应曲线如图 7.24(a) 所示。当抽样频率分别为 4 Hz、8 Hz 和 16 Hz 时所得数字滤波器的幅频响应曲线如图 7.24(b) 所示。从图中可以看出，抽

样频率越大,混叠失真越小。

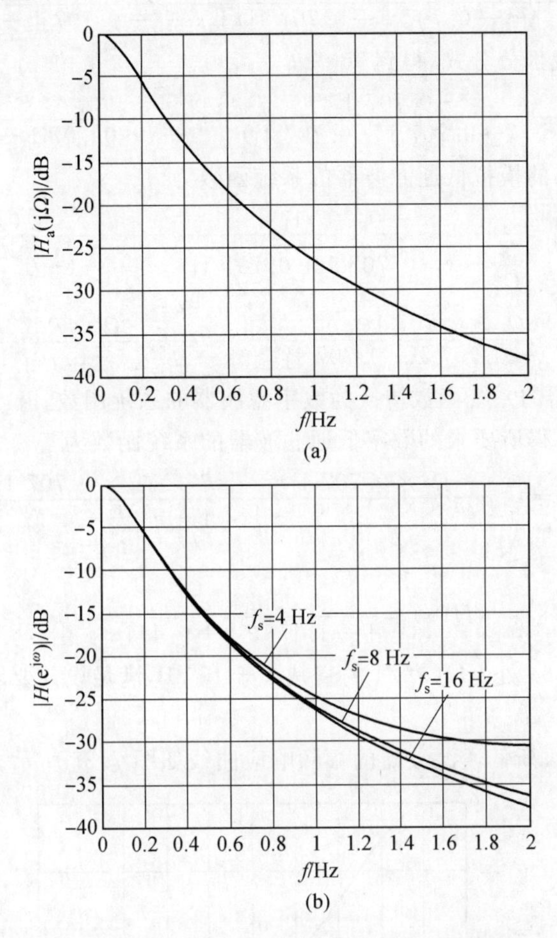

图 7.24　例 7.7 模拟滤波器与数字滤波器的幅频响应曲线

例 7.8　用冲激响应不变法设计数字巴特沃斯低通滤波器,要求通带截止频率 $\omega_p=0.2\pi$,通带最大衰减 $\alpha_p=3$ dB,阻带截止频率 $\omega_{st}=0.6\pi$,阻带最小衰减 $\alpha_s=15$ dB。

解　(1) 将数字滤波器的设计指标转换为相应的模拟滤波器指标。

选取 $T=1$ s,相应的模拟低通滤波器的技术指标为

$$\Omega_p=\frac{\omega_p}{T}=0.2\pi,\quad \Omega_{st}=\frac{\omega_{st}}{T}=0.6\pi,\quad \alpha_p=3\ \text{dB},\quad \alpha_s=15\ \text{dB}$$

(2) 求模拟滤波器的系统函数。

根据式(7.22),模拟低通滤波器的阶数为

$$N=\left\lceil \lg\left(\frac{10^{\frac{\alpha_s}{10}}-1}{10^{\frac{\alpha_p}{10}}-1}\right)\Big/\left[2\lg\left(\frac{\Omega_{st}}{\Omega_p}\right)\right]\right\rceil=2$$

由于 $\alpha_p=3$ dB,因此模拟低通滤波器的 3 dB 截止频率为

$$\Omega_c=\Omega_p=0.2\pi$$

查表 7.2 可得归一化模拟低通滤波器的系统函数为

$$H_{aN}(s)=\frac{1}{[s-(-0.7071+0.7071\mathrm{j})][s-(-0.7071-0.7071\mathrm{j})]}$$

将 $H_{aN}(s)$ 展开成部分分式，得到

$$H_{aN}(s)=\frac{-0.7071\mathrm{j}}{s-(-0.7071+0.7071\mathrm{j})}+\frac{0.7071\mathrm{j}}{s-(-0.7071-0.7071\mathrm{j})}$$

根据式(7.27)，所要求的模拟低通滤波器的系统函数为

$$H_a(s)=H_{aN}\left(\frac{s}{\Omega_c}\right)=\frac{-0.7071\mathrm{j}}{\frac{s}{\Omega_c}-(-0.7071+0.7071\mathrm{j})}+\frac{0.7071\mathrm{j}}{\frac{s}{\Omega_c}-(-0.7071-0.7071\mathrm{j})}$$

$$=\frac{-\Omega_c\times 0.7071\mathrm{j}}{s-\Omega_c\times(-0.7071+0.7071\mathrm{j})}+\frac{\Omega_c\times 0.7071\mathrm{j}}{s-\Omega_c\times(-0.7071-0.7071\mathrm{j})}$$

(3) 将模拟滤波器的系统函数转换为数字滤波器的系统函数。

根据式(7.76)，可得所要求的数字低通滤波器的系统函数为

$$H(z)=\frac{-\Omega_c\times 0.7071\mathrm{j}}{1-\mathrm{e}^{\Omega_c\times(-0.7071+0.7071\mathrm{j})}z^{-1}}+\frac{\Omega_c\times 0.7071\mathrm{j}}{1-\mathrm{e}^{\Omega_c\times(-0.7071-0.7071\mathrm{j})}z^{-1}}$$

整理得

$$H(z)=\frac{0.245z^{-1}}{1-1.158z^{-1}+0.411z^{-2}}$$

经计算在 $\omega_{st}=0.6\pi$ 处 $|H(\mathrm{e}^{\mathrm{j}\omega})|$ 的衰减大于 15 dB，满足设计要求，因此混叠效应可以忽略。

求得的数字巴特沃斯低通滤波器的幅频响应曲线如图 7.25 所示。

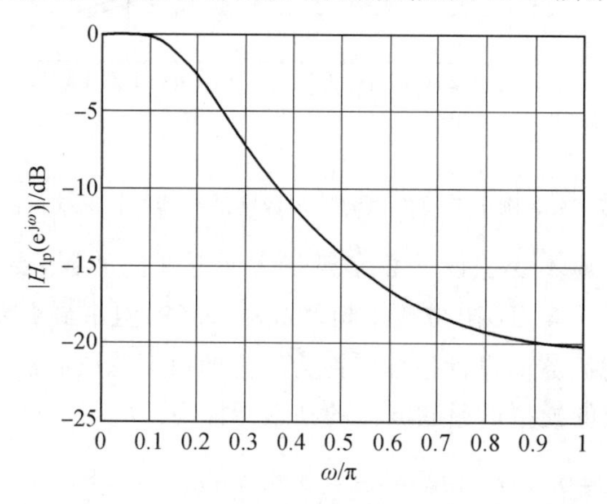

图 7.25　例 7.8 数字巴特沃斯低通滤波器的幅频响应曲线

采用冲激响应不变法设计数字滤波器时，若由于混叠效应导致在 ω_{st} 处 $|H(\mathrm{e}^{\mathrm{j}\omega})|$ 的衰减过小，不满足设计要求，则需要增大滤波器的阶数 N。

7.4.2　双线性变换法设计 IIR 数字滤波器

1. 变换原理

冲激响应不变法的主要缺点是从 s 平面到 z 平面的多值映射关系，导致了频率响应的混叠失真。为了避免这一问题，双线性变换法采用非线性频率压缩的方法，即将 s 平面整个频

率轴上的频率范围压缩到 s_1 平面的 $-\pi/T \sim \pi/T$ 之间,之后再利用 $z=e^{s_1 T}$ 转换到 z 平面上,这样就使 s 平面到 z 平面的变换变为单值映射,从而避免了频谱混叠现象。双线性变换法的映射关系如图 7.26 所示。

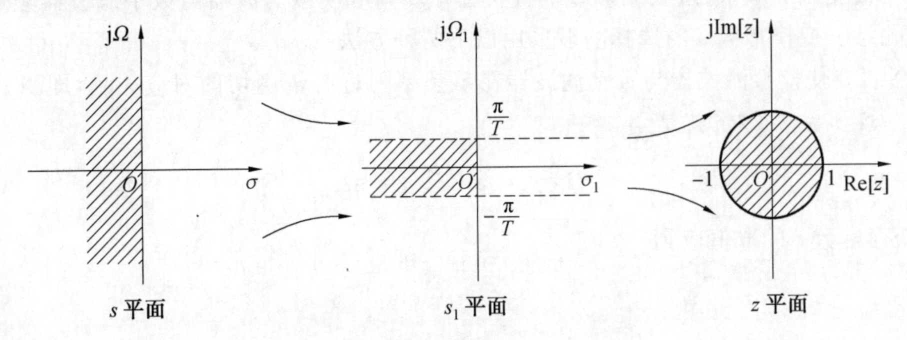

图 7.26　双线性变换法的映射关系

将 s 平面整个 $j\Omega$ 轴的频率范围压缩到 s_1 平面 $j\Omega_1$ 轴的 $-\pi/T \sim \pi/T$ 以内,可以利用以下关系式:

$$\Omega = c \cdot \tan \frac{\Omega_1 T}{2} \tag{7.79}$$

式中,c 为任意正实数。当 Ω_1 由 $-\pi/T$ 变化到 π/T 时,Ω 由 $-\infty$ 变化到 $+\infty$,且 $\Omega_1=0$ 时 $\Omega=0$。

式(7.79) 可以改写为以下形式:

$$j\Omega = c\,\frac{e^{j\Omega_1 T/2}-e^{-j\Omega_1 T/2}}{e^{j\Omega_1 T/2}+e^{-j\Omega_1 T/2}} \tag{7.80}$$

将此关系解析延拓到整个 s 平面和 s_1 平面,即令 $j\Omega = s, j\Omega_1 = s_1$,则有

$$s = c\,\frac{e^{s_1 T/2}-e^{-s_1 T/2}}{e^{s_1 T/2}+e^{-s_1 T/2}} = c\,\frac{1-e^{-s_1 T}}{1+e^{-s_1 T}} \tag{7.81}$$

将 s_1 平面通过标准变换 $z=e^{s_1 T}$ 映射到 z 平面,则可得到 s 平面和 z 平面的单值映射关系

$$s = c\,\frac{1-z^{-1}}{1+z^{-1}} \tag{7.82}$$

该变换关系式是两个线性函数之比,因此将这种变换方法称为双线性变换。

根据式(7.82),可以方便地将模拟滤波器系统函数 $H_a(s)$ 映射成数字滤波器系统函数 $H(z)$,即

$$H(z) = H_a(s)\big|_{s=c\frac{1-z^{-1}}{1+z^{-1}}} \tag{7.83}$$

根据 $\omega = \Omega_1 T$ 和式(7.79),可得

$$\Omega = c \cdot \tan\frac{\Omega_1 T}{2} = c \cdot \tan\frac{\omega}{2} \tag{7.84}$$

可见,数字频率与模拟频率之间是非线性关系。

上述转换所遵循的基本关系为 $z = e^{s_1 T}$。s 平面整个 $j\Omega$ 轴压缩到 s_1 平面 $j\Omega_1$ 轴的 $-\pi/T \sim \pi/T$ 以内,之后再映射到 z 平面的单位圆。根据式(7.79),由于 c 为正实数,因此 s 平面的左半平面映射到 z 平面的单位圆以内,右半平面映射到 z 平面的单位圆以外。因果稳定的模

拟滤波器采用双线性变换法转换得到的数字滤波器也一定是因果稳定的。

2. 变换常数 c 的选择

双线性变换法中，通过改变常数 c 的取值可以调节模拟滤波器与数字滤波器频带之间的对应关系。变换常数 c 的选择一般采用以下两种方法：

(1) 若要使模拟滤波器与数字滤波器在零频率附近有较确切的对应关系，即当 Ω 较小时有 $\omega=\Omega_1 T\approx\Omega T$，也就是

$$\Omega=c\cdot\tan\frac{\Omega_1 T}{2}\approx\Omega_1 \tag{7.85}$$

因此，变换常数 c 的取值应为

$$c=\frac{2}{T} \tag{7.86}$$

此时，模拟原型滤波器的低频特性近似等于数字滤波器的低频特性。

(2) 若要使数字滤波器的截止频率 ω_p 与模拟原型滤波器的截止频率 Ω_p 严格对应，即 $\omega_p=\Omega_{1p}T=\Omega_p T$，也就是

$$\Omega_p=c\cdot\tan\frac{\Omega_{1p}T}{2}=\Omega_{1p} \tag{7.87}$$

则有

$$c=\Omega_p\cdot\cot\frac{\Omega_p T}{2}=\frac{\omega_p}{T}\cdot\cot\frac{\omega_p}{2} \tag{7.88}$$

这一方法的主要优点是可以准确控制截止频率的位置。

3. 步骤

采用双线性变换法设计数字滤波器可以按照如下步骤进行：

(1) 确定抽样周期 T 和变换常数 c。与冲激响应不变法一样，抽样周期 T 的值可以任意选取，变换常数 c 可根据实际需求选取，若无特殊要求通常取 $c=\frac{2}{T}$。

(2) 将数字滤波器的设计指标转换为相应的模拟滤波器指标。利用式(7.84) 将数字滤波器的截止频率转换为模拟滤波器的截止频率，而 α_p 及 α_s 不变。

(3) 根据 Ω_p、Ω_{st}、α_p 及 α_s 设计模拟滤波器系统函数 $H_a(s)$。

(4) 利用式(7.83) 将 $H_a(s)$ 转换为 $H(z)$ 数字滤波器系统函数。

4. 优点及局限性

采用双线性变换法设计数字滤波器的主要优点及局限性如下：

(1) 避免了频谱混叠现象，因而适用于各种类型的滤波器。无论是低通、带通，还是高通、带阻滤波器，都可以采用双线性变换法设计。

(2) 适用于各种形式的系统函数表达式。不管模拟滤波器的系统函数采用何种形式，都可以直接利用式(7.82) 的变换关系进行转换，而不需要将其展开成部分分式。

(3) 数字频率与模拟频率之间呈非线性关系，因而一个线性相位的模拟滤波器经双线性变换后得到的数字滤波器不再保持原有的线性相位特性。

例 7.9 用双线性变换法设计数字巴特沃斯高通滤波器，要求通带截止频率 $\omega_p=0.8\pi$，

通带最大衰减 $\alpha_p=3$ dB,阻带截止频率 $\omega_{st}=0.4\pi$,阻带最小衰减 $\alpha_s=20$ dB。

解　(1) 确定抽样周期 T 和变换常数 c。

选取 $T=2$ s,变换常数 $c=\frac{2}{T}=1$。

(2) 将数字滤波器的设计指标转换为相应的模拟滤波器指标。

相应的模拟高通滤波器的技术指标为

$$\Omega_p=\tan\frac{\omega_p}{2}=3.0777,\quad \Omega_{st}=\tan\frac{\omega_{st}}{2}=0.7265,\quad \alpha_p=3\ \text{dB},\quad \alpha_s=20\ \text{dB}$$

(3) 求模拟滤波器的系统函数。

根据式(7.64),通带截止频率 $\overline{\Omega}_p=1$ 的归一化模拟低通滤波器的阻带截止频率为

$$\overline{\Omega}_{st}=\left|-\frac{\Omega_p}{\Omega_{st}}\right|=4.2361$$

根据式(7.22),归一化模拟低通滤波器的阶数为

$$N=\left\lceil \lg\frac{10^{\frac{\alpha_s}{10}}-1}{10^{\frac{\alpha_p}{10}}-1}\Big/\left[2\lg\frac{\overline{\Omega}_{st}}{\Omega_p}\right]\right\rceil=2$$

由于 $\alpha_p=3$ dB,因此归一化模拟低通滤波器的 3 dB 截止频率为

$$\Omega_c=\Omega_p=0.2\pi$$

查表 7.1 可得归一化模拟低通滤波器的系统函数为

$$H_{aN}(\bar{s})=\frac{1}{\bar{s}^2+1.4142\bar{s}+1}$$

根据式(7.64),所要求的模拟高通滤波器的系统函数为

$$H_{hp}(s)=H_{aN}(\bar{s})\big|_{\bar{s}=\frac{\Omega_p}{s}}=\frac{1}{\frac{\Omega_p^2}{s^2}+1.4142\frac{\Omega_p}{s}+1}=\frac{s^2}{s^2+4.3525s+9.4721}$$

(4) 将模拟滤波器的系统函数转换为数字滤波器的系统函数。

根据式(7.83),可得所要求的数字高通滤波器的系统函数

$$H_{hp}(z)=H_{hp}(s)\big|_{s=c\frac{1-z^{-1}}{1+z^{-1}}}=\frac{\left(\frac{1-z^{-1}}{1+z^{-1}}\right)^2}{\left(\frac{1-z^{-1}}{1+z^{-1}}\right)^2+4.3525\frac{1-z^{-1}}{1+z^{-1}}+9.4721}$$

整理得

$$H_{hp}(z)=\frac{0.0675-0.135z^{-1}+0.0675z^{-2}}{1+1.143z^{-1}+0.413z^{-2}}$$

求得的数字巴特沃斯高通滤波器的幅频响应曲线如图 7.27 所示。

例 7.10　用双线性变换法设计数字切比雪夫 Ⅰ 型带通滤波器,要求通带下截止频率 $\omega_{pl}=0.4\pi$,通带上截止频率 $\omega_{ph}=0.6\pi$,通带最大衰减 $\alpha_p=3$ dB,下阻带截止频率 $\omega_{stl}=0.2\pi$,上阻带截止频率 $\omega_{sth}=0.8\pi$,阻带最小衰减 $\alpha_s=15$ dB。

解　(1) 确定抽样周期 T 和变换常数 c。

选取 $T=2$ s,变换常数 $c=\frac{2}{T}=1$。

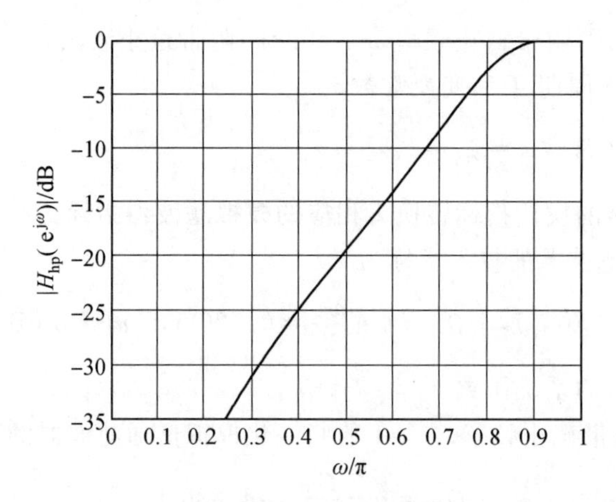

图 7.27　例 7.9 数字巴特沃斯高通滤波器的幅频响应曲线

(2) 将数字带通滤波器的设计指标转换为相应的模拟带通滤波器指标。

模拟带通滤波器的技术指标为

$$\Omega_{pl}=\tan\frac{\omega_{pl}}{2}=0.7265,\quad \Omega_{ph}=\tan\frac{\omega_{ph}}{2}=1.3764$$

$$\Omega_{stl}=\tan\frac{\omega_{stl}}{2}=0.3249,\quad \Omega_{sth}=\tan\frac{\omega_{sth}}{2}=3.0777$$

$$\alpha_p=3\text{ dB},\quad \alpha_s=15\text{ dB}$$

(3) 求归一化模拟低通滤波器的系统函数。

根据式(7.65),可求得Ω_{stl}和Ω_{sth}所对应的归一化(通带截止频率$\overline{\Omega}_p=1$)模拟低通滤波器的频率分别为

$$\overline{\Omega}_{st1}=\frac{\Omega_{stl}^2-\Omega_{ph}\Omega_{pl}}{\Omega_{stl}(\Omega_{ph}-\Omega_{pl})}=-4.2361$$

$$\overline{\Omega}_{st2}=\frac{\Omega_{sth}^2-\Omega_{ph}\Omega_{pl}}{\Omega_{sth}(\Omega_{ph}-\Omega_{pl})}=4.2361$$

若对于较小的阻带截止频率,低通滤波器的阻带衰减大于 15 dB;则对于较大的阻带截止频率,低通滤波器的阻带衰减也一定大于 15 dB。因此,可令该归一化模拟低通滤波器的阻带截止频率为

$$\overline{\Omega}_{st}=\min(|\overline{\Omega}_{st1}|,|\overline{\Omega}_{st2}|)=4.2361$$

根据式(7.45),通带波纹参数

$$\varepsilon=\sqrt{10^{\alpha_p/10}-1}=\sqrt{10^{3/10}-1}=0.9976$$

根据式(7.51),滤波器的阶数

$$N=\left\lceil\frac{\operatorname{arcch}(\sqrt{10^{\alpha_s/10}-1}/\varepsilon)}{\operatorname{arcch}(\Omega_{st}/\Omega_p)}\right\rceil=\lceil 1.9397\rceil=2$$

查表 7.4,可得切比雪夫归一化原型低通滤波器的系统函数

$$H_{aN}(s)=\frac{d_0}{s^2+0.6449s+0.7079}$$

式中

$$d_0=\frac{1}{\varepsilon 2^{N-1}}=0.5012$$

(4) 进行模拟频带变换,求模拟带通滤波器的系统函数。

根据式(7.65),模拟带通滤波器的系统函数

$$H_{\mathrm{bp}}(s)=H_{\mathrm{aN}}(\bar{s})\Big|_{\bar{s}=\frac{s^2+\Omega_{\mathrm{ph}}\Omega_{\mathrm{pl}}}{s(\Omega_{\mathrm{ph}}-\Omega_{\mathrm{pl}})}}=\frac{0.5012}{\left[\frac{s^2+\Omega_{\mathrm{ph}}\Omega_{\mathrm{pl}}}{s(\Omega_{\mathrm{ph}}-\Omega_{\mathrm{pl}})}\right]^2+0.6449\left[\frac{s^2+\Omega_{\mathrm{ph}}\Omega_{\mathrm{pl}}}{s(\Omega_{\mathrm{ph}}-\Omega_{\mathrm{pl}})}\right]+0.7079}$$

整理得

$$H_{\mathrm{bp}}(s)=\frac{0.2116s^2}{s^4+0.4191s^3+2.2990s^2+0.4191s+1}$$

(5) 将模拟带通滤波器的系统函数转换为数字带通滤波器的系统函数。

根据式(7.83),可得要求的数字带通滤波器的系统函数:

$$\begin{aligned}H_{\mathrm{bp}}(z)&=H_{\mathrm{bp}}(s)\Big|_{s=c\frac{1-z^{-1}}{1+z^{-1}}}\\&=\frac{0.2116\left(\frac{1-z^{-1}}{1+z^{-1}}\right)^2}{\left(\frac{1-z^{-1}}{1+z^{-1}}\right)^4+0.4191\left(\frac{1-z^{-1}}{1+z^{-1}}\right)^3+2.2990\left(\frac{1-z^{-1}}{1+z^{-1}}\right)^2+0.4191\left(\frac{1-z^{-1}}{1+z^{-1}}\right)+1}\end{aligned}$$

整理得

$$H_{\mathrm{bp}}(z)=\frac{0.0412-0.0824z^{-2}+0.0412z^{-4}}{1+1.4409z^{-2}+0.6737z^{-4}}$$

求得的数字切比雪夫 Ⅰ 型带通滤波器的幅频响应曲线如图7.28所示。

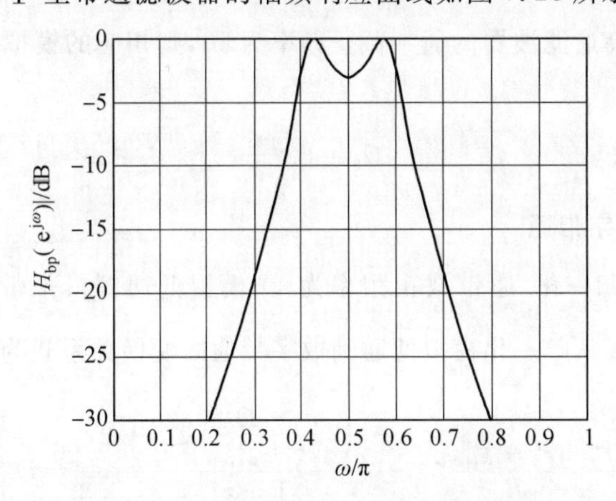

图7.28　例7.10数字切比雪夫 Ⅰ 型带通滤波器的幅频响应曲线

7.4.3 高通、带通和带阻IIR数字滤波器的设计

间接法设计高通、带通和带阻数字滤波器通常可以采用两种方案:第一种方案是先设计一个相应的高通、带通或带阻模拟滤波器,之后采用冲激响应不变法或双线性变换法将其变换为数字滤波器;第二种方案是将模拟低通滤波器直接变换为各类数字滤波器。第一种方案在前面冲激响应不变法和双线性变换法的部分已经进行了介绍。下面讨论将模拟低通滤

波器(未归一化)直接变换为数字高通、带通和带阻滤波器的方法。由于冲激响应不变法对于高通、带阻等不能直接采用,因此这里只考虑双线性变换法。

1. 模拟低通 → 数字高通

双线性变换法中 s 平面和 z 平面的映射关系为

$$s=c\,\frac{1-z^{-1}}{1+z^{-1}} \tag{7.89}$$

将式(7.89)代入归一化(通带截止频率为1)模拟低通到模拟高通的变换关系式 $\bar{s}=\frac{\Omega_{\mathrm{p}}}{s}$,则可得到直接从归一化模拟低通到数字高通的变换关系式为

$$\bar{s}=\frac{\Omega_{\mathrm{p}}}{c}\times\frac{1+z^{-1}}{1-z^{-1}}=A\times\frac{1+z^{-1}}{1-z^{-1}} \tag{7.90}$$

式中,Ω_{p} 为模拟高通滤波器的通带截止频率,$A=\frac{\Omega_{\mathrm{p}}}{c}$。

为了使公式更为简洁且方便应用,将式(7.90)中的系数 A 替换为1,则可得到一般模拟低通到数字高通的变换关系式为

$$s=\frac{1+z^{-1}}{1-z^{-1}} \tag{7.91}$$

令 $s=\mathrm{j}\Omega$,$z=\mathrm{e}^{\mathrm{j}\omega}$,代入式(7.91),可得模拟低通滤波器与数字高通滤波器频率之间的关系为

$$\Omega=-\cot\frac{\omega}{2} \tag{7.92}$$

若所要求的数字高通滤波器的通带截止频率为 ω_{p},则相应的模拟低通滤波器的通带截止频率为

$$\Omega_{\mathrm{p}}=\cot\frac{\omega_{\mathrm{p}}}{2} \tag{7.93}$$

2. 模拟低通 → 数字带通

将式(7.89)代入归一化(通带截止频率为1)模拟低通到模拟带通的变换关系式 $\bar{s}=\frac{s^2+\Omega_{\mathrm{p0}}^2}{B_{\mathrm{p}}\times s}$,则可得到直接从归一化模拟低通到数字带通的变换关系式为

$$\bar{s}=\frac{\left(c\,\frac{1-z^{-1}}{1+z^{-1}}\right)^2+\Omega_{\mathrm{p0}}^2}{B_{\mathrm{p}}\times\left(c\,\frac{1-z^{-1}}{1+z^{-1}}\right)}=\frac{c^2+\Omega_{\mathrm{p0}}^2}{B_{\mathrm{p}}c}\times\frac{1-\left(2\,\frac{c^2-\Omega_{\mathrm{p0}}^2}{c^2+\Omega_{\mathrm{p0}}^2}\right)z^{-1}+z^{-2}}{1-z^{-2}}=D\times\frac{1-E\times z^{-1}+z^{-2}}{1-z^{-2}} \tag{7.94}$$

式中,Ω_{p0} 和 B_{p} 分别为模拟带通滤波器的通带几何中心频率和通带带宽,

$$D=\frac{c^2+\Omega_{\mathrm{p0}}^2}{B_{\mathrm{p}}c} \tag{7.95}$$

$$E=2\,\frac{c^2-\Omega_{\mathrm{p0}}^2}{c^2+\Omega_{\mathrm{p0}}^2} \tag{7.96}$$

将式(7.94)中的系数 D 替换为1,则可得到一般模拟低通到数字带通的变换关系式为

$$s=\frac{1-E\times z^{-1}+z^{-2}}{1-z^{-2}} \tag{7.97}$$

令 $s=\mathrm{j}\Omega, z=\mathrm{e}^{\mathrm{j}\omega}$,代入式(7.97),可得模拟低通滤波器与数字带通滤波器频率之间的关系为

$$\Omega=-\cot\omega+\frac{E}{2\sin\omega} \tag{7.98}$$

假设模拟低通的 0 频率与数字带通的 $\omega_0(\omega_{\mathrm{pl}}<\omega_0<\omega_{\mathrm{ph}})$ 频率对应,即 $\omega=\omega_0$ 时 $\Omega=0$,代入式(7.98),可得

$$E=2\cos\omega_0 \tag{7.99}$$

将式(7.99) 代入式(7.97)、式(7.98),可得

$$s=\frac{1-2\cos\omega_0\times z^{-1}+z^{-2}}{1-z^{-2}} \tag{7.100}$$

$$\Omega=\frac{\cos\omega_0-\cos\omega}{\sin\omega} \tag{7.101}$$

若所要求的数字带通滤波器的通带上截止频率和通带下截止频率分别为 ω_{ph} 和 ω_{pl},相应的模拟低通滤波器的截止频率为 Ω_{p},由式(7.101) 可得

$$\Omega_{\mathrm{p}}=\frac{\cos\omega_0-\cos\omega_{\mathrm{ph}}}{\sin\omega_{\mathrm{ph}}} \tag{7.102}$$

$$-\Omega_{\mathrm{p}}=\frac{\cos\omega_0-\cos\omega_{\mathrm{pl}}}{\sin\omega_{\mathrm{pl}}} \tag{7.103}$$

由式(7.102)、式(7.103) 可解得

$$\cos\omega_0=\frac{\sin(\omega_{\mathrm{ph}}+\omega_{\mathrm{pl}})}{\sin\omega_{\mathrm{ph}}+\sin\omega_{\mathrm{pl}}} \tag{7.104}$$

3. 归一化模拟低通 → 数字带阻

将式(7.89) 代入归一化(阻带截止频率为 1) 模拟低通到模拟带阻的变换关系式 $\bar{s}=\dfrac{B_{\mathrm{s}}\times s}{s^2+\Omega_{\mathrm{st0}}^2}$,则可得到直接从归一化模拟低通到数字带阻的变换关系式为

$$\bar{s}=\frac{B_{\mathrm{s}}\times\left(c\,\dfrac{1-z^{-1}}{1+z^{-1}}\right)}{\left(c\,\dfrac{1-z^{-1}}{1+z^{-1}}\right)^2+\Omega_{\mathrm{st0}}^2}=\frac{B_{\mathrm{s}}c}{c^2+\Omega_{\mathrm{st0}}^2}\times\frac{1-z^{-2}}{1-2\,\dfrac{c^2-\Omega_{\mathrm{st0}}^2}{c^2+\Omega_{\mathrm{st0}}^2}z^{-1}+z^{-2}}=D_1\times\frac{1-z^{-2}}{1-E_1z^{-1}+z^{-2}} \tag{7.105}$$

式中,Ω_{st0} 和 B_{s} 分别为模拟带阻滤波器的阻带几何中心频率和阻带带宽。

$$D_1=\frac{B_{\mathrm{s}}c}{c^2+\Omega_{\mathrm{st0}}^2} \tag{7.106}$$

$$E_1=2\,\frac{c^2-\Omega_{\mathrm{st0}}^2}{c^2+\Omega_{\mathrm{st0}}^2} \tag{7.107}$$

将式(7.105) 中的系数 D_1 替换为 1,则可得到一般模拟低通到数字带阻的变换关系式为

$$s=\frac{1-z^{-2}}{1-E_1z^{-1}+z^{-2}} \tag{7.108}$$

令 $s=\mathrm{j}\Omega, z=\mathrm{e}^{\mathrm{j}\omega}$，代入式(7.108)，可得模拟低通滤波器与数字带阻滤波器频率之间的关系为

$$\Omega=\frac{2\sin\omega}{2\cos\omega-E_1} \tag{7.109}$$

假设模拟低通的 ∞ 频率与数字带通的 $\omega_0(\omega_{\mathrm{stl}}<\omega_0<\omega_{\mathrm{sth}})$ 频率对应，即 $\omega=\omega_0$ 时 $\Omega\to\infty$，代入式(7.109)，可得

$$E_1=2\cos\omega_0 \tag{7.110}$$

将式(7.110) 代入式(7.108)、式(7.109)，可得

$$s=\frac{1-z^{-2}}{1-2\cos\omega_0 z^{-1}+z^{-2}} \tag{7.111}$$

$$\Omega=\frac{\sin\omega}{\cos\omega-\cos\omega_0} \tag{7.112}$$

若所要求的数字带阻滤波器的阻带上截止频率和阻带下截止频率分别为 ω_{sth} 和 ω_{stl}，相应的模拟低通滤波器的阻带截止频率为 Ω_{st}，由式(7.112) 可得

$$\Omega_{\mathrm{st}}=\frac{\sin\omega_{\mathrm{stl}}}{\cos\omega_{\mathrm{stl}}-\cos\omega_0} \tag{7.113}$$

$$-\Omega_{\mathrm{st}}=\frac{\sin\omega_{\mathrm{sth}}}{\cos\omega_{\mathrm{sth}}-\cos\omega_0} \tag{7.114}$$

由式(7.113)、式(7.114) 可解得

$$\cos\omega_0=\frac{\sin(\omega_{\mathrm{sth}}+\omega_{\mathrm{stl}})}{\sin\omega_{\mathrm{sth}}+\sin\omega_{\mathrm{stl}}} \tag{7.115}$$

表7.6归纳了由模拟低通滤波器(未归一化)直接变换为各类数字滤波器的变换关系。

表 7.6 模拟低通滤波器(未归一化)直接变换为各类数字滤波器的变换关系

数字滤波器类型	$s\to z$ 变换关系	频率变换关系
低通	$s=c\dfrac{1-z^{-1}}{1+z^{-1}}$	$\Omega=c\cdot\tan\dfrac{\omega}{2}$ $\Omega_{\mathrm{p}}=c\cdot\tan\dfrac{\omega_{\mathrm{p}}}{2}$
高通	$s=\dfrac{1+z^{-1}}{1-z^{-1}}$	$\Omega=-\cot\dfrac{\omega}{2}$ $\Omega_{\mathrm{p}}=\cot\dfrac{\omega_{\mathrm{p}}}{2}$
带通	$s=\dfrac{1-2\cos\omega_0\times z^{-1}+z^{-2}}{1-z^{-2}}$ $\cos\omega_0=\dfrac{\sin(\omega_{\mathrm{ph}}+\omega_{\mathrm{pl}})}{\sin\omega_{\mathrm{ph}}+\sin\omega_{\mathrm{pl}}}$	$\Omega=\dfrac{\cos\omega_0-\cos\omega}{\sin\omega}$ $\Omega_{\mathrm{p}}=\dfrac{\cos\omega_0-\cos\omega_{\mathrm{ph}}}{\sin\omega_{\mathrm{ph}}}$
带阻	$s=\dfrac{1-z^{-2}}{1-2\cos\omega_0 z^{-1}+z^{-2}}$ $\cos\omega_0=\dfrac{\sin(\omega_{\mathrm{sth}}+\omega_{\mathrm{stl}})}{\sin\omega_{\mathrm{sth}}+\sin\omega_{\mathrm{stl}}}$	$\Omega=\dfrac{\sin\omega}{\cos\omega-\cos\omega_0}$ $\Omega_{\mathrm{st}}=\dfrac{\sin\omega_{\mathrm{stl}}}{\cos\omega_{\mathrm{stl}}-\cos\omega_0}$

例 7.11　设计数字巴特沃斯高通滤波器,要求通带截止频率 $\omega_p=0.8\pi$,通带最大衰减 $\alpha_p=3$ dB,阻带截止频率 $\omega_{st}=0.4\pi$,阻带最小衰减 $\alpha_s=20$ dB。要求采用直接由模拟低通滤波器变换为数字高通滤波器的方法。

解　(1) 将数字滤波器的设计指标转换为相应的模拟低通滤波器指标。

对应模拟低通滤波器的通带截止频率和阻带截止频率分别为

$$\Omega_p=\left|-\cot\frac{\omega_p}{2}\right|=0.3249$$

$$\Omega_{st}=\left|-\cot\frac{\omega_{st}}{2}\right|=1.3764$$

(2) 求模拟低通滤波器的系统函数。

该模拟低通滤波器的阶数为

$$N=\left\lceil \lg\frac{10^{\frac{\alpha_s}{10}}-1}{10^{\frac{\alpha_p}{10}}-1}\Big/\left[2\lg\frac{\Omega_{st}}{\Omega_p}\right]\right\rceil=2$$

由于 $\alpha_p=3$ dB,因此该模拟低通滤波器的 3 dB 截止频率为

$$\Omega_c=\Omega_p=0.3249$$

查表 7.1,可得归一化原型低通滤波器的系统函数为

$$H_{aN}(\bar{s})=\frac{1}{\bar{s}^2+1.4142\bar{s}+1}$$

根据式(7.63),所要求的模拟低通滤波器的系统函数为

$$H_{lp}(s)=H_{aN}(\bar{s})\mid_{\bar{s}=\frac{s}{\Omega_p}}=\frac{1}{\dfrac{s^2}{\Omega_p^2}+1.4142\dfrac{s}{\Omega_p}+1}=\frac{0.1056}{s^2+0.4595s+0.1056}$$

(3) 将模拟低通滤波器的系统函数转换为数字高通滤波器的系统函数。

根据式(7.91),所要求的数字高通滤波器的系统函数为

$$H_{hp}(z)=H_{lp}(s)\Big|_{s=\frac{1+z^{-1}}{1-z^{-1}}}=\frac{0.1056(1-z^{-1})^2}{(1+z^{-1})^2+0.4595(1-z^{-2})+0.1056(1-z^{-1})^2}$$

整理得

$$H_{hp}(z)=\frac{0.0675-0.135z^{-1}+0.0675z^{-2}}{1+1.143z^{-1}+0.413z^{-2}}$$

与例 7.9 对比,可以看出采用两种不同方法得到的设计结果是相同的。

例 7.12　设计数字巴特沃斯带通滤波器,要求通带下截止频率 $\omega_{pl}=0.3\pi$,通带上截止频率 $\omega_{ph}=0.4\pi$,通带最大衰减 $\alpha_p=3$ dB,下阻带截止频率 $\omega_{stl}=0.2\pi$,上阻带截止频率 $\omega_{sth}=0.5\pi$,阻带最小衰减 $\alpha_s=18$ dB。要求采用直接由模拟低通滤波器变换为数字带通滤波器的方法。

解　(1) 将数字滤波器的设计指标转换为相应的模拟低通滤波器指标。

根据式(7.104)得

$$\cos\omega_0=\frac{\sin(\omega_{ph}+\omega_{pl})}{\sin\omega_{ph}+\sin\omega_{pl}}=0.4596$$

对应模拟低通滤波器的通带截止频率为

$$\Omega_{\mathrm{p}}=\left|\frac{\cos\omega_0-\cos\omega_{\mathrm{ph}}}{\sin\omega_{\mathrm{ph}}}\right|=0.1584$$

根据式(7.101),可求得 ω_{stl} 和 ω_{sth} 所对应的模拟低通滤波器的频率分别为

$$\Omega_{\mathrm{st1}}=\frac{\cos\omega_0-\cos\omega_{\mathrm{stl}}}{\sin\omega_{\mathrm{stl}}}=-0.5944$$

$$\Omega_{\mathrm{st2}}=\frac{\cos\omega_0-\cos\omega_{\mathrm{sth}}}{\sin\omega_{\mathrm{sth}}}=0.4596$$

若对于较小的阻带截止频率,低通滤波器的阻带衰减大于 18 dB,则对于较大的阻带截止频率,阻带衰减也一定会大于 18 dB。因此可令该归一化模拟低通滤波器的阻带截止频率为

$$\Omega_{\mathrm{st}}=\min(|\Omega_{\mathrm{st1}}|,|\Omega_{\mathrm{st2}}|)=0.4596$$

(2) 求模拟低通滤波器的系统函数。

该模拟低通滤波器的阶数为

$$N=\left\lceil \lg\frac{10^{\frac{\alpha_s}{10}}-1}{10^{\frac{\alpha_p}{10}}-1}\Big/\left[2\lg\left(\frac{\Omega_{\mathrm{st}}}{\Omega_{\mathrm{p}}}\right)\right]\right\rceil=2$$

由于 $\alpha_{\mathrm{p}}=3$ dB,因此该模拟低通滤波器的 3 dB 截止频率为

$$\Omega_{\mathrm{c}}=\Omega_{\mathrm{p}}=0.1584$$

查表 7.1,可得归一化原型低通滤波器的系统函数为

$$H_{\mathrm{aN}}(\bar{s})=\frac{1}{\bar{s}^2+1.4142\bar{s}+1}$$

根据式(7.63),所要求的模拟低通滤波器的系统函数为

$$H_{\mathrm{lp}}(s)=H_{\mathrm{aN}}(\bar{s})\big|_{\bar{s}=\frac{s}{\Omega_{\mathrm{p}}}}=\frac{1}{\frac{s^2}{\Omega_{\mathrm{p}}^2}+1.4142\frac{s}{\Omega_{\mathrm{p}}}+1}=\frac{0.0251}{s^2+0.2240s+0.0251}$$

(3) 将模拟低通滤波器的系统函数转换为数字带通滤波器的系统函数。

根据式(7.100),所要求的数字带通滤波器的系统函数为

$$H_{\mathrm{bp}}(z)=H_{\mathrm{lp}}(s)\Big|_{s=\frac{1-2\cos\omega_0\times z^{-1}+z^{-2}}{1-z^{-2}}}$$

$$=\frac{0.0251}{\left(\frac{1-2\cos\omega_0\times z^{-1}+z^{-2}}{1-z^{-2}}\right)^2+0.2240\frac{1-2\cos\omega_0\times z^{-1}+z^{-2}}{1-z^{-2}}+0.0251}$$

整理得

$$H_{\mathrm{bp}}(z)=\frac{0.0201-0.0402z^{-2}+0.0201z^{-4}}{1-1.637z^{-1}+2.237z^{-2}-1.307z^{-3}+0.641z^{-4}}$$

求得的数字巴特沃斯带通滤波器的幅频响应曲线如图 7.29 所示。

例 7.13 设计数字切比雪夫Ⅰ型带阻滤波器,要求下通带截止频率 $\omega_{\mathrm{pl}}=0.2\pi$,上通带截止频率 $\omega_{\mathrm{ph}}=0.7\pi$,通带最大衰减 $\alpha_{\mathrm{p}}=2$ dB,阻带下截止频率 $\omega_{\mathrm{stl}}=0.3\pi$,阻带上截止频率 $\omega_{\mathrm{sth}}=0.4\pi$,阻带最小衰减 $\alpha_{\mathrm{s}}=20$ dB。要求采用直接由模拟低通滤波器变换为数字带阻滤波器的方法。

解 (1) 将数字滤波器的设计指标转换为相应的模拟低通滤波器指标。

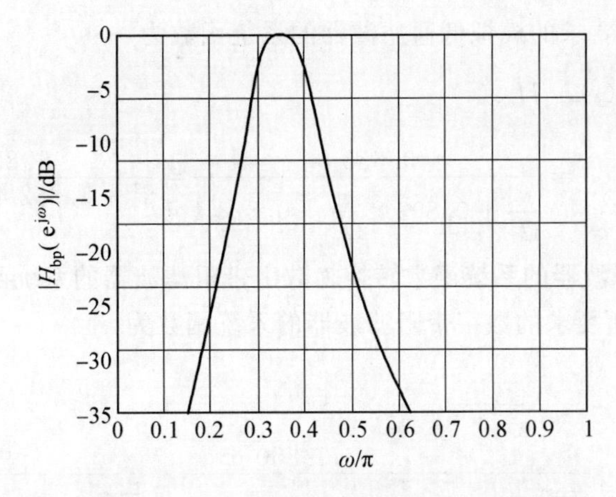

图 7.29　例 7.12 数字巴特沃斯带通滤波器的幅频响应曲线

根据式(7.115)得

$$\cos\omega_0=\frac{\sin(\omega_{\text{sth}}+\omega_{\text{stl}})}{\sin\omega_{\text{sth}}+\sin\omega_{\text{stl}}}=0.4596$$

对应模拟低通滤波器的阻带截止频率为

$$\Omega_{\text{st}}=\frac{\sin\omega_{\text{stl}}}{\cos\omega_{\text{stl}}-\cos\omega_0}=6.3138$$

根据式(7.112),可求得 ω_{pl} 和 ω_{ph} 所对应的模拟低通滤波器的频率分别为

$$\Omega_{\text{p1}}=\frac{\sin\omega_{\text{pl}}}{\cos\omega_{\text{pl}}-\cos\omega_0}=-1.6824$$

$$\Omega_{\text{p2}}=\frac{\sin\omega_{\text{ph}}}{\cos\omega_{\text{ph}}-\cos\omega_0}=0.7724$$

若对于较大的通带截止频率,低通滤波器的通带衰减小于 2 dB,则对于较小的通带截止频率,阻带衰减也一定会小于 2 dB。因此可令该归一化模拟低通滤波器的通带截止频率为

$$\Omega_{\text{p}}=\max(|\Omega_{\text{p1}}|,|\Omega_{\text{p2}}|)=1.6824$$

(2) 求模拟低通滤波器的系统函数。

该模拟低通滤波器的通带波纹参数为

$$\varepsilon=\sqrt{10^{\alpha_{\text{p}}/10}-1}=\sqrt{10^{2/10}-1}=0.7648$$

该模拟低通滤波器的阶数为

$$N=\left\lceil\frac{\operatorname{arcch}(\sqrt{10^{\alpha_{\text{s}}/10}-1}/\varepsilon)}{\operatorname{arcch}(\Omega_{\text{st}}/\Omega_{\text{p}})}\right\rceil=2$$

查表 7.4,可得归一化原型低通滤波器的系统函数为

$$H_{\text{aN}}(\bar{s})=\frac{d_0}{\bar{s}^2+0.8038\bar{s}+0.8231}$$

其中

$$d_0=\frac{1}{\varepsilon 2^{N-1}}=0.6538$$

根据式(7.63),所要求的模拟低通滤波器的系统函数为

$$H_{\mathrm{lp}}(s)=H_{\mathrm{aN}}(\bar{s})\Big|_{\bar{s}=\frac{s}{\Omega_{\mathrm{p}}}}$$

$$=\frac{0.6538}{\frac{s^2}{\Omega_{\mathrm{p}}^2}+0.8038\frac{s}{\Omega_{\mathrm{p}}}+0.8231}=\frac{1.8506}{s^2+1.3524s+2.3297}$$

(3) 将模拟低通滤波器的系统函数转换为数字带阻滤波器的系统函数。

根据式(7.112),所要求的数字带阻滤波器的系统函数为

$$H_{\mathrm{bs}}(z)=H_{\mathrm{lp}}(s)\Big|_{s=\frac{1-z^{-2}}{1-2\cos\omega_0 z^{-1}+z^{-2}}}$$

$$=\frac{1.8506}{\left(\frac{1-z^{-2}}{1-2\cos\omega_0 z^{-1}+z^{-2}}\right)^2+1.3524\frac{1-z^{-2}}{1-2\cos\omega_0 z^{-1}+z^{-2}}+2.3297}$$

整理得

$$H_{\mathrm{bs}}(z)=\frac{0.395+0.727z^{-1}+1.125z^{-2}+0.727z^{-3}+0.395z^{-4}}{1-1.180z^{-1}+0.989z^{-2}+0.649z^{-3}+0.422z^{-4}}$$

求得的数字切比雪夫Ⅰ型带阻滤波器的幅频响应曲线如图7.30所示。

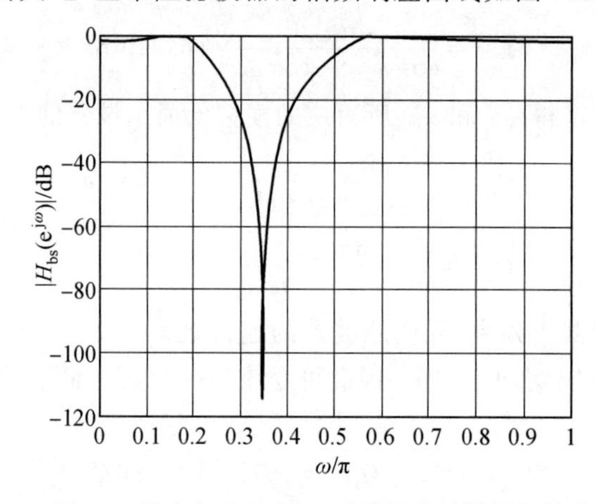

图7.30 例7.13数字切比雪夫Ⅰ型带阻滤波器的幅频响应曲线

习 题

7.1 给定模拟滤波器的幅度平方函数为

$$|H_{\mathrm{a}}(\mathrm{j}\Omega)|^2=\frac{\Omega^2+0.25}{\Omega^4+16\Omega^2+256}$$

且 $H_{\mathrm{a}}(0)=1$,求稳定的模拟滤波器的系统函数 $H_{\mathrm{a}}(s)$。

7.2 已知模拟滤波器的系统函数为

$$H_{\mathrm{a}}(s)=\frac{2}{6s^2+5s+1}$$

试用冲激响应不变法和双线性变换法将其转换为IIR数字滤波器的系统函数 $H(z)$,抽样间

隔 $T=0.5$ s。

7.3　设计模拟巴特沃斯低通滤波器，要求通带截止频率 $f_p=500$ Hz，通带最大衰减 $\alpha_p=1$ dB，阻带截止频率 $f_{st}=1\ 000$ Hz，阻带最小衰减 $\alpha_s=20$ dB。

7.4　设计模拟切比雪夫 Ⅰ 型低通滤波器，要求通带截止频率 $f_p=3\ 000$ Hz，通带最大衰减 $\alpha_p=2$ dB，阻带截止频率 $f_{st}=5\ 000$ Hz，阻带最小衰减 $\alpha_s=15$ dB。

7.5　设计模拟切比雪夫 Ⅰ 型高通滤波器，要求阻带截止频率 $f_{st}=30$ Hz，阻带最小衰减 $\alpha_s=25$ dB，通带截止频率 $f_p=50$ Hz，通带最大衰减 $\alpha_p=1$ dB。

7.6　设计模拟巴特沃斯带通滤波器，要求通带上、下截止频率 $f_{ph}=1\ 500$ Hz，$f_{pl}=1\ 000$ Hz，通带最大衰减 $\alpha_p=2$ dB，上、下阻带截止频率 $f_{sth}=2\ 000$ Hz，$f_{stl}=500$ Hz，阻带最小衰减 $\alpha_s=15$ dB。

7.7　模拟滤波器的系统函数为 $H_a(s)=\dfrac{2}{s^2+4s+3}$，用冲激响应不变法将其转换为 IIR 数字滤波器的系统函数 $H(z)$，抽样间隔 $T=1$ s。

7.8　模拟滤波器的系统函数为 $H_a(s)=\dfrac{1}{s^2+3s+2}$，用双线性变换法将其转换为 IIR 数字滤波器的系统函数 $H(z)$，抽样间隔 $T=0.5$ s。

7.9　用双线性变换法设计巴特沃斯低通数字滤波器，要求：

(1) $f<1\ 000$ Hz 时，衰减小于 3 dB；

(2) $f>1\ 500$ Hz 时，衰减大于 10 dB；

(3) 抽样频率 $f_s=10\ 000$ Hz。

7.10　采用直接由模拟低通滤波器变换为数字带阻滤波器的方法设计切比雪夫 Ⅰ 型带阻数字滤波器，要求：

(1) $300\ \text{Hz}\leqslant f\leqslant 500$ Hz 时，衰减大于 15 dB；

(2) $0\leqslant f\leqslant 200$ Hz 或 $f\geqslant 700$ Hz 时，衰减小于 3 dB；

(3) 抽样频率 $f_s=2\ 000$ Hz。

第 8 章 有限长单位冲激响应(FIR) 数字滤波器的设计方法

8.1 引　　言

在第 7 章中介绍了无限长单位冲激响应(IIR) 数字滤波器的设计方法,其主要优点是可以利用模拟滤波器设计的结果,方便简单。但 IIR 数字滤波器的缺点也很明显,就是相位的非线性,若需要线性相位,则要用相位均衡网络进行校正。在数字通信和图像传输与处理等应用场合都要求滤波器具有线性相位。有限长单位冲激响应(FIR) 数字滤波器可以方便地实现线性相位,另外由于单位冲激响应是有限长的,滤波器一定是稳定的,并且可以用 FFT 算法来实现信号过滤,运算效率得到极大提高,因而在数字信号处理领域得到广泛应用。在滤波器衰减性能要求相同的情况下,IIR 数字滤波器的阶数更小,成本更低,因此非线性相位的滤波器通常采用 IIR 数字滤波器来实现。本章主要讨论线性相位的 FIR 数字滤波器。

由第 7 章的讨论可知,IIR 数字滤波器的设计方法主要是借助于模拟滤波器的间接设计方法,但这些面向极点系统的设计方法并不适用于有限 z 平面内仅包含零点的 FIR 系统。另外,模拟滤波器也无法直接设计严格线性相位。因此,IIR 数字滤波器设计中的各种变换法对 FIR 数字滤波器设计是不适用的。目前,FIR 数字滤波器的设计方法主要是对理想滤波器频率特性做某种近似的基础上建立的,这些近似方法主要包括窗函数法、频率抽样法和切比雪夫逼近法。

8.2 线性相位 FIR 数字滤波器及其特点

8.2.1 线性相位条件

假设 FIR 数字滤波器的单位冲激响应 $h(n)$ 的长度为 N,其系统函数可以表示为

$$H(z)=\sum_{n=0}^{N-1}h(n)z^{-n} \tag{8.1}$$

$H(z)$ 是 z^{-1} 的 $N-1$ 阶多项式,在有限 z 平面($0<|z|<\infty$) 有 $N-1$ 个零点,在 z 平面原点($z=0$) 处有 $N-1$ 阶极点。系统函数中 z^{-1} 的最高次幂 $N-1$ 是 FIR 数字滤波器的阶数。由式(8.1) 可知,FIR 数字滤波器的单位冲激响应 $h(n)$ 是其系统函数 $H(z)$ 的系数。因此,在设计 FIR 数字滤波器时,只需确定其单位冲激响应 $h(n)$ 即可。

FIR 数字滤波器的频率响应为

$$H(\mathrm{e}^{\mathrm{j}\omega})=\sum_{n=0}^{N-1}h(n)\mathrm{e}^{-\mathrm{j}\omega n} \tag{8.2}$$

$H(\mathrm{e}^{\mathrm{j}\omega})$ 可以表示为

$$H(\mathrm{e}^{\mathrm{j}\omega})=H(\omega)\mathrm{e}^{\mathrm{j}\theta(\omega)} \tag{8.3}$$

式中，$H(\omega)$ 称为幅度函数，是 ω 的实函数，取值可正可负，与 $|H(\mathrm{e}^{\mathrm{j}\omega})|$ 不同；$\theta(\omega)$ 称为相位函数。

线性相位意味着相位函数 $\theta(\omega)$ 为频率的线性函数，即 $\theta(\omega)$ 满足如下条件：

$$\theta(\omega)=-\tau\omega \tag{8.4}$$

或

$$\theta(\omega)=\theta_0-\tau\omega \tag{8.5}$$

满足式(8.4)称为第一类线性相位，满足式(8.5)称为第二类线性相位。线性相位系统的群延时为常数

$$\tau_{\mathrm{g}}(\omega)=-\frac{\mathrm{d}\theta(\omega)}{\mathrm{d}\omega}=\tau \tag{8.6}$$

1. 第一类线性相位条件

将式(8.2)、式(8.4)代入式(8.3)得

$$H(\omega)\mathrm{e}^{-\mathrm{j}\tau\omega}=\sum_{n=0}^{N-1}h(n)\mathrm{e}^{-\mathrm{j}\omega n} \tag{8.7}$$

$$H(\omega)[\cos\tau\omega-\mathrm{j}\sin\tau\omega]=\sum_{n=0}^{N-1}h(n)[\cos\omega n-\mathrm{j}\sin\omega n] \tag{8.8}$$

因此有

$$\frac{\sin\tau\omega}{\cos\tau\omega}=\frac{\sum_{n=0}^{N-1}h(n)\sin\omega n}{\sum_{n=0}^{N-1}h(n)\cos\omega n} \tag{8.9}$$

$$\sin\tau\omega\sum_{n=0}^{N-1}h(n)\cos\omega n=\cos\tau\omega\sum_{n=0}^{N-1}h(n)\sin\omega n \tag{8.10}$$

$$\sum_{n=0}^{N-1}h(n)[\cos\omega n\sin\tau\omega-\sin\omega n\cos\tau\omega]=0 \tag{8.11}$$

应用三角函数的恒等关系，可得

$$\sum_{n=0}^{N-1}h(n)\sin[(\tau-n)\omega]=0 \tag{8.12}$$

要使式(8.12)成立，只需满足 $h(n)\sin[(\tau-n)\omega]$ 以 $\frac{N-1}{2}$ 为中心奇对称即可，即满足

$$\tau=\frac{N-1}{2} \tag{8.13}$$

$$h(n)=h(N-1-n)\quad(0\leqslant n\leqslant N-1) \tag{8.14}$$

式(8.14)是 FIR 数字滤波器具有第一类线性相位的充要条件，它要求单位冲激响应

$h(n)$ 以$\dfrac{N-1}{2}$为中心偶对称，此时群延时为 $\tau=\dfrac{N-1}{2}$。

2. 第二类线性相位条件

对式(8.5)做类似的推导可得，若 FIR 数字滤波器具有第二类线性相位，要求

$$\sum_{n=0}^{N-1} h(n)\sin[(\tau-n)\omega-\theta_0]=0 \tag{8.15}$$

要使式(8.15)成立，只需满足

$$\tau=\frac{N-1}{2} \tag{8.16}$$

$$\theta_0=\pm\frac{\pi}{2} \tag{8.17}$$

$$h(n)=-h(N-1-n)\quad (0\leqslant n\leqslant N-1) \tag{8.18}$$

式(8.18)是 FIR 数字滤波器具有第二类线性相位的充要条件，它要求单位冲激响应 $h(n)$ 以$\dfrac{N-1}{2}$为中心奇对称，此时群延时为 $\tau=\dfrac{N-1}{2}$。第二类线性相位与第一类线性相位的不同之处在于除了产生线性相位外，还具有 $\pm\dfrac{\pi}{2}$ 的固定相移。

由于线性相位 FIR 数字滤波器的单位冲激响应 $h(n)$ 有奇对称和偶对称两种，而 $h(n)$ 的点数 N 又有奇数、偶数两种情况，因此 $h(n)$ 有四种类型，如图 8.1 所示，分别对应四种类型线性相位 FIR 数字滤波器。

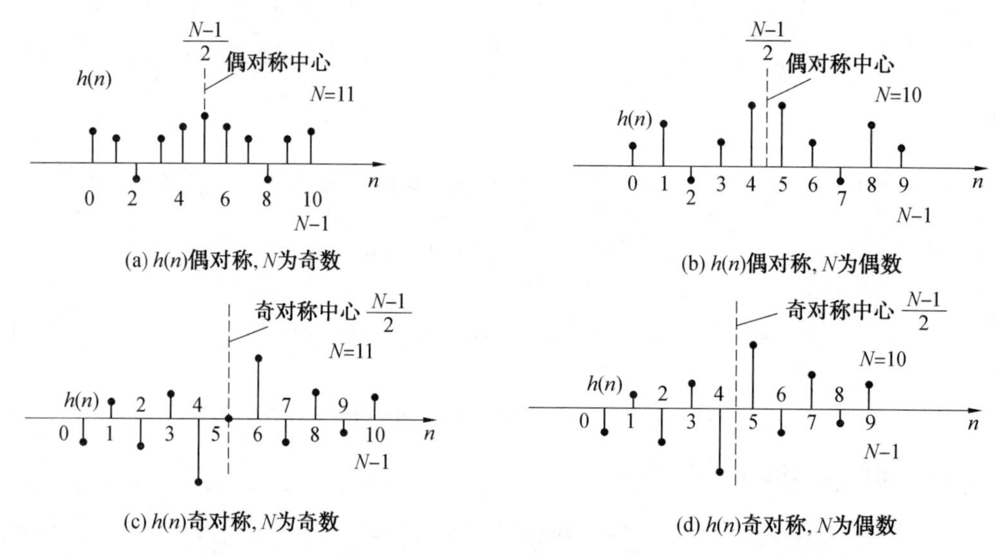

图 8.1　四种类型线性相位 FIR 数字滤波器的单位冲激响应

8.2.2　线性相位 FIR 数字滤波器的频率响应

线性相位 FIR 数字滤波器的单位冲激响应应满足式(8.14)或式(8.18)，即

$$h(n)=\pm h(N-1-n) \tag{8.19}$$

系统函数可表示为

$$
\begin{aligned}
H(z) &= \sum_{n=0}^{N-1} h(n) z^{-n} = \sum_{n=0}^{N-1} \pm h(N-1-n) z^{-n} \\
&= \sum_{m=0}^{N-1} \pm h(m) z^{-(N-1-m)} = \pm z^{-(N-1)} \sum_{m=0}^{N-1} h(m) z^{m}
\end{aligned} \tag{8.20}
$$

即

$$
H(z) = \pm z^{-(N-1)} H(z^{-1}) \tag{8.21}
$$

因此有

$$
\begin{aligned}
H(z) &= \frac{1}{2}\left[H(z) \pm z^{-(N-1)} H(z^{-1})\right] = \frac{1}{2}\sum_{n=0}^{N-1} h(n)\left[z^{-n} \pm z^{-(N-1)} z^{n}\right] \\
&= z^{-\frac{N-1}{2}} \sum_{n=0}^{N-1} h(n) \frac{z^{\frac{N-1}{2}-n} \pm z^{-\left(\frac{N-1}{2}-n\right)}}{2}
\end{aligned} \tag{8.22}
$$

令 $z=\mathrm{e}^{\mathrm{j}\omega}$,代入式(8.22),可得频率响应为

$$
H(\mathrm{e}^{\mathrm{j}\omega}) = H(z)\big|_{z=\mathrm{e}^{\mathrm{j}\omega}} = \mathrm{e}^{-\mathrm{j}\left(\frac{N-1}{2}\right)\omega} \sum_{n=0}^{N-1} h(n) \frac{\mathrm{e}^{\mathrm{j}\left(\frac{N-1}{2}-n\right)\omega} \pm \mathrm{e}^{-\mathrm{j}\left(\frac{N-1}{2}-n\right)\omega}}{2} \tag{8.23}
$$

式(8.19)～(8.23) 中的“±”取“+”时对应 $h(n)$ 偶对称的情况;“±”取“−”时对应 $h(n)$ 奇对称的情况。下面对这两种情况分别进行讨论。

1. $h(n)$ 偶对称

当 $h(n)$ 以 $\frac{N-1}{2}$ 为中心偶对称时,式(8.23) 中的“±”取“+”,频率响应可表示为

$$
\begin{aligned}
H(\mathrm{e}^{\mathrm{j}\omega}) &= \mathrm{e}^{-\mathrm{j}\left(\frac{N-1}{2}\right)\omega} \sum_{n=0}^{N-1} h(n) \frac{\mathrm{e}^{\mathrm{j}\left(\frac{N-1}{2}-n\right)\omega} + \mathrm{e}^{-\mathrm{j}\left(\frac{N-1}{2}-n\right)\omega}}{2} \\
&= \mathrm{e}^{-\mathrm{j}\left(\frac{N-1}{2}\right)\omega} \sum_{n=0}^{N-1} h(n) \cos\left[\left(\frac{N-1}{2}-n\right)\omega\right]
\end{aligned} \tag{8.24}
$$

对比式(8.24) 和式(8.3),可得幅度函数为

$$
H(\omega) = \sum_{n=0}^{N-1} h(n) \cos\left[\left(\frac{N-1}{2}-n\right)\omega\right] \tag{8.25}
$$

相位函数为

$$
\theta(\omega) = -\left(\frac{N-1}{2}\right)\omega \tag{8.26}
$$

幅度函数 $H(\omega)$ 可为正值或负值,相位函数 $\theta(\omega)$ 为第一类线性相位,如图 8.2(a) 所示。

2. $h(n)$ 奇对称

当 $h(n)$ 以 $\frac{N-1}{2}$ 为中心奇对称时,式(8.23) 中的“±”取“−”,频率响应可表示为

$$
\begin{aligned}
H(\mathrm{e}^{\mathrm{j}\omega}) &= \mathrm{e}^{-\mathrm{j}\left(\frac{N-1}{2}\right)\omega} \sum_{n=0}^{N-1} h(n) \frac{\mathrm{e}^{\mathrm{j}\left(\frac{N-1}{2}-n\right)\omega} - \mathrm{e}^{-\mathrm{j}\left(\frac{N-1}{2}-n\right)\omega}}{2} \\
&= \mathrm{e}^{-\mathrm{j}\left(\frac{N-1}{2}\right)\omega} \sum_{n=0}^{N-1} h(n) \times \mathrm{j}\sin\left[\left(\frac{N-1}{2}-n\right)\omega\right]
\end{aligned}
$$

$$=e^{-j\left(\frac{N-1}{2}\right)\omega+j\frac{\pi}{2}}\sum_{n=0}^{N-1}h(n)\sin\left[\left(\frac{N-1}{2}-n\right)\omega\right] \tag{8.27}$$

对比式(8.27)和式(8.3),可得幅度函数为

$$H(\omega)=\sum_{n=0}^{N-1}h(n)\sin\left[\left(\frac{N-1}{2}-n\right)\omega\right] \tag{8.28}$$

相位函数为

$$\theta(\omega)=-\left(\frac{N-1}{2}\right)\omega+\frac{\pi}{2} \tag{8.29}$$

相位函数 $\theta(\omega)$ 为第二类线性相位,具有 $\frac{\pi}{2}$ 的固定相移,如图 8.2(b) 所示。

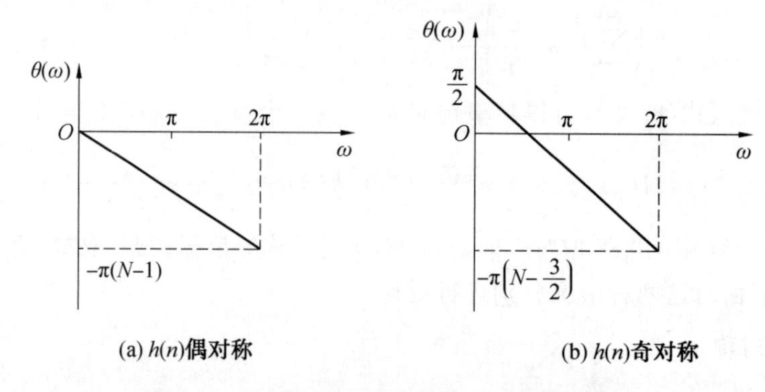

图 8.2　线性相位 FIR 数字滤波器的相位特性

8.2.3　线性相位 FIR 数字滤波器幅度函数特点

下面分四种情况讨论线性相位 FIR 数字滤波器幅度函数 $H(\omega)$ 的特点。

1. 类型 1——$h(n)$ 偶对称,N 为奇数

根据式(8.25),当 $h(n)$ 以 $\frac{N-1}{2}$ 为中心偶对称时,幅度函数为

$$H(\omega)=\sum_{n=0}^{N-1}h(n)\cos\left[\left(\frac{N-1}{2}-n\right)\omega\right]$$

由于 $h(n)$ 和 $\cos\left[\left(\frac{N-1}{2}-n\right)\omega\right]$ 均以 $\frac{N-1}{2}$ 为中心偶对称,因此可以把两两相等的项进行合并,又由于 N 是奇数,故余下中间项 $h\left(\frac{N-1}{2}\right)$,此时幅度函数可以表示为

$$H(\omega)=h\left(\frac{N-1}{2}\right)+\sum_{n=0}^{(N-3)/2}2h(n)\cos\left[\left(\frac{N-1}{2}-n\right)\omega\right] \tag{8.30}$$

令 $m=\frac{N-1}{2}-n$,则有

$$H(\omega)=h\left(\frac{N-1}{2}\right)+\sum_{m=1}^{(N-1)/2}2h\left(\frac{N-1}{2}-m\right)\cos m\omega=\sum_{n=0}^{(N-1)/2}a(n)\cos n\omega \tag{8.31}$$

式中

$$a(n)=\begin{cases}h\left(\dfrac{N-1}{2}\right) & (n=0)\\ 2h\left(\dfrac{N-1}{2}-n\right) & \left(n=1,2,\cdots,\dfrac{N-1}{2}\right)\end{cases} \tag{8.32}$$

由于 $\cos n\omega$ 对于 $\omega=0,\ \pi,\ 2\pi$ 均呈偶对称,因此 $H(\omega)$ 对于 $\omega=0,\ \pi,\ 2\pi$ 也是呈偶对称的。

2. 类型 2——$h(n)$ 偶对称,N 为偶数

根据式(8.25),当 $h(n)$ 以 $\dfrac{N-1}{2}$ 为中心偶对称,N 为偶数时,幅度函数可以表示为

$$H(\omega)=\sum_{n=0}^{N/2-1}2h(n)\cos\left[\left(\frac{N-1}{2}-n\right)\omega\right] \tag{8.33}$$

令 $m=\dfrac{N}{2}-n$,则有

$$H(\omega)=\sum_{m=1}^{N/2}2h\left(\frac{N}{2}-m\right)\cos\left[\left(m-\frac{1}{2}\right)\omega\right]=\sum_{n=1}^{N/2}b(n)\cos\left[\left(n-\frac{1}{2}\right)\omega\right] \tag{8.34}$$

式中

$$b(n)=2h\left(\frac{N}{2}-n\right)\quad\left(n=1,2,\cdots,\frac{N}{2}\right) \tag{8.35}$$

由于 $\cos\left[\left(n-\dfrac{1}{2}\right)\omega\right]$ 对于 $\omega=\pi$ 呈奇对称,对于 $\omega=0,\ 2\pi$ 呈偶对称,因此 $H(\omega)$ 同样对于 $\omega=\pi$ 呈奇对称,对于 $\omega=0,\ 2\pi$ 呈偶对称。当 $\omega=\pi$ 时,$H(\omega)$ 的值为零,因此 $H(z)$ 在 $z=-1$ 处必然有一个零点。

3. 类型 3——$h(n)$ 奇对称,N 为奇数

根据式(8.28),当 $h(n)$ 以 $\dfrac{N-1}{2}$ 为中心奇对称,N 为奇数时,幅度函数可以表示为

$$H(\omega)=\sum_{n=0}^{(N-3)/2}2h(n)\sin\left[\left(\frac{N-1}{2}-n\right)\omega\right] \tag{8.36}$$

令 $m=\dfrac{N-1}{2}-n$,则有

$$H(\omega)=\sum_{m=1}^{(N-1)/2}2h\left(\frac{N-1}{2}-m\right)\sin m\omega=\sum_{n=1}^{(N-1)/2}c(n)\sin n\omega \tag{8.37}$$

式中

$$c(n)=2h\left(\frac{N-1}{2}-n\right)\quad\left(n=1,2,\cdots,\frac{N-1}{2}\right) \tag{8.38}$$

由于 $\sin n\omega$ 对于 $\omega=0,\ \pi,\ 2\pi$ 均呈奇对称,因此 $H(\omega)$ 对于 $\omega=0,\ \pi,\ 2\pi$ 也是奇对称的。当 $\omega=0,\ \pi,\ 2\pi$ 时,$H(\omega)$ 的值均为零,因此 $H(z)$ 在 $z=\pm1$ 处必然为零点。

4. 类型 4——$h(n)$ 奇对称,N 为偶数

根据式(8.28),当 $h(n)$ 以 $\dfrac{N-1}{2}$ 为中心奇对称,N 为偶数时,幅度函数可以表示为

$$H(\omega)=\sum_{n=0}^{N/2-1}2h(n)\sin\left[\left(\frac{N-1}{2}-n\right)\omega\right] \tag{8.39}$$

令 $m=\frac{N}{2}-n$，则有

$$H(\omega)=\sum_{m=1}^{N/2}2h\left(\frac{N}{2}-m\right)\sin\left[\left(m-\frac{1}{2}\right)\omega\right]=\sum_{n=1}^{N/2}d(n)\sin\left[\left(n-\frac{1}{2}\right)\omega\right] \tag{8.40}$$

式中

$$d(n)=2h\left(\frac{N}{2}-n\right)\quad\left(n=1,2,\cdots,\frac{N}{2}\right) \tag{8.41}$$

由于 $\sin\left[\left(n-\frac{1}{2}\right)\omega\right]$ 对于 $\omega=0$，2π 呈奇对称，对于 $\omega=\pi$ 呈偶对称，因此 $H(\omega)$ 同样对于 $\omega=0$，2π 呈奇对称，对于 $\omega=\pi$ 呈偶对称。当 $\omega=0$，2π 时，$H(\omega)$ 的值为零，因此 $H(z)$ 在 $z=1$ 处必然为零点。

类型1用于设计低通、高通、带通及带阻滤波器均可；类型2由于当 $\omega=\pi$ 时，$H(\omega)$ 的值为零，因此可用于设计低通和带通滤波器，不能用于设计高通和带阻滤波器；类型3由于当 $\omega=0$，π，2π 时，$H(\omega)$ 的值均为零，因此可用于设计带通滤波器，不能用于设计低通、高通和带阻滤波器；类型4由于当 $\omega=0$，2π 时，$H(\omega)$ 的值为零，因此可用于设计高通和带通滤波器，不能用于设计低通和带阻滤波器。

四种类型线性相位FIR数字滤波器的特性归纳在表8.1中。可以看出，线性相位FIR数字滤波器的相位函数只取决于的 $h(n)$ 对称性，而与 $h(n)$ 的值无关，其幅度函数取决于 $h(n)$ 的值。因此，设计线性相位FIR数字滤波器时，保证 $h(n)$ 对称性的条件下，只需完成幅度函数的逼近即可。

表8.1　四种类型线性相位FIR数字滤波器的特性

偶对称单位冲激响应 $h(n)=h(N-1-n)$				滤波器类型
类型Ⅰ	相位响应 $\theta(\omega)=-\omega\left(\frac{N-1}{2}\right)$ $\theta(\omega)$ O π 2π ω −(N−1)π	N为奇数 h(n) 0 N−1 n a(n) 0 $\frac{N-1}{2}$ n	$H(\omega)=\sum_{n=0}^{(N-1)/2}a(n)\cos n\omega$ H(ω) O π 2π ω $a(0)=h((N-1)/2)$ $a(n)=2h((N-1)/2-n)$ $\left(n=1,2,\cdots,\frac{N-1}{2}\right)$	低通 高通 带通 带阻
类型Ⅱ		N为偶数 h(n) 0 N−1 n b(n) 0 $\frac{N}{2}$ n	$H(\omega)=\sum_{n=1}^{N/2}b(n)\cos\left[\left(n-\frac{1}{2}\right)\omega\right]$ H(ω) O π 2π ω $b(n)=2h(N/2-n)$ $\left(n=1,2,\cdots,\frac{N}{2}\right)$	低通 带通

续表8.1

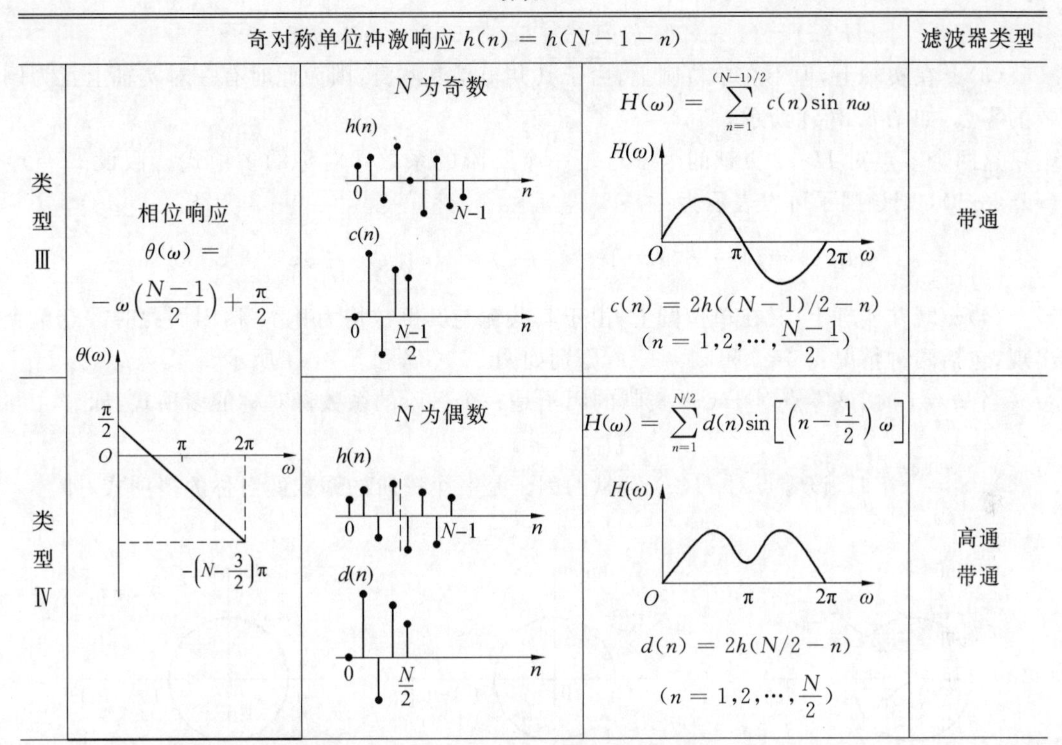

奇对称单位冲激响应 $h(n)=h(N-1-n)$				滤波器类型
类型Ⅲ	相位响应 $\theta(\omega)=-\omega\left(\frac{N-1}{2}\right)+\frac{\pi}{2}$	N 为奇数	$H(\omega)=\sum_{n=1}^{(N-1)/2} c(n)\sin n\omega$ $c(n)=2h((N-1)/2-n)$ $(n=1,2,\cdots,\frac{N-1}{2})$	带通
类型Ⅳ		N 为偶数	$H(\omega)=\sum_{n=1}^{N/2} d(n)\sin\left[\left(n-\frac{1}{2}\right)\omega\right]$ $d(n)=2h(N/2-n)$ $(n=1,2,\cdots,\frac{N}{2})$	高通 带通

8.2.4　线性相位 FIR 数字滤波器的零点特性

根据式(8.21),线性相位 FIR 数字滤波器的系统函数可以表示为

$$H(z)=\pm z^{-(N-1)}H(z^{-1})$$

因此,若 $z=z_i$ 为 $H(z)$ 的零点,则 $z={z_i}^{-1}$ 也一定是 $H(z)$ 的零点,当单位冲激响应 $h(n)$ 为实数时,$H(z)$ 的零点必成共轭对,$z=z_i^*$ 和 $z=(z_i^*)^{-1}$ 也必定为 $H(z)$ 的零点。由此可见,线性相位 FIR 数字滤波器的零点一定是互为倒数的共轭对。这种互为倒数的共轭对零点有四种可能。

(1)z_i 既不在实轴上,也不在单位圆上,此时有互为倒数的两组共轭对零点,如图8.3(a)所示。

这四个零点对 $H(z)$ 贡献的因子是一个四阶的系数偶对称的多项式。假设 $z_i=r_i e^{j\theta_i}$ $(r_i\neq 1,\theta_i\neq 0,\theta_i\neq \pi)$,则该因子可以表示为

$$H_i(z)=(1-z^{-1}r_i e^{j\theta_i})(1-z^{-1}r_i e^{-j\theta_i})(1-z^{-1}\frac{1}{r_i}e^{j\theta_i})(1-z^{-1}\frac{1}{r_i}e^{-j\theta_i})$$

$$=1-2(r_i+\frac{1}{r_i})\cos\theta_i z^{-1}+(r_i^2+\frac{1}{r_i^2}+4\cos^2\theta_i)z^{-2}-2(r_i+\frac{1}{r_i})\cos\theta_i z^{-3}+z^{-4}$$

(2)z_i 不在实轴上,但在单位圆上,由于其倒数等于其共轭,因而此时有一组单位圆上的共轭对零点,如图 8.3(b) 所示。

这两个零点对 $H(z)$ 贡献的因子是一个二阶的系数偶对称的多项式。假设 $z_i=e^{j\theta_i}$

($\theta_i \neq 0,\theta_i \neq \pi$)，则该因子可以表示为

$$H_i(z)=(1-z^{-1}\mathrm{e}^{\mathrm{j}\theta_i})(1-z^{-1}\mathrm{e}^{-\mathrm{j}\theta_i})=1-2\cos\theta_i z^{-1}+z^{-2}$$

(3)z_i 在实轴上，但不在单位圆上，由于其共轭是其本身，因而此时有一对实轴上互为倒数的零点，如图 8.3(c) 所示。

这两个零点对 $H(z)$ 贡献的因子也是一个二阶的系数偶对称的多项式。假设 $z_i=r_i$ ($r_i\neq\pm 1$)，则该因子可以表示为

$$H_i(z)=(1-z^{-1}r_i)(1-z^{-1}\frac{1}{r_i})=1-(r_i+\frac{1}{r_i})z^{-1}+z^{-2}$$

(4)z_i 既在实轴上，又在单位圆上，由于其共轭与其倒数均为其本身，因而此时零点单个出现，包括两种情况：$z_i=1$ 和 $z_i=-1$，分别如图 8.3(d) 和 8.3(e) 所示。

当 $z_i=1$ 时，该零点对 $H(z)$ 贡献的因子是一个一阶的系数奇对称的多项式，即

$$H_i(z)=1-z^{-1}$$

当 $z_i=-1$ 时，该零点对 $H(z)$ 贡献的因子是一个一阶的系数偶对称的多项式，即

$$H_i(z)=1+z^{-1}$$

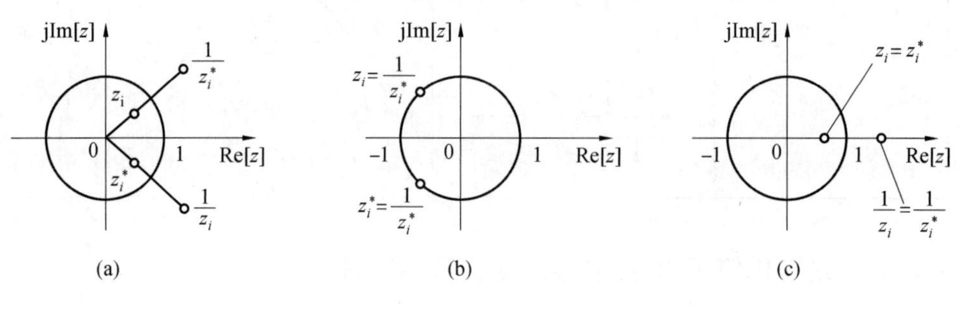

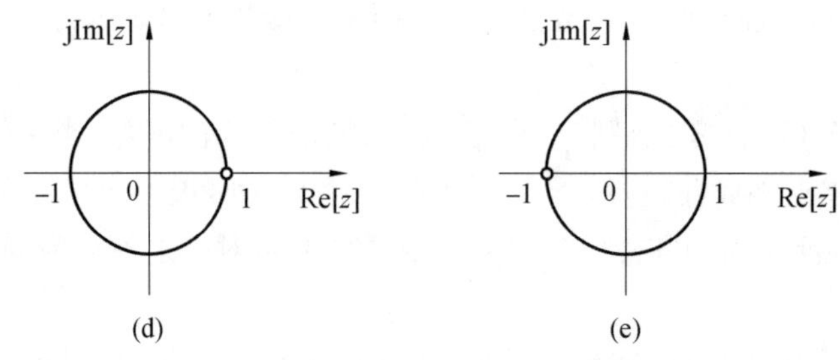

图 8.3　线性相位 FIR 数字滤波器的零点位置

显然，线性相位 FIR 数字滤波器的系统函数 $H(z)$ 只能由上述几种因子和一个常数因子的积构成。由于只有 $z_i=1$ 的零点贡献了一个系数奇对称的因子，因此 $h(n)$ 奇对称的线性相位 FIR 系统在 $z_i=1$ 的零点必为奇数阶。再结合 N 为奇数或偶数，可以得出四种不同类型线性相位 FIR 系统在 $z_i=\pm 1$ 的零点有如下特点：

(1) 类型 1($h(n)$ 偶对称，N 为奇数)：在 $z_i=1$ 和 $z_i=-1$ 均无零点或有偶数个零点。

(2) 类型 2($h(n)$ 偶对称，N 为偶数)：在 $z_i=1$ 无零点或有偶数个零点，在 $z_i=-1$ 有奇数个零点。

(3) 类型 3($h(n)$ 奇对称，N 为奇数)：在 $z_i=1$ 和 $z_i=-1$ 均有奇数个零点。

(4) 类型 4($h(n)$ 奇对称，N 为偶数)：在 $z_i=1$ 有奇数个零点，在 $z_i=-1$ 无零点或有偶

数个零点。

例 8.1　已知某二阶线性相位 FIR 系统的一个零点 $z_1=-0.8$，且 $|H(e^{j\pi})|=0.05$，求该系统的系统函数，并画出系统的零点、极点图。

解　该系统共有两个零点，另一个零点为 $\frac{1}{z_1}=\frac{1}{-0.8}=-1.25$。

系统函数可以表示为

$$H(z)=A(1+0.8z^{-1})(1+1.25z^{-1})=A(1+2.05z^{-1}+z^{-2})$$

由于

$$|H(e^{j\pi})|=A|1-2.05+1|=0.05$$

解得 $A=1$，因此

$$H(z)=1+2.05z^{-1}+z^{-2}$$

该系统函数也可以表示为

$$H(z)=\frac{z^2+2.05z+1}{z^2}$$

可见，$z=0$ 是 $H(z)$ 的二阶极点。系统的零点、极点如图 8.4 所示。

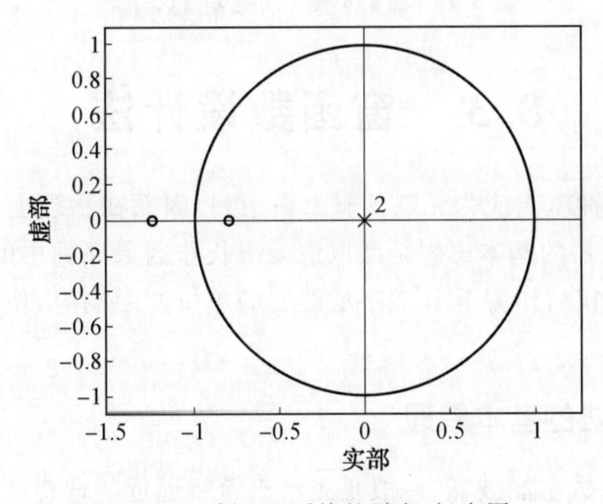

图 8.4　例 8.1 系统的零点、极点图

例 8.2　已知某四阶线性相位 FIR 系统的一个零点 $z_1=0.5+j0.5$，且 $|H(e^{j0})|=1$，求该系统的系统函数，并画出系统的零点、极点图。

解　该系统共有四个零点，其余三个零点分别为

$$z_1^*=0.5-j0.5,\quad \frac{1}{z_1}=1-j,\quad \frac{1}{z_1^*}=1+j$$

系统函数可以表示为

$$\begin{aligned}H(z)&=A[1-(0.5+j0.5)z^{-1}][1-(0.5-j0.5)z^{-1}][1-(1+j)z^{-1}][1-(1-j)z^{-1}]\\&=A(1-3z^{-1}+4.5z^{-2}-3z^{-3}+z^{-4})\end{aligned}$$

由于

$$|H(e^{j0})|=A|1-3+4.5-3+1|=1$$

解得 $A=2$，因此

$$H(z)=2(1-3z^{-1}+4.5z^{-2}-3z^{-3}+z^{-4})$$

该系统函数也可以表示为

$$H(z)=\frac{2(z^4-3z^3+4.5z^2-3z+1)}{z^4}$$

可见，$z=0$ 是 $H(z)$ 的四阶极点。系统的零点、极点如图 8.5 所示。

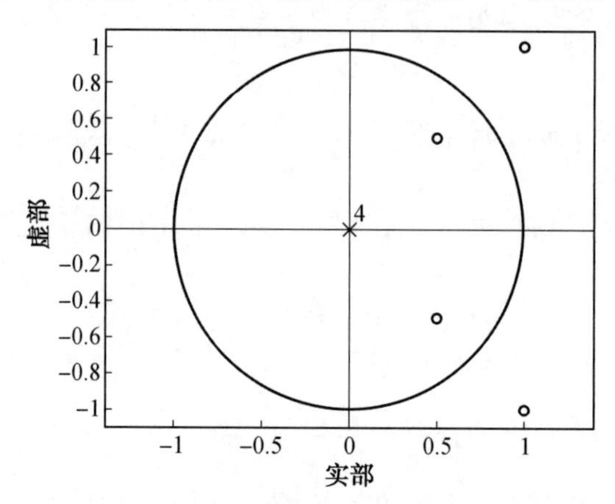

图 8.5　例 8.2 系统的零点、极点图

8.3　窗函数设计法

理想滤波器的单位冲激响应为无限长非因果序列，因而在物理上是不可实现的。窗函数法设计 FIR 数字滤波器的基本思想是截取该无限长非因果序列中的一段因果序列，并采用适当的窗函数进行加权后作为 FIR 数字滤波器的单位冲激响应，使其频率响应能够逼近理想滤波器的频率响应。

8.3.1　窗函数法的基本原理

窗函数法设计 FIR 数字滤波器，一般是先给出希望逼近的理想滤波器的频率响应函数 $H_d(e^{j\omega})$，之后由 $H_d(e^{j\omega})$ 导出其单位冲激响应 $h_d(n)$，再用有限长度的窗函数序列 $w(n)$ 来截取 $h_d(n)$，即可得到 FIR 数字滤波器的单位冲激响应 $h(n)$。

这里以采用矩形窗函数设计线性相位 FIR 低通数字滤波器为例进行说明。假设要逼近的线性相位理想低通数字滤波器的截止频率为 ω_c，群延时为 τ，则其频率响应为

$$H_d(e^{j\omega})=\begin{cases}e^{-j\omega\tau} & (|\omega|\leqslant\omega_c)\\ 0 & (\omega_c<|\omega|\leqslant\pi)\end{cases}\tag{8.42}$$

图 8.6 所示为该理想低通数字滤波器的幅频特性和相频特性。

$H_d(e^{j\omega})$ 也可表示为幅度函数 $H_d(\omega)$ 与相位因子相乘的形式

$$H_d(e^{j\omega})=H_d(\omega)e^{-j\omega\tau}\tag{8.43}$$

式中

$$H_d(\omega)=\begin{cases}1 & (|\omega|\leqslant\omega_c)\\ 0 & (\omega_c<|\omega|\leqslant\pi)\end{cases}\tag{8.44}$$

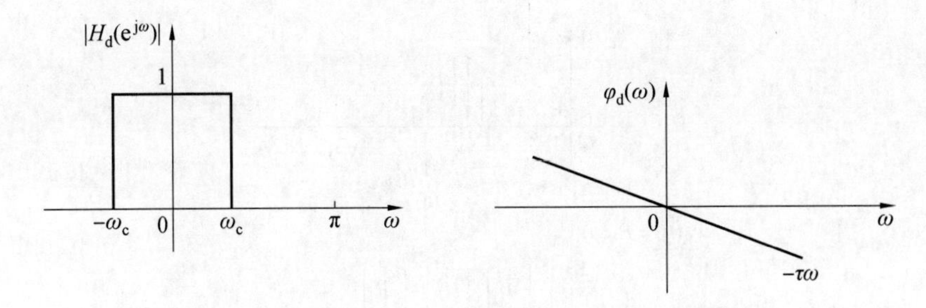

图 8.6　理想低通数字滤波器的幅频特性和相频特性

可以看出,在通带 $|\omega|\leqslant\omega_c$ 范围内,$H_d(e^{j\omega})$ 的幅度是均匀的,其值为 1,相位是 $-\omega\tau$。该理想低通数字滤波器的单位冲激响应为

$$h_d(n)=\frac{1}{2\pi}\int_{-\pi}^{\pi}H_d(e^{j\omega})e^{j\omega n}d\omega=\frac{1}{2\pi}\int_{-\omega_c}^{\omega_c}e^{-j\omega\tau}e^{j\omega n}d\omega$$

$$=\begin{cases}\dfrac{\sin[\omega_c(n-\tau)]}{\pi(n-\tau)} & (n\neq\tau)\\ \omega_c/\pi & (n=\tau,\tau\text{ 为整数时})\end{cases}\tag{8.45}$$

由式(8.45)可以看出,$h_d(n)$ 是以 τ 为中心的偶对称无限长非因果序列,其波形如图 8.7(a)所示。

要得到有限长的 $h(n)$,一种最简单的办法就是将 $h_d(n)$ 两边响应值很小的抽样点截去,也就是取矩形窗,即

$$w_R(n)=R_N(n)=\begin{cases}1 & (0\leqslant n\leqslant N-1)\\ 0 & (\text{其他})\end{cases}\tag{8.46}$$

$$h(n)=h_d(n)w_R(n)=\begin{cases}h_d(n) & (0\leqslant n\leqslant N-1)\\ 0 & (\text{其他})\end{cases}\tag{8.47}$$

线性相位 FIR 低通数字滤波器要求 $h(n)$ 关于 $\dfrac{N-1}{2}$ 偶对称,因此

$$\tau=\frac{N-1}{2}\tag{8.48}$$

将式(8.45)、式(8.48) 代入式(8.47),可得

$$h(n)=\begin{cases}\dfrac{\sin\left[\omega_c\left(n-\dfrac{N-1}{2}\right)\right]}{\pi\left(n-\dfrac{N-1}{2}\right)} & (0\leqslant n\leqslant N-1)\\ 0 & (\text{其他})\end{cases}\tag{8.49}$$

此时,$h(n)$ 关于 $\dfrac{N-1}{2}$ 偶对称,满足第一类线性相位条件。$w_R(n)$ 和 $h(n)$ 的波形分别如图 8.7(b) 和 8.7(c) 所示。

下面讨论加窗对频率响应的影响。

由于 $h(n)=h_d(n)w_R(n)$,因此实际求得的 FIR 低通数字滤波器的频率响应可表示为

$$H(e^{j\omega})=\frac{1}{2\pi}H_d(e^{j\omega})*W_R(e^{j\omega})\tag{8.50}$$

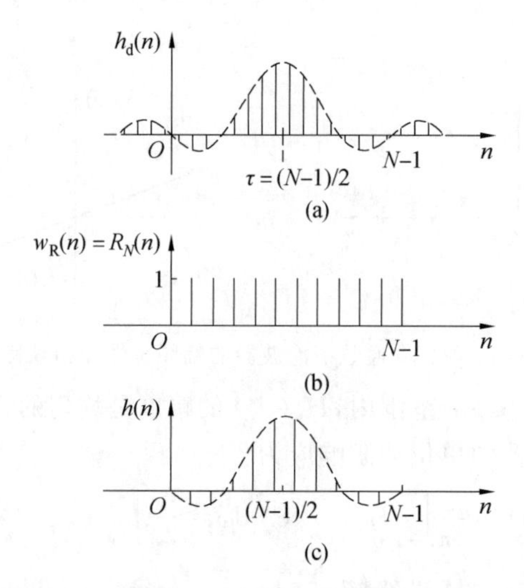

图 8.7 采用矩形窗设计线性相位 FIR 低通数字滤波器的 $h_d(n)$、$w_R(n)$ 及 $h(n)$ 波形

可见，$H(e^{j\omega})$ 逼近 $H_d(e^{j\omega})$ 的效果完全取决于窗函数的频率响应。

矩形窗函数 $w_R(n)=R_N(n)$ 的频率响应为

$$\begin{aligned}W_R(e^{j\omega})&=\sum_{n=0}^{N-1}w_R(n)e^{-j\omega n}=\sum_{n=0}^{N-1}e^{-j\omega n}=\frac{1-e^{-j\omega N}}{1-e^{-j\omega}}=\frac{\sin(\omega N/2)}{\sin(\omega/2)}e^{-j\left(\frac{N-1}{2}\right)\omega}\\&=W_R(\omega)e^{-j\omega\tau}\end{aligned}\tag{8.51}$$

式中

$$W_R(\omega)=\frac{\sin(\omega N/2)}{\sin(\omega/2)}\tag{8.52}$$

$W_R(\omega)$ 为矩形窗函数的幅度函数。

将式(8.43)、式(8.51) 代入式(8.50)，可得

$$\begin{aligned}H(e^{j\omega})&=\frac{1}{2\pi}[H_d(\omega)e^{-j\omega\tau}]*[W_R(\omega)e^{-j\omega\tau}]\\&=\frac{1}{2\pi}\int_{-\pi}^{\pi}H_d(\theta)e^{-j\theta\tau}W_R(\omega-\theta)e^{-j(\omega-\theta)\tau}d\theta\\&=e^{-j\omega\tau}\frac{1}{2\pi}\int_{-\pi}^{\pi}H_d(\theta)W_R(\omega-\theta)d\theta\\&=e^{-j\omega\tau}\frac{1}{2\pi}H_d(\omega)*W_R(\omega)\\&=H(\omega)e^{-j\omega\tau}\end{aligned}\tag{8.53}$$

式中

$$H(\omega)=\frac{1}{2\pi}H_d(\omega)*W_R(\omega)\tag{8.54}$$

式中，$H(\omega)$ 为实际求得的 FIR 数字滤波器的幅度函数。

式(8.53)、式(8.54) 表明，在窗函数设计法中，$H(\omega)$ 等于希望逼近的理想数字滤波器的幅度函数 $H_d(\omega)$ 与窗函数的幅度函数 $W_R(\omega)$ 的卷积，而相位特性保持严格线性相位。矩形窗的卷积过程如图 8.8 所示。

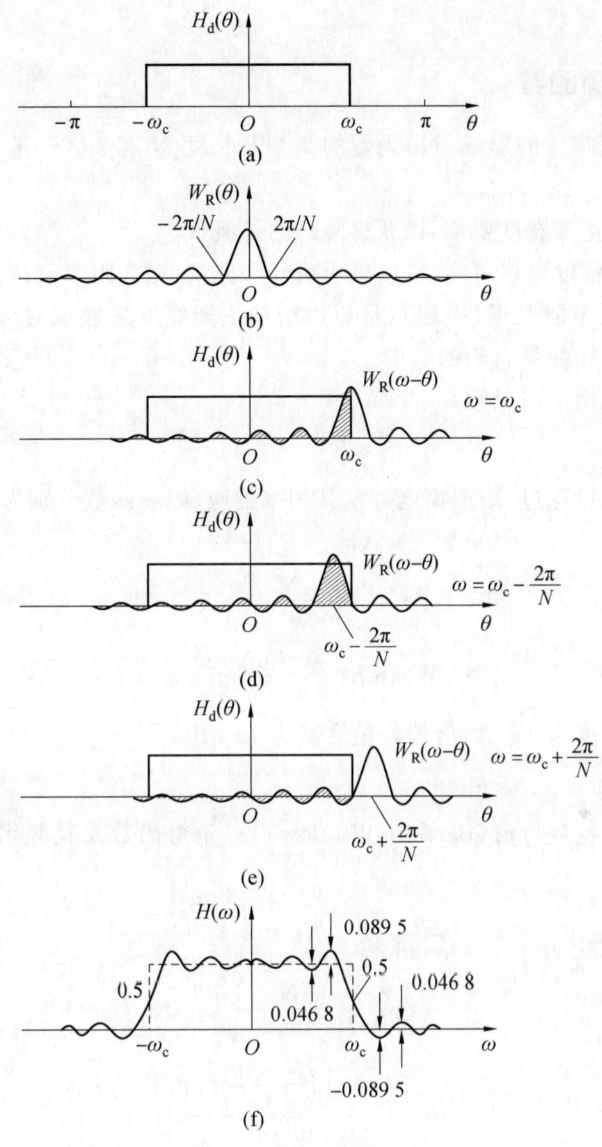

图 8.8　矩形窗的卷积过程

加窗处理对理想频率响应的影响包括以下几点：

(1) 理想低通数字滤波器的过渡带宽为 0，但 $H(\omega)$ 在 $\omega=\omega_c$ 附近形成过渡带，正肩峰与负肩峰之间的宽度等于 $W_R(\omega)$ 的主瓣宽度。对于矩形窗函数，主瓣宽度为 $4\pi/N$，与 N 成反比。

(2) 由于 $W_R(\omega)$ 旁瓣的作用，$H(\omega)$ 在通带和阻带出现波动，波动的幅度取决于 $W_R(\omega)$ 旁瓣的相对幅度。

(3) 截取长度 N 增加时，$W_R(\omega)$ 的主瓣宽度减小，但主瓣与旁瓣幅度的相对比例不会改变。因此，增大 N 值，可以减小过渡带宽，但无法改变肩峰值，这种现象称为吉布斯效应。肩峰值的大小直接影响通带波纹和阻带衰减。例如，矩形窗截断导致的肩峰为 $\delta=0.089\,5$，因此采用矩形窗函数设计的FIR数字滤波器的阻带最小衰减为 21 dB。要加大阻带衰减，只能通过改变窗函数的形状。

8.3.2 常用窗函数

加窗处理对频率响应的影响与窗函数的类型及长度 N 有关。一般希望窗函数满足以下两点要求：

(1) 幅度函数的主瓣宽度要窄，以获得陡峭的过渡带。

(2) 旁瓣的相对幅度要尽可能小，以减小肩峰和波纹，增大阻带衰减。

但实际上这两点不能兼得，一般总是通过增加主瓣宽度来换取对旁瓣的抑制。因此，实际所选用的窗函数往往是它们的折中。

下面给出几种常用的窗函数。

1. 矩形窗

矩形窗前面已经讨论过，矩形窗函数及其频率响应、幅度函数分别为

$$w_R(n) = R_N(n)$$

$$W_R(e^{j\omega}) = \frac{\sin(\omega N/2)}{\sin(\omega/2)} e^{-j\left(\frac{N-1}{2}\right)\omega}$$

$$W_R(\omega) = \frac{\sin(\omega N/2)}{\sin(\omega/2)}$$

矩形窗的主瓣宽度为 $4\pi/N$，旁瓣峰值衰减为 13 dB。

2. 三角窗

三角窗也称为巴特列特窗(Bartlett Window)，三角窗函数及其频率响应、幅度函数分别为

$$w_T(n) = \begin{cases} \dfrac{2n}{N-1} & \left(0 \leqslant n \leqslant \dfrac{N-1}{2}\right) \\ 2 - \dfrac{2n}{N-1} & \left(\dfrac{N-1}{2} < n \leqslant N-1\right) \end{cases} \tag{8.55}$$

$$W_T(e^{j\omega}) = \frac{2}{N-1}\left\{\frac{\sin\left[\left(\frac{N-1}{4}\right)\omega\right]}{\sin(\omega/2)}\right\}^2 e^{-j\left(\frac{N-1}{2}\right)\omega} \tag{8.56}$$

$$W_T(\omega) = \frac{2}{N-1}\left\{\frac{\sin\left[\left(\frac{N-1}{4}\right)\omega\right]}{\sin(\omega/2)}\right\}^2 \approx \frac{2}{N}\left(\frac{\sin(N\omega/4)}{\sin(\omega/2)}\right)^2 \tag{8.57}$$

式(8.57)中的“$\approx$”当 $N \gg 1$ 时成立。三角窗的主瓣宽度为 $8\pi/N$，旁瓣峰值衰减为 25 dB。

3. 汉宁窗(Hanning Window)

汉宁窗也称为升余弦窗，汉宁窗函数及其频率响应、幅度函数分别为

$$w_{hn}(n) = \frac{1}{2}\left[1 - \cos\left(\frac{2\pi n}{N-1}\right)\right] R_N(n) \tag{8.58}$$

$$W_{hn}(e^{j\omega}) = \left\{0.5W_R(\omega) + 0.25\left[W_R\left(\omega - \frac{2\pi}{N-1}\right) + W_R\left(\omega + \frac{2\pi}{N-1}\right)\right]\right\} e^{-j\left(\frac{N-1}{2}\right)\omega} \tag{8.59}$$

$$W_{\mathrm{hn}}(\omega)=0.5W_{\mathrm{R}}(\omega)+0.25\left[W_{\mathrm{R}}\left(\omega-\frac{2\pi}{N-1}\right)+W_{\mathrm{R}}\left(\omega+\frac{2\pi}{N-1}\right)\right]$$
$$\approx 0.5W_{\mathrm{R}}(\omega)+0.25\left[W_{\mathrm{R}}\left(\omega-\frac{2\pi}{N}\right)+W_{\mathrm{R}}\left(\omega+\frac{2\pi}{N}\right)\right] \tag{8.60}$$

式(8.60)中的"≈"当 $N\gg 1$ 时成立。三部分之和使旁瓣互相抵消,能量更集中在主瓣,但其代价是汉宁窗的主瓣宽度比矩形窗的主瓣宽度增加一倍,即为 $8\pi/N$,汉宁窗的旁瓣峰值衰减为 31 dB。

4. 海明窗(Hamming Window)

海明窗也称为改进的升余弦窗,海明窗函数及其频率响应、幅度函数分别为

$$w_{\mathrm{hm}}(n)=\left[0.54-0.46\cos\left(\frac{2\pi n}{N-1}\right)\right]R_N(n) \tag{8.61}$$

$$W_{\mathrm{hm}}(\mathrm{e}^{\mathrm{j}\omega})=\left\{0.54W_{\mathrm{R}}(\omega)+0.23\left[W_{\mathrm{R}}\left(\omega-\frac{2\pi}{N-1}\right)+W_{\mathrm{R}}\left(\omega+\frac{2\pi}{N-1}\right)\right]\right\}\mathrm{e}^{-\mathrm{j}\left(\frac{N-1}{2}\right)\omega} \tag{8.62}$$

$$W_{\mathrm{hm}}(\omega)=0.54W_{\mathrm{R}}(\omega)+0.23\left[W_{\mathrm{R}}\left(\omega-\frac{2\pi}{N-1}\right)+W_{\mathrm{R}}\left(\omega+\frac{2\pi}{N-1}\right)\right]$$
$$\approx 0.54W_{\mathrm{R}}(\omega)+0.23\left[W_{\mathrm{R}}\left(\omega-\frac{2\pi}{N}\right)+W_{\mathrm{R}}\left(\omega+\frac{2\pi}{N}\right)\right] \tag{8.63}$$

式(8.63)中的"≈"当 $N\gg 1$ 时成立。海明窗与汉宁窗的主瓣宽度相同,均为 $8\pi/N$,但海明窗的旁瓣幅度更小,旁瓣峰值衰减为 41 dB。

5. 布莱克曼窗(Blackman Window)

布莱克曼窗也称为二阶升余弦窗,对升余弦窗函数再增加一个二次谐波的余弦分量,从而进一步抑制旁瓣。布莱克曼窗函数及其频率响应、幅度函数分别为

$$w_{\mathrm{bl}}(n)=\left[0.42-0.5\cos\left(\frac{2\pi n}{N-1}\right)+0.08\cos\left(\frac{4\pi n}{N-1}\right)\right]R_N(n) \tag{8.64}$$

$$W_{\mathrm{bl}}(\mathrm{e}^{\mathrm{j}\omega})=\left\{0.42W_{\mathrm{R}}(\omega)+0.25\left[W_{\mathrm{R}}\left(\omega-\frac{2\pi}{N-1}\right)+W_{\mathrm{R}}\left(\omega+\frac{2\pi}{N-1}\right)\right]+\right.$$
$$\left.0.04\left[W_{\mathrm{R}}\left(\omega-\frac{4\pi}{N-1}\right)+W_{\mathrm{R}}\left(\omega+\frac{4\pi}{N-1}\right)\right]\right\}\mathrm{e}^{-\mathrm{j}\left(\frac{N-1}{2}\right)\omega} \tag{8.65}$$

$$W_{\mathrm{bl}}(\omega)=0.42W_{\mathrm{R}}(\omega)+0.25\left[W_{\mathrm{R}}\left(\omega-\frac{2\pi}{N-1}\right)+W_{\mathrm{R}}\left(\omega+\frac{2\pi}{N-1}\right)\right]+$$
$$0.04\left[W_{\mathrm{R}}\left(\omega-\frac{4\pi}{N-1}\right)+W_{\mathrm{R}}\left(\omega+\frac{4\pi}{N-1}\right)\right]$$
$$\approx 0.42W_{\mathrm{R}}(\omega)+0.25\left[W_{\mathrm{R}}\left(\omega-\frac{2\pi}{N}\right)+W_{\mathrm{R}}\left(\omega+\frac{2\pi}{N}\right)\right]+$$
$$0.04\left[W_{\mathrm{R}}\left(\omega-\frac{4\pi}{N}\right)+W_{\mathrm{R}}\left(\omega+\frac{4\pi}{N}\right)\right] \tag{8.66}$$

式(8.66)中的"≈"当 $N\gg 1$ 时成立。布莱克曼窗的主瓣宽度为 $12\pi/N$,旁瓣峰值衰减为 57 dB。

图 8.9 给出了上述五种常用窗函数的包络形状,图 8.10 为 $N=51$ 时这五种窗函数的幅度谱。

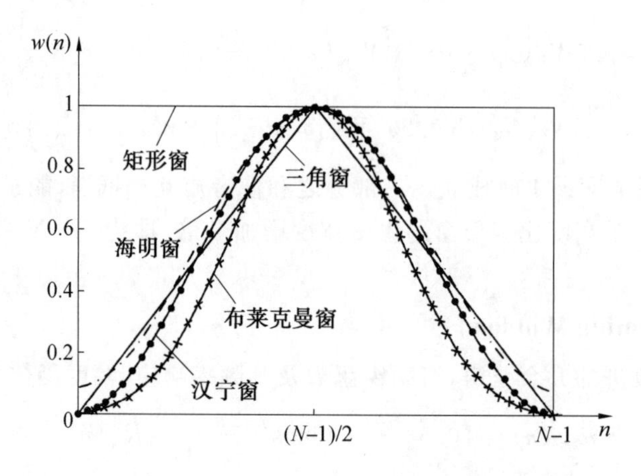

图 8.9　五种常用窗函数的包络形状

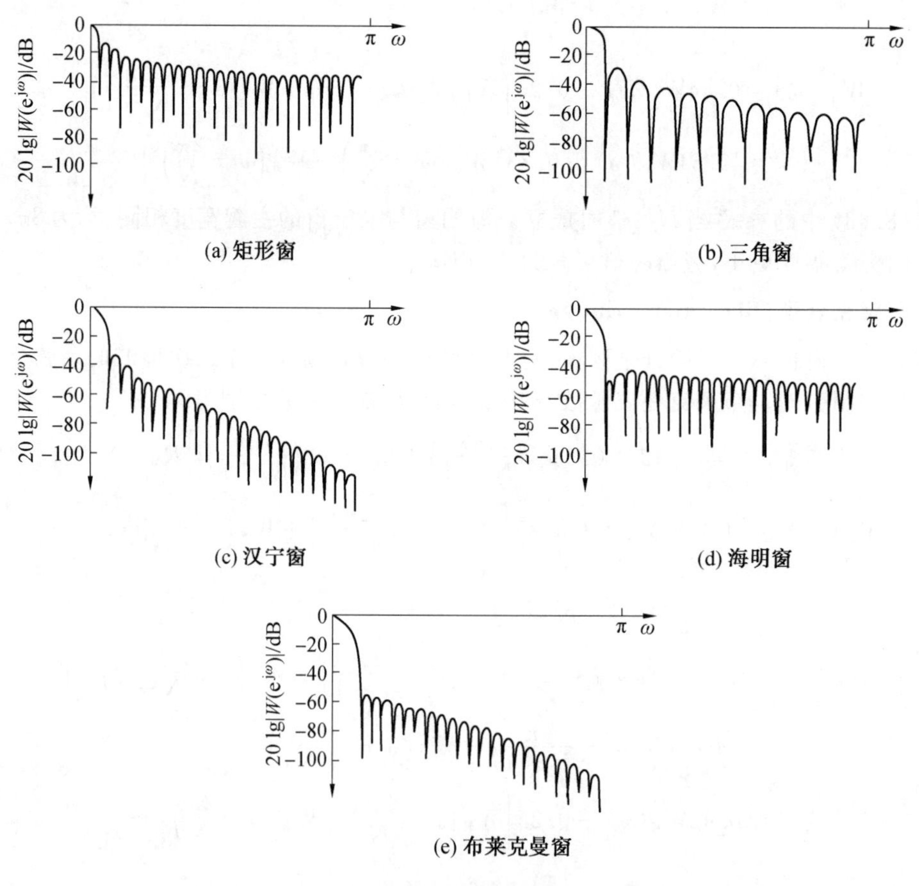

图 8.10　五种常用窗函数的幅度谱($N=51$)

图 8.11 给出了 $N=51$ 时理想低通数字滤波器采用不同窗函数处理后的幅频响应。

6. 凯泽窗(Kaiser Window)

前面介绍的五种窗函数均为固定窗函数,每种窗函数的旁瓣幅度都是固定的。凯泽窗

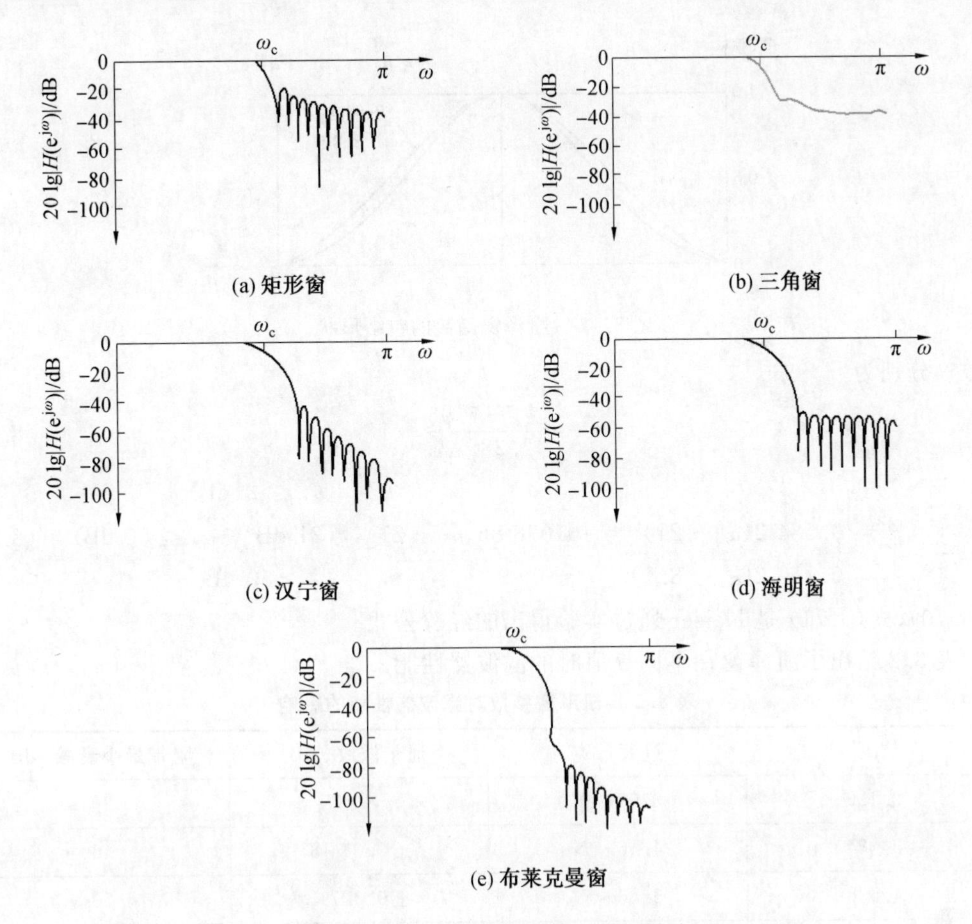

图 8.11　理想低通数字滤波器加窗后的幅频响应($N=51$)

是一种可变窗函数,其定义为

$$w_{K}(n)=\frac{I_{0}\left(\beta\sqrt{1-\left(1-\frac{2n}{N-1}\right)^{2}}\right)}{I_{0}(\beta)}R_{N}(n) \tag{8.67}$$

式中,$I_0(\cdot)$ 为零阶第一类修正贝塞尔函数;β 为一个可以自由选择的参数,通常选择 $4<\beta<9$。

通过改变 β 的取值,可以同时调整主瓣宽度与旁瓣幅度,也就相当于调整了窗的形状。β 越大,则旁瓣幅度越小,但同时主瓣宽度也会相应增加。凯泽窗函数的包络形状如图 8.12 所示。当 $\beta=0$ 时,凯泽窗就变为矩形窗;当 $\beta=5.44$ 时,凯泽窗接近于海明窗;当 $\beta=8.5$ 时,凯泽窗接近于布莱克曼窗。

假设低通滤波器的通带误差容限和阻带误差容限均为 δ,通带截止频率和阻带截止频率分别为 ω_p 和 ω_{st},则过渡带宽为

$$\Delta\omega=\omega_{p}-\omega_{st} \tag{8.68}$$

阻带最小衰减为

$$\alpha_{s}=-20\lg\delta \tag{8.69}$$

若要求 FIR 数字滤波器过渡带宽为 $\Delta\omega$,阻带最小衰减为 α_s,则采用凯泽窗的长度 N 及

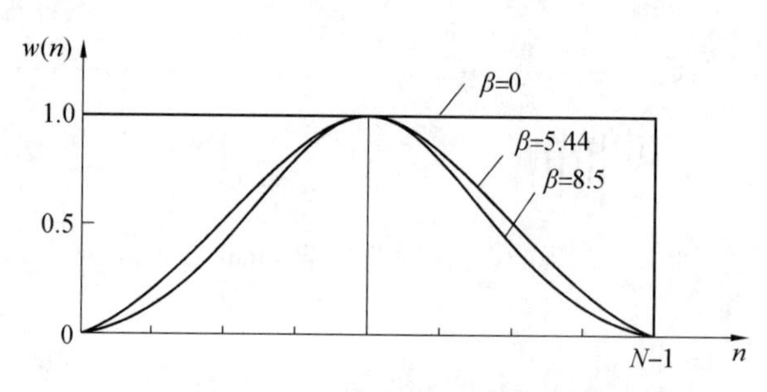

图 8.12　凯泽窗函数的包络形状

参数 β 分别为

$$N=\frac{\alpha_s-7.95}{2.285\Delta\omega}+1 \tag{8.70}$$

$$\beta=\begin{cases}0 & (\alpha_s\leqslant 21\text{dB})\\ 0.5842(\alpha_s-21)^{0.4}+0.07886(\alpha_s-21) & (21\text{ dB}<\alpha_s<50\text{ dB})\\ 0.1102(\alpha_s-8.7) & \alpha_s\geqslant 50\text{ dB}\end{cases} \tag{8.71}$$

式(8.70)、式(8.71) 是 Kaiser 通过实验得出的经验公式。

表 8.2 给出了凯泽窗在不同 β 值时的滤波器性能。

表 8.2　凯泽窗参数对滤波器性能的影响

β	过渡带宽	通带波纹 /dB	阻带最小衰减 /dB
2.120	$3.00\pi/N$	± 0.27	30
3.384	$4.46\pi/N$	± 0.0868	40
4.538	$5.86\pi/N$	± 0.0274	50
5.658	$7.24\pi/N$	± 0.00868	60
6.764	$8.64\pi/N$	± 0.00275	70
7.865	$10.0\pi/N$	± 0.000868	80
8.960	$11.4\pi/N$	± 0.000275	90
10.056	$12.8\pi/N$	± 0.000087	100

表 8.3 归纳了上述六种常用窗函数的基本参数。

表 8.3　六种常用窗函数的基本参数

窗函数	窗谱性能指标		加窗后滤波器性能指标		
	主瓣宽度	旁瓣峰值衰减 /dB	过渡带宽	阻带最小衰减 /dB	通带边沿衰减 /dB
矩形窗	$4\pi/N$	13	$1.8\pi/N$	21	0.815
三角窗	$8\pi/N$	25	$6.1\pi/N$	25	0.503
汉宁窗	$8\pi/N$	31	$6.2\pi/N$	44	0.055

续表8.3

窗函数	窗谱性能指标		加窗后滤波器性能指标		
	主瓣宽度	旁瓣峰值衰减 /dB	过渡带宽	阻带最小衰减 /dB	通带边沿衰减 /dB
海明窗	$8\pi/N$	41	$6.6\pi/N$	53	0.021
布莱克曼窗	$12\pi/N$	57	$11\pi/N$	74	0.001 73
凯泽窗($\beta=7.865$)		57	$10\pi/N$	80	0.000 868

8.3.3　窗函数法的设计步骤

窗函数法设计 FIR 数字滤波器的基本步骤如下：

(1) 确定窗函数的类型和长度 N。窗函数的类型可根据阻带最小衰减选择，长度 N 根据过渡带宽确定，参见表 8.3。若想采用凯泽窗，需按照式(8.70)和式(8.71)来确定长度 N 和参数 β。由于窗函数法设计出的 FIR 数字滤波器的通带最大波纹和阻带最大波纹相等，通带衰减通常较小，例如阻带最小衰减 44 dB 的汉宁窗，其通带最大衰减只有 0.055 dB，因此在选择窗函数类型时，通常只需考虑阻带衰减即可。

(2) 构造希望逼近的理想频率响应函数 $H_d(e^{j\omega})$。为了设计简单方便，通常选择具有片段常数特性的标准理想数字滤波器的频率响应函数作为 $H_d(e^{j\omega})$。理想低通、高通滤波器的截止频率 ω_c，以及理想带通、带阻滤波器的上、下截止频率 ω_l、ω_h，通常选为所要求的滤波器过渡带的算术中心频率。

(3) 求出其单位冲激响应 $h_d(n)$。

$$h_d(n)=\frac{1}{2\pi}\int_{-\pi}^{\pi}H_d(e^{j\omega})e^{j\omega n}\,d\omega \tag{8.72}$$

(4) 求所设计的 FIR 数字滤波器的单位冲激响应 $h(n)$。

$$h(n)=h_d(n)w(n) \tag{8.73}$$

(5) 根据 $h(n)$ 求出加窗后实际的频率响应 $H(e^{j\omega})$，检验是否满足设计要求。若不满足设计要求，则需改变窗函数的类型或长度 N，重新进行设计。

为了方便设计，表 8.4 归纳了几种第一类($h(n)$ 偶对称) 线性相位的标准理想数字滤波器的设计公式，式中 $\tau=\frac{N-1}{2}$。

表 8.4　标准理想数字滤波器的设计公式

理想滤波器类型	频率响应	单位冲激响应
低通	$H_d(e^{j\omega})=\begin{cases}e^{-j\omega\tau} & (\lvert\omega\rvert\leqslant\omega_c)\\ 0 & (\omega_c<\lvert\omega\rvert\leqslant\pi)\end{cases}$	$h_d(n)=\begin{cases}\dfrac{\sin[\omega_c(n-\tau)]}{\pi(n-\tau)} & (n\neq\tau)\\ \omega_c/\pi & (n=\tau,\tau\text{ 为整数时})\end{cases}$

续表8.4

理想滤波器类型	频率响应	单位冲激响应
高通	$H_d(e^{j\omega})=\begin{cases}e^{-j\omega\tau} & (\omega_c\leqslant\|\omega\|\leqslant\pi)\\0 & (\|\omega\|<\omega_c)\end{cases}$	$h_d(n)=\begin{cases}\dfrac{\sin[\pi(n-\tau)]-\sin[\omega_c(n-\tau)]}{\pi(n-\tau)} & (n\neq\tau)\\1-\omega_c/\pi & (n=\tau,\tau\text{ 为整数时})\end{cases}$
带通	$H_d(e^{j\omega})=\begin{cases}e^{-j\omega\tau} & (\omega_l\leqslant\|\omega\|\leqslant\omega_h)\\0 & (\text{其他})\end{cases}$	$h_d(n)=\begin{cases}\dfrac{\sin[\omega_h(n-\tau)]-\sin[\omega_l(n-\tau)]}{\pi(n-\tau)} & (n\neq\tau)\\(\omega_h-\omega_l)/\pi & (n=\tau,\tau\text{ 为整数时})\end{cases}$
带阻	$H_d(e^{j\omega})=\begin{cases}e^{-j\omega\tau} & (\|\omega\|\leqslant\omega_l,\omega_h\leqslant\|\omega\|\leqslant\pi)\\0 & (\text{其他})\end{cases}$	$h_d(n)=\begin{cases}\dfrac{\sin[\pi(n-\tau)]-\sin[\omega_h(n-\tau)]+\sin[\omega_l(n-\tau)]}{\pi(n-\tau)} & (n\neq\tau)\\1-(\omega_h-\omega_l)/\pi & (n=\tau,\tau\text{ 为整数时})\end{cases}$

例 8.3 用凯泽窗设计线性相位 FIR 低通数字滤波器，给定指标为

(1) 当 $|\omega|\leqslant 0.4\pi$ 时，$0.99\leqslant|H(e^{j\omega})|\leqslant 1.01$；

(2) 当 $0.6\pi\leqslant|\omega|\leqslant\pi$ 时，$|H(e^{j\omega})|\leqslant 0.01$。

解 (1) 确定窗函数。

滤波器通带与阻带误差容限均为 $\delta=0.01$。阻带最小衰减为

$$\alpha_s=-20\lg\delta=-20\lg 0.01=40\text{ dB}$$

过渡带宽为

$$\Delta\omega=\omega_{st}-\omega_p=0.6\pi-0.4\pi=0.2\pi$$

根据式(8.70)，凯泽窗长度 $N=\dfrac{\alpha_s-7.95}{2.285\Delta\omega}+1=23.323$，选取 $N=24$

根据式(8.71)，凯泽窗参数为

$$\begin{aligned}\beta&=0.584\,2(\alpha_s-21)^{0.4}+0.078\,86(\alpha_s-21)\\&=0.584\,2\times 19^{0.4}+0.0788\,6\times 19=3.395\end{aligned}$$

选取的窗函数为

$$w_K(n)=\frac{I_0\left(\beta\sqrt{1-\left(1-\dfrac{2n}{N-1}\right)^2}\right)}{I_0(\beta)}R_N(n)=\frac{I_0\left(3.395\sqrt{1-\left(1-\dfrac{2n}{23}\right)^2}\right)}{I_0(3.395)}R_{24}(n)$$

(2) 求理想频率响应函数。

理想低通数字滤波器的截止频率为

$$\omega_c=\frac{\omega_p+\omega_{st}}{2}=\frac{0.4\pi+0.6\pi}{2}=0.5\pi$$

理想频率响应函数为

$$H_d(e^{j\omega})=\begin{cases}e^{-j\left(\frac{N-1}{2}\right)\omega}=e^{-j11.5\omega} & (|\omega|\leqslant 0.5\pi)\\0 & (0.5\pi<|\omega|\leqslant\pi)\end{cases}$$

(3) 求理想滤波器的单位冲激响应。

该理想低通数字滤波器的单位冲激响应为

$$h_d(n)=\frac{\sin[0.5\pi(n-11.5)]}{\pi(n-11.5)}$$

(4) 求线性相位 FIR 低通数字滤波器的单位冲激响应。

$$h(n)=h_d(n)w_K(n)=\frac{\sin[0.5\pi(n-11.5)]}{\pi(n-11.5)}\cdot\frac{I_0\left(3.395\sqrt{1-\left(1-\frac{2n}{23}\right)^2}\right)}{I_0(3.395)}R_{24}(n)$$

(5) 检验是否满足设计要求。

检验频率响应函数 $H(e^{j\omega})$ 的各项指标,满足设计要求。

所得线性相位 FIR 低通数字滤波器的单位冲激响应和幅频响应曲线如图 8.13 所示。

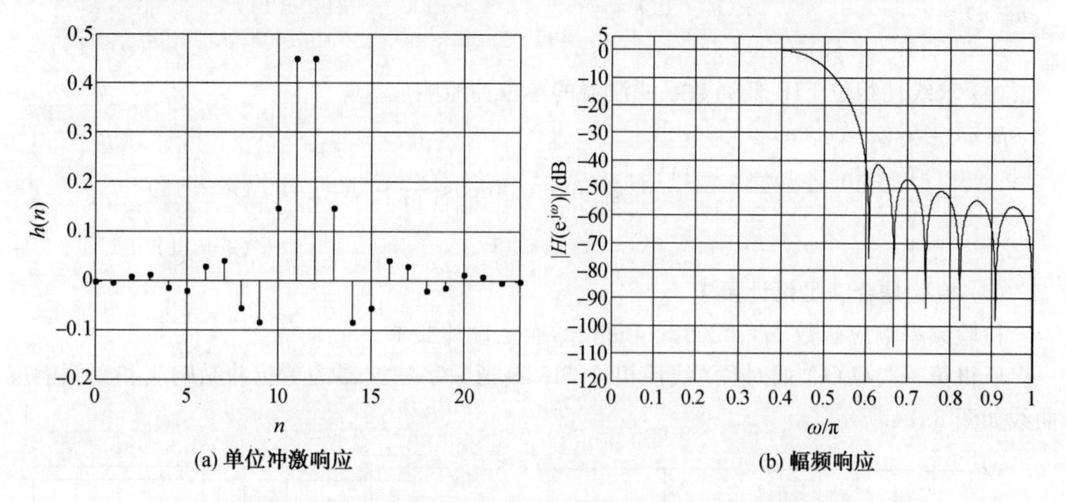

图 8.13　例 8.3 数字滤波器的单位冲激响应和幅频响应曲线

例 8.4　用窗函数法设计第一类($h(n)$ 偶对称) 线性相位 FIR 高通数字滤波器,要求通带截止频率 $\omega_p=0.6\pi$,通带最大衰减 $\alpha_p=0.1$ dB,阻带截止频率 $\omega_{st}=0.3\pi$,阻带最小衰减 $\alpha_s=50$ dB。

解　(1) 选择窗函数。

根据阻带最小衰减 $\alpha_s=50$ dB,通带最大衰减 $\alpha_p=0.1$ dB,查表 8.3,海明窗可以满足要求。

过渡带宽 $\Delta\omega=\omega_p-\omega_{st}=0.6\pi-0.3\pi=0.3\pi$,海明窗过渡带宽为 $6.6\pi/N$,因此窗函数长度 N 应满足

$$N\geqslant\frac{6.6\pi}{\Delta\omega}=22$$

对于第一类($h(n)$ 偶对称) 线性相位 FIR 高通数字滤波器,N 只能取奇数,因此选取 $N=23$。

窗函数为

$$w_{hm}(n)=\left[0.54-0.46\cos\left(\frac{2\pi n}{N-1}\right)\right]R_N(n)=\left[0.54-0.46\cos\left(\frac{\pi n}{11}\right)\right]R_{23}(n)$$

(2) 求理想频率响应函数。

理想高通数字滤波器的截止频率为

$$\omega_c=\frac{\omega_p+\omega_{st}}{2}=\frac{0.6\pi+0.3\pi}{2}=0.45\pi$$

理想频率响应函数为

$$H_d(e^{j\omega})=\begin{cases}e^{-j\left(\frac{N-1}{2}\right)\omega}=e^{-j11\omega} & (0.45\pi\leqslant|\omega|\leqslant\pi)\\ 0 & (|\omega|<0.45\pi)\end{cases}$$

(3) 求理想滤波器的单位冲激响应。

该理想高通数字滤波器的单位冲激响应为

$$h_d(n)=\begin{cases}\dfrac{\sin[\pi(n-11)]-\sin[0.45\pi(n-11)]}{\pi(n-11)}=-\dfrac{\sin[0.45\pi(n-11)]}{\pi(n-11)} & (n\neq 11)\\ 1-0.45\pi/\pi=0.55 & (n=11)\end{cases}$$

(4) 求线性相位 FIR 低通数字滤波器的单位冲激响应。

$$\begin{aligned}h(n)&=h_d(n)w_{hm}(n)\\&=\begin{cases}-\dfrac{\sin[0.45\pi(n-11)]}{\pi(n-11)}\left[0.54-0.46\cos\left(\dfrac{\pi n}{11}\right)\right]R_{23}(n) & (n\neq 11)\\ 0.55 & (n=11)\end{cases}\end{aligned}$$

(5) 检验是否满足设计要求。

检验频率响应函数 $H(e^{j\omega})$ 的各项指标，满足设计要求。

所得第一类($h(n)$ 偶对称) 线性相位 FIR 高通数字滤波器的单位冲激响应和幅频响应曲线如图 8.14 所示。

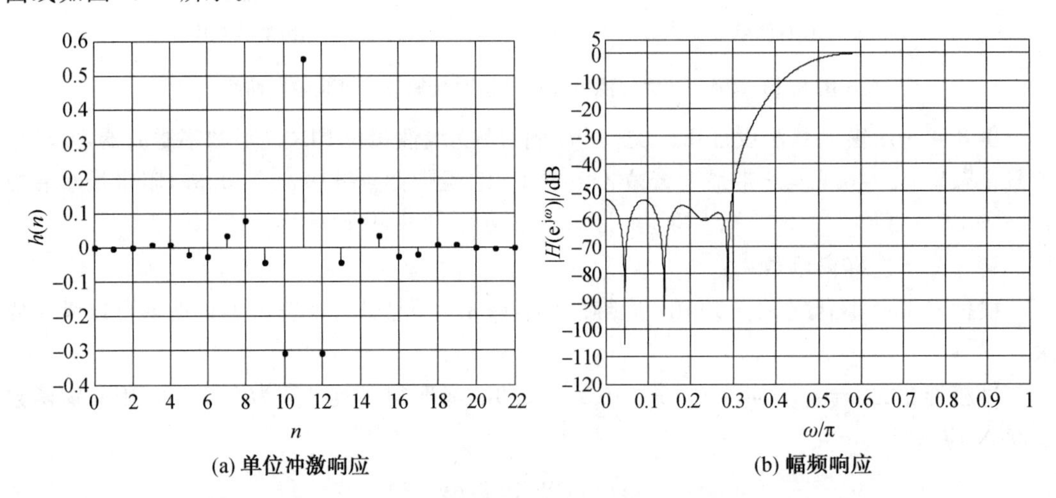

图 8.14　例 8.4 数字滤波器的单位冲激响应和幅频响应曲线

8.3.4　窗函数法存在的主要问题

窗函数法设计过程比较简单，有闭合的公式可循，方便实用。但窗函数法也存在一些问题，主要包括以下几个方面：

(1) 当 $H_d(e^{j\omega})$ 很复杂或不能按式(8.72) 直接计算出 $h_d(n)$ 时，就很难或无法得到

$h_d(n)$ 的表达式,此时必须用求和代替积分,以便在计算机上计算。也就是将 $H_d(e^{j\omega})$ 进行 M 点抽样后进行离散傅里叶反变换,因此可以用 FFT 来计算。由于通常情况下 $h_d(n)$ 随 n 增加衰减很快,因此当 M 足够大,即 $M \gg N$ 时,由求和代替积分所引起的误差通常可以忽略。

(2) 需要预先确定窗的形状和长度 N,为了保证满足给定的频率响应指标,可以用计算机采用累试法加以解决。

(3) 采用窗函数法设计 FIR 数字滤波器,无法准确控制滤波器的通带截止频率和阻带截止频率。

(4) 通带最大波纹和阻带最大波纹相等,不能分别控制。

(5) 在通带和阻带中,越靠近过渡带处的波纹越大,因此若在过渡带两边频率处的衰减满足要求,则在通带、阻带其他频率处的衰减就有富裕,故一定有资源的浪费。

8.4　频率抽样法设计 FIR 数字滤波器

频率抽样法是从频域出发,对理想滤波器的频率响应 $H_d(e^{j\omega})$ 进行抽样,之后利用抽样值 $H_d(k)$ 来实现 FIR 数字滤波器的设计。

8.4.1　频率抽样法的基本原理

假设希望逼近的理想数字滤波器的频率响应为

$$H_d(e^{j\omega}) = H_d(\omega)e^{j\theta_d(\omega)} \tag{8.74}$$

在 ω 的一个周期$[0,2\pi)$中对 $H_d(e^{j\omega})$ 进行 N 点抽样,可得

$$H_d(k) = H_d(e^{j\omega})\big|_{\omega=k\frac{2\pi}{N}} \quad (k=0,1,\cdots,N-1) \tag{8.75}$$

将 $H_d(k)$ 作为实际 FIR 数字滤波器频率响应的抽样值 $H(k)$,即令

$$H(k) = H_d(k) = H_d(e^{j\omega})\big|_{\omega=k\frac{2\pi}{N}} \quad (k=0,1,\cdots,N-1) \tag{8.76}$$

根据 IDFT 的定义,由 $H(k)$ 可求得有限长序列

$$h(n) = \mathrm{IDFT}[H(k)] = \frac{1}{N}\sum_{k=0}^{N-1}H(k)e^{j\frac{2\pi}{N}kn} = \frac{1}{N}\sum_{k=0}^{N-1}H(k)W_N^{-kn} \quad (n=0,1,\cdots,N-1) \tag{8.77}$$

式中,$W_N = e^{-j\frac{2\pi}{N}}$。

因此,可以求得实际 FIR 数字滤波器的系统函数为

$$\begin{aligned} H(z) &= \sum_{n=0}^{N-1}h(n)z^{-n} = \sum_{n=0}^{N-1}\left[\frac{1}{N}\sum_{k=0}^{N-1}H(k)W_N^{-kn}\right]z^{-n} \\ &= \frac{1}{N}\sum_{k=0}^{N-1}H(k)\left[\sum_{n=0}^{N-1}W_N^{-kn}z^{-n}\right] = \frac{1}{N}\sum_{k=0}^{N-1}H(k)\,\frac{1-z^{-N}}{1-W_N^{-k}z^{-1}} \\ &= \frac{1-z^{-N}}{N}\sum_{k=0}^{N-1}\frac{H(k)}{1-W_N^{-k}z^{-1}} = \frac{1-z^{-N}}{N}\sum_{k=0}^{N-1}\frac{H(k)}{1-e^{j\frac{2\pi}{N}k}z^{-1}} \end{aligned} \tag{8.78}$$

以上就是频率抽样法设计 FIR 数字滤波器的基本原理。

8.4.2　线性相位的约束

若要设计线性相位的 FIR 数字滤波器，其抽样值 $H(k)$ 的幅度和相位需要满足一定的条件。下面对四种类型线性相位 FIR 数字滤波器分别进行讨论。

1. 类型 1——$h(n)$ 偶对称，N 为奇数

数字滤波器的频率响应可以表示为

$$H(e^{j\omega}) = H(\omega)e^{j\theta(\omega)} \tag{8.79}$$

式中，$H(\omega)$ 和 $\theta(\omega)$ 分别为幅度函数和相位函数。

类似地，抽样值 $H(k)$ 也可以用幅度 H_k 与相位 θ_k 来表示，即

$$H(k) = H_k e^{j\theta_k} \tag{8.80}$$

当 $h(n)$ 以 $\frac{N-1}{2}$ 为中心偶对称，N 为奇数时，幅度函数 $H(\omega)$ 对于 $\omega=\pi$ 呈偶对称，$H(\omega)=H(2\pi-\omega)$，相位函数 $\theta(\omega)=-\left(\frac{N-1}{2}\right)\omega$。因此，抽样值 $H(k)$ 的幅度 H_k 和相位 θ_k 应满足

$$\begin{cases} H_k = H_{N-k} \\ \theta_k = -\left(\dfrac{N-1}{2}\right)\cdot\dfrac{2\pi}{N}k = -k\pi\left(1-\dfrac{1}{N}\right) \end{cases} \tag{8.81}$$

2. 类型 2——$h(n)$ 偶对称，N 为偶数

当 $h(n)$ 以 $\frac{N-1}{2}$ 为中心偶对称，N 为偶数时，幅度函数 $H(\omega)$ 对于 $\omega=\pi$ 呈奇对称，$H(\omega)=-H(2\pi-\omega)$，相位函数 $\theta(\omega)=-\left(\frac{N-1}{2}\right)\omega$。因此，抽样值 $H(k)$ 的幅度 H_k 和相位 θ_k 应满足

$$\begin{cases} H_k = -H_{N-k} \\ \theta_k = -\left(\dfrac{N-1}{2}\right)\cdot\dfrac{2\pi}{N}k = -k\pi\left(1-\dfrac{1}{N}\right) \end{cases} \tag{8.82}$$

3. 类型 3——$h(n)$ 奇对称，N 为奇数

当 $h(n)$ 以 $\frac{N-1}{2}$ 为中心奇对称，N 为奇数时，幅度函数 $H(\omega)$ 对于 $\omega=\pi$ 呈奇对称，$H(\omega)=-H(2\pi-\omega)$，相位函数 $\theta(\omega)=-\left(\frac{N-1}{2}\right)\omega+\frac{\pi}{2}$。因此，抽样值 $H(k)$ 的幅度 H_k 和相位 θ_k 应满足

$$\begin{cases} H_k = -H_{N-k} \\ \theta_k = -\dfrac{N-1}{2}\cdot\dfrac{2\pi}{N}k + \dfrac{\pi}{2} = -k\pi\left(1-\dfrac{1}{N}\right)+\dfrac{\pi}{2} \end{cases} \tag{8.83}$$

4. 类型 4——$h(n)$ 奇对称，N 为偶数

当 $h(n)$ 以 $\frac{N-1}{2}$ 为中心奇对称，N 为偶数时，幅度函数 $H(\omega)$ 对于 $\omega=\pi$ 呈偶对称，

$H(\omega)=H(2\pi-\omega)$，相位函数 $\theta(\omega)=-\left(\frac{N-1}{2}\right)\omega+\frac{\pi}{2}$。因此，抽样值 $H(k)$ 的幅度 H_k 和相位 θ_k 应满足

$$\begin{cases}H_k=H_{N-k}\\ \theta_k=-\left(\frac{N-1}{2}\right)\cdot\frac{2\pi}{N}k+\frac{\pi}{2}=-k\pi\left(1-\frac{1}{N}\right)+\frac{\pi}{2}\end{cases}\tag{8.84}$$

8.4.3　频率抽样法的逼近误差及改进方法

令 $z=\mathrm{e}^{\mathrm{j}\omega}$，代入式(8.78)，可得实际 FIR 数字滤波器的频率响应为

$$H(\mathrm{e}^{\mathrm{j}\omega})=\frac{1-\mathrm{e}^{-\mathrm{j}\omega N}}{N}\sum_{k=0}^{N-1}\frac{H(k)}{1-\mathrm{e}^{\mathrm{j}\frac{2\pi}{N}k}\mathrm{e}^{-\mathrm{j}\omega}}$$

$$=\frac{\mathrm{e}^{-\mathrm{j}\left(\frac{N-1}{2}\right)\omega}}{N}\sum_{k=0}^{N-1}H(k)\mathrm{e}^{\mathrm{j}\left(\frac{N-1}{N}\right)k\pi}\frac{\sin\left[N\left(\frac{\omega}{2}-\frac{k\pi}{N}\right)\right]}{\sin\left(\frac{\omega}{2}-\frac{k\pi}{N}\right)}$$

$$=\sum_{k=0}^{N-1}H(k)\Phi\left(\omega-\frac{2\pi}{N}k\right)\tag{8.85}$$

式中，$\Phi(\omega)$ 为内插函数，

$$\Phi(\omega)=\frac{1}{N}\frac{\sin\left(\frac{N\omega}{2}\right)}{\sin\left(\frac{\omega}{2}\right)}\mathrm{e}^{-\mathrm{j}\left(\frac{N-1}{2}\right)\omega}\tag{8.86}$$

将式 $H(k)=H_k\mathrm{e}^{\mathrm{j}\theta_k}$ 代入式(8.85)，可得

$$H(\mathrm{e}^{\mathrm{j}\omega})=\left\{\frac{1}{N}\sum_{k=0}^{N-1}H_k\frac{\sin\left[N\left(\frac{\omega}{2}-\frac{k\pi}{N}\right)\right]}{\sin\left(\frac{\omega}{2}-\frac{k\pi}{N}\right)}\right\}\left\{\mathrm{e}^{-\mathrm{j}\left(\frac{N-1}{2}\right)\omega}\sum_{k=0}^{N-1}\mathrm{e}^{\mathrm{j}\theta_k}\mathrm{e}^{\mathrm{j}\left(\frac{N-1}{N}\right)k\pi}\right\}\tag{8.87}$$

若希望逼近的理想滤波器是线性相位的，则其相位函数 $\theta_{\mathrm{d}}(\omega)=-\frac{N-1}{2}\cdot\omega$ 或 $\theta_{\mathrm{d}}(\omega)=-\frac{N-1}{2}\cdot\omega+\frac{\pi}{2}$，抽样值 $H(k)$ 的相位为

$$\theta_k=-k\pi\left(1-\frac{1}{N}\right)\tag{8.88}$$

或

$$\theta_k=-k\pi\left(1-\frac{1}{N}\right)+\frac{\pi}{2}\tag{8.89}$$

将式(8.88) 代入式(8.87)，可得实际滤波器的相位函数为

$$\theta(\omega)=-\frac{N-1}{2}\cdot\omega\tag{8.90}$$

将式(8.89) 代入式(8.87)，可得实际滤波器的相位函数为

$$\theta(\omega)=-\frac{N-1}{2}\cdot\omega+\frac{\pi}{2}\tag{8.91}$$

由此可见，若希望逼近的理想滤波器是线性相位的，则采用频率抽样法得到的实际 FIR 数字滤波器也是线性相位的，其相位函数与理想滤波器的相位函数相同。

由式(8.87)可以看出，在各频率抽样点上，实际滤波器的幅度函数与理想滤波器的幅度函数的数值严格相等，但在抽样点之间的幅度函数存在一定的逼近误差。频率抽样法的逼近效果如图 8.15 所示。逼近误差与理想幅度函数曲线的形状有关。理想幅度函数曲线越平缓，则内插值越接近理想值，逼近误差越小；反之，理想幅度函数曲线越陡峭，则内插值与理想值偏离越大，逼近误差越也就越大。可以看出，在理想幅度函数曲线间断点两边会产生肩峰，间断点附近形成过渡带。

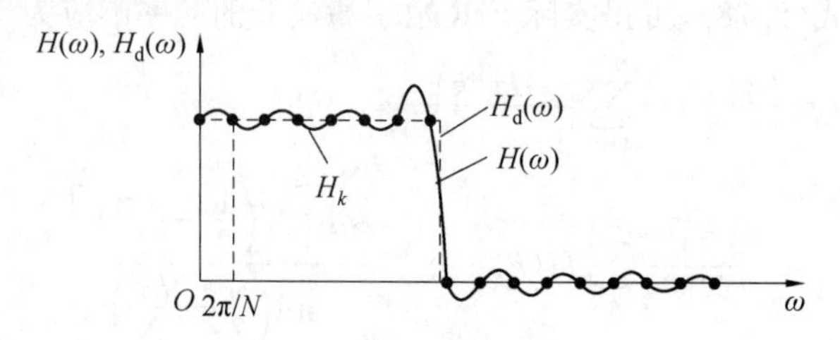

图 8.15 频率抽样法的逼近效果

若增加频域抽样点数 N，则通带、阻带波纹变化更快，由于抽样点更密，幅度函数的平坦区域逼近误差会更小，且所产生的过渡带更窄，但是通带与阻带的肩峰(对应于通带最大衰减与阻带最小衰减)并没有显著的改变，这就是吉布斯效应。

为了减小通带与阻带的肩峰，可以采用设置过渡带，即增加过渡带抽样点的办法，如图 8.16 所示。在理想幅度函数曲线的间断点附近设置过渡带，增加若干个过渡带抽样点，消除从通带到阻带的突变，从而使肩峰减小，减小逼近误差。

过渡带抽样点的最佳抽样值可以采用优化算法计算或累试法确定。表 8.5 给出了过渡带抽样点数与阻带最小衰减的经验数据，通常增加 1 ～ 3 个过渡带抽样点即可满足一般设计要求。

表 8.5 过渡带抽样点数与阻带最小衰减的经验数据

过渡带抽样点数	0	1	2	3
阻带最小衰减 /dB	16 ～ 20	40 ～ 54	60 ～ 75	80 ～ 95

增加过渡带抽样点，必然会导致过渡带的加宽。假设过渡带抽样点数为 m，则所得到的实际 FIR 数字滤波器的过渡带宽 $\Delta\omega$ 近似等于 $(m+1)\dfrac{2\pi}{N}$。因此，若要求设计 FIR 数字滤波器的过渡带宽为 $\Delta\omega$，则频域抽样点数 N 应满足

$$N \geqslant (m+1)\frac{2\pi}{\Delta\omega} \tag{8.92}$$

8.4.4 频率抽样法的设计步骤

频率抽样法设计线性相位 FIR 数字滤波器的基本步骤如下：

(1) 根据阻带最小衰减 α_s，按照表 8.5 选择过渡带抽样点的数量 m。

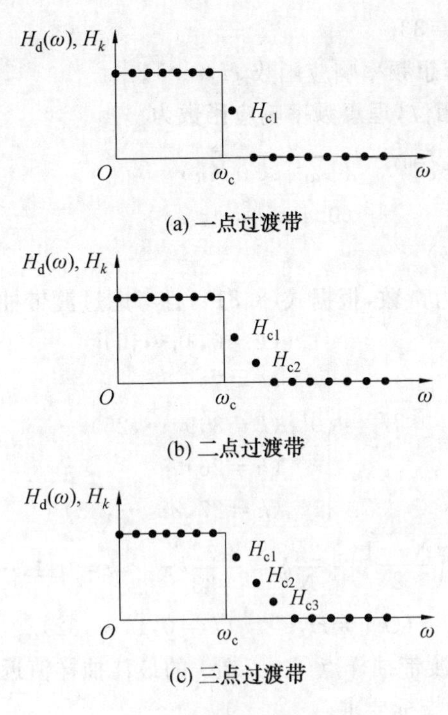

图 8.16　理想滤波器增加过渡带

(2) 根据过渡带宽 $\Delta\omega$,按照式(8.92) 确定频域抽样点数 N(即滤波器长度)。

(3) 构造希望逼近的理想频率响应函数 $H_d(e^{j\omega})$,且应满足线性相位对称性要求。

(4) 进行频域抽样,并加入过渡带抽样点,得到抽样值 $H(k)$。过渡带抽样点的抽样值相位应视 N 的奇偶而定,必须满足线性相位对抽样值相位的约束条件。过渡带抽样点的抽样值幅度可以为经验值,也可以采用优化算法计算或累试法确定。

(5) 根据式(8.85) 求出实际设计出的滤波器的频率响应 $H(e^{j\omega})$,检验是否达到设计指标要求。若阻带最小衰减 α_s 不满足要求,则要调整过渡带抽样点的抽样值幅度,或增加过渡带抽样点的数量 m。若边沿频率不满足要求,则要增加整个频域抽样点的数量 N 来加以调整。

(6) 利用得出 $0 \leqslant \omega < 2\pi$ 的范围的全部 $H(k)$,求出它的 IDFT 就可得到实际设计出的滤波器的单位冲激响应 $h(n)$。

例 8.5　用频率抽样法设计第一类($h(n)$ 偶对称) 线性相位 FIR 低通数字滤波器,理想频率响应为矩形,要求通带截止频率 $\omega_p = 0.4\pi$,允许过渡带宽 $\Delta\omega \leqslant 0.1225\pi$,阻带最小衰减 $\alpha_s = 40$ dB。

解　(1) 确定过渡带抽样点的数量 m。

根据阻带最小衰减 $\alpha_s = 40$ dB,按照表 8.5 选择过渡带抽样点的数量 $m = 1$。

(2) 确定频域抽样点数 N。

根据式(8.92),频域抽样点数 N 应满足

$$N \geqslant (m+1)\frac{2\pi}{\Delta\omega} = (1+1)\frac{2\pi}{0.1225\pi} = 32.653$$

选取频域抽样点数 $N=33$。

(3) 构造希望逼近的理想频率响应函数 $H_d(e^{j\omega})$。

滤波器为第一类线性相位，理想频率响应函数为

$$H_d(e^{j\omega})=\begin{cases}e^{-j\left(\frac{N-1}{2}\right)\omega}=e^{-j16\omega} & (|\omega|\leqslant 0.4\pi)\\ 0 & (0.4<|\omega|\leqslant\pi)\end{cases}$$

(4) 求频域抽样值 $H(k)$。

由于 $h(n)$ 偶对称，N 为奇数，根据式(8.81)，且考虑过渡带抽样点，则有

$$H_k=\begin{cases}1 & (k=0,1,\cdots,6)\\ r & (k=7)\\ 0 & (k=8,9,\cdots,25)\\ r & (k=26)\\ 1 & (k=27,28,\cdots,32)\end{cases}$$

$$\theta_k=-\left(\frac{N-1}{2}\right)\cdot\frac{2\pi}{N}k=-\frac{32}{33}k\pi\quad(k=0,1,\cdots,32)$$

$$H(k)=H_k e^{j\theta_k}\quad(k=0,1,\cdots,32)$$

采用累试法，可求得过渡带抽样点($k=7$ 处)的最佳抽样值近似为 $r=0.390\ 4$。

(5) 检验是否达到设计指标要求。

根据式(8.85)、式(8.86)可以求出实际设计出的滤波器的频率响应 $H(e^{j\omega})$。检验频率响应函数 $H(e^{j\omega})$ 的各项指标，满足设计要求。

(6) 求单位冲激响应 $h(n)$。

利用 IDFT 就可得到实际设计出的滤波器的单位冲激响应为

$$h(n)=\mathrm{IDFT}[H(k)]=\frac{1}{N}\sum_{k=0}^{N-1}H(k)e^{j\frac{2\pi}{N}kn}=\frac{1}{33}\sum_{k=0}^{32}H(k)e^{j\frac{2\pi}{33}kn}\quad(k=0,1,\cdots,32)$$

所得第一类($h(n)$ 偶对称)线性相位 FIR 低通数字滤波器的单位冲激响应和幅频响应曲线如图 8.17 所示。

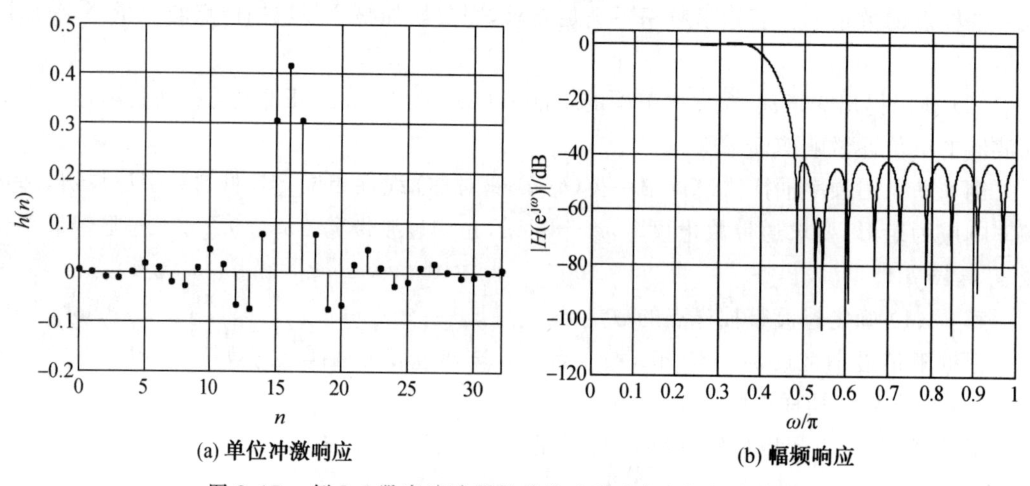

图 8.17　例 8.5 数字滤波器的单位冲激响应和幅频响应曲线

8.4.5　频率抽样法存在的主要问题

频率抽样法设计简单方便,但也存在一些问题,主要包括以下几个方面:

(1) 滤波器边界频率不易控制。

(2) 频率抽样法可以控制阻带衰减,但对通带波纹则不易控制,且不能分别控制通带衰减和阻带衰减。

(3) 与窗函数法一样,在通带和阻带中靠近过渡带处的波纹较大,在通带、阻带其他频率处的波纹较小,造成资源的浪费。

8.5　切比雪夫逼近法设计 FIR 数字滤波器

窗函数法和频率抽样法的逼近误差在整个频域分布极不均匀,如果在误差最大的频段刚好满足设计指标,则在误差最小的频段会远远优于设计指标,从而造成资源的浪费。切比雪夫逼近法也称为最佳一致逼近法或等波纹逼近法,这种方法可以使最大绝对误差最小化,幅频响应在通带和阻带都是等波纹的。因此,对于相同的技术指标,切比雪夫逼近法设计的滤波器阶数最低。

从数学的角度来说,滤波器的设计问题是一个函数逼近的问题,即用一个可实现的滤波器的系统函数,去逼近一个期望得到的理想滤波器的系统函数。对某个函数 $f(x)$ 的逼近一般有以下几种方法:

(1) 插值法。

插值即寻找一个 n 阶多项式(或三角多项式)$p(x)$,使它在 $n+1$ 个点 $x_0,x_1,\cdots,x_n$ 处满足

$$p(x_k)=f(x_k)\quad (k=0,1,\cdots,n)$$

而在非插值点上,$p(x)$ 是 $f(x_k)$ 的某种组合,因此在非插值点上存在一定的误差。频率抽样法就是一种数值逼近的插值法。

(2) 最小均方误差逼近法。

最小均方误差逼近法是在研究的范围内(如区间$[a,b]$),使积分$\int_a^b [p(x)-f(x)]^2\mathrm{d}x$ 最小。这种方法使区间$[a,b]$内的误差功率最小,但在某些位置上可能存在较大的误差。窗函数法就是一种最小均方误差逼近法。

(3) 最佳一致逼近法。

最佳一致逼近法力求在所研究的区间$[a,b]$内,使绝对误差$|p(x)-f(x)|$较均匀一致,并通过合理地选择 $p(x)$ 使绝对误差的最大值达到最小。切比雪夫逼近理论解决了 $p(x)$ 的存在性、唯一性及如何构造等问题,因此这种方法也称为切比雪夫逼近法。

8.5.1　切比雪夫逼近法的基本原理

切比雪夫逼近法的基本思想是:对于给定区间$[a,b]$上的连续函数 $f(x)$,在所有 n 次多项式的集合 $\mathscr{P}_n$ 中,寻找一个多项式 $\hat{p}(x)$,使它在$[a,b]$上对 $f(x)$ 的偏差比其他属于 $\mathscr{P}_n$ 的多

项式 $p(x)$ 对 $f(x)$ 的偏差小，即

$$\max_{a\leqslant x\leqslant b}|\hat{p}(x)-f(x)|=\min\{\max_{a\leqslant x\leqslant b}|p(x)-f(x)|\}$$

切比雪夫逼近理论指出 $\hat{p}(x)$ 是存在的，且是唯一的，并指出了构造这种最佳一致逼近多项式的方法，即交错定理。交错定理的内容如下。

设 $f(x)$ 是定义在$[a,b]$上的连续函数，$p(x)$ 为 $\mathscr{P}_n$ 中一个阶次不超过n 的多项式，并令

$$E(x)=p(x)-f(x)$$

及

$$E_n=\max_{a\leqslant x\leqslant b}|E(x)|$$

则 $p(x)$ 是 $f(x)$ 的最佳一致逼近多项式的充要条件是：$E(x)$ 在$[a,b]$上至少存在 $n+2$ 个交错点 $x_1<x_2<\cdots<x_{n+2}$，使

$$E(x_i)=\pm E_n\quad(i=1,2,\cdots,n+2)$$

且

$$E(x_{i+1})=-E(x_i)\quad(i=1,2,\cdots,n+1)$$

这 $n+2$ 个点即为交错点组，即 $E(x_1),E(x_2),\cdots,E(x_{n+2})$ 正负交替出现。显然，$x_1,x_2,\cdots,x_{n+2}$ 是 $E(x)$ 的极值点。

8.5.2 应用到 FIR 数字滤波器设计中的最佳一致逼近

本节以 FIR 低通数字滤波器的设计为例进行讨论。

假设希望逼近的理想幅度函数为

$$H_{\mathrm{d}}(\omega)=\begin{cases}1 & (0\leqslant\omega\leqslant\omega_{\mathrm{p}})\\0 & (\omega_{\mathrm{st}}\leqslant\omega\leqslant\pi)\end{cases}$$

式中，ω_{p} 为通带截止频率；ω_{st} 为阻带截止频率。需要注意，在 $\omega_{\mathrm{p}}\sim\omega_{\mathrm{st}}$ 的过渡带内没有规定 $H_{\mathrm{d}}(\omega)$ 的值。

寻找一个 $H(\omega)$，使其在通带和阻带内最佳一致逼近 $H_{\mathrm{d}}(\omega)$。根据交错定理，若 $H(\omega)$ 是对 $H_{\mathrm{d}}(\omega)$ 的最佳一致逼近，则 $H(\omega)$ 在通带和阻带内应具有等波纹性质，因此最佳一致逼近也称为等波纹逼近。图 8.18 所示为低通数字滤波器的最佳一致逼近，图中 δ_{p} 为通带允许的最大波纹，δ_{s} 为阻带允许的最大波纹，$E(\omega)$ 为误差函数。

为了保证设计出的 FIR 数字滤波器具有线性相位，还需遵守 8.2 节提出的对 $h(n)$ 的约束条件。为了讨论方便，先假设 $h(n)$ 为偶对称，N 为奇数。根据式(8.31)，$H(\omega)$ 可以表示为

$$H(\omega)=\sum_{n=0}^{M}a(n)\cos n\omega \tag{8.93}$$

式中

$$M=\frac{N-1}{2} \tag{8.94}$$

$a(n)$ 和 $h(n)$ 的关系见式(8.32)。

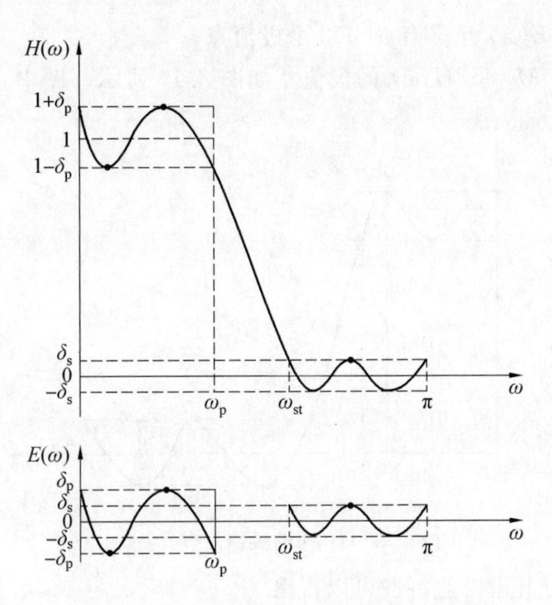

图 8.18　低通数字滤波器的最佳一致逼近

考虑通带和阻带通常有不同的逼近精度,定义加权函数为

$$W(\omega)=\begin{cases}\delta_{\mathrm{s}}/\delta_{\mathrm{p}} & (0\leqslant\omega\leqslant\omega_{\mathrm{p}})\\ 1 & (\omega_{\mathrm{st}}\leqslant\omega\leqslant\pi)\end{cases} \tag{8.95}$$

加权误差函数为

$$E(\omega)=W(\omega)\left[H(\omega)-H_{\mathrm{d}}(\omega)\right] \tag{8.96}$$

将式(8.93) 代入式(8.96),可得

$$E(\omega)=W(\omega)\left[\sum_{n=0}^{M}a(n)\cos n\omega-H_{\mathrm{d}}(\omega)\right] \tag{8.97}$$

用 $H(\omega)$ 对 $H_{\mathrm{d}}(\omega)$ 一致逼近的问题可以表述为:寻求系数 $a(0),a(1),\cdots,a(M)$,使 $|E(\omega)|$ 在频率子集 $F=[0,\omega_{\mathrm{p}}]\cup[\omega_{\mathrm{st}},\pi]$ 上的最大值为最小。

由交错定理可知,$H(\omega)$ 在 F 上是对 $H_{\mathrm{d}}(\omega)$ 唯一最佳一致逼近的充要条件是:加权误差函数 $E(\omega)$ 在 F 上至少存在 $M+2$ 个交错点 $\omega_0<\omega_1<\cdots<\omega_{M+1}$,使

$$E(\omega_i)=\pm E_M\quad(i=0,1,\cdots,M+1)$$

其中

$$E_M=\max_{x\in F}|E(\omega)|$$

且

$$E(\omega_{i+1})=-E(\omega_i)\quad(i=0,1,\cdots,M)$$

$\omega_0,\omega_1,\cdots,\omega_{M+1}$ 均为 $E(\omega)$ 的极值点。

对式(8.93) 求导,可得

$$H'(\omega)=-\sum_{n=0}^{M}na(n)\sin n\omega$$

$H'(\omega)$ 在 $[0,\pi]$ 上至多有 $M+1$ 个零值点,即 $H(\omega)$ 在 $[0,\pi]$ 上至多有 $M+1$ 个极值点。根据式(8.96) 可知,$H(\omega)$ 的极值点一般情况下也是 $E(\omega)$ 的极值点。而 $E(\omega)$ 的极值点通常

还包括 ω_p 和 ω_{st}，因此 $E(\omega)$ 至多有 $M+3$ 个极值点。

假设 $N=13$，此时 $M=6$，$H(\omega)$ 的极值点如图 8.19 所示。图中，$\omega_0=0$，$\omega_6=\pi$。

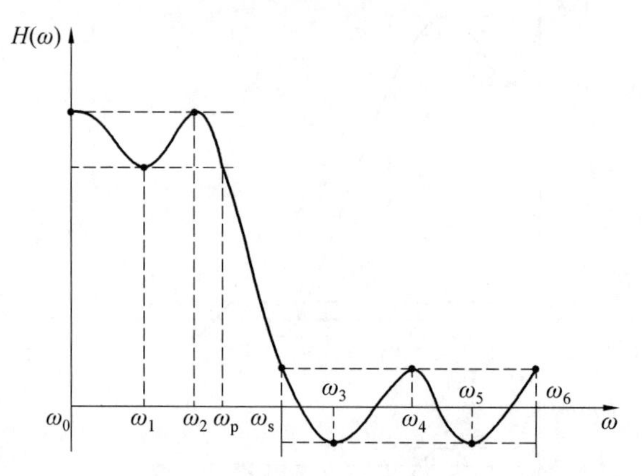

图 8.19　$H(\omega)$ 的极值点($M=6$)

当 $N=13$ 时，利用上述极值特性可以得出

$$
\begin{cases}
H(0)=1+\delta_p \\
H(\omega_1)=1-\delta_p \\
H(\omega_2)=1+\delta_p \\
H(\omega_3)=-\delta_s \\
H(\omega_4)=\delta_s \\
H(\omega_5)=-\delta_s \\
H(\pi)=\delta_s
\end{cases}
\quad
\begin{cases}
H'(\omega_1)=0 \\
H'(\omega_2)=0 \\
H'(\omega_3)=0 \\
H'(\omega_4)=0 \\
H'(\omega_5)=0
\end{cases}
$$

上式共有 12 个方程，包含 5 个未知频率 $\omega_1,\omega_2,\cdots,\omega_5$ 和 7 个未知系数 $a(0),a(1),\cdots,a(6)$，总共有 12 个未知数，因此可以求解。上述方程都是非线性方程，求解比较困难，因此这种方法仅适用于 M 比较小的情况。这是早期等波纹法设计 FIR 数字滤波器的思路，现在通常是用迭代法确定极值频率来代替求解非线性方程组。

8.5.3　Parks-McClellan 算法(Remez 交换算法)

等波纹法设计 FIR 数字滤波器需要确定 5 个参数(N、ω_p、ω_{st}、δ_p 和 δ_s)，设计中不可能全部给定这 5 个参数，只能选定其中的几个参数，其余的在迭代中求出。例如 Herrman 和 Schuessler 提出将参数 N、δ_p 和 δ_s 固定，通过迭代求出 ω_p 和 ω_{st}，其缺点是通带和阻带的截止频率不能精确确定。本节介绍的 Parks-McClellan 算法(Remez 交换算法)是选定 N、ω_p 和 ω_{st}，最佳的 δ_p 和 δ_s 则通过迭代求出，但需要事先给定 δ_s/δ_p。由于在每一次迭代过程中的交错点组包括 ω_p 和 ω_{st} 两个频率点，因而该算法可以准确地确定通带和阻带的截止频率。

利用 Parks-McClellan 算法进行迭代前，需要根据设计要求 ω_p、ω_{st}、δ_p 和 δ_s，估算出所需滤波器的长度 N，可以利用下式：

$$
N=1+\frac{-20\lg\sqrt{\delta_p\delta_s}-13}{2.32(\omega_{st}-\omega_p)} \tag{8.98}
$$

或

$$N=\frac{3}{2}\lg\left(\frac{1}{10\delta_{\rm p}\delta_{\rm s}}\right)\frac{2\pi}{\omega_{\rm st}-\omega_{\rm p}} \tag{8.99}$$

式(8.98) 和式(8.99) 估算出的 N 值相差不大，但式(8.98) 估算出的值一般会偏小约 10%，而式(8.99) 估算出的值一般会偏大。

若给定滤波器的设计指标为通带最大衰减 $\alpha_{\rm p}$ 和阻带最小衰减 $\alpha_{\rm s}$，则需根据 $\alpha_{\rm p}$ 和 $\alpha_{\rm s}$ 求出波纹参数 $\delta_{\rm p}$ 和 $\delta_{\rm s}$。对于图 8.18 有

$$\alpha_{\rm p}=20\lg\frac{|H(e^{j\omega})|_{\max}}{|H(e^{j\omega_{\rm p}})|}=20\lg\left(\frac{1+\delta_{\rm p}}{1-\delta_{\rm p}}\right) \tag{8.100}$$

$$\alpha_{\rm s}=20\lg\frac{|H(e^{j\omega})|_{\max}}{|H(e^{j\omega_{\rm st}})|}=20\lg\left(\frac{1+\delta_{\rm p}}{\delta_{\rm s}}\right) \tag{8.101}$$

因此有

$$\delta_{\rm p}=\frac{10^{\frac{\alpha_{\rm p}}{20}}-1}{10^{\frac{\alpha_{\rm p}}{20}}+1} \tag{8.102}$$

$$\delta_{\rm s}=\frac{1+\delta_{\rm p}}{10^{\frac{\alpha_{\rm s}}{20}}}\approx 10^{-\frac{\alpha_{\rm s}}{20}} \tag{8.103}$$

Parks-McClellan 算法根据选定的 N、$\omega_{\rm p}$、$\omega_{\rm st}$ 及 $\delta_{\rm s}/\delta_{\rm p}$，通过迭代求得交错点组，进而得到 $H(\omega)$。这一算法的步骤如下：

(1) 令 $M=(N-1)/2$，在频率子集 F 上尽可能等间隔地取 $M+2$ 个频率点 $\omega_0,\omega_1,\cdots,\omega_{M+1}$ 作为交错点组的初始猜测值，这 $M+2$ 个频率点应包括 $\omega_{\rm p}$ 和 $\omega_{\rm st}$，即满足

$$\omega_{\rm p}=\omega_l,\quad \omega_{\rm st}=\omega_{l+1}\quad (0<l<M+1)$$

并且在以后每一次迭代中，都保留 $\omega_{\rm p}$ 和 $\omega_{\rm st}$ 作为新交错点组中的两个频率点。

之后根据下式计算 δ 的值：

$$\delta=\frac{\sum_{k=0}^{M+1}a_k H_{\rm d}(\omega_k)}{\sum_{k=0}^{M+1}(-1)^k a_k/W(\omega_k)} \tag{8.104}$$

式中

$$a_k=(-1)^k\prod_{\substack{i=0\\ i\neq k}}^{M+1}\frac{1}{\cos\omega_i-\cos\omega_k} \tag{8.105}$$

δ 实际是根据第一次猜测的交错点组得到的 $\delta_{\rm s}$ 的初始值。

求出 δ 后，利用重心形式的拉格朗日插值公式得到 $H(\omega)$ 的表达式，即

$$H(\omega)=\frac{\sum_{k=0}^{M}\left(\frac{\beta_k}{\cos\omega-\cos\omega_k}\right)C_k}{\sum_{k=0}^{M}\frac{\beta_k}{\cos\omega-\cos\omega_k}} \tag{8.106}$$

式中

$$C_k=H_{\rm d}(\omega_k)-(-1)^k\frac{\rho}{W(\omega_k)}\quad (k=0,1,2,\cdots,M) \tag{8.107}$$

$$\beta_k = (-1)^k \prod_{\substack{i=0 \\ i \neq k}}^{M} \frac{1}{\cos \omega_i - \cos \omega_k} \quad (k = 0, 1, 2, \cdots, M) \tag{8.108}$$

将 $H(\omega)$ 代入式(8.96),则可求得加权误差函数 $E(\omega)$ 的表达式。

(2) 在密集的频率组上计算 $E(\omega)$ 的值。若在一个频率组的所有频率上皆有 $|E(\omega)| \leqslant \delta$,则表明 δ 是波纹的极值,最佳逼近已经得到,此时的 $\omega_0, \omega_1, \cdots, \omega_{M+1}$ 即为交错点组,可以结束计算。若在某些频率点上出现 $|E(\omega)| > \delta$,这说明需要交换上次猜测的交错点组中的某些点,此时需要找出 $E(\omega)$ 中 $M+2$ 个极值频率点,代替原来猜测的交错点组。如果得到的极值点多于 $M+2$ 个,则只保留其中 $M+2$ 个 $|E(\omega)|$ 值最大的频率点作为新的交错点组 $\omega_0, \omega_1, \cdots, \omega_{M+1}$。

之后利用式(8.104)、式(8.106)和式(8.96)计算 δ、$H(\omega)$ 和 $E(\omega)$,这样就完成了一次迭代,即完成了一次交错点组的交换。由于新交错点组中的每一个频率点都是由上一次猜测的交错点组产生 $E(\omega)$ 的局部极值点,因此 δ 在迭代过程中是递增的,直至迭代终止时达到其上限。

(3) 重复步骤(2),直至新得到 $|E(\omega)|$ 的峰值不大于 δ,即交错点组位置相对上次没有变化,此时的 $H(\omega)$ 即为对 $H_d(\omega)$ 的最佳一致逼近,迭代结束。

Parks-McClellan 算法的流程如图 8.20 所示。

利用 Parks-McClellan 算法求得 $H(\omega)$ 后,附加上线性相位得到 $H(e^{j\omega})$,之后再进行 IDTFT,便可得到单位冲激响应 $h(n)$。

由上面的讨论可以看出,交错点组是限制在通带和阻带内的,因此 Parks-McClellan 算法是在通带和阻带内对 $H_d(\omega)$ 的最佳一致逼近。通带和阻带为逼近区域,过渡带为无关区域。需要注意,设计过程中过渡带宽度不能为零。当滤波器阶数固定时,如果改变加权函数 $W(\omega)$ 使通带逼近精度提高,必然使阻带逼近精度降低,反之亦然。若要同时提高通带和阻带的逼近精度,必须增大滤波器的阶数。

8.5.4 四种线性相位 FIR 数字滤波器的统一表示形式

线性相位 FIR 数字滤波器按照 N 为奇数 / 偶数以及 $h(n)$ 为奇对称 / 偶对称,可以分为四种类型。前面关于 FIR 数字滤波器最佳一致逼近的讨论针对的是类型 1,即 $h(n)$ 偶对称、N 为奇数的情况。为了程序的通用性,使其可以适用于另外三种情况,需要将四种不同类型线性相位 FIR 数字滤波器的幅度函数 $H(\omega)$ 表示为统一的形式。

由 8.2.3 节的内容可知,四种不同类型线性相位 FIR 数字滤波器的幅度函数分别可以表示为如下形式:

(1) 类型 1——$h(n)$ 偶对称,N 为奇数

$$H(\omega) = \sum_{n=0}^{(N-1)/2} a(n) \cos n\omega \tag{8.109}$$

(2) 类型 2——$h(n)$ 偶对称,N 为偶数

$$H(\omega) = \sum_{n=1}^{N/2} b(n) \cos\left[\left(n - \frac{1}{2}\right)\omega\right] \tag{8.110}$$

(3) 类型 3——$h(n)$ 奇对称,N 为奇数

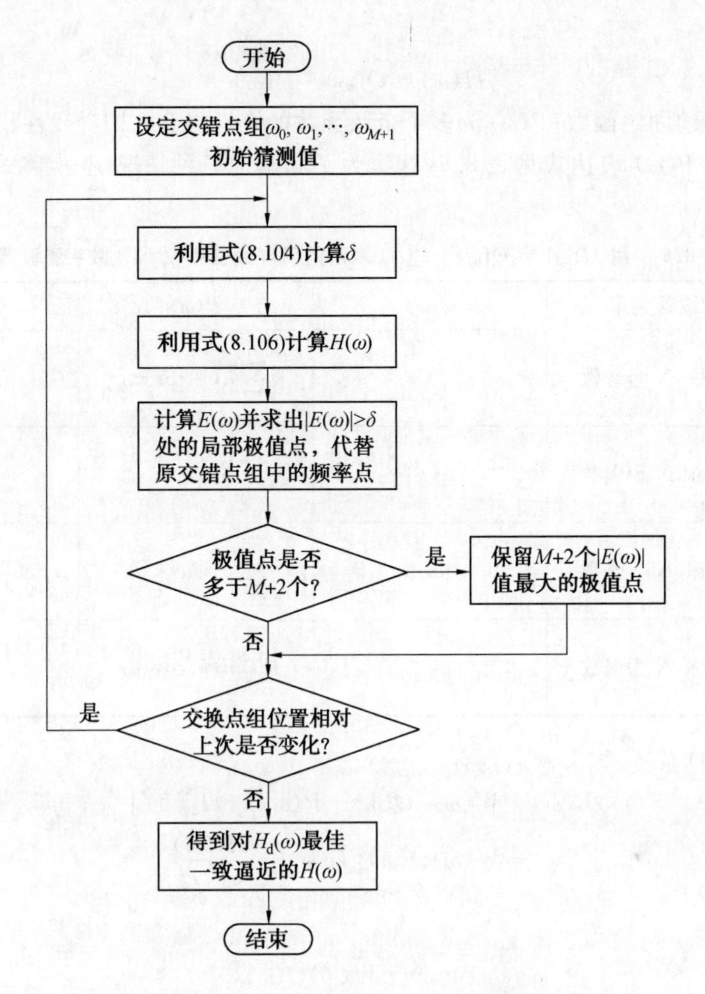

图 8.20　Parks-McClellan 算法的流程

$$H(\omega)=\sum_{n=1}^{(N-1)/2} c(n)\sin n\omega \tag{8.111}$$

(4) 类型 4——$h(n)$ 奇对称,N 为偶数

$$H(\omega)=\sum_{n=1}^{N/2} d(n)\sin\left[\left(n-\frac{1}{2}\right)\omega\right] \tag{8.112}$$

利用三角恒等关系,由式(8.110) 可得

$$H(\omega)=\cos\frac{\omega}{2}\sum_{n=0}^{N/2-1}\tilde{b}(n)\cos n\omega \tag{8.113}$$

由式(8.111) 可得

$$H(\omega)=\sin\omega\sum_{n=0}^{(N-3)/2}\tilde{c}(n)\cos n\omega \tag{8.114}$$

由式(8.112) 可得

$$H(\omega)=\sin\frac{\omega}{2}\sum_{n=0}^{N/2-1}\tilde{d}(n)\cos n\omega \tag{8.115}$$

可见,这四种类型线性相位 FIR 数字滤波器的幅度函数 $H(\omega)$ 可以统一表示为如下形

式

$$H(\omega)=Q(\omega)\cdot P(\omega) \tag{8.116}$$

式中,$Q(\omega)$为ω的固定函数;$P(\omega)$为多个余弦函数的线性组合。四种线性相位FIR数字滤波器的$Q(\omega)$和$P(\omega)$表达式见表8.6,这里为了和其他三种情况统一,将式(8.109)中的$a(n)$用$\tilde{a}(n)$代替。

表8.6 用$H(\omega)=Q(\omega)\cdot P(\omega)$表示的四种线性相位FIR数字滤波器

FIR数字滤波器类型	$Q(\omega)$	$P(\omega)$	M
(1)$h(n)$偶对称,N为奇数	1	$\sum_{n=0}^{M}\tilde{a}(n)\cos n\omega$	$\frac{N-1}{2}$
(2)$h(n)$偶对称,N为偶数	$\cos\frac{\omega}{2}$	$\sum_{n=0}^{M}\tilde{b}(n)\cos n\omega$	$\frac{N}{2}-1$
(3)$h(n)$奇对称,N为奇数	$\sin\omega$	$\sum_{n=0}^{M}\tilde{c}(n)\cos n\omega$	$\frac{N-3}{2}$
(4)$h(n)$奇对称,N为偶数	$\sin\frac{\omega}{2}$	$\sum_{n=0}^{M}\tilde{d}(n)\cos n\omega$	$\frac{N}{2}-1$

将式(8.116)代入式(8.96),则有

$$\begin{aligned}E(\omega)&=W(\omega)\left[Q(\omega)\cdot P(\omega)-H_{\mathrm{d}}(\omega)\right]\\&=W(\omega)Q(\omega)\left[P(\omega)-\frac{H_{\mathrm{d}}(\omega)}{Q(\omega)}\right]\end{aligned} \tag{8.117}$$

若令

$$\hat{W}(\omega)=W(\omega)Q(\omega) \tag{8.118}$$

$$\hat{H}_{\mathrm{d}}(\omega)=\frac{H_{\mathrm{d}}(\omega)}{Q(\omega)} \tag{8.119}$$

则

$$E(\omega)=\hat{W}(\omega)\left[P(\omega)-\hat{H}_{\mathrm{d}}(\omega)\right]\quad(\omega\in F') \tag{8.120}$$

式中,F'为的F子集,即在F中去掉使$Q(\omega)=0$的频率点。

根据式(8.120),加权切比雪夫逼近法设计线性相位FIR数字滤波器的问题实际是寻找一个$P(\omega)$,使其在F'上最佳一致逼近$\hat{H}_{\mathrm{d}}(\omega)$,即寻求一组系数$a(n)$(也可表示为$\tilde{a}(n)$或$\tilde{b}(n)$或$\tilde{c}(n)$或$\tilde{d}(n)$),使$|E(\omega)|$的最大值为最小。这样,四种类型线性相位FIR数字滤波器均可以采用最佳一致逼近的方法进行设计。

8.5.5 设计步骤及举例

切比雪夫逼近法设计线性相位FIR数字滤波器的一般步骤如下:

(1)确定FIR数字滤波器的设计指标。若给定的指标为通带最大衰减α_{p}和阻带最小衰减α_{s},则需根据式(8.102)和式(8.103)求出波纹参数δ_{p}和δ_{s}。

(2) 根据式(8.98)或式(8.99)估算所需滤波器的长度 N(若有多个过渡带且宽度不同，则根据最小的过渡带计算)。

(3) 确定加权函数 $W(\omega)$。

(4) 利用 Parks-McClellan 算法求解逼近问题，计算滤波器的单位冲激响应 $h(n)$。

(5) 检验是否满足设计要求。若不满足设计要求则增大 N，重新进行设计。

例 8.6　设计线性相位 FIR 带通数字滤波器，要求采用加权切比雪夫逼近法，下阻带截止频率 $\omega_{\mathrm{stl}}=0.2\pi$，通带下截止频率 $\omega_{\mathrm{pl}}=0.3\pi$，通带上截止频率 $\omega_{\mathrm{ph}}=0.5\pi$，上阻带截止频率 $\omega_{\mathrm{sth}}=0.6\pi$，通带最大衰减 $\alpha_{\mathrm{p}}=0.5$ dB，阻带最小衰减 $\alpha_{\mathrm{s}}=50$ dB。

解　(1) 由式(8.102)和式(8.103)可得

$$\delta_{\mathrm{p}}=\frac{10^{\frac{\alpha_{\mathrm{p}}}{20}}-1}{10^{\frac{\alpha_{\mathrm{p}}}{20}}+1}=0.028\,774$$

$$\delta_{\mathrm{s}}=\frac{1+\delta_{\mathrm{p}}}{10^{\frac{\alpha_{\mathrm{s}}}{20}}}=0.003\,162\,3$$

(2) 两个过渡带宽度相同，由式(8.98)可得

$$N=1+\frac{-20\lg\sqrt{\delta_{\mathrm{p}}\delta_{\mathrm{s}}}-13}{2.32(\omega_{\mathrm{st}}-\omega_{\mathrm{p}})}=38.6$$

考虑这一数值可能偏小，故取

$$N=41$$

(3) 令加权函数为

$$W(\omega)=\begin{cases}\delta_{\mathrm{s}}/\delta_{\mathrm{p}}=0.109\,9 & (0.3\pi\leqslant\omega\leqslant 0.5\pi)\\ 1 & (0\leqslant\omega\leqslant 0.2\pi \text{ 或 } 0.6\pi\leqslant\omega\leqslant\pi)\end{cases}$$

(4) 用 Matlab 工具箱中的 firpm 求得单位冲激响应 $h(n)$。

(5) 检验频率响应函数 $H(\mathrm{e}^{\mathrm{j}\omega})$ 的各项指标，满足设计要求。

所得线性相位 FIR 带通数字滤波器的单位冲激响应和幅频响应曲线如图 8.21 所示。

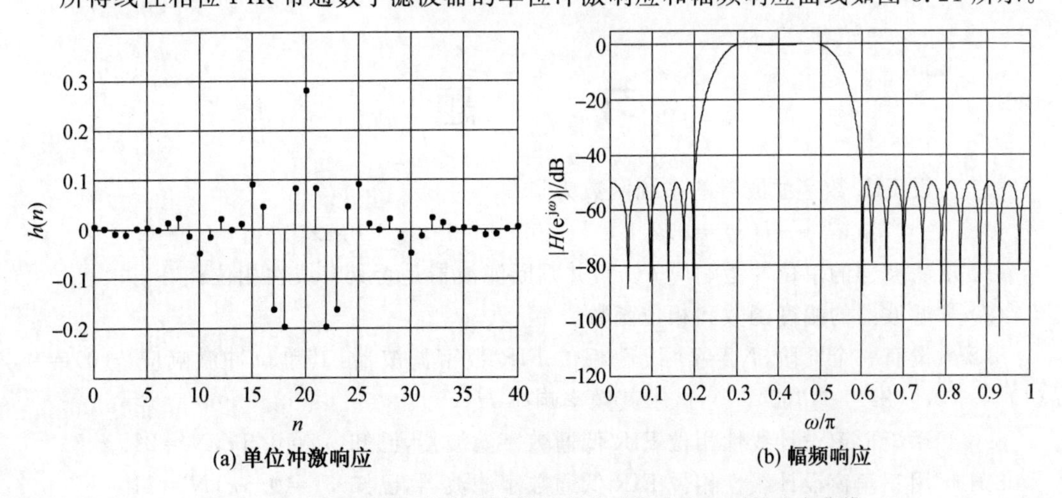

图 8.21　例 8.6 带通数字滤波器的单位冲激响应和幅频响应曲线

8.6 IIR 数字滤波器与 FIR 数字滤波器的比较

在第 7 章和本章分别讨论了 IIR 数字滤波器和 FIR 数字滤波器的设计方法。下面对这两种滤波器的主要特点进行简单的归纳。

从性能上看,IIR 数字滤波器系统函数的极点可位于单位圆内的任何位置,因此可以用较低的阶数获得较好的选频特性,所用存储单元少,经济且高效。但 IIR 数字滤波器的高效是以相位的非线性为代价的,选频特性越好,则相位非线性越严重。而 FIR 数字滤波器的最大优点是可以得到严格的线性相位。但由于 FIR 数字滤波器系统函数的极点固定在原点,因此需要较高的阶数才能获得较好的选频特性。在相同性能指标下,FIR 数字滤波器的阶数要比 IIR 数字滤波器的阶数高 5 ~ 10 倍,成本较高,信号延时也较大。

从结构上看,IIR 数字滤波器必须采用递归型结构,为保证系统的稳定性,要求极点位于单位圆内。实际硬件实现时,这种结构在运算过程中需要对序列进行舍入处理,有限字长效应可能会引起寄生振荡。而 FIR 数字滤波器主要采用非递归结构,不论在理论上还是在实际的有限精度运算中,都是稳定的。另外,FIR 数字滤波器可以采用 FFT 来实现,在相同阶数的条件下,运算速度可以大大提高。

从设计工具看,IIR 数字滤波器可利用模拟滤波器现成的设计公式、数据和表格,因而计算工作量较小,对计算工具要求不高。FIR 数字滤波器设计则一般没有封闭函数的设计公式。窗函数法只给出窗函数的计算公式,但计算通带和阻带衰减仍无显式表达式。一般 FIR 数字滤波器的设计对计算工具要求较高,通常要借助计算机来设计。

另外,IIR 数字滤波器主要用于设计标准低通、高通、带通、带阻和全通滤波器。而 FIR 数字滤波器则更为灵活,还可设计出理想正交变换器、理想微分器、线性调频器等各种网络,适应性较广。

综上,IIR 和 FIR 数字滤波器各有所长,在实际应用中应综合考虑各方面因素进行选择。

习　　题

8.1　设 FIR 数字滤波器的系统函数为

$$H(z)=0.2+z^{-1}-0.5z^{-2}+z^{-3}+0.2z^{-4}$$

(1) 求滤波器的单位冲激响应 $h(n)$,并判断滤波器是否具有线性相位;

(2) 求滤波器的幅度函数和相位函数。

8.2　设有一个 6 阶($N=7$) 线性相位 FIR 数字滤波器,其单位冲激响应 $h(0)=4$,$h(1)=-2$,$h(2)=3$,$h(3)=5$,试求其频率响应 $H(\mathrm{e}^{\mathrm{j}\omega})$。

8.3　用矩形窗设计线性相位 FIR 低通数字滤波器,已知 $\omega_c=0.5\pi$,$N=21$。

8.4　用三角窗设计线性相位 FIR 低通数字滤波器,已知 $\omega_c=0.5\pi$,$N=21$。

8.5　用频率抽样法设计线性相位 FIR 低通数字滤波器,已知 $\omega_c=0.5\pi$,$N=51$。

8.6　对下面每一种滤波器指标,选择满足线性相位 FIR 数字滤波器设计要求的窗函

数类型和长度：

(1) 阻带衰减为 40 dB,过渡带宽为 2 kHz,抽样频率为 10 kHz；

(2) 阻带衰减为 50 dB,过渡带宽为 10 kHz,抽样频率为 80 kHz。

8.7　用频率抽样法设计线性相位 FIR 低通数字滤波器，理想滤波器幅频响应为 $|H_d(e^{j\omega})|=\begin{cases}1 & (0\leqslant|\omega|\leqslant 0.5\pi)\\ 0 & (\text{其他})\end{cases}$，求频域抽样点数 $N=33$ 时的抽样值 $H(k)$。

8.8　用窗函数法设计线性相位FIR高通数字滤波器，要求阻带截止频率 $\omega_{st}=0.2\pi$，阻带最小衰减 $\alpha_s=50$ dB,通带截止频率 $\omega_p=0.4\pi$，通带最大衰减 $\alpha_p=0.1$ dB。

8.9　用窗函数法设计线性相位 FIR 带通数字滤波器，要求下阻带截止频率 $\omega_{stl}=0.2\pi$，通带下截止频率 $\omega_{pl}=0.3\pi$，通带上截止频率 $\omega_{ph}=0.5\pi$，上阻带截止频率 $\omega_{sth}=0.6\pi$，通带最大衰减 $\alpha_p=1$ dB,阻带最小衰减 $\alpha_s=55$ dB。

8.10　一个 FIR 数字滤波器的单位冲激响应是实数的，且 $n<0$ 和 $n>6$ 时 $h(n)=0$。如果 $h(0)=1$ 且系统函数 $H(z)$ 在 $z=0.5e^{j\frac{\pi}{3}}$ 和 $z=3$ 处各有一个零点，求该滤波器的系统函数 $H(z)$。

8.11　已知第一类线性相位 FIR 数字滤波器的单位冲激响应长度为 16，16 个频域幅度抽样值中的前 9 个为

$$H_0=12,\quad H_1=8.34,\quad H_2=3.79,\quad H_3\sim H_8=0$$

求其余 7 个频域幅度抽样值。

参考文献

REFERENCES

[1] 程佩青.数字信号处理教程 MATLAB 版[M].5 版.北京:清华大学出版社,2017.

[2] 赵春晖,陈立伟,马慧珠,等.数字信号处理[M].2 版.北京:电子工业出版社,2011.

[3] 丁玉美,高西全.数字信号处理[M].2 版.西安:西安电子科技大学出版社,2001.

[4] PROAKIS J G,MANOLOKIS D G. Digital signal processing: principles, algorithms and applications[M].4 版.北京:电子工业出版社,2013.

[5] ORFANIDIS S J. Introduction to signal processing[M].北京:清华大学出版社,2000.

[6] CORINTHIOS M. Signals, systems, transforms, and digital signal processing with Matlab[M]. New York:CRC Press, 2009.

[7] MITRA S K. Digital signal processing: a computer-based approach[M]. 2nd ed. New York:McGraw-Hill, 2001.

[8] CHAPARRO L F. Signals and systems using Matlab[M]. New York:Academic Press, 2010.

[9] THYAGARAJAN K S. Introduction to digital signal processing using Matlab with application to digital communications[M]. San Diego:Springer, 2019.

[10] KHAN M N,HASNAIN S K, JAMIL M. Digital signal processing: a breadth-first approach[M]. Aalborg:River Publisher, 2016.

[11] GAZI O. Understanding digital signal processing[M]. Singapore:Springer, 2018.

[12] CRISTI R. 现代数字信号处理 [M].英文版.北京:机械工业出版社,2003.

[13] 郑君里,应启珩,杨为理.信号与系统(下册)[M].2 版.北京:高等教育出版社,2000.

[14] ABOOD S I. Digital signal processing: a primer with Matlab[M]. Boca Raton:CRC Press, 2020.

[15] HAYES M H.数字信号处理[M].张建华,卓力,张延华,译.北京:科学出版社,2002.

[16] 张洪涛,万红,杨述斌.数字信号处理[M].武汉:华中科技大学出版社, 2007.

[17] 刘明珠,孙继禹,林海军.信号与系统[M].北京:机械工业出版社,2015.

[18] INGLE V K, PROAKIS J G.数字信号处理(MATLAB 版)[M].刘树堂,陈志刚,译.西安:西安交通大学出版社,2013.

[19] 胡广书.数字信号处理理论、算法与实现[M].3 版.北京:清华大学出版社,2012.

[20] 钱玲,谷亚林,王海青.数字信号处理[M].北京:电子工业出版社,2018.

[21] OPPENHEIM A V,SCHAFER R W. 离散时间信号处理[M]. 黄建国,刘树棠,张国梅,译.3 版.北京:电子工业出版社,2015.

[22] 张德丰.详解 MATLAB 数字信号处理[M].北京:电子工业出版社,2010.

[23] OPPENHEIM A V. 信号与系统[M]. 刘树棠,译. 2 版. 西安:西安交通大学出版社,2008.

[24] 程佩青.数字信号处理教程[M].3 版.北京:清华大学出版社,2007.

[25] 王军,孙继禹,韩宇辉,等.数字信号处理[M].哈尔滨:哈尔滨工业大学出版社,2021.

[26] 陈树新,郭英,樊昌周,等.数字信号处理[M].2 版.北京:高等教育出版社,2010.

[27] 丛玉良.数字信号处理原理及其 MATLAB 实现[M]. 3 版. 北京:电子工业出版社,2015.

[28] 门爱东,苏菲,王雷,等.数字信号处理 [M].2 版.北京:科学出版社,2009.

[29] 张小虹,黄忠虎,邱正伦,等.数字信号处理 [M].2 版.北京:机械工业出版社,2008.

[30] PROAKIS J G,MANOLAKIS D G. Digital signal processing: principles, algorithms and applications [M]. 3rd ed. New Jersey:Prentice-Hall,Inc,1996.

[31] 吴镇扬.数字信号处理[M].北京:高等教育出版社,2004.

[32] 程佩青.数字信号处理教程(经典版)[M].4 版.北京:清华大学出版社,2015.

[33] SMITH S W. 实用数字信号处理-从原理到应用[M]. 张瑞峰,詹敏晶,李可佳,等,译.北京:人民邮电出版社,2010.

[34] PROAKIS J G,MANOLAKIS D G. 数字信号处理[M].方艳梅,刘永清,梁小萍,等,译.4 版.北京:电子工业出版社,2010.

[35] OPPENHEIM A V, SCHAFER R W, BUCK J R. 离散时间信号处理[M]. 刘树棠,黄建国,译.2 版.西安:西安交通大学出版社,2001.

[36] 程佩青,李振松.数字信号处理教程习题分析与解答[M].4 版.北京:清华大学出版社,2014.

[37] 程佩青,李振松.数字信号处理教程习题分析与解答[M].5 版.北京:清华大学出版社,2018.

[38] 丁玉美,高西全.数字信号处理(第三版)学习指导[M].西安:西安电子科技大学出版社,2009.

[39] 姚天任.数字信号处理学习指导与题解[M].2 版.武汉:华中科技大学出版社,2005.